Kubernetes

使用指南

Kubernetes
user's
guidance

推薦序

經過作者們多年的實踐經驗累積及近一年的精心準備,這本書終於跟大家見面了。我有幸作為首批讀者,提前見證和學習了在雲端時代引領業界技術方向的 Kubernetes 和 Docker 的最新動態。

從內容上講,本書從一個開發者的角度去理解、分析和解決問題:從基礎入門到架構原理,從運行機制到開發原始碼,再從系統管理到應用實踐,講解全面。本書圖文並茂,內容豐富,由淺入深,對基本原理闡述清晰,對程式分析透徹,對實踐經驗體會深刻。

我認為本書值得推薦的原因有以下幾點:

首先,作者的所有觀點和經驗,均是在多年建設、維護大型應用系統的過程中積累形成的。例如,讀者透過學習書中的 Kubernetes 管理指南和進階應用實踐案例章節的內容,不僅可以直接提升開發功力,還可以解決在實踐過程中經常遇到的各種關鍵問題。書中的這些內容具有很高的參考價值。

其次,透過大量的實例操作和詳盡的原始碼解析,本書可以幫助讀者進一步深刻理解 Kubernetes 的各種概念。例如,書中「Java 存取 Kubernetes API」的幾種方法,讀者參照其中的案例,只要稍做修改,再結合實際的應用需求,就可以用於正在開發的專案中,達到事半功倍的效果,有利於有一定 Java 基礎的專業人士快速學習 Kubernetes 的各種細節和實際操作。

此外,為了讓初學者快速入門,本書配備了即時線上交流工具和專業後臺技術支援團隊。如果你在開發和應用的過程中遇到各類相關問題,均可直接聯繫該團隊的開發支援專家。

最後,我們可以看到,容器化技術已經成為計算模型演化的一個開端,Kubernetes 作為 Google 開源的 Docker 容器叢集管理技術,在這場新的技術革命中扮演著重要的角色。Kubernetes 正在被眾多知名企業所採用,例如 RedHat、VMware、CoreOS 及騰訊等,因此,Kubernetes 站在容器新技術變革的浪潮頂端,將具有不可預估的發展前景和商業價值。

如果你是初級程式師,那麼就有必要好好學習本書;如果你正在 IT 領域進行高級進階修煉,那也有必要閱讀本書。無論是架構師、開發者、維運人員,還是對容器技術比較好奇的讀者,本書都是一本不可多得、可將你從入門帶到進階之精品書,值得大家選擇!

初瑞
中國移動業務支撐中心高級經理

自序

我 不知道你是如何知道這本書的，可能是從搜尋引擎、網路廣告、朋友圈中聽說本書後購買的，也可能是某一天逛書店時，這本書恰好神奇地翻落書架，出現在你面前，讓你想起一千多年前那個意外得到《太公兵法》的傳奇少年，你覺得這是冥冥之中上天的恩賜，於是果斷帶走。不管怎樣，我相信多年以後，這本書仍然值得你回憶。

Kubernetes 這個名字起源於古希臘，是舵手的意思，所以它的 Logo 既像一張漁網，又像一個羅盤。Google 採用這個名字的一層深意就是：既然 Docker 把自己定位為馱著貨櫃在大海上自在遨遊的鯨魚，那麼 Google 就要以 Kubernetes 掌舵大航海時代的話語權，「捕獲」和「指引」這條鯨魚按照「主人」設定的路線巡遊，確保 Google 所傾力打造新一代容器世界的宏偉藍圖順利實現。

雖然 Kubernetes 自誕生至今才一年多，其第一個正式版本 Kubernetes 1.0 於 2015 年 7 月才發布，完全是個新生事物，但其影響力巨大，已經吸引了包括 IBM、惠普、微軟、紅帽、Intel、VMware、CoreOS、Docker、Mesosphere、Mirantis 等在內的眾多業界巨頭紛紛加入。紅帽為軟體虛擬化領域的領導者之一，在容器技術方面已經完全「跟隨」Google 了，不僅把自家的第三代 OpenShift 產品架構底層換成了 Docker+Kubernetes，還直接在其新一代容器作業系統 Atomic 內整合了 Kubernetes。

Kubernetes 是第一個將「一切以服務（Service）為中心，一切圍繞服務運轉」作為指導思想的創新型產品，它的功能和架構設計自始至終都遵循了這一中心思想，構建在 Kubernetes 上的系統不僅可以獨立運行在實體機、虛擬機器叢集或企業私有雲上，也可以被託管在公有雲中。Kubernetes 方案的另一個亮點是自動化，在 Kubernetes 的解決方案中，一個服務可以自我擴展、自我診斷，並且容易升級，在收到服務擴充的請求後，Kubernetes 會觸發調度流程，最終在選定的目標節點上啟動相對應數量的服務實例副本，這些副本在啟動成功後會自動加入負載平衡器中並生效，整個過程無須額外的人工作業。

另外，Kubernetes 會定時巡查每個服務的所有實例的可用性，確保服務實例的數量始終保持為預期的數量，當它發現某個實例不可用時，會自動重啟該實例或在其他節點重新調度、運行一個新實例，如此一來，這個複雜的過程無須人工干預即可全部自動化完成。試想一下，如果一個包括幾十個節點且運行著幾萬個容器的複雜系統，其負載平衡、故障檢測和損毀修復等都需要人工介入進行處理，那將多麼難以想像。

通常我們會把 Kubernetes 看作 Docker 的上層架構，就好像 Java 與 J2EE 的關係一樣：J2EE 是以 Java 為基礎的企業級軟體架構，而 Kubernetes 則以 Docker 為基礎打造了一個雲端計算時代的全新分散式系統架構。但 Kubernetes 與 Docker 之間還存在著更為複雜的關係，從表面上看，Kubernetes 似乎離不開 Docker，但實際上在 Kubernetes 的架構裡，Docker 只是其目前支援的兩種底層容器技術之一，另一個容器技術則是 Rocket，後者源自於 CoreOS 這個 Docker 昔日的「戀人」所推出的競爭產品。

Kubernetes 同時支援這兩種互相競爭的容器技術，這是有深刻的歷史原因的。Docker 的快速發展打敗了 Google 曾經名噪一時的開源容器技術 lmctfy，並迅速風靡世界。但是，作為一個已經對全球 IT 公司產生重要影響的技術，Docker 背後的容器標準的制定，註定不可能被任何一個公司私有控制，於是就有了後來引發危機的 CoreOS 與 Docker 分手事件，其導火線是 CoreOS 撇開了 Docker，推出與 Docker

相對抗的開源容器專案——Rocket，並動員一些知名 IT 公司成立委員會來試圖主導容器技術的標準化。

該分手事件愈演愈烈，最終導致 CoreOS「連橫」Google 一起宣布「叛逃」Docker 陣營，共同發起了基於 CoreOS+Rocket+Kubernetes 的新專案 Tectonic。這讓當時的 Docker 陣營和 Docker 粉絲們無比擔心 Docker 的命運，不論最終鹿死誰手，容器技術分裂態勢的加劇對所有牽涉其中的人來說都沒有好處，於是 Linux 基金會出面調解爭端，雙方都退讓一步，最終的結果是 Linux 基金會於 2015 年 6 月宣布成立開放容器技術專案（Open Container Project），Google、CoreOS 及 Docker 都加入了 OCP 項目。

但仔細查看 OCP 項目的成員名單，你會發現 Docker 在這個名單中只能算一個小角色了。OCP 的成立最終結束了這場讓無數人煩惱的「戰爭」，Docker 公司被迫放棄自己的獨家控制權。作為回報，Docker 的容器格式被 OCP 採納為新標準的基礎，並且由 Docker 負責起草 OCP 草案規範的初稿。當然，這個「標準起草者」的角色也不是那麼容易擔任的，Docker 要提交自己的容器執行引擎的原始碼作為 OCP 專案的啟動資源。

事到如今，我們再來回顧當初 CoreOS 與 Google 的叛逃事件，從表面上看，Google 貌似是被誘拐「出頭」的，但局裡人都明白，Google 才是這一系列事件背後的主謀，不僅為當年失敗的 lmctfy 報了一箭之仇，還重新掌控了容器技術的未來。容器標準之戰定案之後，Google 進一步擴大聯盟並提高自身影響力。2015 年 7 月，Google 正式宣布加入 OpenStack 陣營，其目標是確保 Linux 容器及關聯的容器管理技術 Kubernetes 能夠被 OpenStack 生態圈所接受，並且成為 OpenStack 平台上與 KVM 虛擬技術一樣的一級專案。

Google 加入 OpenStack 意味著對資料中心控制平台的爭奪已經結束，以容器為代表的應用形式與以虛擬化為代表的系統形態將會完美融合於 OpenStack 之上，並與軟體定義網路和軟體定義儲存一起統治下一代資料中心。

Google 憑藉著幾十年大規模容器使用的豐富經驗，步步為營，先是祭出 Kubernetes 這個神器，然後掌控了容器技術的制定標準，最後又入駐 OpenStack 陣營全力將 Kubernetes 扶上位，Google 這個 IT 界的領導者和創新者再次王者歸來。我們都明白，在 IT 世界裡只有那些被大公司掌控和推廣，同時也被業界眾多巨頭都認可和支援的新技術才能生存和壯大下去。Kubernetes 就是當今 IT 界裡符合要求且為數不多的熱門技術之一，它的影響力可能長達十年，所以，我們每個 IT 人都有理由重視這門新技術。

誰能比別人領先一步掌握新技術，誰就在競爭中贏得了先機。

惠普中國電信解決方案領域的資深專家團隊一起分工合作並行研究，廢寢忘食地合力撰寫，在短短的 5 個月內完成了這本書。依據從入門到精通的學習路線，全書共分為六大章節，涵蓋了入門、進階案例、架構、原理、開發指南、維運及程式碼分析等內容，內容詳實、圖文並茂，幾乎囊括了 Kubernetes 1.0 的各個面向，無論對於軟體工程師、測試工程師、維運工程師、軟體架構師、技術經理，還是資深 IT 人士來說，本書都極具參考價值。

吳治輝

惠普公司系統架構師

目錄

第 1 章　Kubernetes 入門

第 2 章　Kubernetes 核心原理

第 **3** 章　Kubernetes 開發指南

第 **4** 章　Kubernetes 維運指南

第 5 章　Kubernetes 進階案例

第 6 章　Kubernetes 原始碼導讀

後記

Kubernetes 入門

1.1 Kubernetes 是什麼？

Kubernetes 是什麼？

首先，它是一個全新的基於容器技術的分散式架構解決方案。這個方案雖然還很新，但它是 Google 十幾年來大規模應用容器技術的經驗累積和演進的一個重要成果。確切地說，Kubernetes 是 Google 嚴格保密十幾年的秘密武器——Borg 的開源專案版本。Borg 是 Google 久負盛名的一個內部使用的大規模叢集管理系統，它基於容器技術，目的是實現資源管理的自動化，以及跨多個資料中心的資源利用率最大化。十幾年來，Google 一直透過 Borg 系統管理著數量龐大的叢集式應用系統。由於 Google 員工都簽署了保密協議，即便離職也不能洩露 Borg 的內部設計，所以外界一直無法瞭解它的相關資訊。直到 2015 年 4 月，傳聞許久的 Borg 論文伴隨著 Kubernetes 的發布宣傳被 Google 首度公開，大家才得以瞭解它的更多內幕。正因站在 Borg 這個前輩的肩膀上，吸取了 Borg 過去十年間的經驗與教訓，所以 Kubernetes 一經開源就一鳴驚人，並迅速席捲了容器技術領域。

首先，如果我們的系統設計遵循了 Kubernetes 的設計思維，那麼傳統系統架構中那些和業務沒有太大關係的底層程式或功能模組，都可以立刻從我們的架構中移除，我們不必再費心於負載平衡器的選購和部署建置問題，不必再考慮導入或自行開發一個複雜的服務管理框架，不必再煩惱於服務監控和錯誤回復模組的開發。總之，使用 Kubernetes 提供的解決方案，我們不僅節省了至少 30% 的開發成本，同時可以將精神更加聚焦在業務本身，而且由於 Kubernetes 提供了強大的自動化機制，所以系統後期的維運難度和維運成本可大幅度降低。

其次，Kubernetes 是一個開放的開發平台。與 J2EE 不同，它不局限於任何一種語言，沒有限定於任何程式設計介面，所以不論是用 Java、Go、C++，還是用 Python 撰寫的服務，都可以毫無困難地轉變為 Kubernetes 的 Service，並透過標準的 TCP 通訊協定進行溝通。此外，由於 Kubernetes 平台對現有的程式開發語言、程式開發框架、中介軟體沒有任何耦合性，因此現有的系統也可很容易修改、升級，並遷移到 Kubernetes 平台上。

最後，Kubernetes 是一個完整的分散式系統支援平台。Kubernetes 具有完善的叢集管理能力，包括多層次的安全防護和認證機制、支援多用戶使用能力、透明的服務註冊和服務探索機制、內建智慧型負載平衡器、強大的故障偵測和自我修復能力、服務循序升級和線上擴充能力、可擴展的資源自動調度機制，以及可細微調整的資源配額管理能力。同時，Kubernetes 還提供了完善的管理工具，這些工具涵蓋了開發、部署測試、維運監控在內的各個環節。因此，Kubernetes 是一個基於容器技術的全新分散式架構解決方案，並且是一個單一窗口式的完整分散式系統開發和支援平台。

在正式開始本章的 Hello World 之旅前，我們首先要學習 Kubernetes 的一些基本知識，這樣我們才能理解 Kubernetes 提供的解決方案。

在 Kubernetes 中，Service（服務）是分散式叢集架構的核心，一個 Service 物件擁有如下關鍵特性：

⊙ 擁有一個唯一的指定名稱（比如 my-mysql-server）；

⊙ 擁有一個虛擬 IP（Cluster IP、Service IP 或 VIP）和連接埠；

⊙ 能夠提供特定遠端服務能力；

⊙ 被對應到提供此服務功能的一組容器應用上。

Service 的服務程式目前都利用 Socket 連線方式來對外提供服務，比如 Redis、Memcache、MySQL、Web Server，或者是實作了某個業務相關的一個特定 TCP Server 程式。雖然一個 Service 通常是由多個相關的服務程式來提供服務，每個服務程式都有一個獨立的 Endpoint（IP+Port）端點，但 Kubernetes 能夠讓我們透過 Service（虛擬 Cluster IP +Service Port）連接到指定的 Service 上。有了 Kubernetes 內建的通透負載平衡器和故障回復機制，不管後端有多少服務程式、也不管某個服務程式是否因為發生故障而重新部署到其他機器，都不會影響到我們對服務的正常使用。更重要的是這個 Service 本身一旦建立後就不再變化，這意味著，在 Kubernetes 叢集中，我們再也不用為了服務的 IP 位址變動問題而重新設定了。

容器提供了強大的隔離功能，因此有必要把為 Service 提供服務的整組程式放入容器中以便隔離。為此，Kubernetes 設計了 Pod 物件，將每個服務程式包裝到對應的 Pod 中，使其成為 Pod 中運作的一個容器（Container）。為了建立 Service 和 Pod 間的對應關係，Kubernetes 首先給每個 Pod 貼上一個標籤（Label），給執行 MySQL 的 Pod 貼上 name=mysql 標籤、給執行 PHP 的 Pod 就貼上 name=php 標籤，然後給對應的 Service 定義標籤選擇器（Label Selector），例如 MySQL Service 的標籤選擇器其選擇條件為 name=mysql，意謂該 Service 要作用於所有包含 name=mysql Label 的 Pod 上。這樣一來，就巧妙地解決了 Service 與 Pod 的對應問題。

說到 Pod，我們這裡先簡單介紹其概念。首先，Pod 執行在一個我們稱之為節點（Node）的環境中，這個節點既可以是實體機，也可以是私有雲或公有雲中的一台虛擬機，通常在一個節點上運行幾百個 Pod；其次，每個 Pod 裡執行著一個被稱之為 Pause 的特殊容器，其他容器則為業務容器，這些業務容器共用 Pause 容器的網路底層推疊和 Volume 儲存，因此它們之間的通訊和資料交換更有效率，在設計時我們可以充分利用這一特性，將一組緊密相關的服務程式放置同一個 Pod 中；最後，需要注意的是，並不是每個 Pod 和它裡面運行的容器都能 "對應" 到一個 Service 上，只有那些提供服務（無論是對內還是對外）的一組 Pod 才會被 "對應" 成一個服務。

在叢集管理方面，Kubernetes 將叢集中的機器劃分為一個 Master 節點和一群工作節點（Node）。其中，在 Master 節點上運作著叢集管理相關的一組代理程式 kube-apiserver、kube-controller-manager 和 kube-scheduler，這些代理程式實現了整個叢集的資源管理、Pod 調度、彈性縮放、安全控管、系統監控和容錯等管理功能，且全都是自動完成的。Node 作為叢集中的工作節點，執行真正的應用程式，在 Node

上 Kubernetes 管理的最小執行單元是 Pod。Node 上運作著 Kubernetes 的 Kubelet、kube-proxy 相關服務程式，這些服務程式負責 Pod 的建立、啟動、監控、重啟、刪除，以及實現軟體式的負載平衡器。

最後，我們再來看看傳統的 IT 系統中服務擴展和服務升級這兩個難題，以及 Kubernetes 所提供的全新解決思維。服務的擴展涉及資源配置（選擇哪個節點進行擴充）、虛擬實例部署和啟動等環節，在一個複雜的核心業務系統中，這兩個問題基本上靠人工一步步操作才得以完成，費時費力又難以保證實作品質。

在 Kubernetes 叢集中，您只要為需擴展的 Service 所對應的 Pod 建立一個 Replication Controller（簡稱 RC），則該 Service 的擴展以至於後來的 Service 升級等煩人問題都迎刃而解。在一個 RC 定義檔中包括以下 3 個關鍵資訊：

- ⊙ 目標 Pod 的定義；
- ⊙ 目標 Pod 需要執行的抄本數量（Replicas）；
- ⊙ 需監控的目標 Pod 上的標籤（Label）。

在建立好 RC（系統將自動建置好 Pod）後，Kubernetes 會透過 RC 中定義的 Label 篩選出對應的 Pod 實例並即時監控其狀態和數量，如果實例數量少於定義的抄本數量（Replicas），則會根據 RC 中定義的 Pod 範本來新增一個新的 Pod，然後將此 Pod 調度到合適的 Node 上啟動運作，直到 Pod 實例數量達到預定目標。這個過程完全是自動化的，無須人工干預。有了 RC，服務的擴展就變成了一個單純簡單的數字遊戲了，只要修改 RC 中的抄本數量即可。後續的 Service 升級也將透過修改 RC 來自動完成。

以將於 1.3 節介紹的 Hello World 為例，採用 RC 的方式，只要為 frontend 建立一個 3 個抄本的 RC，為 redis-master 建立一個單一抄本的 RC（這裡單一抄本 RC 的意義就留給你來思考了），為 redis-slaver 創建一個 2 個抄本的 RC，總共 3 個檔，幾分鐘就完成整個叢集的建置過程了，是不是很有趣？

1.2 為什麼要用 Kubernetes？

使用 Kubernetes 的理由很多，最根本的一個理由就是：IT 本來就是一個由新技術驅動的行業。

Docker 這個新興的容器化技術目前已經被很多公司所採用，其實從單機走向叢集已成必然趨勢，而雲端計算的蓬勃發展正在加速此一演進。Kubernetes 作為目前唯一被業界廣泛認可並看好的 Docker 分散式系統解決方案，可以預見，在未來幾年內，會有大量新系統選擇它，不管這些系統是執行在企業內部伺服器上，還是被託管在公有雲上。

使用了 Kubernetes 又會獲得哪些好處呢？

首先，最直接的感受就是我們可以用 "精兵政策" 來開發複雜系統了。以前動不動就需要十幾個人，而且團隊裡還需不少技術達人一起分工合作才能設計實作和維運分散式系統，在採用 Kubernetes 解決方案之後，只需一個精幹的小團隊就能輕鬆應對。在這個團隊裡，一名架構師專注於系統中 "服務元件" 的設計，幾位開發工程師專注於業務程式的開發，一名系統兼維運工程師負責 Kubernetes 的部署和維護，從此再也不用 "7*24" 了，這並不是因為我們少做了什麼，而是因為 Kubernetes 已幫我們做了很多。

其次，使用 Kubernetes 就是全面擁抱微服務架構。微服務架構的核心是將一個巨大的單體應用分解為很多小且互相連接的微服務，一個微服務背後可能由多個實例抄本支撐，抄本的數量可能會隨著系統的負擔變化而進行調整，內嵌的負載平衡器在這裡發揮了重要作用。微服務架構使每個服務都可以由專門的開發團隊來開發，開發者可以自由選擇開發技術，這對於大規模團隊來說很有價值，另外每個微服務獨立開發、升級、擴展，因此系統具備很高的穩定性和快速反饋進化能力。Google、亞馬遜、eBay、NetFlix 等眾多大型網路公司都採用了微服務架構，此次 Google 更是將微服務架構的基礎設施直接包裝到 Kubernetes 解決方案中，讓我們有機會直接應用微服務架構解決複雜業務系統上的架構問題。

然後，我們的系統可隨時隨地整個 "搬遷" 到公有雲上。Kubernetes 最初的目標就是在 Google 自家的公有雲 GCE 中執行，未來會支持更多的公有雲及基於 OpenStack 的私有雲。同時，在 Kubernetes 的架構方案中，底層網路的細節完全被封裝，基於服務的 Cluster IP 甚至無須我們改變執行期的設定檔，就能將系統從實體機環境中無縫遷移到公有雲上，或在業務高峰期將部分服務對應的 Pod 抄本放入公有雲中以提升系統的輸送量，不僅節省了公司的硬體投入，還可大大改善客戶體驗。我們所熟知鐵道部的 12306 購票系統，在春節高峰期就租用了阿里雲進行分流。

最後，Kubernetes 系統架構具備了超強的橫向擴展能力。對於網路公司來說，使用者規模就等同於資產，誰擁有更多的用戶，誰就能在競爭中勝出，因此超強的橫向擴展能力是網路業務系統的關鍵指標之一。不用修改程式，一個 Kubernetes 叢集即可從只包含幾個 Node 的小叢集平順擴展到擁有上百個 Node 的大規模叢集，我們利用 Kubernetes 提供的工具，甚至可以線上完成叢集擴充。只要我們的微服務設計得好，結合硬體或公有雲資源的線性增加，系統就能夠承受大量使用者同時存取所帶來的巨大壓力。

1.3 從一個不簡單的 Hello World 範例説起

典型的 Hello World 範例是在螢幕終端機輸出一句 "Hello World"，而這裡的 Hello World 範例是一個 Web 留言板應用，並且是一個基於 PHP+Redis 的兩層分散式架構的 Web 應用程式，前端 PHP Web 網站透過連接後端 Redis 資料庫來完成使用者留言的查詢和新增等功能，更重要的是，這個傳統的經典案例部署在 Kubernetes 叢集中，具備 Redis 讀寫分離能力（Master-Slave 架構）。本章將透過這個範例帶您一起走進 Kubernetes 的精彩世界。

留言板網頁介面很簡單，如圖 1.1 所示，首頁將顯示訪客的留言，留言內容是從 Redis 中查詢取得的。首頁提供一個文字輸入框允許訪客新增留言，新增的留言將被寫入 Redis 中。

圖 1.1 留言板網頁介面

留言板的系統部署架構如圖 1.2 所示。為了實現讀寫分離,在 Redis 層採用了一個 Master 與兩個 Slave 的高可用性叢集架構進行部署,其中 Master 實例用於前端寫的運作(新增留言),而兩個 Slave 實例則用於前端讀的運作(讀取留言)。PHP 的 Web 層同樣啟動 3 個實例組成叢集,實現用戶端(例如瀏覽器)對網站存取的負載平衡。

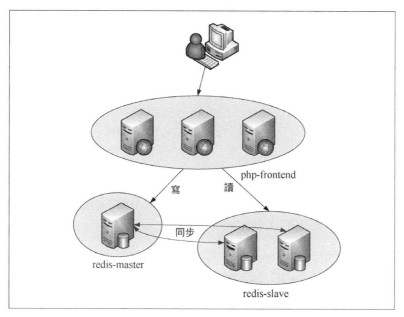

圖 1.2 留言板的系統部署架構圖

接下來,開始準備 Kubernetes 的安裝和相關映像檔下載,本書建議採用 VirtualBox 或 VMware Workstation 在本機上虛擬一個 64 位元的 CentOS 7 虛擬機,虛擬機採用 NAT 的網路模式以便能夠連線到外部,然後按照以下步驟快速安裝 Kubernetes (更為詳細的安裝步驟將於後面提供)。[註1]

(1) 關閉 CentOS 內建的防火牆服務:

```
systemctl disable firewalld
systemctl stop firewalld
```

(2) 安裝 etcd 和 Kubernetes 軟體(會自動安裝 Docker 軟體):

```
$ yum install -y etcd kubernetes
```

註 1: 目前 Kubernetes 亦可直接在 Docker 上執行,http://kubernetes.io/docs/getting-started-guides/docker/。

(3) 安裝好軟體後，修改兩個設定檔（其餘設定檔使用系統預設的配置參數即可）。

- docker 設定檔為 /etc/sysconfig/docker，其中 OPTIONS 的內容設定為：

  ```
  OPTIONS='--selinux-enabled=false --insecure-registry gcr.io'
  ```

- Kubernetes apiserver 設定檔為 /etc/kubernetes/apiserver，把 --admission_control 參數中的 ServiceAccount 刪除。

(4) 按順序啟動所有的服務：

```
$ systemctl start etcd
$ systemctl start docker
$ systemctl start kube-apiserver
$ systemctl start kube-controller-manager
$ systemctl start kube-scheduler
$ systemctl start kubelet
$ systemctl start kube-proxy
```

到這邊，一個單機版的 Kubernetes 叢集環境就安裝且啟動完成。接下來我們需要下載範例中要用到的以下 3 個 Docker 映像檔。

⊙ redis-master：用於前端 Web 系統進行 "寫" 留言的操作，其中已經存放了一條內容為 "Hello World!" 的留言。

⊙ guestbook-redis-slave：用於前端 Web 系統進行 "讀" 留言的操作，並與 redis-master 的資料保持同步。

⊙ guestbook-php-frontend：PHP Web 服務，在網頁上展示留言內容，也提供一個文字輸入框供訪客新增留言。

本書示例中的 Docker 映像檔下載網址為 https://hub.docker.com/u/kubeguide/。

如圖 1.3 所示為 Hello World 範例所採用的 Kubernetes 部署架構，在此 Master 與 Node 的服務處於同一個虛擬機中。透過建置 redis-master 服務、redis-slave 服務和 php-frontend 服務，最終完成整個範例。

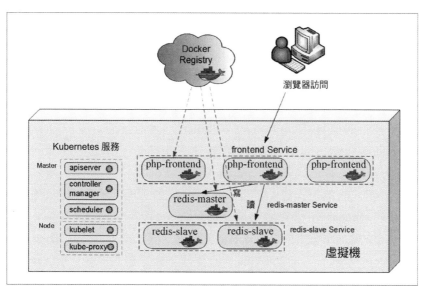

圖 1.3 Kubernetes 部署架構圖

1.3.1 建立 redis-master Pod 及服務

我們可以先定義 Service，然後再定義一個 RC 來建立和控制相對應的 Pod，或者先定義 RC 來建立 Pod，然後定義與其關聯的 Service，這兩種方式最終的結果都一樣，這裡我們採用後面這種方式。

首先為 redis-master 服務建立一個名為 redis-master 的 RC 定義檔：redis-master-controller.yaml。下面提供該檔的完整內容：

```
apiVersion: v1
kind: ReplicationController
metadata:
  name: redis-master
  labels:
    name: redis-master
spec:
  replicas: 1
  selector:
    name: redis-master
  template:
    metadata:
      labels:
        name: redis-master
```

```
spec:
  containers:
  - name: master
    image: kubeguide/redis-master
    ports:
    - containerPort: 6379
```

其中，kind 欄位的值為 "ReplicationController"，表示這是一個 RC；spec.selector 是 RC 的 Pod 選擇器，即監控和管理擁有這些標籤（Label）的 Pod 實例，確保目前叢集上始終有相同數量 replicas 個數的 Pod 實例在執行。這裡我們設置 replicas=1 表示只能執行一個（名為 redis-master 的）Pod 實例，當叢集中執行的 Pod 數量小於 replicas 時，RC 會根據 spec.template 段落定義的 Pod 範本產生一個新的 Pod 實例，labels 屬性指定了該 Pod 的標籤。請注意，這裡的 labels 必須對應到 RC 的 spec.selector，否則此 RC 就會產生成其他服務的 Pod，導致 redis-master 服務失效。

建立好 redis-master-controller.yaml 檔以後，我們在 Master 節點執行命令：kubectl create -f <config_file>，將它發布到 Kubernetes 叢集中，就完成了 redis-master 的建置過程：

```
$ kubectl create -f redis-master-controller.yaml
replicationcontrollers/redis-master
```

系統提示 "replicationcontrollers/redis-master" 表示新建成功。然後我們用 Kubectl 命令查看剛剛建立的 redis-master：

```
$ kubectl get rc
CONTROLLER       CONTAINER(S)    IMAGE(S)               SELECTOR           REPLICAS
redis-master     master          kubeguide/redis-master name=redis-master  1
```

接下來執行 kubectl get pods 命令來查看目前系統中的 Pod 清單資訊。我們看到一個名為 redis-master-xxx 的 Pod 實例，這是 Kubernetes 根據 redis-master 這個 RC 的定義檔自動建出的 Pod。由於 Pod 的調度和建立需要花費一定的時間，比如需要一定的時間來確定調度到哪個節點上，以及下載 Pod 的相關映像檔，所以一開始我們看到 Pod 的狀態將顯示為 Pending。當 Pod 成功建立完成之後，狀態會被更新為 Running。

```
$ kubectl get pods
NAME                READY     STATUS     RESTARTS    AGE
redis-master-b03io  1/1       Running    0           1h
```

提供 Redis 服務的 Pod 已經建好並正常運行了，接下來我們就建立一個與其相關的
Service（服務）── redis-master 的定義檔（檔案名為 redis-master-service.yaml），
完整內容如下：

```
apiVersion: v1
kind: Service
metadata:
  name: redis-master
  labels:
    name: redis-master
spec:
  ports:
  - port: 6379
    targetPort: 6379
  selector:
    name: redis-master
```

其中 metadata.name 是 Service 的服務名（ServiceName），spec.selector 確定了哪
些 Pod 對應到本服務，這裡的定義明顯具有 redis-master 標籤，其 Pod 屬於 redis-
master 服務。另外，ports 中的 targetPort 屬性用來確定提供該服務的容器所開通
（EXPOSE）的連接埠，即具體的服務程式在容器內的 targetPort 上提供服務，而
port 屬性則定義了 Service 的對外連接埠。

執行 Kubectl，建立 service：

```
$ kubectl create -f redis-master-service.yaml
services/redis-master
```

系統提示 "services/redis-master" 表示建立成功。接下來，執行 Kubectl 命令可以
查看到剛剛建立的 service：

```
$ kubectl get services
NAME          LABELS              SELECTOR            IP(S)           PORT(S)
redis-master  name=redis-master   name=redis-master   10.254.208.57   6379/TCP
```

注意到 redis-master 服務被分配了一個 10.254.208.57 的 IP 位址（虛擬 IP），隨
後，Kubernetes 叢集中其他新建立的 Pod 就可以透過這個虛擬 IP 位址＋埠 6379

來存取它。在本範例中，隨後要建立的 redis-slave 和 frontend 兩組 Pods 都將透過 10.254.208.57:6379 來存取 redis-master 服務。

但由於 IP 位址是在服務建立後由 Kubernetes 系統自動分配的，在其他 Pod 中無法預先知道某個 Service 的虛擬 IP 位址，因此需要一個機制來找到這個服務。為此，Kubernetes 巧妙地使用了 Linux 環境變數（Environment Variable），在每個 Pod 的容器裡都增加了一組 Service 相關的環境變數，用來記錄從服務名稱到虛擬 IP 位址的對應關係。以 redis-master 服務為例，在容器的環境變數中會增加下面兩項記錄：

```
REDIS_MASTER_SERVICE_HOST=10.254.144.74
REDIS_MASTER_SERVICE_PORT=6379
```

於是，redis-slave 和 frontend 等 Pod 中的應用程式就可以透過環境變數 REDIS_MASTER_SERVICE_HOST 得到 redis-master 服務的虛擬 IP 位址，透過環境變數 REDIS_MASTER_SERVICE_PORT 得到 redis-master 服務的連接埠，這樣就完成了對服務位址的查詢功能。

1.3.2 建立 redis-slave Pod 和服務

現在我們已經成功啟動了 redis-master 服務，接下來繼續完成 redis-slave 服務的建置過程，在本案例中會啟動 redis-slave 服務的兩個抄本，每個抄本上的 Redis 處理程序都與 redis-master 所對應的 Redis 程序進行資料同步，3 個 Redis 實例組成一個具備讀寫分離能力的 Redis 叢集。留言板的 PHP 程式透過存取 redis-slave 服務來取得已儲存的留言資料。與之前的 redis-master 服務的建置過程一樣，首先新增一個名為 redis-slave 的 RC 定義檔（檔名為 redis-slave-controller.yaml）。下面列出了該檔的完整內容：

```
apiVersion: v1
kind: ReplicationController
metadata:
  name: redis-slave
  labels:
    name: redis-slave
spec:
  replicas: 2
  selector:
    name: redis-slave
  template:
```

```
    metadata:
      labels:
        name: redis-slave
    spec:
      containers:
      - name: slave
        image: kubeguide/guestbook-redis-slave
        env:
        - name: GET_HOSTS_FROM
          value: env
        ports:
        - containerPort: 6379
```

執行 kubectl create 命令：

```
$ kubectl create -f redis-slave-controller.yaml
replicationcontrollers/redis-slave
```

執行 kubectl get 命令查看 RC 狀況：

```
$ kubectl get rc
CONTROLLER    CONTAINER(S) IMAGE(S)                       SELECTOR          REPLICAS
redis-master master        kubeguide/redis-master          name=redis-master 1
redis-slave  slave         kubeguide/guestbook-redis-slave name=redis-slave  2
```

查看 RC 所建立的 Pods，可看到有兩個 redis-slave Pod 正在運行。

```
$ kubectl get pods
NAME                  READY    STATUS    RESTARTS   AGE
redis-master-b03io    1/1      Running   0          1h
redis-slave-10ahl     1/1      Running   0          1h
redis-slave-c5y10     1/1      Running   0          1h
```

為了使 Redis 叢集的主從資料同步，redis-slave 需要知道 redis-master 的位址，所以在 redis-slave 映像檔的啟動命令 /run.sh 中，我們可以輸入以下內容：

```
redis-server --slaveof ${REDIS_MASTER_SERVICE_HOST} 6379
```

由於在建立 redis-slave Pod 時，系統自動在容器內部生成與 redis-master Service 相關的環境變數，所以 redis-slave 應用程式能夠直接使用環境變數 REDIS_MASTER_SERVICE_HOST 來取得 redis-master 服務的 IP 位址。

接下來建立 redis-slave 服務。類似 redis-master 服務，與 redis-slave 相關的一組環境變數也將在後續新建的 frontend Pod 中由系統自動產生。

設定檔 redis-slave-service.yaml 的內容如下：

```
apiVersion: v1
kind: Service
metadata:
  name: redis-slave
  labels:
    name: redis-slave
spec:
  ports:
  - port: 6379
  selector:
    name: redis-slave
```

執行 Kubectl 建立 Service：

```
$ kubectl create -f redis-slave-service.yaml
services/redis-slave
```

透過 Kubectl 查看新建的 Service：

```
$ kubectl get services
NAME            LABELS              SELECTOR            IP(S)            PORT(S)
redis-master    name=redis-master   name=redis-master   10.254.208.57    6379/TCP
redis-slave     name=redis-slave    name=redis-slave    10.254.78.102    6379/TCP
```

1.3.3 建立 frontend Pod 和服務

同樣地，定義 frontend 的 RC 設定檔——frontend-controller.yaml，內容如下：

```
apiVersion: v1
kind: ReplicationController
metadata:
  name: frontend
  labels:
    name: frontend
spec:
  replicas: 3
  selector:
    name: frontend
```

```
template:
  metadata:
    labels:
      name: frontend
  spec:
    containers:
    - name: frontend
      image: kubeguide/guestbook-php-frontend
      env:
      - name: GET_HOSTS_FROM
        value: env
      ports:
      - containerPort: 80
```

我們注意到 Pod 裡提供的容器映像檔為 kubeguide/guestbook-php-frontend，該映像檔中所包含的 PHP 的留言板程式碼（guestbook.php）如下：

```php
<?
set_include_path('.:/usr/local/lib/php');
error_reporting(E_ALL);
ini_set('display_errors', 1);
require 'Predis/Autoloader.php';
Predis\Autoloader::register();

if (isset($_GET['cmd']) === true) {
  $host = 'redis-master';
  if (getenv('GET_HOSTS_FROM') == 'env') {
    $host = getenv('REDIS_MASTER_SERVICE_HOST');
  }
  header('Content-Type: application/json');
  if ($_GET['cmd'] == 'set') {
    $client = new Predis\Client([
      'scheme' => 'tcp',
      'host'   => $host,
      'port'   => 6379,
    ]);

    $client->set($_GET['key'], $_GET['value']);
    print('{"message": "Updated"}');
  } else {
    $host = 'redis-slave';
    if (getenv('GET_HOSTS_FROM') == 'env') {
      $host = getenv('REDIS_SLAVE_SERVICE_HOST');
    }
    $client = new Predis\Client([
      'scheme' => 'tcp',
```

```
    'host'   => $host,
    'port'   => 6379,
  ]);

  $value = $client->get($_GET['key']);
  print('{"data": "' . $value . '"}');
  }
} else {
  phpinfo();
} ?>
```

這段程式碼很簡單，如果是一個 set 請求（送出留言），則會建立一個連接 redis_master 服務的 Redis 用戶端來存放資料，其中 IP 位址是用之前提到以環境變數的方式來取得的，連接埠使用預設的 6379 連接埠（當然，也可以使用環境變數 'REDIS_MASTER_SERVICE_PORT'）；否則便是一個查詢請求，連接 redis_slave 服務進行查詢動作。

執行 kubectl create 命令建立 RC：

```
$ kubectl create -f frontend-controller.yaml
replicationcontrollers/frontend
```

查看已建立的 RC 狀況：

```
$ kubectl get rc
CONTROLLER      CONTAINER(S)  IMAGE(S)                              SELECTOR             REPLICAS
redis-master    master        kubeguide/redis-master                name=redis-master    1
redis-slave     slave         kubeguide/redis-slave                 name=redis-slave     2
frontend        php-redis     kubeguide/guestbook-php-frontend      name=frontend        3
```

再查看產生的 Pod：

```
$ kubectl get pods
NAME                  READY    STATUS    RESTARTS    AGE
redis-master-b03io    1/1      Running   0           1h
redis-slave-10ahl     1/1      Running   0           1h
redis-slave-c5y10     1/1      Running   0           1h
frontend-4o11g        1/1      Running   0           1h
frontend-u9aq6        1/1      Running   0           1h
frontend-yga11        1/1      Running   0           1h
```

最後建立 frontend Service，主要目的是使用 Service 的 NodePort 給 Kubernetes 叢集中的 Service 對應到一個外部網路可以存取的連接埠，這樣一來，外部網路就可以透過 NodeIP+NodePort 的方式存取到叢集中的服務了。

服務定義檔 frontend-service.yaml 的內容如下：

```
apiVersion: v1
kind: Service
metadata:
  name: frontend
  labels:
    name: frontend
spec:
  type: NodePort
  ports:
  - port: 80
    nodePort: 30001
  selector:
    name: frontend
```

這裡的關鍵處是設置 type=NodePort 並指定一個 NodePort 的值，表示使用 Node 上的物理機埠提供對外訪問的能力。需要注意的是，spec.ports.NodePort 的連接埠定義有範圍限制，預設為 30000 ～ 32767，如果配置為範圍外的其他連接埠，則 Service 將會建立失敗。

執行 Kubectl 建立 Service：

```
$ kubectl create -f frontend-service.yaml
services/frontend
```

透過 Kubectl 查看新建的 Service：

```
$ kubectl get services
NAME           LABELS              SELECTOR            IP(S)            PORT(S)
redis-master   name=redis-master   name=redis-master   10.254.208.57    6379/TCP
redis-slave    name=redis-slave    name=redis-slave    10.254.78.102    6379/TCP
frontend       name=frontend       name=frontend       10.254.167.153   80/TCP
```

1.3.4　透過瀏覽器存取網頁

經過上面的三個步驟，我們終於成功了實作留言板系統在 Kubernetes 上的部署工作，現在一起來見證成果吧！在您的電腦上打開瀏覽器，輸入下面的 URL：http://< 虛擬機器 IP>:30001。

如果看到如圖 1.4 所示的網頁，並且看到網頁上有一條留言——"Hello World!"，那麼恭喜您，之前的努力沒有白費，如果看不到這個網頁，那麼可能有幾個原因：比如防火牆的問題，無法存取 30001 埠，或因為您是透過代理伺服器進行連線，瀏覽器誤把虛擬機器的 IP 地址當成遠端位址了。可以在虛擬機上直接輸入 curl localhost:30001 來驗證此連接埠是否能被存取，如果還是不能存取，那麼這肯定不是電腦的問題……。

圖 1.4　透過瀏覽器開啟留言板網頁

嘗試輸入一條新的留言 "Hi Kubernetes!"，按一下 Submit 按鈕，網頁將會在原留言下方顯示新的留言，說明這條留言已經被成功加入 Redis 資料庫中了，如圖 1.5 所示。

圖 1.5　在留言板網頁輸入新的留言

到目前為止，我們終於完成了 Kubernetes 上的 Hello World 範例。這個例子並不簡單，但相對於傳統分散式應用的部署方式，在 Kubernetes 上，僅僅透過一些容易理解的設定檔和相關的簡單命令就完成了對整個叢集的部署，這不得不讓我們驚詫它的創新和強大。

下一節將開始對 Kubernetes 中的基本概念和專有名詞進行全面學習，在這之前，讀者可以繼續研究一下這裡的 Hello World 範例，比如：

⊙ 研究 RC、Service 等檔案的格式；

⊙ 熟悉 Kubectl 的相關命令；

⊙ 手動停止某個 Service 對應的容器程式，然後觀察有什麼現象發生；

⊙ 修改 RC 檔，改變抄本數量，重新發布，觀察結果。

1.4 Kubernetes 基本概念和專有名詞

在 Kubernetes 中，Node、Pod、Replication Controller、Service 等概念都可以看作是一種資源物件，透過 Kubernetes 提供的 Kubectl 工具或 API 呼叫來操作，並存放資訊到 etcd 中。

1.4.1 Node（節點）

Node（節點）在 Kubernetes 叢集中，相對於 Master 而言是工作主機，在較早的版本中也被稱為 Minion。Node 可以是一台實體物理機，也可以是一台虛擬機（VM）。在每個 Node 上執行用來啟動和管理 Pod 的服務——Kubelet，並被 Master 管理。在 Node 上執行的服務程式包括 Kubelet、kube-proxy 和 docker daemon。

Node 的資訊如下。

⊙ Node 地址：主機的 IP 位址，或者 Node ID。

⊙ Node 執行狀態：包括 Pending、Running、Terminated 三種狀態。

- Node Condition（條件）：描述 Running 狀態 Node 的執行條件，目前只有一種條件——Ready。Ready 表示 Node 處於健康狀態，可以接收由 Master 發送的建立 Pod 指令。

- Node 系統容量：描述 Node 可用的系統資源，包括 CPU、記憶體數量、最大可調度 Pod 數量等。

- 其他：Node 的其他資訊，包括實例的內核版本號、Kubernetes 版本號、Docker 版本號、作業系統名稱等。

我們可以透過 kubectl describe node <node_name> 來查看 Node 的詳細資訊，例如：

```
$ kubectl describe node   kubernetes-minion1
Name:                     kubernetes-minion1
Labels:                   kubernetes.io/hostname=kubernetes-minion1
CreationTimestamp:        Tue, 04 Aug 2015 14:34:22 +0800
Conditions:
  Type    Status  LastHeartbeatTime       LastTransitionTime      Reason  Message
  Ready   True    Thu, 13 Aug 2015 12:12:03 +0800  Tue, 11 Aug 2015 09:37:17 +0800
kubelet is posting ready status
Addresses:        192.168.1.129
Capacity:
  cpu:              2
  memory:           1870516Ki
  pods:             40
Version:
  Kernel Version:            3.10.0-229.el7.x86_64
  OS Image:                  Red Hat Enterprise Linux Server 7.1 (Maipo)
  Container Runtime Version: docker://1.6.2.el7
  Kubelet Version:           v1.0.0
  Kube-Proxy Version:        v1.0.0
ExternalID:                  kubernetes-minion1
Pods:                        (6 in total)
  Namespace                  Name
  default                    frontend-o8bg4
  default                    frontend-ulxxr
  default                    frontend-z65iu
  default                    redis-master-6okig
  default                    redis-slave-4na2n
  default                    redis-slave-92u3k
No events.
```

1 Node 的管理

Node 通常是實體機、虛擬機或雲端供應商提供的資源，並不是由 Kubernetes 建立的。我們說 Kubernetes 建立一個 Node，僅是表示 Kubernetes 在系統內部建立了一個 Node 物件，建立後即會對其進行一系列健康檢查，包括是否可以連線、服務是否正確啟動、是否可以建立 Pod 等。如果檢查未能通過，則該 Node 將會在叢集中被標記為不可用（Not Ready）。

2 使用 Node Controller 對 Node 進行管理

Node Controller 是 Kubernetes Master 中的一個元件，用於管理 Node 物件。它的兩個主要功能包括：叢集範圍內的 Node 資訊同步，以及單個 Node 的生命週期管理。

Node 資訊同步可以透過 kube-controller-manager 的啟動參數 --node-sync-period 來設定同步的時間頻率。

3 Node 的自動註冊

當 Kubelet 的 --register-node 參數被設置為 true（預設值即為 true）時，Kubelet 會向 apiserver 註冊自己。這也是 Kubernetes 推薦的 Node 管理方式。

Kubelet 進行自動註冊的啟動參數如下。

- ⊙ --apiservers=：apiserver 的位址；
- ⊙ --kubeconfig=：登錄 apiserver 所需憑證／證書的目錄；
- ⊙ --cloud_provider=：雲端供應商位址，用於取得自身的 metadata；
- ⊙ --register-node=：設定為 true 表示自動註冊到 apiserver。

4 手動管理 Node

Kubernetes 叢集管理員也可以手動建立和修改 Node 物件。當需要這樣操作時，先要將 Kubelet 啟動參數中 --register-node 參數的值設置為 false。如此一來，在 Node 上的 Kubelet 就不會把自己註冊到 apiserver 中去。

另外，Kubernetes 提供了一種執行時加入或隔離特定 Node 的方法。具體的操作請參考第 4 章。

1.4.2 Pod

Pod 是 Kubernetes 最基本的運作單元，包含一個或多個緊密相關的容器，類似於豌豆莢的概念。一個 Pod 可以被一個容器化的環境視為應用層的 "邏輯伺服器"（Logical Host）。一個 Pod 中的多個容器應用通常是緊密耦合的。Pod 在 Node 上會被新增、啟動或刪除。

為什麼 Kubernetes 使用 Pod 在容器之上再封裝一層呢？一個很重要的原因是，Docker 容器之間的通訊受到 Docker 網路機制的限制。在 Docker 的世界中，一個容器需要透過 link 方式才能存取到另一個容器提供的服務（連接埠）。大量容器之間的 link 將是一件非常繁重的工作。透過 Pod 的概念將多個容器組合在一個虛擬的 "主機" 內，可實現容器之間僅需透過 Localhost 就能相互溝通。

Pod、容器與 Node 的關係如圖 1.6 所示。

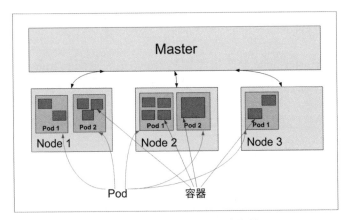

圖 1.6 Pod、容器與 Node 的關係

一個 Pod 中的應用容器共用同一組資源，如下所述。

- ⊙ PID 命名空間：Pod 中的不同應用程式可以看到其他應用程式的 Process ID。

- ⊙ 網路命名空間：Pod 中的多個容器能夠存取同一個 IP 和連接埠範圍。

- ⊙ IPC 命名空間：Pod 中的多個容器能夠使用 SystemV IPC 或 POSIX 訊息佇列進行通訊。

- ⊙ UTS 命名空間：Pod 中的多個容器共用一個主機名稱。

⊙ Volumes（共用儲存區）：Pod 中的各個容器可以存取在 Pod 層級所定義的 Volumes。

1 對 Pod 的定義

對 Pod 的定義透過 YAML 或 JSON 格式的設定檔來完成。下面的設定檔將定義一個名為 redis-slave 的 Pod，其中 kind 為 Pod。在 spec 中主要包含了對 Containers（容器）的定義，可以定義多個容器。

```
apiVersion: v1
kind: Pod
metadata:
  name: redis-slave
  labels:
    name: redis-slave
spec:
  containers:
  - name: slave
    image: kubeguide/guestbook-redis-slave
    env:
    - name: GET_HOSTS_FROM
      value: env
    ports:
    - containerPort: 6379
```

Pod 的生命週期是透過 Replication Controller 來管理的。Pod 的生命週期過程包括：透過範本進行定義，然後分配到一個 Node 上執行，在 Pod 內含容器執行結束後 Pod 也結束。在整個過程中，Pod 是處於以下 4 種狀態的其中一種，如圖 1.7 所示。

⊙ Pending：Pod 定義正確，傳送到 Master，但其所包含的容器映像檔還未完全建立。通常 Master 對 Pod 進行調度協作需要一些時間，之後 Node 對映像檔執行下載也需要一些時間。

⊙ Running：Pod 已被分配到某個 Node 上，且其包含的所有容器映像檔都已經建立完成，並成功運作起來。

⊙ Succeeded：Pod 中所有容器都成功結束，且不會被重啟，這是 Pod 的一種最終狀態。

⊙ Failed：Pod 中所有容器都結束了，但至少一個容器是以失敗狀態結束的，這也是 Pod 的一種最終狀態。

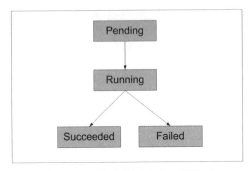

圖 1.7 Pod 生命週期中的 4 種狀態

Kubernetes 為 Pod 設計了一套獨特的網路配置，包括：為每個 Pod 分配一個 IP 位址，使用 Pod 名作為容器間通訊的主機名稱等。關於 Kubernetes 網路的設計原理將在第 2 章進行詳細說明。

另外，不建議在 Kubernetes 的一個 Pod 內執行同一種應用的多個實例。

1.4.3 Label（標籤）

Label 是 Kubernetes 系統中的一個核心概念。Label 以 key/value 成對的形式附加到各種物件上，如 Pod、Service、RC、Node 等。Label 定義了這些物件的可辨識屬性，用來對它們進行管理和選擇。Label 可在建立物件時附加到物件上，也可在物件建立後透過 API 進行管理。

在為物件定義好 Label 後，其他物件就可以使用 Label Selector（選擇器）來定義其相關的物件了。

Label Selector 的定義以多個逗號分隔的條件所組成。

```
"labels": {
  "key1" : "value1",
  "key2" : "value2"
}
```

目前有兩種 Label Selector：基於等式的（Equality-based）和基於集合的（Set-based），在使用時可以將多個 Label 進行組合來篩選。

基於等式的 Label Selector 使用等式類型運算式來進行篩選。

⊙ name = redis-slave：選擇所有包含 Label 中 key="name" 且 value="redis-slave" 的物件。

⊙ env != production： 選 擇 所 有 包 括 Label 中 key="env" 且 value 不 等 於 "production" 的物件。

基於集合的 Label Selector 使用集合操作的運算式來進行篩選。

⊙ name in（redis-master, redis-slave）：選 擇 所 有 包 含 Label 中 key="name" 且 value="redis-master" 或 "redis-slave" 的物件。

⊙ name not in（php-frontend）：選擇所有包含 Label 中 key="name" 且 value 不等 於 "php-frontend" 的物件。

在某些物件需要對另一些物件進行選擇時，可以將多個 Label Selector 進行組合，使用逗號 "，" 進行分隔即可。基於等式的 Label Selector 和基於集合的 Label Selector 可以任意組合。例如：

```
name=redis-slave,env!=production
name notin (php-frontend),env!=production
```

我們在使用 Label Selector 時，可以把它看作 SQL 查詢語句中的 where 查詢條件語法。例如，name=redis-slave 可 以 類 比 成 select * from <all_pods> where pod's name = 'redis-slave' 這 樣 的 SQL 查詢；name in (redis-master, redis-slave) 可 以 類 比 於 select * from <all_pods> where pod's name in (redis-master, redis-slave) 這 樣 的 SQL 查詢。而組合條件則相當於多條件的邏輯 AND 結果，例如 name=redis-slave,env!=production 類 似 於 select * from <all_pods> where pod's name = 'redis-slave' AND env <> 'production' 這樣的 SQL 條件。

一般來說，我們會給一個 Pod（或其他物件）定義多個 Labels，以便於配置、部署等管理工作。例如：部署不同版本的應用程式到不同的環境中；或者監控和分析應用（日誌記錄、監控、警示）等。透過對多個 Label 的設置，我們就可以 "多維度" 地對 Pod 或其他物件進行細緻的管理。一些常用的 Label 示例如下：

⊙ "release" : "stable", "release" : "canary"...

⊙ "environment" : "dev", "environment" : "qa", "environment" : "production"

⊙ "tier" : "frontend", "tier" : "backend", "tier" : "middleware"

⊙ "partition" : "customerA", "partition" : "customerB"...

⊙ "track" : "daily", "track" : "weekly"

Replication Controller 透過 Label Selector 來選擇要管理的 Pod。我們再看看 redis-slave RC 的定義。

在 RC 的定義中，Pod 部分的 template.metada.labels 定義了 Pod 的 Label，即 name=redis-slave。然後在 spec.selector 中指定 name=redis-slave，表示將對所有包含該 Label 的 Pod 進行管理。

```
apiVersion: v1
kind: ReplicationController
metadata:
  name: redis-slave
  labels:
    name: redis-slave
spec:
  replicas: 2
  selector:
    name: redis-slave
  template:
    metadata:
      labels:
        name: redis-slave
    spec:
      containers:
      - name: slave
        image: redis-slave
        ports:
        - containerPort: 6379
```

同樣，在 Service 的定義中，也透過定義 spec.selector 為 name=redis-slave 來選擇將哪些具有該 Label 的 Pod 加入其 Load Balance 的後端清單中。這樣，當用戶端連線請求到達該 Service 時，系統就能夠將連線轉送到後端具有該 Label 的一個 Pod 上去。

```
apiVersion: v1
kind: Service
metadata:
  name: redis-slave
```

```
  labels:
    name: redis-slave
spec:
 ports:
 - port: 6379
 selector:
   name: redis-slave
```

在前面的留言板例子中,我們只使用了一個 name=XXX 的 Label Selector。這邊我們來看一個更複雜的範例。

假設 Pod 定義了 3 個 Label:release、env 和 role,不同的 Pod 定義了不同的內容。如圖 1.8 所示,如果我們設置了 "role=frontend" 的 Selector,則會選取到 Node 1 和 Node 2 上的 Pod。

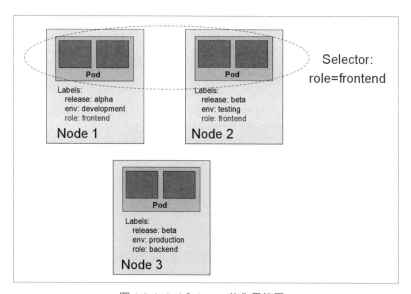

圖 1.8 Label Selector 的作用範圍 1

而設置 "release=beta" 的 Selector,則會選取到 Node 2 和 Node 3 上的 Pod,如圖 1.9 所示。

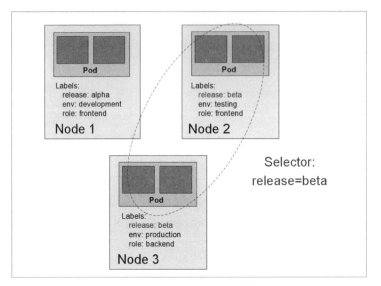

圖 1.9 Label Selector 的作用範圍 2

使用 Label 可以給物件建置多組標籤，Service、RC 等元件則透過 Label Selector 來選擇物件範圍，Label 和 Label Selector 共同構成了 Kubernetes 系統中最核心的架構模型，使得被管理物件能夠被精細地分群管理，同時實現整個叢集的高可用性。

1.4.4 Replication Controller（RC）

之前已經對 RC 的定義和功用做了一些說明，本節對 RC 的概念進行深入介紹。

Replication Controller 是 Kubernetes 系統中的核心概念，用於定義 Pod 抄本的數量。在 Master 內，Controller Manager 程式透過 RC 的定義來完成 Pod 的建立、監控、啟動、停止等操作。

根據 Replication Controller 的定義，Kubernetes 為了確保在任意時刻都能執行用戶指定的 Pod "抄本"（Replica）數量。如果有過多的 Pod 抄本在執行，系統就會停掉一些 Pod；如果執行的 Pod 抄本數量太少，系統就會再啟動一些 Pod，總之，透過 RC 的定義，Kubernetes 總能保證叢集中執行著用戶所期望的抄本數量。

同時，Kubernetes 會對全部在運作的 Pod 進行監控和管理，如果有需要（例如某個 Pod 停止運作），就會將 Pod 重啟命令託付給 Node 上的某個程式來完成（如 Kubelet 或 Docker）。

透過對 Replication Controller 的使用，Kubernetes 實現了應用系統叢集的高可用性，並且大大減少了系統管理員在傳統 IT 環境中需要完成的許多手動維運工作（如：主機監控腳本、應用系統監控腳本、故障回復腳本等）。

對 Replication Controller 的定義使用 YAML 或 JSON 格式設定檔來完成。以 redis-slave 為例，在設定檔中透過 spec.template 定義 Pod 的屬性（這部分定義與 Pod 的定義是一致的），設置 spec.replicas=2 來定義 Pod 抄本的數量。

```
apiVersion: v1
kind: ReplicationController
metadata:
  name: redis-slave
  labels:
    name: redis-slave
spec:
  replicas: 2
  selector:
    name: redis-slave
  template:
    metadata:
      labels:
        name: redis-slave
    spec:
      containers:
      - name: slave
        image: kubeguide/guestbook-redis-slave
        env:
        - name: GET_HOSTS_FROM
          value: env
        ports:
        - containerPort: 6379
```

通常，在 Kubernetes 叢集中不只一個 Node，假設一個叢集擁有 3 個 Node，根據 RC 的定義，系統將可能在其中的兩個 Node 上建立 Pod。圖 1.10 描述了在兩個 Node 上建立 redis-slave Pod 的情形。

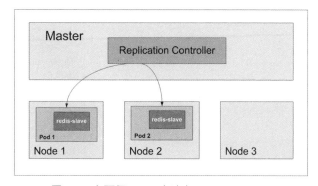

圖 1.10 在兩個 Node 上建立 redis-slave Pod

假設 Node 2 上的 Pod 2 意外終止，根據 RC 定義的 replicas 數量 2，Kubernetes 將會自動建置並啟動一個新的 Pod，以保證整個叢集中始終有兩個 redis-slave Pod 在運作。

如圖 1.11 所示，系統可能選擇 Node 3 或 Node 1 來建置一個新的 Pod。

在執行時，我們可以透過修改 RC 的抄本數量，來實現 Pod 的動態擴展（Scaling）。

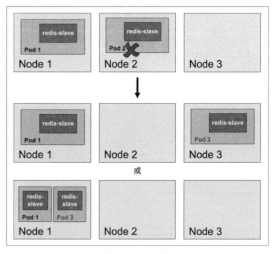

圖 1.11　根據 RC 定義創建新的 Pod

Kubernetes 提供了 kubectl scale 命令便可一次完成：

```
$ kubectl scale rc redis-slave --replicas=3
scaled
```

Scaling 的執行結果如圖 1.12 所示。

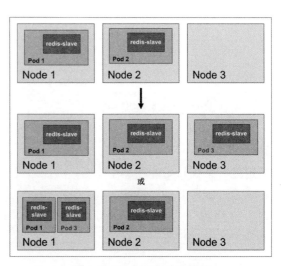

圖 1.12　Scaling 的執行結果

需要注意的是，刪除 RC 並不會影響原本透過此 RC 已建好的 Pod。為了刪除所有 Pod，可以設置 replicas 值為 0，然後更新此 RC。另外，用戶端工具 Kubectl 提供 stop 和 delete 命令，可一次就完整刪除 RC 和 RC 控制的全部 Pod。

另外，透過修改 RC 可以實現應用系統的輪流升級（Rolling Update），具體的操作方法請見第 4 章。

1.4.5 Service（服務）

在 Kubernetes 的世界裡，雖說每個 Pod 都會被分配到一個獨立的 IP 位址，但這個 IP 位址會隨著 Pod 的刪除而消失。這就引發一個問題：如果有一組 Pod 組成一個叢集來提供服務，那麼該如何存取它們呢？

Kubernetes 的 Service（服務）就是用來解決這個問題的核心概念。

一個 Service 可以看成一組提供相同服務 Pod 的對外存取介面。Service 作用於哪些 Pod 是透過 Label Selector 來定義的。

再看看上一節的例子，redis-slave Pod 執行了兩個抄本（replica），這兩個 Pod 對於前端程式（frontend）來說沒有區別，所以前端程式並不關心是哪個後端抄本在提供服務。並且後端 redis-slave Pod 在發生變化時，前端也無須跟隨這些變化。"Service" 就是用來實現這種去耦合的抽象概念。

◼1 對 Service 的定義

對 Service 的定義同樣使用 YAML 或 JSON 格式的設定檔來完成。以 redis-slave 服務的定義為例：

```
apiVersion: v1
kind: Service
metadata:
  name: redis-slave
  labels:
    name: redis-slave
spec:
  ports:
  - port: 6379
  selector:
    name: redis-slave
```

透過該定義，Kubernetes 將會建立一個名為 "redis-slave" 的服務，並在 6379 埠上監聽。spec.selector 的定義表示該 Service 將包含所有具有 "name=redis-slave" Label 的 Pod。

在 Pod 正常啟動後，系統將會根據 Service 的定義建出與 Pod 對應的 Endpoint（端點）物件，以建立起 Service 與後端 Pod 的對應關係。隨著 Pod 的建立、刪除，Endpoint 物件也將會更新。Endpoint 物件主要由 Pod 的 IP 位址和容器需要監聽的連接埠所組成，透過 kubectl get endpoints 命令可以查看，顯示為 IP:Port 的格式。

```
$ kubectl get endpoints
NAME            ENDPOINTS
redis-master    172.16.42.6:6379
```

2 Pod 的 IP 地址和 Service 的 Cluster IP 地址

Pod 的 IP 位址是 Docker Daemon 根據 docker0 橋接器的 IP 網段來進行分配的，但 Service 的 Cluster IP 位址是 Kubernetes 系統中的虛擬 IP 位址，由系統動態分配。Service 的 Cluster IP 位址相較於 Pod 的 IP 位址來說相對穩定，Service 被建立時即被分配一個 IP 位址，在刪除該 Service 之前，這個 IP 位址都不會再有變化。而 Pod 在 Kubernetes 叢集中生命週期較短，可能被 ReplicationController 刪除、再次建立，新建立的 Pod 將會被分配一個新的 IP 位址。

3 外部存取 Service

由於 Service 物件在 Cluster IP Range 中所分配到的 IP 只能在內部存取，所以其他 Pod 都可以無礙地存取到它。但如果這個 Service 作為前端服務，準備為叢集外的用戶端提供服務，我們就需要給這個服務提供公共 IP 了。

Kubernetes 支援兩種對外提供服務 Service 的 type 定義：NodePort 和 LoadBalancer。

(1) NodePort

在定義 Service 時指定 spec.type=NodePort，並指定 spec.ports.nodePort 的值，系統就會在 Kubernetes 叢集中的每個 Node 上打開一個主機上的真實連接埠。如此一來，能夠存取 Node 的用戶端就能透過這個連接埠連線到內部的 Service 了。

以 php-frontend service 的定義為例，nodePort=80，這樣，在每一個啟動了該 php-frontend Pod 的 Node 節點上，都會打開 80 port。

```
apiVersion: v1
kind: Service
metadata:
  name: frontend
  labels:
    name: frontend
spec:
  type: NodePort
  ports:
  - port: 80
    nodePort: 30001
  selector:
    name: frontend
```

假設有 3 個 php-frontend Pod 執行在 3 個不同的 Node 上，用戶端存取其中任意一個 Node 都可以連線到這個服務，如圖 1.13 所示。

圖 1.13 透過不同的電腦來存取同一個服務

(2) LoadBalancer

如果雲端供應商支援外部負載平衡器，則可以透過 spec.type=LoadBalancer 定義 Service，同時需指定負載平衡器的 IP 位址。使用這種類型需要指定 Service 的 nodePort 和 clusterIP。例如：

```
apiVersion: v1
kind: Service
metadata: {
    "kind": "Service",
    "apiVersion": "v1",
    "metadata": {
        "name": "my-service"
    },
    "spec": {
```

```json
        "type": "LoadBalancer",
        "clusterIP": "10.0.171.239",
        "selector": {
            "app": "MyApp"
        },
        "ports": [
            {
                "protocol": "TCP",
                "port": 80,
                "targetPort": 9376,
                "nodePort": 30061
            }
        ],
    },
    "status": {
        "loadBalancer": {
            "ingress": [
                {
                    "ip": "146.148.47.155"
                }
            ]
        }
    }
}
```

在這個例子中，status.loadBalancer.ingress.ip 設置的 146.148.47.155 為雲端供應商提供的負載平衡器 IP 位址。

之後，對該 Service 的連線請求將會透過 LoadBalancer 轉送到後端 Pod，負載平衡的實作方式則依賴於雲端供應商提供的 LoadBalancer 的運作機制。

4 多連接埠的服務

在很多情況下，一個服務都需要對外暴露多個連接埠。在這種情況下，可以透過連接埠進行命名，讓各個 Endpoint 不會因重複名稱而產生混淆。例如：

```json
{
    "kind": "Service",
    "apiVersion": "v1",
    "metadata": {
        "name": "my-service"
    },
    "spec": {
        "selector": {
            "app": "MyApp"
```

```
    },
    "ports": [
        {
            "name": "http",
            "protocol": "TCP",
            "port": 80,
            "targetPort": 9376
        },
        {
            "name": "https",
            "protocol": "TCP",
            "port": 443,
            "targetPort": 9377
        }
    ]
  }
}
```

1.4.6 Volume（儲存區）

Volume 是 Pod 中能夠被多個容器存取的共用目錄。Kubernetes 的 Volume 概念與 Docker 的 Volume 相當類似，但並不完全相同。Kubernetes 中的 Volume 與 Pod 生命週期相同，但與容器的生命週期沒關聯。當容器終止或重啟時，Volume 中的資料也不會遺失。另外，Kubernetes 支援多種類型的 Volume，並且一個 Pod 可以同時使用任意多個 Volume。

Kubernetes 提供非常豐富的 Volume 類型，下面將逐一進行說明。

(1) EmptyDir：一個 EmptyDir Volume 是在 Pod 分配到 Node 時所建立的。從它的名稱就可以看出，它的初始內容是空的。在同一個 Pod 中所有容器可以讀和寫 EmptyDir 中的同一檔案。當 Pod 從 Node 上移除時，EmptyDir 中的資料也會永久刪除。

EmptyDir 的一些用途如下：

- 臨時空間，例如用於某些應用程式執行時所需的臨時目錄，且無須永久保留；
- 長時間排程任務的過程中間 CheckPoint 所需臨時保存目錄；
- 一個容器需要從另一個容器中取得資料的目錄（多容器共用目錄）。

目前，用戶無法控制 EmptyDir 使用的媒體種類。如果 Kubelet 的配置是使用硬碟，那麼所有 EmptyDirs 都將建置在該硬碟上。Pod 將來可以設置 EmptyDir 是位於硬碟、固態硬碟上，或是基於記憶體的 tmpfs 上。

(2) hostPath：在 Pod 上掛載 Host 主機上的檔案或目錄。

hostPath 通常可以用於：

- 容器應用程式產生的日誌檔需永久保存，可以使用 Host 主機的快速檔案系統進行儲存；

- 需要存取 Host 主機上 Docker 引擎上的容器應用系統中相關資料，可以透過定義 hostPath 為 Host 主機 /var/lib/docker 目錄，使容器內部應用可以直接存取 Docker 的檔案系統。

在使用這種類型的 Volume 時，需要注意：

- 在不同的 Node 上具有相同配置的 Pod 可能會因為 Host 主機上的目錄和檔案不同，而導致對 Volume 上目錄和檔案存取的結果不一致；

- 如果使用了資源配額管理，則 Kubernetes 無法將 hostPath 在 Host 主機上使用的資源也納入管理。

以 redis-master 為例，使用 Host 主機的 /data 目錄作為其容器內部掛載點 /data 的 volume。

在設定檔中，先在 Pod 的 spec 部分定義一個 volume，然後在 containers 中給容器定義 volumeMounts，name 為 volume 的名稱。

```
apiVersion: v1
kind: ReplicationController
metadata:
  name: redis-master
  labels:
    name: redis-master
spec:
  replicas: 1
  selector:
    name: redis-master
  template:
    metadata:
      labels:
        name: redis-master
    spec:
```

```
      volumes:
      - name: "persistent-storage"
        hostPath:
          path: "/data"
      containers:
      - name: master
        image: kubeguide/redis-master
        ports:
        - containerPort: 6379
        volumeMounts:
        - name: "persistent-storage"
          mountPath: "/data"
```

(3) gcePersistentDisk：使用這種類型的 Volume 表示使用 Google Compute Engine（GCE）上永久磁碟（Persistent Disk，PD）中的檔案。與 EmptyDir 不同，PD 中的內容會永久保存，當 Pod 被刪除時，PD 只是被卸載（Unmount），但不會被刪除。需要注意的是，您需要先建立一個永久磁碟（PD）才能使用 gcePersistentDisk。

使用 gcePersistentDisk 有一些條件限制：

* Node（執行 Kubelet 的節點）需要是 GCE 虛擬機器；

* 這些虛擬機器需要與 PD 存放於相同的 GCE 專案和 Zone 中。

透過 gcloud 命令即可建立一個 PD：

```
gcloud compute disks create --size=500GB --zone=us-central1-a my-data-disk
```

在 Pod 定義中使用 gcePersistentDisk 範例：

```
apiVersion: v1
kind: Pod
metadata:
  name: test-pd
spec:
  containers:
  - image: gcr.io/google_containers/test-webserver
    name: test-container
    volumeMounts:
    - mountPath: /test-pd
      name: test-volume
  volumes:
  - name: test-volume
    # This GCE PD must already exist.
    gcePersistentDisk:
```

```
    pdName: my-data-disk
    fsType: ext4
```

(4) awsElasticBlockStore：與 GCE 類似，該類型的 Volume 使用 Amazon 提供的 Amazon Web Services（AWS）的 EBS Volume，並可以掛載到 Pod。需要注意的是，需要先建立一個 EBS Volume 才能使用 awsElasticBlockStore。

使用 awsElasticBlockStore 的一些條件限制如下：

- Node（執行 Kubelet 的節點）需要是 AWS EC2 實例；
- 這些 AWS EC2 實例需要與 EBS volume 存在於相同的 region 和 availability-zone 中；
- EBS 只支援單一個 EC2 實例 mount 一個 volume。

透過 aws ec2 create-volume 命令可以建立一個 EBS volume：

```
aws ec2 create-volume --availability-zone eu-west-1a --size 10 --volume-type gp2
```

在 Pod 定義中使用 gcePersistentDisk 範例：

```
apiVersion: v1
kind: Pod
metadata:
  name: test-ebs
spec:
  containers:
  - image: gcr.io/google_containers/test-webserver
    name: test-container
    volumeMounts:
    - mountPath: /test-ebs
      name: test-volume
  volumes:
  - name: test-volume
    # This AWS EBS volume must already exist.
    awsElasticBlockStore:
      volumeID: aws://<availability-zone>/<volume-id>
      fsType: ext4
```

(5) nfs：使用 NFS（網路檔案系統）提供的共用目錄掛載到 Pod 中。在系統中需要一個執行中的 NFS 系統。

在 Pod 定義中使用 nfs 範例：

```
apiVersion: v1
kind: Pod
```

```
metadata:
  name: nfs-web
spec:
  containers:
    - name: web
      image: nginx
      ports:
        - name: web
          containerPort: 80
      volumeMounts:
          # name must match the volume name below
        - name: nfs
          mountPath: "/usr/share/nginx/html"
  volumes:
    - name: nfs
      nfs:
          # 改爲您的NFS伺服器地址
          server: nfs-server.localhost
          path: "/"
```

(6) iscsi：使用 iSCSI 儲存裝置中的目錄掛載到 Pod 中。

(7) glusterfs：使用開源 GlusterFS 網路檔案系統的目錄掛載到 Pod 中。

(8) rbd：使用 Linux 區塊設備共用儲放區（Ceph RADOS Block Device）掛載到 Pod 中。

(9) gitRepo：透過掛載一個空目錄，並從 GIT 儲存庫 clone 一個 git repository 以供 Pod 使用。

(10) secret：一個 secret volume 用於讓 Pod 存放加密的資訊，您可以將定義在 Kubernetes 中的 secret 直接掛載為文件讓 Pod 存取。secret volume 是透過 tmfs（記憶體檔案系統）實現的，所以這種類型的 volume 是不能持久化存放的。

(11) persistentVolumeClaim：從 PV（PersistentVolume）中申請所需的空間，PV 通常是一種網路存儲，例如 GCEPersistentDisk、AWSElasticBlockStore、NFS、iSCSI 等。

1.4.7 Namespace（命名空間）

Namespace（命名空間）是 Kubernetes 系統中的另一個非常重要的概念，透過將系統內部的物件 "分配" 到不同的 Namespace 中，形成邏輯上切分成的不同專案、小組或用戶群組，便於不同的群組在共用使用整個叢集資源的同時還能被分別管理。

Kubernetes 叢集在啟動後，會建立一個名為 "default" 的 Namespace，透過 Kubectl 可以查詢到：

```
$ kubectl get namespaces
NAME            LABELS          STATUS
default         <none>          Active
```

接下來，如果不特別指定 Namespace，則用戶建立的 Pod、RC、Service 都將被系統建立於稱為 "default" 的 Namespace 中。

使用者可以依據需求建立新的 Namespace，透過如下 namespace-dev.yaml 檔以便新增：

```
apiVersion: v1
kind: Namespace
metadata:
  name: development
```

再次查看系統中的 Namespace：

```
$ kubectl get namespaces
NAME            LABELS          STATUS
default         <none>          Active
development     <none>          Active
```

接著，在建立 Pod 時，可以指定 Pod 屬於哪個 Namespace：

```
apiVersion: v1
kind: Pod
metadata:
  name: busybox
  namespace: development
spec:
  containers:
  - image: gcr.io/google_containers/busybox
    command:
      - sleep
      - "3600"
    name: busybox
```

在叢集中，新建立的 Pod 將會屬於 "development" 命名空間。

此時，使用 kubectl get 命令查詢將無法顯示：

```
$ kubectl get pods
NAME       READY      STATUS     RESTARTS    AGE
```

這是因為如果不加參數，kubectl get 命令將僅顯示屬於 "default" 命名空間的物件。

可以在 kubectl 命令中加入 --namespace 參數來查看特定命名空間中的物件：

```
# kubectl get pods --namespace=development
NAME       READY      STATUS     RESTARTS    AGE
busybox    1/1        Running    0           1m
```

使用 Namespace 來組織 Kubernetes 的各種物件，可以實現對使用者的分群，即 "多用戶" 管理。對不同的用戶還可以進行單獨的資源配額設置和管理，使得整個叢集的資源配置非常靈活、方便。

關於多用戶配額的詳細配置方法請參考第 4 章中的詳細介紹。

1.4.8 Annotation（註解）

Annotation 與 Label 類似，也使用 key/value 成對的形式進行定義。Label 具有嚴格的命名規則，它定義的是 Kubernetes 物件的中繼資料（Metadata），並且用於 Label Selector。Annotation 則是使用者任意定義的 "附加" 資訊，以便讓外部工具進行查詢。

用 Annotation 來記錄的資訊包括：

⊙ build 資訊、release 資訊、Docker 映像檔資訊等，例如時間戳記、release id 版號、PR 號碼、映像檔 hash 值、docker registry 位址等；

⊙ 日誌儲存庫、監控管理庫、分析儲存庫等資源存放的位址資訊；

⊙ 程式呼叫工具相關資訊，例如工具名稱、版本號等；

⊙ 團隊的聯絡資訊，例如電話號碼、負責人名稱、網址等。

1.4.9 小結

上述這些元件是 Kubernetes 系統的核心元件，它們共同構成 Kubernetes 系統的框架和運算模型。透過對它們進行靈活組合，使用者就可快速、方便地對容器叢集進行配置、建置和管理。

除了以上核心元件，在 Kubernetes 系統中還有許多可供配置的資源物件，例如 LimitRange、ResourceQuota。另外，一些系統內部使用的物件 Binding、Event 等請參考 Kubernetes 的 API 說明文件。

1.5 Kubernetes 整體架構

Kubernetes 叢集由兩種節點所組成：Master 和 Node。在 Master 上執行 etcd、API Server、Controller Manager 和 Scheduler 四個元件，其中後三個元件構成了 Kubernetes 的管控中心，負責對叢集中所有資源進行調度和協作。在每個 Node 上執行 Kubelet、Proxy 和 Docker Daemon 三個元件，負責對本節點上的 Pod 的生命週期進行管理，以及實現服務代理的功能。另外在所有節點上都可以執行 Kubectl 命令列工具，它提供了 Kubernetes 的叢集管理工具集。圖 1.14 描述了 Kubernetes 的系統架構。

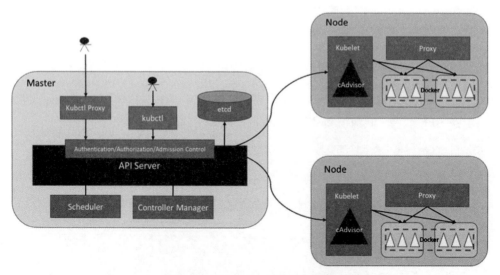

圖 1.14 Kubernetes 的系統架構圖

etcd 是高可用性的 key/value 儲存系統，用於持久化儲存叢集中所有的資源物件，例如叢集中的 Node、Service、Pod、RC、Namespace 等。API Server 則提供了操作 etcd 的程式介面 API，以 REST 方式提供服務，這些 API 基本上都是對叢集中資源物件新增、刪除、修改、查詢及監聽資源變化的介面，比如建立 Pod、新建 RC，監聽 Pod 的變化等介面。API Server 是連接其他所有服務元件的樞紐。下面我們以 RC 與相關 Service 建置的完整流程為例，來說明 Kubernetes 裡各個服務（元件）其作用以及它們之間的相互關係。

透過 Kubectl 傳送一個建立 RC 的要求（假設 Pod 副本數目為 1），該請求透過 API Server 被寫入 etcd 中。此時 Controller Manager 透過 API Server 監聽資源變化的介面察覺到這個 RC 事件，分析之後，發現目前叢集中還沒有它所對應的 Pod 實例，於是根據 RC 裡的 Pod 範本定義產生一個 Pod 物件，透過 API Server 寫入 etcd 中。接下來，此事件被 Scheduler 發現，它立即執行一個繁複的調度流程，為這個新 Pod 選擇一個落腳的 Node，稱這個過程為綁定（Pod Binding），然後又透過 API Server 將此一結果寫入到 etcd 中。隨後，目標 Node 上執行的 Kubelet 程式透過 API Server 監測到這個 "新建的" Pod 並且按照它的定義，啟動該 Pod 並持續執行被指派的任務，直到 Pod 的生命週期走到盡頭。

隨後，透過 Kubectl 傳送一個對應到此 Pod 的 Service 之建立需求，Controller Manager 會透過 Label 標籤查詢到相關聯的 Pod 實例，然後產生 Service 的 Endpoints 資訊並透過 API Server 寫入到 etcd 中。接下來，所有 Node 上執行的 Proxy 程式透過 API Server 查詢並監聽 Service 物件與其對應的 Endpoints 資訊，建立一個軟體式的負載平衡器來實現 Service 連線到後端 Pod 的網路轉送功能。

從上面的分析來看，Kubernetes 各個元件的相關功能是很明顯的。

- ⊙ API Server：提供資源物件的唯一控制窗口，其他所有元件都必須透過它所提供的 API 來操作資源數值，透過對相關的資源數值 "完整查詢" + "變化監聽"，這些元件可以 "即時" 地完成相關的業務功能，比如某個新的 Pod 一旦被送交到 API Server 中，Controller Manager 就會立即發現並開始調度使用。

- ⊙ Controller Manager：叢集內部的控制管理中心，其主要目的是實現 Kubernetes 叢集的故障偵測和回復的自動化工作，例如根據 RC 的定義完成 Pod 的複製或移除，以確保 Pod 實例數符合 RC 抄本的定義；根據 Service 與 Pod 的管理關係，完成服務的 Endpoints 物件的建立和更新；其他諸如 Node 的發現、管理和狀態監控、已刪除容器所占用磁碟空間和本地暫存的映像檔的清理等工作也是由 Controller Manager 負責完成。

⊙ Scheduler：叢集中的排程調度器，負責 Pod 在叢集節點中的協作調度分配。

⊙ Kubelet：負責在 Node 節點上 Pod 的建立、修改、監控、刪除等所有生命週期的管理，同時 Kubelet 定期 "回報" 此 Node 的狀態資訊到 API Server 中。

⊙ Proxy：實現 Service 的代理及軟體式的負載平衡器。

用戶端透過 Kubectl 命令列工具或 Kubectl Proxy 存取 Kubernetes 系統，在 Kubernetes 叢集內部的用戶端可以直接使用 Kubectl 命令管理叢集。Kubectl Proxy 是 API Server 的一個反向代理伺服器，在 Kubernetes 叢集外部的用戶端可以透過 Kubectl Proxy 存取 API Server。

API Server 內部有一套完備的安全機制，包括認證、授權及允入控制等相關模組。API Server 在收到一個 REST 要求後，首先會執行認證、授權和允入控制等相關邏輯，過濾掉非正常存取，然後將請求發送給 API Server 中的 REST 服務模組，讓執行資源能具體操作請求邏輯。

在 Node 節點執行的 Kubelet 服務中內嵌了一個 cAdvisor 服務，cAdvisor 是 Google 的另外一個開源專案，用於即時監控 Docker 上運作的容器相關資源使用指標，在第 4 章會詳細介紹它。

1.6 Kubernetes 安裝與配置

1.6.1 安裝 Kubernetes

Kubernetes 系統由一組可執行程式所組成，使用者可以透過 GitHub 下載編譯包裝好的二元執行檔，或者下載原始程式碼編譯後進行安裝。

安裝 Kubernetes 對軟體和硬體的系統要求如表 1.1 所示。

表 1.1 安裝 Kubernetes 對軟體和硬體的系統要求

軟硬體	最低配置	推薦配置
CPU 和記憶體	Master：至少 1 core 和 1GB 記憶體 Node：至少 1 core 和 1GB 記憶體	Master：2 core 和 2GB 記憶體 Node：由於要運行 Docker，所以應根據需要的容器數量進行配置
Linux 作業系統	基於 x86_64 架構的各種 Linux 發行版本，包括 Red Hat Linux、CentOS、Fedora、Ubuntu 等，Kernel 版本要求 3.10 以上 亦可以在 Google 的 GCE（Google Compute Engine）或者 Amazon 的 AWS（Amazon Web Service）雲平台上進行安裝	Red Hat Linux 7 CentOS 7
Docker	1.3 版本及以上 下載和安裝說明：https://www.docker.com	1.8 版本
etcd	2.0 版本及以上 下載和安裝說明：https://github.com/coreos/etcd/releases	2.2 版本

最簡單的安裝方法是從 Kubernetes 官網下載編譯好的二元執行檔，如圖 1.15 所示，本書是基於 Kubernetes 1.0 版本進行說明。下載地址為：https://github.com/GoogleCloudPlatform/kubernetes/releases。

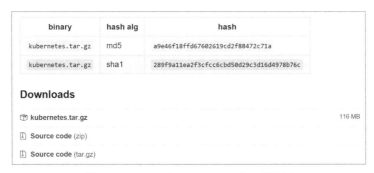

圖 1.15 GitHub 上 Kubernetes 的下載頁面

在壓縮檔 kubernetes.tar.gz 內包含了 Kubernetes 的服務程式執行檔、說明文件和眾多範例檔。

解壓縮後，server 子目錄中的 kubernetes-server-linux-amd64.tar.gz 檔包含了全部 Kubernetes 需要執行的服務程式。文件列表如表 1.2 所示。

表 1.2 相關服務程式清單

文件名	說明
hyperkube	管控程式，用於執行其他 Kubernetes 程式
kube-apiserver	apiserver 主程序
kube-apiserver.docker_tag	apiserver docker 映像檔的 tag
kube-apiserver.tar	apiserver docker 映像檔文件
kube-controller-manager	controller-manager 主程式
kube-controller-manager.docker_tag	controller-manager docker 映像檔的 tag
kube-controller-manager.tar	controller-manager docker 映像檔文件
Kubectl	CLI 命令列控制程式
Kubelet	Kubelet 主程式
kube-proxy	proxy 主程式
kube-scheduler	scheduler 主程式
kube-scheduler.docker_tag	scheduler docker 映像檔的 tag
kube-scheduler.tar	scheduler docker 映像檔文件

Kubernetes Master 節點安裝部署 kube-apiserver、kube-controller-manager、kube-scheduler 等服務程式。我們可以使用 Kubectl 當作用戶端與 Master 進行互動操作。在工作 Node 上僅需使用 Kubelet 和 kube-proxy。Kubernetes 還提供一個 "all-in-one" 的 hyperkube 程式來完成上述服務程式的啟動。

1.6.2 配置並啟動 Kubernetes 服務

Kubernetes 並沒有過多的相依軟體，使用二元執行檔案加上必要的啟動參數直接執行即可完成 Kubernetes 服務的啟動。為了便於管理，常見的做法是將 Kubernetes 服務程式配置為 Linux 的系統服務。

本節以 Red Hat Linux 7 為例，使用 Systemd 系統完成 Kubernetes 服務的配置。其他 Linux 發行版本的服務配置請參考相關的系統管理手冊。

需要注意的是，Red Hat Linux 預設啟動了 Firewalld 一防火牆服務，而 Kubernetes 的 Master 與工作 Node 之間會有大量的網路通訊，在內部網路系統中建議關閉防火牆服務：

```
systemctl disable firewalld
systemctl stop firewalld
```

將 Kubernetes 的可執行檔案複製到 /usr/bin（如果複製到其他目錄，則需要將系統服務檔中相對應的檔案路徑修改正確即可），接著進行相關服務的配置。

下面對服務啟動參數的說明中主要僅介紹了必要的參數，每個服務的啟動參數還有很多，可以在第 4 章中找到完整的說明，有興趣的讀者可以嘗試修改它們，以觀察服務執行上有何不同效果。

1 Master 上的 kube-apiserver、kube-controller-manager、kube-scheduler 服務

(1) kube-apiserver 服務

在 /usr/lib/systemd/system 目錄下建立 kube-apiserver.service 文件。

假設 etcd 服務已經安裝並正確啟動，則 kube-apiserver 將依賴於 etcd 服務，需要在該檔中加入 After=etcd.server 和 Wants=etcd.service。

接下來，將 kube-apiserver 的啟動參數放在 kube-apiserver.service 檔中，並透過使用設定檔中定義的環境變數來指定各參數。

```
# cd /usr/lib/systemd/system/
#
# more kube-apiserver.service
[Unit]
Description=Kubernetes API Server
Documentation=https://github.com/GoogleCloudPlatform/kubernetes
After=etcd.service
Wants=etcd.service

[Service]
EnvironmentFile=-/etc/kubernetes/config
EnvironmentFile=-/etc/kubernetes/apiserver
User=kube
ExecStart=/usr/bin/kube-apiserver \
          $KUBE_LOGTOSTDERR \
          $KUBE_LOG_LEVEL \
          $KUBE_etcd_SERVERS \
```

```
                $KUBE_API_ADDRESS \
                $KUBE_API_PORT \
                $KUBELET_PORT \
                $KUBE_ALLOW_PRIV \
                $KUBE_SERVICE_ADDRESSES \
                $KUBE_ADMISSION_CONTROL \
                $KUBE_API_ARGS
Restart=on-failure
Type=notify
LimitNOFILE=65536

[Install]
WantedBy=multi-user.target
```

設定檔存放於 /etc/kubernetes 目錄中，其中 config 檔的內容為所有服務都需要的參數。與 kube-apiserver 相關的參數放置於 apiserver 檔中。

設定檔 config 的內容包括：log 設定、是否允許執行具特權模式的 Docker 容器及 Master 所在的位址等。

```
$ cd /etc/kubernetes

$ more config
###
# kubernetes system config
#
# The following values are used to configure various aspects of all
# kubernetes services, including
#
#   kube-apiserver.service
#   kube-controller-manager.service
#   kube-scheduler.service
#   kubelet.service
#   kube-proxy.service
# logging to stderr means we get it in the systemd journal
KUBE_LOGTOSTDERR="--logtostderr=true"

# journal message level, 0 is debug
KUBE_LOG_LEVEL="--v=0"

# Should this cluster be allowed to run privileged docker containers
KUBE_ALLOW_PRIV="--allow_privileged=false"

# How the controller-manager, scheduler, and proxy find the apiserver
KUBE_MASTER="--master=http://kubernetes-master:8080"
```

設定檔 apiserver 的內容包括：綁定主機的 IP 位址、連接埠、etcd 服務位址、
Service 所需的 Cluster IP 範圍、一系列 admission 控制策略等。

```
$ cat apiserver
###
# kubernetes system config
#
# The following values are used to configure the kube-apiserver
#

# The address on the local server to listen to.
KUBE_API_ADDRESS="--insecure-bind-address=0.0.0.0"

# The port on the local server to listen on.
KUBE_API_PORT="--insecure-port=8080"

# Comma separated list of nodes in the etcd cluster
KUBE_ETCD_SERVERS="--etcd_servers=http://127.0.0.1:4001"

# Address range to use for services
KUBE_SERVICE_ADDRESSES="--service-cluster-ip-range=10.254.0.0/16"

# default admission control policies
KUBE_ADMISSION_CONTROL="--admission_control=NamespaceAutoProvision,LimitRange
r,SecurityContextDeny"

# Add your own!
KUBE_API_ARGS=""
```

(2) kube-controller-manager 服務

kube-controller-manager 服務相依於 etcd 和 kube-apiserver 服務。

```
$ cd /usr/lib/systemd/system
$ cat kube-controller-manager.service
[Unit]
Description=Kubernetes Controller Manager
Documentation=https://github.com/GoogleCloudPlatform/kubernetes
After=etcd.service
After=kube-apiserver.service
Requires=etcd.service
Requires=kube-apiserver.service

[Service]
EnvironmentFile=-/etc/kubernetes/config
EnvironmentFile=-/etc/kubernetes/controller-manager
```

```
ExecStart=/usr/bin/kube-controller-manager \
        $KUBE_LOGTOSTDERR \
        $KUBE_LOG_LEVEL \
        $KUBE_MASTER \
        $KUBE_CONTROLLER_MANAGER_ARGS
Restart=on-failure
LimitNOFILE=65536

[Install]
WantedBy=multi-user.target
```

同樣，可以將設定檔 controller-manager 放置於 /etc/kubernetes 目錄中。通常無須特別的參數設置。

(3) kube-scheduler 服務

kube-scheduler 服務也相依於 etcd 和 kube-apiserver 服務。

```
$ cd /usr/lib/systemd/system
$ cat kube-controller-manager.service
[Unit]
Description=Kubernetes Controller Manager
Documentation=https://github.com/GoogleCloudPlatform/kubernetes
After=etcd.service
After=kube-apiserver.service
Requires=etcd.service
Requires=kube-apiserver.service

[Service]
EnvironmentFile=-/etc/kubernetes/config
EnvironmentFile=-/etc/kubernetes/scheduler
ExecStart=/usr/bin/kube-scheduler \
        $KUBE_LOGTOSTDERR \
        $KUBE_LOG_LEVEL \
        $KUBE_MASTER \
        $KUBE_SCHEDULER_ARGS
Restart=on-failure
LimitNOFILE=65536

[Install]
WantedBy=multi-user.target
```

設定檔 /etc/kubernetes/scheduler 通常無須特別的參數設置。

配置完成後，透過 systemctl start 命令啟動這 3 個服務。同時，使用 systemctl enable 命令將服務加入開機啟動清單中。

```
$ systemctl daemon-reload
$ systemctl enable kube-apiserver.service
$ systemctl start kube-apiserver.service
$ systemctl enable kube-controller-manager
$ systemctl start kube-controller-manager
$ systemctl enable kube-scheduler
$ systemctl start kube-scheduler
```

透過 systemctl status <service_name> 來驗證服務啟動的狀態，"running" 表示啟動成功。

到目前為止，Master 上所需的服務就全部啟動完成。

2 Node 上的 Kubelet、kube-proxy 服務

在工作 Node 節點上需要預先安裝好 Docker Daemon 並且正常啟動。

(1) Kubelet 服務

與 Master 服務的配置相同，在 /usr/lib/systemd/system 目錄建立 kubelet.service 檔對 Kubelet 服務進行配置，它相依於 Docker 服務。

```
[Unit]
Description=Kubernetes Kubelet Server
Documentation=https://github.com/GoogleCloudPlatform/kubernetes
After=docker.service
Requires=docker.service

[Service]
WorkingDirectory=/var/lib/kubelet
EnvironmentFile=-/etc/kubernetes/config
EnvironmentFile=-/etc/kubernetes/kubelet
ExecStart=/usr/bin/kubelet \
          $KUBE_LOGTOSTDERR \
          $KUBE_LOG_LEVEL \
          $KUBELET_API_SERVER \
          $KUBELET_ADDRESS \
          $KUBELET_PORT \
          $KUBELET_HOSTNAME \
          $KUBE_ALLOW_PRIV \
          $KUBELET_ARGS
Restart=on-failure

[Install]
WantedBy=multi-user.target
```

設定檔 /etc/kubernetes/kubelet 的內容包括：綁定主機 IP 位址、連接埠、apiserver 的位址及其他參數。

```
###
# kubernetes kubelet (minion) config

# The address for the info server to serve on (set to 0.0.0.0 or "" for all
interfaces)
KUBELET_ADDRESS="--address=0.0.0.0"

# The port for the info server to serve on
KUBELET_PORT="--port=10250"

# You may leave this blank to use the actual hostname
KUBELET_HOSTNAME="--hostname_override=node1"

# location of the api-server
KUBELET_API_SERVER="--api_servers=http://kubernetes-master:8080"

# Add your own!
KUBELET_ARGS=""
```

(2) kube-proxy 服務

建立 kube-proxy.service 檔，該服務相依於 Linux 的 network 服務。

```
[Unit]
Description=Kubernetes Kube-Proxy Server
Documentation=https://github.com/GoogleCloudPlatform/kubernetes
After=network.target

[Service]
EnvironmentFile=-/etc/kubernetes/config
EnvironmentFile=-/etc/kubernetes/proxy
ExecStart=/usr/bin/kube-proxy \
        $KUBE_LOGTOSTDERR \
        $KUBE_LOG_LEVEL \
        $KUBE_MASTER \
        $KUBE_PROXY_ARGS
Restart=on-failure
LimitNOFILE=65536

[Install]
WantedBy=multi-user.target
```

設定檔 /etc/kubernetes/proxy 無須特別的參數設置。

Kubelet 和 kube-proxy 都需要的設定檔 config 其內容範例如下。

```
$ cd /etc/kubernetes

$ more config
###
# kubernetes system config
#
# The following values are used to configure various aspects of all
# kubernetes services, including
#
#   kube-apiserver.service
#   kube-controller-manager.service
#   kube-scheduler.service
#   kubelet.service
#   kube-proxy.service
# logging to stderr means we get it in the systemd journal
KUBE_LOGTOSTDERR="--logtostderr=true"

# journal message level, 0 is debug
KUBE_LOG_LEVEL="--v=0"

# Should this cluster be allowed to run privileged docker containers
KUBE_ALLOW_PRIV="--allow_privileged=false"

# How the controller-manager, scheduler, and proxy find the apiserver
KUBE_MASTER="--master=http://kubernetes-master:8080"
```

配置完成後，透過 systemctl 啟動服務：

```
$ systemctl daemon-reload
$ systemctl enable kubelet.service
$ systemctl start kubelet.service
$ systemctl enable kube-proxy
$ systemctl start kube-proxy
```

Kubelet 預設採用向 Master 自動註冊的機制，在 Master 上查看各 Node 的狀態（$ kubectl get nodes），狀態為 Ready 表示 Node 向 Master 註冊成功。等所有 Node 的狀態都為 Ready 之後，一個 Kubernetes 叢集就啟動完成了。接下來就可以使用設定檔建立 RC、Pod、Service 等物件來部署 Docker 容器應用叢集了。

1.6.3 Kubernetes 的版本升級

Kubernetes 的升級很簡單，按照下面步驟執行即可完成。

- ⊙ 透過官網下載最新版本的二元執行檔壓縮檔 kubernetes.tar.gz，解壓縮。
- ⊙ 停止 Master 和 Nodes 上的 Kubernetes 相關服務。
- ⊙ 將新版二元執行檔複製到 Kubernetes 安裝的目錄下，取代舊版本檔案。
- ⊙ 重新啟動各 Kubernetes 服務。

1.6.4 內網中的 Kubernetes 相關配置

Kubernetes 在能夠存取 Internet 網路的環境中使用是非常方便，一方面在 docker.io 和 gcr.io 網站中已經存放了大量官方製作的 Docker 映像檔，另一方面 GCE、AWS 提供的雲端平台已經很成熟，用戶透過租用虛擬機空間來部署 Kubernetes 叢集也很容易。

但是，許多企業內部由於安全性因素無法連線 Internet。對於這些企業就需要透過建立一個內部的私有 Docker Registry 並修改一些 Kubernetes 配置，來啟動內部網路中的 Kubernetes 叢集。

1 Docker Private Registry（私有 Docker 映像檔庫）

使用 Docker 的 Registry 工具可以方便地建立一個 Private Registry。

詳細的安裝步驟請參考 Docker 的官方檔案 https://docs.docker.com/registry/deploying/。

2 Kubelet 配置

由於在 Kubernetes 中是以 Pod 而不是 Docker 容器為管理單元的，在 Kubelet 建立 Pod 時，還可透過啟動一個名為 google_containers/pause 的映像檔來完成對 Pod 網路的配置。

該映像檔存在於 Google 網站 http://gcr.io 中，可以透過一台能夠連上 Internet 的伺服器將其下載，匯出 TAR 檔，再儲存到私有 Docker Registry 中。

之後，需要在每台 Node 的 Kubelet 服務之啟動參數加上 --pod_infra_container_
image 選項，指定為私有 Docker Registry 中 pause 映像檔的位址。例如：

```
###
# kubernetes kubelet (minion) config

# The address for the info server to serve on (set to 0.0.0.0 or "" for all
interfaces)
KUBELET_ADDRESS="--address=0.0.0.0"

# The port for the info server to serve on
KUBELET_PORT="--port=10250"

# You may leave this blank to use the actual hostname
KUBELET_HOSTNAME="--hostname_override=node1"

# location of the api-server
KUBELET_API_SERVER="--api_servers=http://kubernetes-master:8080"

# Add your own!
KUBELET_ARGS="--pod_infra_container_image=docker.intranet.com:5000/google_
containers/pause:latest"
```

修改 Kubelet 設定檔後，重啟 Kubelet 服務：

```
systemctl restart kubelet
```

利用以上設置即完成在無法存取 Internet 的內部網路環境中，建置一個企業內部的
私有雲平台。

1.6.5 Kubernetes 對 Docker 映像檔的要求 ──
啟動命令於前景執行

在使用 Docker 時，通常使用 docker run 命令建立並啟動一個容器。在 Kubernetes
系統中對容器的要求是：需要一直在前景執行。

如果我們所建立的 Docker 映像檔其啟動命令是背景執行程式，例如 UNIX 腳本：

```
nohup ./start.sh &
```

則在 Kubelet 建立包含這個容器的 Pod 之後，執行完該命令即被認為 Pod 執行結束，將立刻銷毀該 Pod。如果為該 Pod 定義了 ReplicationController，則系統將會監控到該 Pod 已經終止，之後根據 RC 定義中 Pod 的 replicas 抄本數量生成一個新的 Pod。而一旦建立出新的 Pod，就將在執行完啟動命令後，陷入無窮迴圈的過程中。這就是 Kubernetes 需要我們自己建立以一個前景命令作為啟動 Docker 映像檔命令的原因。

以本章留言板例子中 redis-master 映像檔的啟動命令為例：

```
redis-server /etc/Redis/Redis.conf
```

該命令表示 redis-server 程式將一直在前景執行。

另外，guestbook-php-frontend 映像檔的預設啟動命令為：

```
apache2-foreground
```

apache2-foreground 同樣是一個前景執行命令。

許多傳統的應用程式都被設計為服務的形式在背景執行，例如 UNIX 系統中大量使用以 nohup 方式運行的程式。Supervisor 提供一種可以同時啟動多個背景應用，並保持 Supervisor 自身在前景執行的機制，可以滿足 Kubernetes 對容器的啟動要求。

關於 Supervisor 的安裝和使用，請參考官網 http://supervisord.org 中文檔的說明。

第 **2** 章

Kubernetes 核心原理

本章利用 5 個章節來講述 Kubernetes 核心原理，首先從 API Server 的存取開始談起，然後分析 Master 節點上 Controller Manager 各個元件的功能機制，以及 Scheduler 預選策略和優選策略。接下來，解說 Node 節點上的 Kubelet 元件的執行機制。最後，深入分析安全機制和網路運作原理。

2.1 Kubernetes API Server 解析

整體來看，Kubernetes API Server 有以下功能和目的：

- ⊙ 提供了叢集管理的 API 介面；
- ⊙ 成為叢集內各個功能模組之間資料交換和通訊的中心樞紐；
- ⊙ 擁有完善的叢集安全機制。

在本節主要針對上述第 (1)、(2) 點進行解說，在 2.4 節會對第 (3) 點進行詳細分析。

2.1.1 如何存取 Kubernetes API？

Kubernetes API 透過一個叫作 Kubernetes apiserver 的程式提供服務，這個程式執行在單一個 kubernetes-master 節點上。在預設情況下，該程式包含以下兩個連接埠。

1 本地連接埠

(1) 此連接埠用來接收 HTTP 請求；

(2) 此連接埠的預設值為 8080，可以透過修改 API Server 的啟動參數 "--insecure-port" 數值來修改此預設值；

(3) 預設的 IP 地址是 "localhost"，透過修改 API Server 的啟動參數 "--insecure-bind-address" 的值來改變此 IP 地址；

(4) 無須認證或授權（Authentication or Authorization）的 HTTP 要求透過這連接埠存取 API Server。

2 安全連接埠（Secure Port）

(1) 此連接埠的預設值為 6443，透過修改 API Server 的啟動參數 "--secure-port" 數值可以修改其預設值；

(2) 預設的 IP 位址是非本地端（Non-Localhost）網路介面，可透過 API Server 的啟動參數 "--bind-address" 來設定該值；

(3) 此連接埠用來接收 HTTPS 請求；

(4) 用於以 Token 檔案或用戶端憑證及 HTTP Base 的認證；

(5) 用在基於策略上的授權；

(6) Kubernetes 預設不會啟動 HTTPS 安全存取機制。

我們既可以透過程式設計方式存取 API Server，也可以利用 curl 命令直接存取它。假如 API Server 的位址是 $APISERVER（格式為：ip:port），則用下面的命令即可呼叫其 "Versions" REST API 方法：

```
$ curl $APISERVER/api --insecure --header "Authorization: Bearer $TOKEN" \
{
  "versions": [ \
    "v1" \
```

```
  ] \
} \
```

參數 $TOKEN 為用戶的 Token，用於安全驗證機制。此外，Kubernetes 還提供了一個代理程式——Kubectl Proxy，它既能作為 Kubernetes API Server 的反向網路代理，也能作為普通用戶端存取 API Server 的網路代理。假如透過 Master 節點的 8080 連接埠來啟動此代理程式，則可以執行下面的命令：

```
$ kubectl proxy --port=8080 &
```

驗證代理是否正常工作，可以透過存取該代理的 "Versions" REST 介面進行測試：

```
$ curl http://localhost:8080/api/ \
{
  "versions": [ \
    "v1" \
  ] \
} \
```

作為 API Server 的反向代理，可以透過它開發或限制對外開通的功能。作為用戶端存取 API Server 的通用網路代理，認證部分完全可以交由它來處理。

Kubernetes 及各開源社群為開發人員提供了各種語言版本的 Client Libraries，透過這些 Client Libraries 或 HTTP REST 套件程式，開發人員能夠使用自己喜愛的程式存取 Kubernetes API Server。我們會在後面介紹透過程式設計方式存取 API Server 的一些技術細節。

此外，Kubernetes 還提供命令列工具 Kubectl，用它來將 API Server 的 API 包裝成簡單的指令集供我們使用。Kubectl 的實作原理很簡單，它首先把用戶的輸入轉換成對 API Server 的 REST API 呼叫（包含 API 位址和存取參數），然後執行遠端 API 呼叫，並將呼叫結果輸出。因此，我們可以視 Kubectl 為 API Server 的一個用戶端工具。透過全面學習和掌握 Kubectl 的用法，我們基本上可以明白 API Server 的大部分 API 方法的參數、意義及作用。

Kubectl 命令如下：

```
kubectl [command] [options]
```

command 列表如表 2.1 所示。

表 2.1 command 列表

命令	說明
get	顯示一個或多個資源的資訊
describe	詳細描述某個資源的資訊
create	透過檔案名或標準輸入新建一個資源
update	利用檔案名或標準輸入修改一個資源
delete	使用檔案名、標準輸入、資源的 ID 或標籤刪除資源
namespace	設定或查看目前請求的命名空間
Logs	列印在 Pod 中容器的日誌紀錄
rolling-update	對一個給定的 ReplicationController 執行滾動更新（Rolling Update）
scale	調節 Replication Controller 抄本數量
exec	在某個容器內執行某個命令
port-forward	為某個 Pod 設定一個或多個連接埠轉送
proxy	執行 Kubernetes API Server 代理程式
run	在叢集中執行一個獨立的映像檔（Image）
stop	透過 ID 或資源名稱刪除一項資源
expose	將資源物件對外開放成 Kubernetes Service
label	修改某個資源上的標籤（Label）
config	修改叢集的配置資訊
cluster-info	顯示叢集資訊
api-versions	顯示 API 版本資訊
version	列印 Kubectl 和 API Server 版本資訊
help	命令說明

option 列表如表 2.2 所示。

表 2.2 option 列表

參數	說明
--alsologtostderr=false	記錄日誌到標準錯誤輸出及檔案
--api-version="":	用於告知 API Server 其 Kubectl 所使用的 API 版本資訊
--certificate-authority=" "	憑證檔的存放位置
--client-certificate=" "	用戶端憑證檔位置（包括目錄和檔案名）
--client-key=" "	用戶端私密金鑰檔位置（包括目錄和檔案名）
--cluster=" "	指定叢集的名稱
--context=" "	欲使用的 Kubectl 設定檔內文名稱
-h, --help=false	是否支援 Kubectl 命令說明
--insecure-skip-tls-verify=false	如果該值為 true，將不驗證伺服器端憑證，這會使得 HTTPS 連線不安全
--kubeconfig=" "	Kubectl 設定檔的存放位置
--log-backtrace-at=:0	當日誌內容到達 N 行時，產生一個 "軌跡歷史檔（stack trace）"
--log-dir=	指定日誌檔的目錄
--log-flush-frequency=5s	log 重新寫入的最大時間間隔，單位為秒。
--logtostderr=true	列印日誌到標準錯誤輸出，取代寫入到檔案
--match-server-version=false	要求伺服器端版本和用戶端版本相同
--namespace=" "	指定命名空間
--password=" "	使用基本認證存取 API Server 時所需的密碼
-s, --server=" "	指定 Kubernetes API Server 的位址
--stderrthreshold=2	設定將日誌寫至標準錯誤輸出的門檻值
--token=" "	使用 Token 方式存取 API Server 時需使用的 Token
--user=" "	存取 API Server 的使用者
--username=" "	使用基本認證存取 API Server 所需的用戶名
--v=0	V logs 的日誌等級
--validate=false	如果設定值為 true，則在發送請求前使用一個 "schema" 驗證輸入內容
--vmodule=	用於設定日誌過濾的模式，各模式之間用逗號分隔各別詳細日誌級別

2.1.2 透過 API Server 訪問 Node、Pod 和 Service

圖 2.1 列出了存取叢集 API Server 及叢集內資源物件互動的情況。

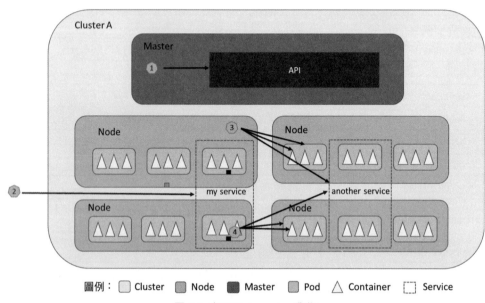

圖 2.1 存取 Kubernetes 叢集

以下是對圖 2.1 中各種存取途徑的詳細說明（每個數字表示一種訪問的途徑）。

(1) 叢集內部各元件、應用或叢集外部應用程式存取 API Server。

(2) 叢集外部系統存取 Service。

(3) 此種情況包含：

- 叢集內跨節點存取 Pod；
- 叢集內跨節點存取容器；
- 叢集內跨節點存取 Service。

(4) 這類情況包含：

- 叢集內的容器存取 Pod；
- 叢集內的容器存取其他叢集內的容器；
- 叢集內的容器存取 Service。

本節中只談論透過 API Server 存取 Node、Pod 和 Service 的情況，對於其他情況請參閱其他章節。

叢集外系統可以透過存取 API Server 所提供的介面管理 Node 節點，該介面的路徑為 /api/v1/proxy/nodes/{name}，其中 {name} 為節點的名稱或 IP 地址。由於該介面是 REST 介面，因此支援增刪改查（CRUD）方法。API Server 除提供上述介面外，還提供如下介面：

```
/api/v1/proxy/nodes/{name}/pods    #列出節點內所有Pod資訊
/api/v1/proxy/nodes/{name}/stats   #列出節點內相關資源的統計資訊
/api/v1/proxy/nodes/{name}/spec    #列出節點概況訊息
```

前面所列的三個介面，只有在該節點的 Kubelet 啟動時包含 --enable-server=true 參數時，才能被存取。如果 Node 的 Kubelet 程式在啟動時包含 --enable-debugging-handlers=true 參數，那麼 API Server 會包含以下存取介面：

```
/api/v1/proxy/nodes/{name}/run          #在節點上執行某個容器，參考Docker的run命令
/api/v1/proxy/nodes/{name}/exec         #在節點上的某個容器中執行某項命令，參考Docker的
                                         exec命令
/api/v1/proxy/nodes/{name}/attach       #在節點上attach某個容器，參考Docker的attach
                                         命令
/api/v1/proxy/nodes/{name}/portForward  #實現節點上的Pod連接埠繞送
/api/v1/proxy/nodes/{name}/logs         #列出節點的各類日誌資訊，例如tallylog、
                                         lastlog、wtmp、ppp/、rhsm/、audit/、
                                         tuned/和anaconda/等
/api/v1/proxy/nodes/{name}/metrics      #列出和該節點相關的監測指標資訊
/api/v1/proxy/nodes/{name}/runningpods  #列出節點內執行中的Pod資訊
/api/v1/proxy/nodes/{name}/debug/pprof  #列出節點內目前Web服務的狀態，包括CPU占用情況和
                                         記憶體使用情況等，具體使用情況參考godoc的說明
```

透過 API Server 不僅可以管理 Pod，而且可以透過 API Server 存取 Pod 提供的服務，存取的介面清單如下：

```
/api/v1/namespaces/{namespace}/pods/{name}/proxy/{path:*} #存取Pod的某個服務介面
/api/v1/namespaces/{namespace}/pods/{name}/proxy          #存取Pod

/api/v1/proxy/namespaces/{namespace}/pods/{name}/{path:*} #存取Pod的某個服務介面
/api/v1/proxy/namespaces/{namespace}/pods/{name}          #存取Pod
```

如果某個 Service 包含 kubernetes.io/cluster-service:"true" 和 kubernetes.io/name:"$CLUSTERSERVICENAME" 標籤，其中 $CLUSTERSERVICENAME 為叢

集 Service 的名稱，那麼用戶可以透過 API Server 的 /api/v1/proxy/namespaces/
{namespace}/services/{name} 介面存取此 Service。也可以透過 API Server 的 /api/
v1/proxy/namespaces/{namespace}/services/{name}/ {path:*} 介面存取 Service 後端
Pod 中的容器所提供的服務。例如：

```
apiVersion: v1
kind: Service
metadata:
  name: mywebservice
  namespace: kube-system
  labels:
    kubernetes.io/cluster-service: "true"
    kubernetes.io/name: "myclusterwebapp"
spec:
  selector:
    k8s-smp: mywebpod
  clusterIP: 10.2.0.100
  ports:
  - name: dns-tcp
    port: 53
protocol: TCP
```

此例子建立了一個名為 "myclusterwebapp" 的叢集 Service，用戶透過 API Server
的 /api/v1/proxy/namespaces/kub-system/services/myclusterwebapp 介 面 能 夠 管
理該 Service。假如此 Service 後端的容器在 Web 應用的根路徑下包含一個名
為 helloWorld 的 Servlet，則用戶可以透過 /api/v1/proxy/namespaces/kub-system/
services/myclusterwebapp/helloWold 存取該 Servlet。

2.1.3 叢集功能模組之間的通訊

從圖 2.2 中可以看出，API Server 作為叢集的核心，負責叢集各功能模組之間的通
訊。叢集內的功能模組透過 API Server 將資訊存入 etcd，其他模組透過 API Server
（用 get、list 或 watch 方式）讀取這些資訊，進而達成模組之間的資訊交換。比如，
Node 節點上的 Kubelet 每隔一個時間週期，透過 API Server 回報自身狀態，API
Server 接收到這些資訊後，將節點狀態資訊保存到 etcd 中。Controller Manager 中
的 Node Contoller 透過 API Sever 定期讀取這些節點狀態資訊，做出相對應處理。
又例如，Scheduler 監聽到某個 Pod 建立的資訊後，檢查所有符合該 Pod 要求的節
點清單，並將 Pod 綁定到節點清單中最符合要求的節點上；如果 Scheduler 監聽到

某個 Pod 被刪除，則呼叫 API Server 刪除該 Pod 資源物件。Kubelet 監聽 Pod 資訊，如果監聽到 Pod 物件被刪除，則刪除本節點上相對應的 Pod 實例；如果監聽到修改 Pod 資訊，則 Kubelet 監聽到變化後，也會同步地修改本節點的 Pod 實例等。

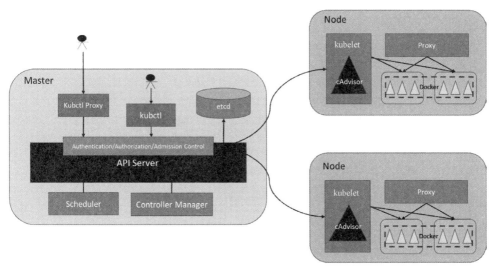

圖 2.2 Kubernetes 架構圖

為了緩和叢集各模組對 API Server 不斷存取的壓力，各功能模組都採用緩衝機制來暫存資料。各功能模組定期從 API Server 獲得指定資源物件資訊（透過 list 及 watch 方式），然後將這些資訊保存到本地端暫存，功能模組在某些情況下不直接存取 API Server，而是經由讀取暫存資料間接存取 API Server。

2.2 調度管控原理

Controller Manager 作為叢集內部的管理控制中心，負責叢集內的 Node、Pod 抄本、服務端點（Endpoint）、命名空間（Namespace）、服務帳號（ServiceAccount）、資源配額（ResourceQuota）等資源管理並執行自動化回復流程，確保叢集處於預期中的工作狀態。比如在出現某個 Node 意外當機時，Controller Manager 會在叢集的其他節點上自動補齊 Pod 抄本。

如 圖 2.3 所 示，Controller Manager 內 部 包 含 Replication Controller、Node Controller、ResourceQuota Controller、Namespace Controller、ServiceAccount

Controller、Token Controller、Service Controller 及 Endpoint Controller 等多個控制器，Controller Manager 是這些控制器的核心管理者。一般來說，智慧系統和自動系統通常會透過一個操作系統不斷修正系統的狀態。在 Kubernetes 叢集中，每個 Controller 就是一個操作系統，它透過 API Server 監控系統的共用狀態，並嘗試著將系統狀態從 "現有狀態" 改變到 "期望狀態"。本章的前面幾個小節介紹了 Controller Manager 的 Controller 原理。

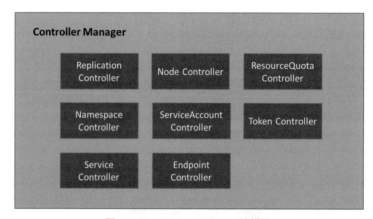

圖 2.3 Controller Manager 結構圖

在 Kubernetes 叢集中與 Controller Manager 同樣重要的另一個組件是 Kubernetes Scheduler，它的作用是將待調度的 Pod（包括透過 API Server 新建立的 Pod 及 RC 為補足抄本所新建的 Pod 等）透過一些複雜的調度流程部署到某個合適的 Node 上。本章最後會介紹 Kubernetes Scheduler 調度器的基本原理。

2.2.1 Replication Controller

為了區分 Controller Manager 中的 Replication Controller（抄寫控制器）和資源物件 Replication Controller，我們將本節中的 Replication Controller 稱為 "抄寫控制器"，而資源物件 Replication Controller 簡寫為 RC，以便於後續討論。

Replication Controller 的核心作用是確保在任何時候叢集中一個 RC 所關聯的 Pod 都保持一定數量的 Pod 抄本且處於正常運行狀態。如果此類 Pod 的 Pod 抄本數量太多，則 Replication Controller 會銷毀一些 Pod 抄本；反之 Replication Controller 會添加 Pod 抄本，直到此類 Pod 的 Pod 抄本數量達到預設的抄本數量。最好不要跳過 RC 直接建立 Pod，因為 Replication Controller 會透過 RC 管理 Pod 抄本，實現自動新增、補充、替換、刪除 Pod 抄本，這樣就能提高系統的容錯能力，減少由於節點毀壞等意外狀況造成的損失。即使您的應用程式只用到一個 Pod 抄本，我們也強烈建議使用 RC 定義 Pod。

Service 可能是由被不同 RC 管理著多個 Pod 抄本所組成，在 Service 整個生命週期裡，由於需要發布不同版本的 Pod，因此希望不斷有舊的 RC 被銷毀，新的 RC 被新建。Service 自身及它的用戶端應該不需關注於 RC。

Replication Controller 管理的物件是 Pod，因此其操作和 Pod 的狀態和重啟策略息息相關。Pod 的狀態值清單如表 2.3 所示。

表 2.3 Pod 的狀態值列表

狀態值	描述
pending	API Server 已經新建該 Pod，但 Pod 內還有一個或多個容器的映像檔還沒有建立
running	Pod 內所有容器均已建好，且至少有一個容器處於運行狀態或正在啟動或重啟中
succeeded	Pod 內所有容器均成功中止，且不會再重新啟動
Failed	Pod 內所有容器均已退出，且至少有一個容器因為發生錯誤導致退出

Pod 的重啟策略包含：Always、OnFailure 和 Never。當 Pod 的重啟策略 RestartPolicy=Always 時，Replication Controller 才會管理該 Pod 的操作（例如新建、銷毀、重啟等）。

在通常情況下，Pod 物件被成功建立後不會消失，用戶或 Replication Controller 會銷毀 Pod 物件。唯一的例外是當 Pod 處於 succeeded 或 failed 狀態的時間過長（超時參數由系統設定）時，該 Pod 會被系統自動回收。當 Pod 抄本變成 failed 狀態或被刪除，且其 RestartPolicy=Always 時，管理該 Pod 的抄寫控制器將在其他工作節點上重新建立、執行此 Pod 抄本。

為了瞭解 Replication Controller 的機制，我們需要先進一步瞭解 RC。被 RC 管控的所有 Pod 實例都是根據 RC 裡定義的 Pod 範本（Templet）所建立的，該範本包含 Pod 的標籤屬性，同時 RC 裡包含一個標籤選擇器（Label Selector），Selector 的設定值表明了該 RC 所對應的 Pod。RC 會保證每個由它建立的 Pod 都包含與它的標籤選擇器相匹配的 label。透過這種標籤選擇器技術，Kubernetes 實現了一種單純化過濾、選擇資源物件的機制，並且這個機制被 Kubernetes 大量使用。另外，透過 RC 建立的 Pod 抄本在初始階段狀態是一致的，從某種意義上來說是可以完全互相替換的。這種特性非常適合抄本無狀態服務，當然，RC 同樣可以用於建構有狀態的服務。

接下來，我們將建立一個 RC 以加深對上述原理的理解，RC 的定義如下所示：

```
apiVersion: v1
kind: ReplicationController
metadata:
  name: redis-slave
  labels:
    name: redis-slave
spec:
  replicas: 3
  selector:
    name: redis-slave
  template:
    metadata:
      labels:
        name: redis-slave
    spec:
      containers:
      - name: slave
        image: kubeguide/guestbook-redis-slave
        env:
        - name: GET_HOSTS_FROM
          value: env
        ports:
        - containerPort: 6379
```

這個 RC 建立了一個包含一個容器的 Pod——redis-slave，該 Pod 包含三個抄本。

關於 Pod 範本的問題，我們理解為：範本就像一個模具，模具製作出來的東西一旦離開模具，它們之間就再也沒關係。同樣，一旦 Pod 被建置完畢，無論範本如何變化，甚至換成一個新的範本，也不會影響到已經建立的 Pod。此外，Pod 可以透過修改它的標籤來達到脫離 RC 的管控。該方法可以用於將 Pod 從叢集中遷移、資料修復等調整。對於被遷移的 Pod 抄本，RC 會自動建立一個新的抄本替換被遷移的抄本。需要注意的是，刪除一個 RC 不會影響它所建立的 Pod。如果想刪除一個 RC 所控制的 Pod，則需要將該 RC 的抄本數（Replicas）屬性設定為 0，這樣所有的 Pod 抄本都會被自動刪除。

瞭解了 RC 的作用，我們可更容易理解 Replication Controller 了，它的職責有：

(1) 確保目前叢集中僅僅只有 N 個 Pod 實例，N 是 RC 中定義的 Pod 抄本數量。

(2) 透過調整 RC 的 spec.replicas 參數值來調整 Pod 的抄本數量。

Kubernetes 的各個模組職責明確且簡單有效。

抄寫控制器常用的使用模式如下。

(1) 重新調度（Rescheduling）。如前面所提到的，不管您想執行 1 個抄本還是 1000 個抄本，抄寫控制器都能確保指定數量的抄本存在於叢集中，即使發生節點故障或 Pod 抄本被終止運行等意外狀況。

(2) 彈性伸縮（Scaling）。手動或透過自動擴展代理修改抄寫控制器的 spec.replicas 參數值，非常容易達成擴展或縮小抄本的數量。例如，透過下列命令可以實現手動修改名為 foo 的 RC 的抄本數為 3：

```
kubectl scale --replicas=3 replicationcontrollers foo
```

(3) 滾動更新（Rolling Updates）。抄寫控制器被設計成能夠以逐一替換 Pod 的方式來協助服務的逐步更新。建議的方式是建立一個新的、只有一個抄本的 RC，若新的 RC 抄本數量加 1，則舊 RC 的抄本數量減 1，直到舊 RC 的抄本數量為零，然後刪除該舊 RC。

透過上述模式，即使在滾動更新的過程中發生了不可預料的錯誤，Pod 集合的更新也都在可控制範圍內。在理想情況下，滾動更新控制器需將準備就緒的應用系統考慮在內，並保證在叢集中任何時刻都有足夠數量的可用 Pod。下面是手動控制滾動更新的範例程式：

```
kubectl rolling-update frontend-v1 -f frontend-v2.json
```

在上面對應用系統滾動更新的討論中，我們發現一個應用系統在滾動更新時，可能存在多個 Release 版本。事實上，在營運環境中一個已經發布的應用程式存在多個 Release 版本是很正常的現象。透過 RC 的標籤選擇器，我們能很方便地做到對一個應用系統的多個 Release 版本進行追蹤。假設一個 Kubernetes 服務物件（Service）包含多個 Pod，這些 Pod 的 labels 均為 tier=frontend、environment=prod，Pod 的數量為 10 個，如果您希望拿出其中一個 Pod 用於測試新功能，則可以這樣做：

(1) 首先，建立一個 RC，並設定其 Pod 抄本數量為 9，其標籤選擇器設定為 tier=frontend、environment=prod、track=stable；

(2) 然後，透過滾動更新來建立一個 RC，並設定其 Pod 抄本數量為 1（就是那個用於測試的 Pod），其標籤選擇器設定為 tier=frontend、environment=prod、track=canary。如此一來，Service 就同時覆蓋了測試版和穩定版的 Pod，實現對應用程式多版本 Release 的追蹤，輕易就完成金絲雀部署（Canary Deployment）。

2.2.2 Node Controller

Node Controller 負責發現、管理和監控叢集中的各個 Node 節點。Kubelet 在啟動時透過 API Server 註冊節點資訊，並定時向 API Server 發送節點資訊。API Server 接收到這些資訊後，將這些資訊寫入 etcd。寫入 etcd 的節點資訊包括節點健康狀況、節點資源、節點名稱、節點位址資訊、作業系統版本、Docker 版本、Kubelet 版本等。節點健康狀況包含 "就緒"（True）、"未就緒"（False）和 "未知"（Unknown）三種。下面列出節點資訊的內容：

```
{
    "kind": "Node",
    "apiVersion": "v1",
    "metadata": {
        "name": "e2e-test-wojtekt-minion-etd6",
        "selfLink": "/api/v1/nodes/e2e-test-wojtekt-minion-etd6",
        "uid": "a7e89222-e8e5-11e4-8fde-42010af09327",
        "resourceVersion": "379",
        "creationTimestamp": "2015-04-22T11:49:39Z"
    },
    "spec": {
        "externalID": "15488322946290398375"
    },
    "status": {
        "capacity": {
            "cpu": "1",
            "memory": "1745152Ki"
        },
        "conditions": [
            {
                "type": "Ready",
                "status": "True",
```

```
                "lastHeartbeatTime": "2015-04-22T11:58:17Z",
                "lastTransitionTime": "2015-04-22T11:49:52Z",
                "reason": "kubelet is posting ready status"
            }
        ],
        "addresses": [
            {
                "type": "ExternalIP",
                "address": "104.197.49.213"
            },
            {
                "type": "LegacyHostIP",
                "address": "104.197.20.11"
            }
        ],
        "nodeInfo": {
            "machineID": "",
            "systemUUID": "D59FA3FA-7B5B-7287-5E1A-1D79F13CB577",
            "bootID": "44a832f3-8cfb-4de5-b7d2-d66030b6cd95",
            "kernelVersion": "3.16.0-0.bpo.4-amd64",
            "osImage": "Debian GNU/Linux 7 (wheezy)",
            "containerRuntimeVersion": "docker://1.5.0",
            "kubeletVersion": "v0.15.0-484-g0c8ee980d705a3-dirty",
            "kubeProxyVersion": "v0.15.0-484-g0c8ee980d705a3-dirty"
        }
    }
}
```

如圖 2.4 所示，Node Contoller 透過 API Sever 定期讀取這些資訊，然後做以下處理。

(1) Controller Manager 在啟動時如果設定了 --cluster-cidr 參數，請為每一個沒有設定 Spec.PodCIDR 的 Node 節點生成一個 CIDR 位址 (Classless Inter-Domain Routing)，並用該 CIDR 位址設定節點的 Spec.PodCIDR 屬性。這樣做的目的是防止不同節點的 CIDR 位址發生衝突。

(2) 逐一讀取節點資訊，多次嘗試修改 nodeStatusMap 中的節點狀態資訊，將該節點資訊和 Node Controller 的 nodeStatusMap 所保存的節點資訊做比較。如果判斷沒有收到 Kubelet 發送的節點資訊、第一次收到節點 Kubelet 發送的節點資訊，或在該處理過程中節點狀態變成非 "健康" 狀態，則在 nodeStatusMap 中保存該節點的狀態資訊，並用 Node Controller 所在節點的系統時間作為探測時間和節點狀態變化時間。如果判斷在指定時間內收到新的節點資訊，且節點狀態發生變化，則在 nodeStatusMap 中保存該節點的狀態資訊，並用 Node Controller 所在節點的系統時間作為探測時間和節點狀態變化時間。如果判斷出在指定時間內收到新的節點資訊，但節點狀態沒發生變化，則在 nodeStatusMap 中保存該節點的狀態資訊，並用 Node Controller 所在節點的系統時間作為探測時間，用上次節點資訊中的節點狀態變化時間作為該節點的狀態變化時間。

如果判斷出在某一段時間（gracePeriod）內沒有收到節點狀態資訊，則設定節點狀態為 "未知"（Unknown），並且透過 API Server 保存節點狀態。

(3) 逐一讀取節點資訊，如果節點狀態變為非 "就緒" 狀態，則將節點加入待刪除佇列，否則將節點從該佇列中刪除。如果節點狀態為非 "就緒" 狀態，且系統指定了 Cloud Provider，則 Node Controller 利用 Cloud Provider 查看節點，若發現節點故障，則刪除 etcd 中的節點資訊，並刪除和該節點相關的 Pod 等相關資源資訊。

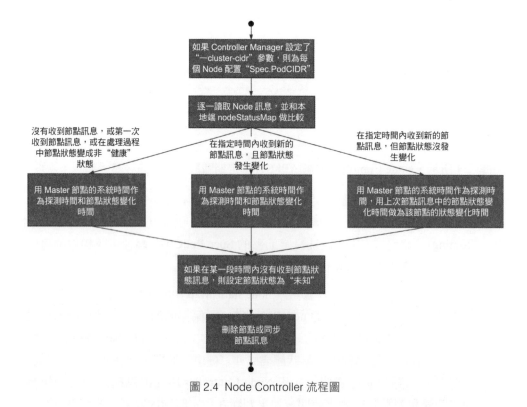

圖 2.4 Node Controller 流程圖

2.2.3 ResourceQuota Controller

作為容器叢集的管理平台，Kubernetes 也提供了資源配額管理（ResourceQuota Controller）這項高級功能，資源配額管理確保了所指定的物件在任何時候都不會超額占用系統資源，避免因某些業務程式上的設計或實作的缺陷導致整個系統運作負載過高甚至意外當機，對整個叢集的整體運作和穩定性有非常重要的作用。

目前 Kubernetes 支援以下三個層級的資源配額管理。

(1) 容器級別，可以對 CPU 和 Memory 進行限制。

(2) Pod 級別，可以對一個 Pod 內所有容器的可用資源進行限制。

(3) Namespace 級別，為 Namespace（可用於多租戶）級別的資源限制，包括：

- Pod 數量；
- Replication Controller 數量；
- Service 數量；
- ResourceQuota 數量；
- Secret 數量；
- 可持有的 PV（Persistent Volume）數量。

Kubernetes 的配額管理是透過允入機制（Admission Control）來實現的，與配額相關的兩種允入控制器是 LimitRanger 與 ResourceQuota，其中 LimitRanger 作用於 Pod 和 Container 上，ResourceQuota 則作用於 Namespace 上。此外，如果定義了資源配額，則 kube-scheduler 在 Pod 調度過程中也會考慮這項因素，確保 Pod 調度不會超出配額限制。

ResourceQuota Controller 負責實現 Kubernetes 的資源配額管理，如圖 2.5 所示。使用者透過 API Server 為 Namespace 維護 ResourceQuota 物件，API Server 將該物件保存在 etcd 中。所有 Pod、Service、RC、Secret 和 Persistent Volume 資源物件的即時狀態透過 API Server 保存到 etcd 中，ResourceQuota Controller 在計算資源使用總量時會用到這些資訊。

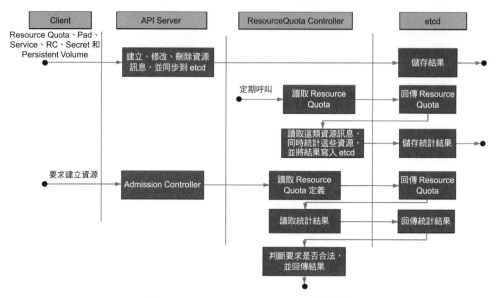

圖 2.5 ResourceQuota Controller 流程圖

ResourceQuota Controller 以 Namespace 作為群組統計單元，透過 API Server 定時讀取 etcd 中每個 Namespace 裡定義的 ResourceQuota 資訊，計算 Pod、Service、RC、Secret 和 Persistent Volume 等資源物件的總數，以及所有 Container 實例所使用的資源量（目前包括 CPU 和記憶體），然後將這些統計結果寫入 etcd 的 resourceQuotaStatusStorage 目錄（resourceQuotas/status）中。寫入 resourceQuotaStatusStorage 的內容包含 Resource 名稱、配額值（ResourceQuota 物件中 spec.hard 欄位下包含的資源數值）、目前使用值（ResourceQuota Controller 統計出來的值）。

用戶透過 API Server 要求建立或修改資源時，API Server 會使用 Admission Controller 的 ResourceQuota 外掛程式，該外掛程式會讀取前面寫入 etcd 的配額統計結果，如果某項資源的配額已經被用完，則此請求會被拒絕。

2.2.4 Namespace Controller

用戶透過 API Server 可以建立新的 Namespace 並保存在 etcd 中，Namespace Controller 定期透過 API Server 讀取 Namespace 資訊。如果 Namespace 被 API 標示為期限內刪除（Grace Deletion，設定刪除期限，DeletionTimestamp 屬性被設

定），則將該 NameSpace 的狀態設定成 "Terminating" 並保存到 etcd 中。同時 Namespace Controller 刪除該 Namespace 下的 ServiceAccount、RC、Pod、Secret、PersistentVolume、ListRange、ResourceQuota 和 Event 等資源物件。

當 Namespace 的狀態被設定成 "Terminating" 後，由 Adminssion Controller 的 NamespaceLifecycle 外掛程式來阻止為該 Namespace 建立新的資源。同時，在 Namespace Controller 刪除完該 Namespace 中的所有資源物件後，Namespace Controller 對該 Namespace 執行 finalize 操作，刪除 Namespace 的 spec.finalizers 欄位中的訊息。

如果 Namespace Controller 觀察到 Namespace 設定了刪除期限（即 DeletionTimestam 屬性被設定），同時 Namespace 的 spec.finalizers 內數值是空的，那麼 Namespace Controller 將透過 API Server 刪除該 Namespace 資源。

2.2.5 ServiceAccount Controller 與 Token Controller

ServiceAccount Controller 與 Token Contoller 是與安全相關的兩個控制器。Service Account Controller 在 Controller manager 啟動時所建立。它監聽 Service Account 的刪除事件和 Namespace 的建立、修改事件。如果在 Service Account 的 Namespace 中沒有 default Service Account，那麼 Service Account Controller 為該 Service Account 的 Namespace 建立一個 default Service Account。

在 API Server 的啟動參數中加入 "--admission_control=ServiceAccount" 後，API Server 在啟動時會自己建立一個 key 和 crt 檔（見 /var/run/kubernetes/apiserver.crt 和 apiserver.key），然後在啟動 ./kube-controller-manager 時附加參數 service_account_private_key_file=/var/run/kubernetes/ apiserver.key，這樣啟動 Kubernetes Master 後，我們就會發現在建立 Service Account 時系統會自動為其創立一個 Secret。

如果 Controller manager 在啟動時指定的參數為 service-account-private-key-file，而且該參數所指定的檔案包含一個 PEM-encoded 編碼的 RSA 演算法之私密金鑰，那麼，Controller manager 會建立 Token Controller 物件（背景執行緒方式）。

Token Controller 物件監聽 Service Account 的建立、修改和刪除事件，並根據事件的不同做不同的處理。如果監聽到的事件是建立和修改 Service Account 事件，則讀取該 Service Account 的資訊；如果該 Service Account 沒有 Service Account Secret（即用於存取 API Server 的 Secret），則用前面提到的私密金鑰為該 Service Account 建立一個 JWT(JSON Web Token) Token，將此 Token 和 ROOT CA（如果啟動時參數指定了 ROOT CA）放入新建的 Secret 中，將此新建的 Secret 放到這 Service Account 中，同時修改 etcd 中 Service Account 的內容。如果監聽到的事件是刪除 Service Account 事件，則刪除與此 Service Account 相關的 Secret。

Token Controller 物件同時監聽 Secret 的建立、修改和刪除事件，並根據事件的不同做不同的處理。如果監聽到的事件是建立和修改 Secret 事件，那麼讀取這 Secret 中 annotation 所指定的 Service Account 資訊，並根據需要為此 Secret 建立一個和其 Service Account 相關的 Token；如果監聽到的事件是刪除 Secret 事件，則刪除 Secret 與其相關的 Service Account 之引用關係。

2.2.6 Service Controller 與 Endpoint Controller

在學習 Service Controller 之前，讓我們先深入瞭解一下 Kubernetes Service，它是一個定義 Pod 集合的抽象物件，或者被使用者視為一個存取策略，有時也被稱作微服務。

Kubernetes 中的 Service 是一種資源物件，和 Pod 相似。與其他所有資源物件一樣，可以透過 API Server 的 POST 方法建立一個新的實例。在下面的範例程式建立了一個名為 "my-service" 的 Service，其包含一個標籤選擇器，透過該標籤選擇器選擇所有內含標籤為 "app=MyApp" 的 Pod 作為該 Service 之 Pod 集合。Pod 集合中的每個 Pod 的 80 埠被對應到節點本地端的 9376 埠，同時 Kubernetes 指派一個叢集 IP（即前面提到的虛擬 IP）給此 Service。內容清單如下：

```
{
    "kind": "Service",
    "apiVersion": "v1",
    "metadata": {
        "name": "my-service"
    },
```

```
    "spec": {
        "selector": {
            "app": "MyApp"
        },
        "ports": [
            {
                "protocol": "TCP",
                "port": 80,
                "targetPort": 9376
            }
        ]
    }
}
```

圖 2.6 列出了 Service 是如何存取到後端的 Pod。在建立 Service 時,如果指定標籤
選擇器(在 spec.selector 欄位中指定),系統將會自動建立一個和該 Service 同名
的 Endpoint 資源物件。該 Endpoint 資源物件內含一個位址(Addresses)和連接埠
(Ports)集合。這些 IP 位址和連接埠即透過標籤選擇器過濾出 Pod 的存取端點。
Kubernetes 支持透過 TCP 和 UDP 去存取這些 Pod 的位址,預設使用 TCP。

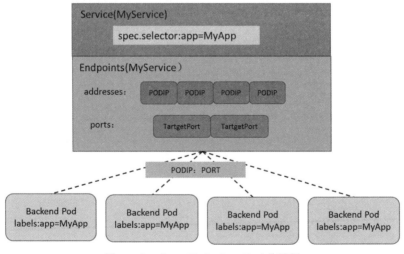

圖 2.6 Service、Endpoint、Pod 的關係

在某些特殊情境下，例如將一個外部資料庫作為 Service 的後端，或將另外一個叢集或 Namespace 中的服務作為此服務的後端，需要建立一個不帶標籤選擇器的 Service，如下所示：

```
{
    "kind": "Service",
    "apiVersion": "v1",
    "metadata": {
        "name": "my-service"
    },
    "spec": {
        "ports": [
            {
                "protocol": "TCP",
                "port": 80, #service的port
                "targetPort": 9376 #POD中某個容器的某個連接埠
            }
        ]
    }
}
```

由於此範例所建立的是一個不帶標籤選擇器的 Service，系統不會自動建置 Endpoint，因此需要手動建立一個與該 Service 同名的 Endpoint，用於指向實際的後端存取位址。Endpoint 建置檔內容如下：

```
{
    "kind": "Endpoints",
    "apiVersion": "v1",
    "metadata": {
        "name": "my-service"
    },
    "subsets": [
        {
            "addresses": [
                { "IP": "1.2.3.4" }
            ],
            "ports": [
                { "port": 80 }
            ]
        }
    ]
}
```

如圖 2.7 所示，存取沒有標籤選擇器的 Service 和帶有標籤選擇器的 Service 一樣，要求會被繞送到由用戶手動定義的後端 Endpoint 上。

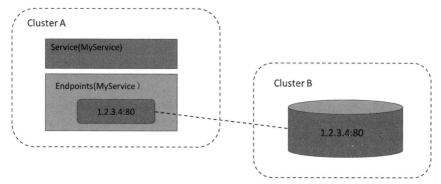

圖 2.7 不具標籤選擇器的 Service

如何透過虛擬 IP 訪問到後端 Pod 呢？

在 Kubernetes 叢集中的每個節點上都運行著一個叫作 "kube-proxy" 的程序，此程序會觀察 Kubernetes Master 節點新增和刪除 "Service" 和 "Endpoint" 的行為，如圖 2.8 第①步所示。kube-proxy 為每個 Service 在本地端主機上開一個連接埠（隨機選取）。任何存取該連接埠的連線都被代理程式相應到後端的一個 Pod 上。kube-proxy 根據 Round Robin 演算法及 Service 的 Session 關聯性（SessionAffinity，負載平衡的演算法）決定後端哪一個 Pod 被選上，如圖 2.8 第②步所示。最後，如圖 2.8 第③步所示，kube-proxy 在本機的 iptables 中新增相對應的規則，這些規則使得 iptables 將獲取的流量重導向到前面提到的隨機連接埠。透過此連接埠流量再被 kube-proxy 轉到相對應的後端 Pod 上。

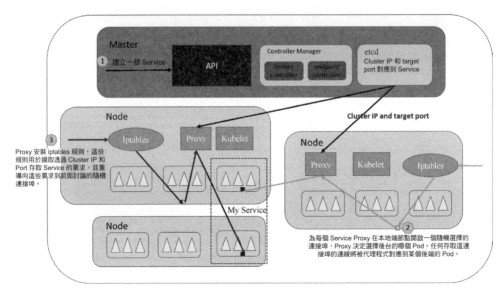

圖 2.8 建立和存取 Service

如上所述，在建立了服務後，服務 Endpoint 模型會建好後端 Pod 的 IP 和連接埠清單（包含在 Endpoints 物件中），kube-proxy 就是從 Endpoint 清單中選擇後端服務的 Pod。叢集內的節點透過虛擬 IP 和連接埠便能夠存取 Service 後端的 Pod。

在預設情況下，Kubernetes 會為 Service 指定一個叢集 IP（或虛擬 IP、cluster IP），但在某些情況下，使用者希望能夠自己指定這叢集 IP。為了給 Service 指定叢集 IP，用戶只需要在定義 Service 時，在 Service 的 spec.clusterIP 欄位中設定所需要的 IP 位址即可。為 Service 指定的 IP 地址必須在叢集的 CIDR 範圍內。如果 IP 位址是非法的，那麼 API Server 會回傳 422 HTTP 狀態碼，表明此 IP 位址非法。

Kubernetes 支援兩種主要的模式來找到 Service，一個是容器的 Service 環境變數，另一個是 DNS。

在建立一個 Pod 時，Kubelet 在這 Pod 中的所有容器內為目前所有 Service 添加一系列環境變數。Kubernetes 既支援 Docker links 變數，也支援如此格式"{SVCNAME}_SERVICE_HOST" 和 "{SVCNAME}_SERVICE_PORT" 的變數。其中 "{SVCNAME}" 是大寫的 Service Name，同時 Service Name 包含的 "-" 符號會轉成 "_" 符號。例如，名稱為 "redis-master" 的 Service，它對外暴露 6379 TCP 埠，且叢集 IP 位址為 10.0.0.11。Kubelet 會為新建的容器添加以下環境變數：

```
REDIS_MASTER_SERVICE_HOST=10.0.0.11
REDIS_MASTER_SERVICE_PORT=6379
REDIS_MASTER_PORT=tcp://10.0.0.11:6379
REDIS_MASTER_PORT_6379_TCP=tcp://10.0.0.11:6379
REDIS_MASTER_PORT_6379_TCP_PROTO=tcp
REDIS_MASTER_PORT_6379_TCP_PORT=6379
REDIS_MASTER_PORT_6379_TCP_ADDR=10.0.0.11
```

透過環境變數來找到 Service 會帶來一個不好的結果,即任何被某個 Pod 所存取的 Service,必須先於該 Pod 被建立。否則和這個後建立的 Service 相關環境變數,將不會被附加到該 Pod 的容器中。

另一個透過名稱找到服務的方式是 DNS。DNS 伺服器透過 Kubernetes API 監控與 Service 相關的活動。當監控到新增 Service 時,DNS 伺服器為每個 Service 建立一系列 DNS 記錄。例如,在 Kubernetes 叢集的 "my-ns" Namespace 中有一個叫作 "my-service" 的 Service,用 "my-service" 透過 DNS 應該能夠訪問到 "my-ns" Namespace 中的後端 Pod。如果在其他 Namespace 中存取這個 Service,則用 "my-service.my-ns" 來查找該 Service。DNS 回傳的查詢結果是叢集 IP(虛擬 IP、cluster IP)。

Kubernetes 也支援 DNS SRV(Service)這類 DNS 註冊記錄。如果 "my-service.my-ns" Service 有一個名為 "http" 的埠,則可以用 "_http._tcp.my-service.my-ns" 透過 DNS 伺服器找到對應的 Pod 開放連接埠。

叢集外部用戶希望 Service 能夠提供一個讓叢集外部使用者存取的 IP 位址,甚至是公開 IP 位址,透過此 IP 來存取叢集內的 Service。Kubernetes 透過兩種方式來實現上述需求,一個是 "NodePort",另一個是 "LoadBalancer"。每個 Service 定義的 "spec.type" 變數是作為定義 Service 類型的範圍,該內容包括如下 3 個參數值。

- ⊙ ClusterIP:預設值,僅能使用叢集內部虛擬 IP(叢集 IP、Cluster IP)。

- ⊙ NodePort:使用虛擬 IP(叢集 IP、Cluster IP),同時透過在每個節點上開放相同的連接埠來提供 Service。

- ⊙ LoadBalancer:使用虛擬 IP(叢集 IP、Cluster IP)和 NodePort,同時請求雲端供應商作為繞送 Service 的負載平衡器。

請注意！在 Kubernetes 1.0 中，NodePort 既支援 TCP 也支援 UDP，而 LoadBalancer 僅能支援 TCP。

如果在定義 Service 時，設定 spec.type 的值為 "NodePort"，則 Kubernetes Master 節點將為 Service 的 NodePort 指派一個連接埠範圍（預設為 30000 ～ 32767），每個節點的 kube-proxy 將重導向要求到 Service 的連接埠（在 spec.ports.tartgetPort 中所指定的連接埠）。如果您希望為 NodePort 指定一個連接埠，則可以在 Service 定義中透過指定 spec.ports.nodePort 參數值來實現，您所指定的連接埠必須在前面提及的連接埠範圍之中。如圖 2.9 中的①、②、③和④所示。

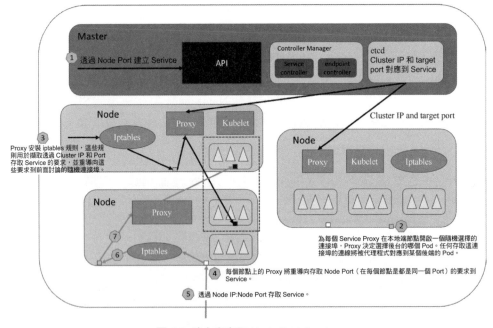

圖 2.9 建立和存取 Node Port Service

透過 NodePort 類型的 Service，叢集外的用戶可以透過任意節點的 IP 及 spec.ports.nodePort 內指定的連接埠存取 Service 後端的 Pod，如圖 2.9 中的⑤、⑥和⑦所示。這使得開發者能夠自由地設定其負載平衡器，自由地配置即便不被 Kubernetes 支援的雲環境，甚至只需要對外開放一個或多個節點 IP。

Service Controller 監控 Service 的變化，如果發生變化的 Service 是 LoadBalancer 類型的（externalLoadBalancers=true），則 Service Controller 確保外部的 LoadBalancer

有被同步地建立和刪除。Service Controller 定期檢查叢集的 Service，確保相對應的外部 LoadBalancer 存在著。Service Controller 定期檢查叢集節點，確保外部 LoadBalancer 會被更新。

Endpoints Controller 透過 Store 來暫存 Service 和 Pod 資訊，它監控 Service 和 Pod 的變化。Endpoints Controller 透過 API Server 監控 etcd 的 "/registry/services" 目錄（用 Watch 和 List 方式）。如果監測到 Service 被刪除，則刪除和該 Service 同名的 Endpoint 物件；根據此 Service 資訊獲得相關的 Pod 清單，根據 Service 和 Pod 物件清單建立一個新的 Endpoint subsets 物件。如果判斷出是新建或修改 Service，將用 Service 的 name 和 labels 及上面建立的 subsets 物件新建一個 Endpoint 物件，並同步到 etcd。

Endpoints Controller 透過 API Server 監控 etcd 的 "/registry/pods" 目錄（以 Watch 和 List 方式）。如果偵測到新增或刪除 Pod，則從本地端暫存中找到與該 Pod 相關的 Service 列表，為該 Service 列表中的 Service 逐一建立 Endpoint 並同步到 etcd。如果監測到 Pod 被修改，則從本地端暫存中找到和新 Pod 相關的 Service 列表，以及和舊 Pod 相關的 Service 列表。合併這兩個 Service 列表，逐一合併後的 Service 清單中，將其 Service 建立的 Endpoints 物件並同步到 etcd 中。

2.2.7 Kubernetes Scheduler

我們在前面深入分析了 Controller Manager 及它所包含的各個元件運作機制。本節將繼續對 Kubernetes 中負責 Pod 調度的重要功能模組——Kubernetes Scheduler 的工作原理和運作機制做深入分析。

Kubernetes Scheduler 在整個系統中承擔了 "承上啟下" 的重要功能，"承上" 是指它負責接收 Controller Manager 建立的新 Pod，為其安排一個落腳的 "家" ——目標 Node；"啟下" 是指安置工作完成後，目標 Node 上的 Kubelet 服務程序接管後續工作，負責 Pod 生命週期中的 "下半部"。

具體來說，Kubernetes Scheduler 的作用是將待調度的 Pod（API 新建的 Pod、Controller Manager 為補足抄本所新建的 Pod 等）按照特定的調度演算法和調度策略綁定（Binding）到叢集中的某個適合 Node 上，並將綁定資訊寫入 etcd 中。在整個調度過程中涉及三個物件，分別是：待調度 Pod 清單、可用 Node 清單，以及調度演算法和策略。簡單地說,就是透過調度演算法協調等待調度 Pod 清單中的每個 Pod 從 Node 列表中選擇一個最適合的 Node。

隨後,目標節點上的 Kubelet 透過 API Server 監聽到 Kubernetes Scheduler 產生的 Pod 綁定事件,然後取得對應的 Pod 清單,下載 Image 映像檔,並啟動容器。完整的流程如圖 2.10 所示。

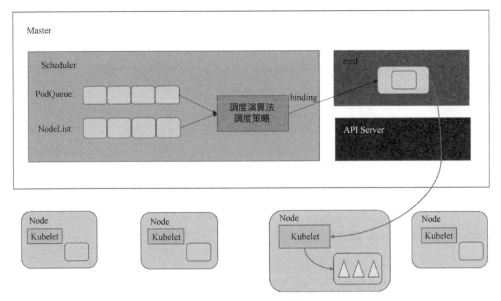

圖 2.10 Scheduler 流程

Kubernetes Scheduler 目前提供的預設調度流程分成以下兩個步驟。

(1) 預選調度過程,即尋遍所有目標 Node,篩選出符合要求的候選節點。為此,Kubernetes 內置了多種預選策略(xxx Predicates)供用戶選擇。

(2) 確定最優節點,在第一步篩選的步驟上,採用優選策略(xxx Priority)計算出每個候選節點的積分,積分最高者勝出。

Kubernetes Scheduler 的調度流程是透過外掛程式載入的"調度演算法提供器"(AlgorithmProvider)所具體實作的。一個 AlgorithmProvider 其實就是包括了一組預選策略與一組優先選擇策略的結構體。註冊 AlgorithmProvider 的函數如下:

```
func RegisterAlgorithmProvider(name string, predicateKeys, priorityKeys util.
StringSet)
```

它包含三個參數：“name string” 參數為演算法名；“predicateKeys” 參數為演算法用到的預選策略集合；“priorityKeys” 為演算法用到的優選策略集合。

Scheduler 中 可 用 的 預 選 策 略 包 含：NoDiskConflict、PodFitsResources、PodSelectorMatches、PodFitsHost、CheckNodeLabelPresence、CheckServiceAffinity 和 PodFitsPorts 策略等。其預設的 AlgorithmProvider 載入的預選策略 Predicates 包 括：“PodFitsPorts”（PodFitsPorts）、“PodFitsResources”（PodFitsResources）、“NoDiskConflict”（NoDiskConflict）、“MatchNodeSelector”（PodSelectorMatches）和 “HostName”（PodFitsHost），即每個節點只有通過前面提及的 5 個預設預選策略後，才能初步被選中，進入下一個流程。

下面列出的是所有預選策略的詳細說明。

1 NoDiskConflict

判斷備選 Pod 的 GCEPersistentDisk 或 AWSElasticBlockStore 和備選的節點中已存在的 Pod 是否存在衝突。檢測過程如下。

(1) 首先，讀取備選 Pod 中所有 Volume 的資訊（即 pod.Spec.Volumes），對每個 Volume 執行以下步驟進行衝突檢測。

(2) 如果該 Volume 是 GCEPersistentDisk，則將 Volume 和備選節點上的所有 Pod 內每個 Volume 進行比較，如果發現相同的 GCEPersistentDisk，則回傳 false，表明存在磁片衝突，檢查結束，回饋給調度器此備選節點不適合作為候選 Pod；如果該 Volume 是 AWSElasticBlockStore，則將 Volume 和備選節點上的所有 Pod 中的每個 Volume 進行比較，如果發現相同的 AWSElasticBlockStore，則回傳 false，表明存在磁片衝突，檢查結束，回饋給調度器該備選節點不適合作為候選 Pod。

(3) 如果檢查完備選 Pod 的所有 Volume 均未發現衝突，則回傳 true，表明不存在磁片衝突，回饋給調度器此備選節點適合作為候選 Pod。

2 PodFitsResources

判斷備選節點上資源是否滿足備選 Pod 的需求，檢測過程如下。

(1) 計算備選 Pod 和節點中已存在 Pod 中所有容器的需求資源（記憶體和 CPU）之總和。

(2) 獲得備選節點的狀態資訊，其中包含節點的資源資訊。

(3) 如果備選 Pod 和節點中已存在 Pod 所有容器的需求資源（記憶體和 CPU）之總和，超出備選節點所擁有的資源，則回傳 false，表明此備選節點不適合作為候選 Pod，否則回傳 true，表明備選節點適合作為候選 Pod。

3 PodSelectorMatches

判斷備選節點是否包含備選 Pod 的標籤選擇器所指定之標籤。

(1) 如果 Pod 沒有指定 spec. nodeSelector 標籤選擇器，則回傳 true。

(2) 否則，取得備選節點的標籤資訊，判斷節點是否包含備選 Pod 的標籤選擇器（spec. nodeSelector）所指定之標籤，如果內含，則回傳 true，否則回傳 false。

4 PodFitsHost

判斷備選 Pod 的 spec.nodeName 內所指定的節點名稱與備選節點之名稱是否一致，如果一致，則回傳 true，否則回傳 false。

5 CheckNodeLabelPresence

如果用戶在設定檔中指定了此策略，則 Scheduler 會透過 RegisterCustomFitPredicate 方法註冊其策略。這策略用於判斷策略所列出的標籤在備選節點中存在時，是否選擇該候選節點。

(1) 讀取備選節點的標籤清單訊息。

(2) 如果策略配置的標籤清單存在於備選節點的標籤清單中，且策略配置的 presence 值為 false，則回傳 false，true 值則回傳 true；如果策略配置的標籤清單不存在於備選節點的標籤清單中，且策略配置的 presence 值為 true，則回傳 false，否則回傳 true。

6 CheckServiceAffinity

如果用戶在設定檔中指定了該策略,則 Scheduler 會透過 RegisterCustomFitPredicate 方法註冊該策略。該策略用於判斷備選節點是否包含策略所指定的標籤,或包含和備選 Pod 於相同 Service 和 Namespace 下的 Pod 所在節點之標籤列表。如果存在,則回傳 true,否則回傳 false。

7 PodFitsPorts

判斷備選 Pod 所用的連接埠清單中的連接埠在備選節點中是否已被占用,如果已占用,則回傳 false,否則回傳 true。

Scheduler 中的優選策略包含:LeastRequestedPriority、CalculateNodeLabelPriority 和 BalancedResourceAllocation 等。每個節點經過優先選擇策略時都會算出一個得分,計算各項得分,最終選出得分值最大的節點作為優選的結果(也是調度演算法的結果)。

下面是對所有優選策略的詳細說明。

1 LeastRequestedPriority

該優選策略用於從備選節點列表中選出資源消耗最小的節點。

(1) 計算出所有備選節點上執行的 Pod 和備選 Pod 的 CPU 使用量 totalMilliCPU。

(2) 計算出所有備選節點上執行的 Pod 和備選 Pod 的記憶體使用量 totalMemory。

(3) 計算每個節點的得分,計算規則大致如下。

　　NodeCpuCapacity 為節點 CPU 計算能力;NodeMemoryCapacity 為節點記憶體大小。

```
score=int(((nodeCpuCapacity-totalMilliCPU)*10)/ nodeCpuCapacity+((nodeMemory
Capacity- totalMemory)×10)/ nodeCpuMemory)/2)
```

2 CalculateNodeLabelPriority

如果用戶在設定檔中指定此策略,則 scheduler 會透過 RegisterCustomPriorityFunction 方法註冊這策略。該策略用於判斷策略所列出的標籤於備選節點中存在時,是否選擇此備選節點。如果備選節點的標籤在優選策略的標籤清單中且優選策略的 presence 值為 true，或者備選節點的標籤不在優選策略的標籤清單中且優選策略的 presence 值為 false，則備選節點 score=10，否則備選節點 score=0。

❸ BalancedResourceAllocation

該優選策略用於從備選節點清單中選出各項資源使用率最平均的節點。

(1) 計算出所有備選節點上執行的 Pod 和備選 Pod 的 CPU 使用量 totalMilliCPU。

(2) 計算出所有備選節點上執行的 Pod 和備選 Pod 的記憶體使用量 totalMemory。

(3) 計算每個節點的得分，計算規則大致如下：

NodeCpuCapacity 為節點 CPU 運算能力；NodeMemoryCapacity 為節點記憶體大小。

```
score= int(10- math.Abs(totalMilliCPU/nodeCpuCapacity-totalMemory/
nodeMemoryCapacity)×10)
```

2.3 Kubelet 運作機制分析

在 Kubernetes 叢集中，在每個 Node 節點（又稱 Minion）上都會啟動一個 Kubelet 服務程序。該程序用來處理 Master 節點發送到各節點的任務，管理 Pod 及 Pod 中的容器。每個 Kubelet 程序會在 API Server 上註冊節點本身資訊，定期向 Master 節點匯整回報節點資源的使用情況，並透過 cAdvise 監控容器和節點資源。

2.3.1 節點管理

節點透過設定 Kubelet 的啟動參數 "--register-node"，來決定是否向 API Server 註冊自己。如果該參數值為 true，Kubelet 將試著透過 API Server 註冊自己。作為自動註冊，Kubelet 啟動時還包含下列參數：

⊙ --api-servers，設定 Kubelet API Server 的位置；

⊙ --kubeconfig，設定 Kubelet 在哪裡可找到用於連線 API Server 的憑證；

⊙ --cloud-provider，告訴 Kubelet 如何從雲端供應商（IaaS）那裡讀取到和本身有關的中繼資料。

目前每個 Kubelet 被授予建立和修改任何節點的權限。但是在實際使用中，它僅需建立和修改自己本身。將來，會計畫限制 Kubelet 的權限，僅允許它修改和建立其所在節點的權限。如果在叢集運行過程中遇到叢集資源不足的情況，則使用者很容易透過添加機器及運用 Kubelet 的自動註冊模式來完成擴充。

在某些情況下，Kubernetes 叢集中的某些 Kubelet 沒有選擇自動註冊模式，使用者需要自己去配置 Node 上資源資訊，同時告知 Node 上的 Kubelet API Server 的位置。叢集管理者能夠建立和修改節點資訊。如果管理者希望手動建立節點資訊，則需透過設定 Kubelet 的啟動參數 " --register-node=false" 即可。

Kubelet 在啟動時透過 API Server 註冊節點資訊，並定時向 API Server 發送節點新訊息，API Server 在接收到這些資訊後，將這些資訊寫入 etcd。透過 Kubelet 的啟動參數 "--node-status- update-frequency" 設定 Kubelet 每隔多少時間向 API Server 回報節點狀態，預設為 10 秒。

2.3.2 Pod 管理

Kubelet 透過以下幾種方式取得本身 Node 上所要執行的 Pod 清單。

(1) 文件：Kubelet 啟動參數 "--config" 指定的設定檔目錄中的檔案（預設目錄為 "/etc/kubernetes/manifests/"）。透過 --file-check-frequency 設定檢查此檔案的間隔時間，預設為 20 秒。

(2) HTTP 端點（URL）：是透過 "--manifest-url" 參數設定。透過 --http-check-frequency 設定檢查此 HTTP 端點資料的間隔時間，預設為 20 秒。

(3) API Server：Kubelet 透過 API Server 監聽 etcd 目錄，同步 Pod 清單。

所有不由 API Server 方法所建立的 Pod 都叫作 Static Pod。Kubelet 將 Static Pod 的狀態匯整回報給 API Server，API Server 為此 Static Pod 建立一個 Mirror Pod 與其相匹配。Mirror Pod 的狀態將真實反映 Static Pod 的狀態。當 Static Pod 被刪除時，與之相對應的 Mirror Pod 也會被刪除。在本章中將只討論透過 API Server 取得 Pod 清單的方式。Kubelet 透過 API Server Client 使用 Watch 加 List 的方式監聽

"/registry/nodes/$(目前節點的名稱)" 和 "/registry/pods" 目錄，將獲得的資訊同步到本地端暫存中。

Kubelet 監聽 etcd，所有針對 Pod 的操作將將被 Kubelet 監聽到。如果發現有新的綁定對應到此節點的 Pod，則依照 Pod 清單的要求建立該 Pod。

如果發現本地端的 Pod 被修改，則 Kubelet 會做出相對應的修改，比如刪除 Pod 中的某個容器時，則是透過 Docker Client 刪除該容器。

如果發現刪除本節點的 Pod，則刪除相對應的 Pod，並透過 Docker Client 刪除 Pod 中的容器。

Kubelet 讀取監聽到的資訊，如果是建立和修改 Pod 任務，則做如下處理。

(1) 為此 Pod 建立一個資料目錄。

(2) 從 API Server 讀取此 Pod 清單。

(3) 為此 Pod 掛載外部 Volume（Extenal Volume）。

(4) 下載 Pod 需用到的 Secret。

(5) 檢查已經執行在節點中的 Pod，如果該 Pod 沒有容器或 Pause 容器（"kubernetes/pause" 映像檔建立的容器）沒有啟動，則先停止 Pod 裡所有容器的程式。如果在 Pod 中有需要刪除的容器，則刪除這些容器。

(6) 用 "kubernetes/pause" 映像檔為每個 Pod 建立一個容器。該 Pause 容器用於接管 Pod 中其他所有容器的網路。每建立一個新的 Pod，Kubelet 都會先建立一個 Pause 容器，然後再建立其他容器。"kubernetes/pause" 映像檔大概為 200KB，是一個非常小的容器映像檔。

(7) 為 Pod 中的每個容器做下述處理：

- 為容器計算一個 hash 值，然後用容器的名字去 Docker 查詢對應容器的 hash 值。若查詢到容器，且兩者 hash 值不同，則停止 Docker 中容器的進程，並停止與之關聯的 Pause 容器的進程；若兩者相同，則不做任何處理；

- 如果容器被中止，且容器沒有指定的 restartPolicy（重啟策略），則不做任何處理；

- 使用 Docker Client 下載容器映像檔後，再呼叫 Docker Client 運行容器。

2.3.3 容器健康檢查

Pod 透過兩種探針來檢查容器的健康狀態。一個是 LivenessProbe 探針，用於判斷容器是否健康，告訴 Kubelet 哪個容器什麼時候處於不健康的狀態。如果 LivenessProbe 探針偵測到容器不健康，則 Kubelet 將刪除該容器，並根據容器的重啟策略做出相對應的處理。如果一個容器不包含 LivenessProbe 探針，Kubelet 將認為該容器的 LivenessProbe 探針回傳的值將永遠是 "Success"；另一類是 ReadinessProbe 探針，用於判斷容器是否啟動完成，且準備接受連線要求。如果 ReadinessProbe 探針檢測到失敗，則 Pod 的狀態將會被修改。Endpoint Controller 將從 Service 的 Endpoint 中刪除包含該容器所在 Pod 的 IP 地址其 Endpoint 項目。

Kubelet 定期使用容器中的 LivenessProbe 探針來診斷容器的健康狀況。LivenessProbe 包含下面三種診斷方法。

(1) ExecAction：在容器內部執行一個命令，如果該命令的退出狀態碼為 0，則表明容器健康。

(2) TCPSocketAction：透過容器的 IP 位址和連接埠執行 TCP 檢查，如果連接埠能被存取，則表明容器健康。

(3) HTTPGetAction：透過容器的 IP 位址和連接埠及路徑利用 HTTP Get 方法，如果回應的狀態碼大於等於 200 且小於等於 400，則認為容器狀態健康。

LivenessProbe 探針包含在 Pod 定義的 spec.containers.{某個容器} 中。下面的例子展示了兩種 Pod 中容器健康檢查的方法：HTTP 檢查和容器命令執行檢查。下面所列的內容為展現透過容器命令執行檢查：

```
livenessProbe:
  exec:
    command:
    - cat
    - /tmp/health
  initialDelaySeconds: 15
  timeoutSeconds: 1
```

Kubelet 在容器中執行 "cat /tmp/health" 命令，如果該命令回傳的值為 0，則表示容器處於健康狀態，否則表示容器處於不健康狀態。

下面所列的內容則展現了容器的 HTTP 檢查：

```
livenessProbe:
  httpGet:
    path: /healthz
    port: 8080
  initialDelaySeconds: 15
  timeoutSeconds: 1
```

Kubelet 發送一個 HTTP 要求到本地端主機和連接埠到指定的路徑，來檢查容器的健康狀況。

2.3.4 cAdvisor 資源監控

在 Kubernetes 叢集中如何監控資源的使用情況？

在 Kubernetes 叢集中，應用程式的執行情況可以在不同的層級上監測到，這些層級包括：容器、Pod、Service 和整個叢集。作為 Kubernetes 叢集的一部分，Kubernetes 希望提供給用戶詳細在各別層級的資源使用資訊，這可讓使用者深入地瞭解應用程式的執行情況，並找到應用系統中可能的瓶頸。Heapster 項目為 Kubernetes 提供了一個基本的監控平台，它是叢集層級的監控和事件資料聚集器（Aggregator）。Heapster 以 Pod 方式運行在 Kubernetes 叢集中，和執行在 Kubernetes 叢集中的其他應用程式類似。Heapster Pod 透過 Kubelet（執行在節點上的 Kubernetes 代理程式）發現所有執行在叢集中的節點，並查看來自這些節點的資源使用狀況資訊。Kubelet 透過 cAdvisor 獲取其所在節點及容器的資料，Heapster 透過帶著相關標籤的 Pod 來分類這些資訊，這些資料被發送到一個已配置的後端，用於儲存和視覺化呈現。目前支援的後端包括 InfluxDB（配合 Grafana 來視覺化呈現）和 Google Cloud Monitoring。

cAdvisor 是一個開源的分析容器資源使用率和效能特性的代理工具。它是專為容器所開發的，因此自然支援 Docker 容器。在 Kubernetes 專案中，cAdvisor 被整合到 Kubernetes 程式中。cAdvisor 自動尋找在其所在節點上的所有容器，自動蒐集 CPU、記憶體、檔案系統和網路使用的統計資訊。cAdvisor 透過它所在節點主機的 Root 容器，採集並分析該節點機的全面使用情況。

在大部分 Kubernetes 叢集中，cAdvisor 透過它所在節點主機的 4194 連接埠提供一個簡單的 UI。圖 2.11 是 cAdvisor 的畫面截圖。

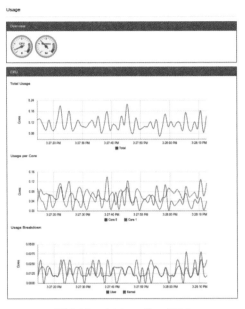

圖 2.11 cAdvisor 的一個 UI

Kubelet 作為連接 Kubernetes Master 和各節點機之間的橋樑，管理執行在節點主機上的 Pod 和容器。Kubelet 將每個 Pod 轉換成它的成員容器，同時從 cAdvisor 獲取單獨的容器使用統計資訊，然後透過其 REST API 擷取這些收集後的 Pod 資源使用的統計資訊。

2.4 安全機制的原理

Kubernetes 是透過一系列機制來完成叢集的安全控制，其中包括 API Server 的認證授權、允入控制機制及保護機敏資訊的 Secret 機制等。叢集的安全性必須考慮以下幾個目標：

(1) 保證容器與其所在 Host 主機間的隔離；

(2) 限制容器對基礎設施及其他容器帶來負面影響的能力範圍；

(3) 最小權限原則——合理限制所有元件的權限,確保元件只執行它被授權的行為,透過限制單一個元件的能力來限制它所能使用的許可權範圍;

(4) 明確劃分元件間的界線;

(5) 劃分普通用戶和管理員的角色;

(6) 在必要的時候允許將管理員許可賦予給普通用戶;

(7) 允許擁有 "Secret" 資料 (Keys、Certs、Passwords) 的應用系統在叢集中執行。

下面分別從 Authentication、Authorization、Admission Control、Secret 和 Service Account 六個方面來說明叢集的安全機制。

2.4.1 Authentication 認證

Kubernet 對 API 呼叫時是使用 CA (Client Authentication)、Token 和 HTTP Base 三種方式來實施使用者認證。

CA 是 PKI 系統中通訊雙方都信任的實體,稱之為信任協力廠商 (Trusted Third Party,TTP)。CA 作為信任協力廠商的重要條件之一就是 CA 的行為具有不可否認性。作為協力廠商而不是簡單的管理階級,必須能讓信任者具有追究自己責任的能力。CA 透過憑證證實他人所公開金鑰資訊,憑證上有 CA 的簽名。用戶如果因為信任憑證而有所損失,則憑證可以作為有力的證據用於追究 CA 的法律責任。正是因為 CA 保證承擔責任的承諾,所以 CA 也被稱為信任協力廠商。在很多情況下,CA 與使用者是相互獨立的實體,CA 作為服務提供方,有可能因為服務品質問題 (例如,發布的公開金鑰資料有錯誤) 而給使用者帶來損失。在憑證中綁定了公開金鑰資料和相對應私密金鑰擁有者的身份資訊,並帶有 CA 的電子簽章;憑證中也包含了 CA 的名稱,以便讓依賴方可找到 CA 的公開金鑰,驗證憑證上面的電子簽章。

CA 認證涉及諸多概念,比如根憑證、自行簽章憑證、金鑰、私密金鑰、加密演算法及 HTTPS 等,本書大致講述 SSL 協定的流程,有助於對 CA 認證和 Kubernetes CA 認證配置過程的瞭解。

如圖 2.12 所示,SSL 雙向認證大概包含下面幾個步驟。

(1) HTTPS 通訊雙方的伺服器端向 CA 機構申請憑證，CA 機構是可信任的協力廠商機構，它可以是一個公認的權威企業，也可以是企業本身。企業內部系統一般都用企業本身的認證系統。CA 機構下發根憑證、服務端憑證及私密金鑰給申請者。

(2) HTTPS 通訊雙方的客戶器端向 CA 機構申請憑證，CA 機構下發根憑證、用戶端憑證及私密金鑰給申請者。

(3) 用戶端向伺服器端發起請求，服務端下發服務端憑證給用戶端。用戶端接收到憑證後，透過私密金鑰解密憑證，並利用伺服器端憑證中的公開金鑰認證憑證資訊比較憑證裡的消息，例如功能變數名稱和公開金鑰與伺服器剛剛發送的相關消息是否一致，如果一致，則用戶端認可這個伺服器的合法身份。

(4) 用戶端發送用戶端憑證給伺服器端，服務端接收到憑證後，透過私密金鑰解密憑證，獲得用戶端憑證公開金鑰，並用該公開金鑰認證憑證資訊，並確認用戶端是否合法。

(5) 用戶端透過隨機金鑰加密資訊，並發送加密後的資訊給服務端。伺服器端和用戶端協商好加密方案後，用戶端會產生一個隨機的金鑰，用戶端透過協商好的加密方案，加密這隨機金鑰，並發送隨機金鑰到伺服器端。 伺服器端接收這個金鑰後，雙方通訊的所有內容都透過隨機金鑰加密。

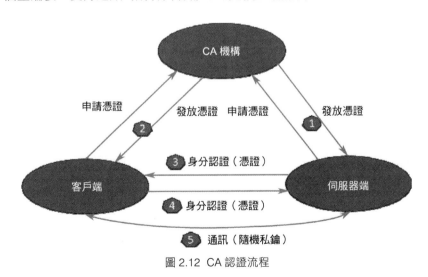

圖 2.12 CA 認證流程

如上所述是雙向認證 SSL 協定的具體通訊過程，這種情況要求伺服器和使用者雙方都要有憑證。單向認證 SSL 協定不需要客戶擁有 CA 憑證，對於上面的步驟，需將伺服器端驗證客戶憑證的過程拿掉，以及在協商對稱密碼方案和對稱通訊金鑰時，伺服器發送給客戶的是沒有加過密的（這並不影響 SSL 過程的安全性）密碼方式。

透過上述內容可知，使用 CA 認證的應用需包含一個 CA 認證機構（外部或企業自身）。透過該機構給伺服器端發放根憑證、服務端憑證和私密金鑰檔，給用戶端發放根憑證、用戶端憑證和私密金鑰檔案。因此 API Server 的三個參數 "--client-ca-file"、"--tls-cert-file" 和 "--tls-private-key-file" 分別指向根憑證檔、服務端憑證檔和私密金鑰檔案。API Server 用戶端使用的三個啟動參數（例如 Kubectl 的三個參數 "certificate-authority"、"client-certificate" 和 "client-key"），或用戶端應用的 kubeconfig 設定檔中的配置項目 "certificate-authority"、"client-certificate" 和 "client-key"，分別指向根憑證檔案、用戶端憑證檔案和私密金鑰文件。

Kubernetes 的 CA 認證方式透過添加 API Server 的啟動參數 "--client_ca_file=SOMEFILE" 來實現，其中 "SOMEFILE" 為認證授權檔，該檔包含一個或多個憑證授權（CA Certificates Authorities）。

Token 認證方式透過添加 API Server 的啟動參數 "--token_auth_file=SOMEFILE" 來執行，其中 "SOMEFILE" 指的是儲存 Token 的 Token 檔。目前，Token 認證中 Token 是永久有效的，而且 Token 清單不能被修改，除非重啟 API Server。Kubernetes 計畫在未來的版本裡，Token 認證的 Token 將具有效期限，依需要產生 Token，而不是像現在這樣儲存在檔案中。Token 檔案格式為一個包含三列的 CSV 格式檔，該檔的第一列為 Token，第二列為用戶名，第三列為用戶 UID。當使用 Token 認證方式從 HTTP 用戶端存取 API Server 時，HTTP request header 中的 Authorization 內容必須包含 "Bearer SOMETOKEN" 的值，其中 "SOMETOKEN" 為該存取用戶端持有的 Token。例如 Token 檔中的內容為：

```
lkjqweroiuuou,Thomas,8x7dlkklzseertyywx
```

用 CURL 存取該 API Server：

```
$ curl $APISERVER/api --header "Authorization: Bearer lkjqweroiuuou" --insecure
{
  "versions": [
```

```
    "v1"
  ]
}
```

基本認證方式是透過添加 API Server 的啟動參數 "--basic_auth_file=SOMEFILE"
所實現的，其中 "SOMEFILE" 指的是用來儲存使用者和密碼資訊的基本認證
檔。目前，基本認證檔中的使用者和密碼資訊永遠有效，同時密碼不能改變，除
非重新開機 API Server。基本認證檔案格式為一個包含三列的 CSV 格式檔，該
檔的第一列為密碼，第二列為用戶名，第三列為用戶 UID。當使用基本認證方
式從 HTTP 用戶端連線 API Server 時，HTTP request header 中的 Authorization
內容必須包含 "Basic BASE64ENCODEDUSER:PASSWORD" 的值，其中
"BASE64ENCODEDUSER: PASSWORD" 為該存取客戶 base64 加密演算法加密後
的用戶名和密碼。比如使用者 Thomas 的密碼為 Thomas，透過下面的程式連線 API
Server：

```
$ tmp=`echo "Thomas:Thomas" | base64`
$ curl $APISERVER/api --header "Authorization: Basic $tmp" --insecure
{
  "versions": [
    "v1"
  ]
}
```

2.4.2 Authorization 授權

在 Kubernetes 中，授權（Authorization）是認證（Authentication）後的一個獨立
步驟，運作於 API Server 主要連接埠上的所有 HTTP 存取。授權流程不作用於唯
讀連接埠，在開發計畫中唯讀連接埠在不久之後將被刪除。授權流程透過存取策
略比對其請求上下文的屬性（例如用戶名、資源和 Namespace）。在透過 API 存
取資源之前，必須透過存取策略進行驗證。存取策略透過 API Server 的啟動參數
"--authorization_mode" 來配置，其參數包含如下三個值：

```
"--authorization_mode=AlwaysDeny"
"--authorization_mode=AlwaysAllow"
"--authorization_mode=ABAC"
```

其中，"AlwaysDeny" 表示拒絕所有的請求，該配置一般用於測試；"AlwaysAllow"
表示接收所有的請求，如果叢集不需要授權流程，則可以採用該策略；"ABAC"

表示以使用者配置的授權策略去管理存取 API Server 的請求，ABAC（Attribute-Based Access Control）是基於屬性的存取控制。

在 Kubernetes 中，一個 HTTP 要求包含以下 4 個能被授權程序識別的屬性。

- 用戶名（代表一個已經被認證的使用者字元式用戶名）；
- 是否是唯讀要求（REST 的 GET 操作是唯讀的）；
- 被存取的是哪一類資源，例如存取 Pod 資源 /api/v1/namespaces/default/pods；
- 被存取物件所屬的 Namespace，如果這被存取的資源不支持 Namespace，則為空字串。

由於使用過多的屬性來實作存取控制會增加管理的複雜度，因此 Kubernetes 只用四個屬性來執行存取控制，並不希望增加更多的屬性去實踐存取控制。API Server 接收到請求後，會讀取這請求中所含的前面提到之四個屬性。如果這請求中不含某些屬性，則這些屬性值將根據值的型態設定成零值（例如，字串型態屬性設定一個空字串；布林型態屬性設定為 false；數值型態屬性設定為 0）。

如果選用 ABAC 模式，那需要設定 API Server 的 "--authorization_policy_file=SOME_FILENAME" 參數來指定授權策略檔，其中 "SOME_FILENAME" 為授權策略檔。授權策略檔的每一行都是一個 JSON 物件，此 JSON 物件是一個 Map，這個 Map 內不包含 List 和 Map。每行都是一個 "策略物件"。策略物件包含下面 4 個屬性：

- user（用戶名），為字串型態，字串類型的用戶名源自 Token 文件或基本認證文件中的用戶名欄位值；
- readonly（唯讀標識），為布林型態，當它的值為 true 時，表明該策略允許 GET 請求透過；
- resource（資源），為字串型態，來自於 URL 的資源，例如 "Pods"；
- namespace（命名空間），為字串型態，表明該策略允許存取某個 Namespace 的資源。

沒被設定的屬性，將根據值的型態設定成零值（例如，字串型態屬性設定一個空字串；布林型態屬性設定 false；數值型態屬性設定 0）。

授權策略檔中的策略物件若有一個未設定屬性，表示符合 HTTP 要求中此屬性的所有值。對要求中的 4 個屬性值和授權策略檔中的所有策略物件逐一比對，若至少有一個策略物件有比對到，則該請求將通過授權。

例如：

(1) 允許用戶 alice 做任何事情：{"user": "alice"}。

(2) 用戶 Kubelet 指定讀取資源 Pods：{"user": "kubelet", "resource": "pods", "readonly": true}。

(3) 用戶 Kubelet 能讀和寫資源 events：{"user": "kubelet", "resource": "events"}。

(4) 用戶 bob 只能讀取 Namespace"myNamespace" 中的資源 Pods：{"user": "bob", "resource": "pods", "readonly": true, "ns": " myNamespace "}。

此授權策略文件範例的 ad.json 內容如下：

```
{"user":"alice"}
{"user":"kubelet", "resource": "pods", "readonly": true}
{"user":"kubelet", "resource": "events"}
{"user":"bob", "resource": "pods", "readonly": true, "ns": " myNamespace "}
```

2.4.3 Admission Control 允入控制

Admission Control 是用於攔截所有經過認證和授權後的連線 API Server 請求之可插入程式（或外掛程式）。這些可插入程式運行於 API Server 程序中，在被呼叫使用前必須被編譯成二位執行檔。在請求被 API Server 接受前，每個 Admission Control 外掛程式按照配置依序執行。如果其中的任何一個外掛程式拒絕該請求，就意味著這個請求被 API Server 拒絕，同時 API Server 回傳一個錯誤資訊給提出請求的用戶。

在某些情況下，Admission Control 外掛程式會使用系統組態的預設值變更進入叢集物件的內容。此外，Admission Control 外掛程式可能會改變要求所需處理和使用的資源配額，比如增加要求所需的資源配額。

透過配置 API Server 的啟動參數 "admission_control"，在該參數中加入需要的 Admission Control 外掛程式清單，各外掛程式的名稱之間用逗號分隔。例如：

```
--admission_control=NamespaceAutoProvision,LimitRanger,SecurityContextDeny,Servic
eAccount,ResourceQuota
```

Admission Control 的外掛程式清單如表 2.4 所示。

表 2.4 Admission Control 的外掛程式表

名稱	說明
AlwaysAdmit	允許所有請求通過
AlwaysDeny	拒絕所有請求，一般用於測試
DenyExecOnPrivileged	攔截所有帶有 SecurityContext 屬性的 Pod 請求，拒絕在一個特權容器中執行命令
ServiceAccount	配合 Service Account Controller 使用，為設定 Service Account 的 Pod 自動管理 Secret，使得 Pod 能夠使用相對應的 Secret 下載 Image 和存取 API Server
SecurityContextDeny	不允許帶有 SecurityContext 屬性的 Pod 存在，SecurityContext 屬性用於建立特權容器
ResourceQuota	在 Namespace 中限制資源配額
LimitRanger	限制 Namespace 中的 Pod 和 Container 的 CPU 和記憶體額度
NamespaceExists	讀取請求中的 Namespace 屬性，如果該 Namespace 不存在，則拒絕該請求
NamespaceAutoProvision（deprecated）	讀取請求中的 Namespace 屬性，如果該 Namespace 不存在，則嘗試建立該 Namespace
NamespaceLifecycle	該外掛程式限制存取中止狀態的 Namespace，禁止在該 Namespace 中建立新的內容。當 NamespaceLifecycle 和 NamespaceExists 能夠合併成一個外掛程式後，NamespaceAutoProvision 就不再使用，變為 deprecated

在上述表格中列出了所有的 Adminssion Control 外掛程式，大部分比較易於理解，接下來繼續介紹 SecurityContextDeny、ResourceQuota 及 LimitRanger 這三個外掛程式。

1 SecurityContextDeny

Security Context 是 運 作 於 容 器 的 作 業 系 統 安 全 設 定（uid、gid、capabilities、SELinux role 等）。Admission Control 的 SecurityContextDeny 外掛程式的作用是，禁止透過 API Server 管理配置以下兩項配置的 Pod：

```
spec.containers.securityContext.seLinuxOptions
spec.containers.securityContext.runAsUser
```

2 ResourceQuota

Kubernetes 的 ResourceQuota 外掛程式不僅能夠限制某個 Namespace 中可建立資源的數量，而且能夠限制某個 Namespace 中可被 Pod 要求的資源總量。Kubernetes 透過兩種方式達成資源配額限制，一種是資源物件數量的配額限制，另一種是資源使用總量的配額限制。在 API Server 的啟動參數中加入 "--admission_control=ResourceQuota" 後，此外掛程式便生效。該外掛程式和 ResourceQuota 物件一起實現了資源配額管理。

如果在某個 Namespace 中包含 ResourceQuota 物件，此物件將會在該 Namespace 中生效。資源物件個數配額限制是指某個 Namespace 中資源物件的最大數量限制。表 2.5 列出了所有的資源物件數量配額限制。

表 2.5　所有的資源物件數量配額限制

名稱	說明
pods	最大 Pod 數量
services	最大 Services 數量
replicationcontrollers	最大 RC 數量
resourcequotas	最大 ResourceQuota 數量
Secrets	最大 Secret 數量
persistentvolumeclaims	最大 PersistentVolume 宣告數量

例如，表 2.5 中列出的 Pod 資源物件數量的配額限制，限制了某個 Namespace 中所建立的 Pod 的最大數量。

資源使用總量配額限制是指某個 Namespace 中資源最大使用量的限制。表 2.6 列出了所有的資源物件總量配額限制。

表 2.6 所有的資源物件總量配額限制

名稱	說明
cpu	所有容器 CPU 使用最大總量
memory	所有容器記憶體使用最大總量

例如，表 2.6 中列出的 CPU 資源使用總量配額限制，限制了某個 Namespace 所有 Pod 中容器 resources.limits.cpu 範圍內的總和最大值。

下面的程式表示在 myspace Namespace 中建立一個 ResourceQuota 物件：

```
$ cat quota.json
{
  "apiVersion": "v1",
  "kind": "ResourceQuota",
  "metadata": {
    "name": "quota"
  },
  "spec": {
    "hard": {
      "memory": "1Gi",
      "cpu": "20",
      "pods": "10",
      "services": "5",
      "replicationcontrollers":"20",
      "resourcequotas":"1"
    }
  }
}

$ kubectl create -f quota.json namespace=myspace
```

3 LimitRanger

Kubernetes 的 LimitRanger 外掛程式用於紀錄 Namespace 中各類資源的最小值、最大值及預設值，它針對 Namespace 資源的每個個體限制其資源配額。其限制的資源類型包括 Pod 和 Container 兩類。

表 2.7 列出了資源類型為 Container 的資源限制。

表 2.7 Container 的資源限制

資源名稱	說明
cpu	每個容器 CPU 的最大 / 最小值
memory	每個容器記憶體的最大 / 最小值

表 2.8 列出了資源類型為 Pod 的資源限制。

表 2.8 Pod 的資源限制

資源名稱	說明
cpu	每個 Pod CPU 的最大 / 最小值
memory	每個 Pod 記憶體的最大 / 最小值

如果為某資源指定預設值，它將可能作用於即將建立的資源。例如：如果沒有設定容器的資源請求的預設值，但透過設定 LimitRange 物件中 Container CPU 的預設值，則這 LimitRange 中的預設值將會影響到即將建立的容器。

如果為特定資源指定最小值，它可能作用於即將建立的資源。例如：如果沒有設定容器的資源請求的最小值，但透過設定 LimitRange 物件中 Container CPU 的最小值，則這 LimitRange 中的最小值將會作用於即將建立的容器。

在 API Server 的啟動參數中加入 "--admission_control= LimitRanger" 後，外掛程式便立即生效。該外掛程式和 LimitRange 物件一起實現資源限制管理。下面的例子在 myspace 中建立一個 LimitRange 物件，如下所示：

```
$ cat limits.yaml
apiVersion: v1
kind: LimitRange
metadata:
  name: mylimits
spec:
  limits:
  - max:
      cpu: "2"
      memory: 1Gi
    min:
```

```
      cpu: 250m
      memory: 6Mi
    type: Pod
  - default:
      cpu: 250m
      memory: 100Mi
    max:
      cpu: "2"
      memory: 1Gi
    min:
      cpu: 250m
      memory: 6Mi
    type: Container
$ kubectl create -f limits.yaml - namespace=myspace
```

2.4.4 Secret 私密資訊

Secret 的主要作用是保管私密資料，比如密碼、OAuth Tokens、SSH Keys 等資訊。將這些私密資訊放在 Secret 物件中比直接放在 Pod 或 Docker Image 中更安全，也更方便使用。

Kubernetes 在 Pod 建立時，如果該 Pod 指定了 Service Account，將為 Pod 自動添加包含憑證資訊的 Secrets，用於存取 API Server 和下載 Image。該功能可以透過 Admission Control 新增或關閉，然而如果需要以安全的方式存取 API Server，則建議開啟此功能。

下面的範例用於建立一個 Secret：

```
$ kubectl namespace myspace
$ cat secrets.yaml
apiVersion: v1
kind: Secret
metadata:
  name: mysecret
type: Opaque
data:
  password: dmFsdWUtMg0K
  username: dmFsdWUtMQ0K
$ kubectl create -f secrets.yaml
```

在上面的範例中，data 欄位中各個子欄位的值必須為 base64 編碼值，其中 password 和 username 在 base64 編碼前的值分別為 "value-1" 和 "value-2"。

一旦 Secret 被建立，則可以透過下面的三種方式使用它：

(1) 在建立 Pod 時，透過為 Pod 指定 Service Account 來自動使用該 Secret；

(2) 透過掛載該 Secret 到 Pod 來使用它；

(3) 在建立 Pod 時，指定 Pod 的 sec.ImagePullSecrets 來引用它。

第一種使用方式在下一節中將會有詳細說明。下面的範例為展示第二種使用方式，呈現如何將一個 Secret 透過掛載的方式添加到 Pod 的 Volume 中：

```
{
 "apiVersion": "v1",
 "kind": "Pod",
  "metadata": {
    "name": "mypod",
    "namespace": "myns"
  },
  "spec": {
    "containers": [{
      "name": "mycontainer",
      "image": "redis",
      "volumeMounts": [{
        "name": "foo",
        "mountPath": "/etc/foo",
        "readOnly": true
      }]
    }],
    "volumes": [{
      "name": "foo",
      "secret": {
        "secretName": "mysecret"
      }
    }]
  }
}
```

其結果如圖 2.13 所示。

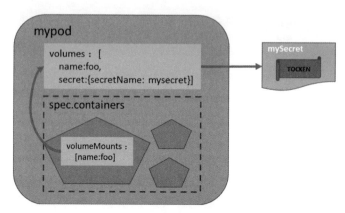

圖 2.13 掛載 Secret 到 Pod

第三種使用方式是手動使用 imagePullSecret，其流程如下：

(1) 執行 login 命令，登錄私有 Registry：

```
$ docker login localhost:5000
```

輸入用戶名和密碼，如果是第一次登錄系統，則會建立新使用者，相關資訊會寫入 ~/.dockercfg 文件中。

(2) 用 base64 編碼 dockercfg 的內容：

```
$ cat ~/.dockercfg | base64
```

(3) 將上一步命令的輸出結果作為 Secret 的 "data.dockercfg" 欄位內容，藉此建立一個 Secret：

```
$ cat image-pull-secret.yaml
apiVersion: v1
kind: Secret
metadata:
  name: myregistrykey
data:
  .dockercfg: eyAiaHR0cHM6Ly9pbmRleC5kb2NrZXIuaW8vdjEvIjogeyAiYXV0aCI6ICJab
UZyWlhCaGGMzTjNiM0prTVRJSyIsICJlbWFpbCI6ICJqZG9lQGV4YW1wbGUuY29tIiB9IH0K
type: kubernetes.io/dockercfg

$ kubectl create -f image-pull-secret.yaml
```

(4) 在建立 Pod 時，使用該 Secret：

```
$cat pods.yaml
apiVersion: v1
```

```
kind: Pod
metadata:
  name: mypod2
spec:
  containers:
    - name: foo
      image: janedoe/awesomeapp:v1
  imagePullSecrets:
    - name: myregistrykey
```

```
$ kubectl create -f pods.yaml
```

其結果如圖 2.14 所示。

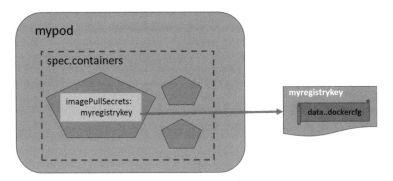

圖 2.14 imagePullSecret 引用 Secret

Pod 建立時會驗證所掛載的 Secret 是否真的指向一個 Secret 物件，因此 Secret 必須在任何引用它的 Pod 之前建立好。Secret 物件是屬於 Namespace，它們只能被同一個 Namespace 中的 Pod 所使用。

每個單獨的 Secret 大小不能超過 1MB，Kubernetes 不鼓勵建立大容量的 Secret，因為如果使用大容量的 Secret，將大量占用 API Server 和 Kubelet 的記憶體。當然，建立許多小的 Secret 也是會耗盡 API Server 和 Kubelet 的記憶體。

Kubelet 目前只支援讓 Pod 使用且由 API Server 建立的 Secret。Pod 包括 Kubectl 建立的 Pod 或間接被 Replication Controller 所新增的 Pod，不包括 Kubelet 透過 --manifest-url 參數、--config 參數或 REST API 建立的 Pod（這些都不是一般建立 Pod 的方法）。

在使用 Mount 方式掛載 Secret 時，Container 中 Secret 的 "data" 欄位中各個範圍的 Key 值作為目錄中的檔名，Value 值被 Base64 編碼後存儲在相應的檔案中。前面範例中所建立的 Secret，被掛載到一個叫作 mycontainer 的 Container 中，在該 Container 可透過相對應的查詢命令查看所產生的檔案和檔案中的內容，如下所示：

```
$ ls /etc/foo/
username
password
$ cat /etc/foo/username
value-1
$ cat /etc/foo/password
value-2
```

透過上面的範例可以得到以下結論：我們可以透過 Secret 保管其他系統的機敏資訊（比如資料庫的用戶名和密碼），並以 Mount 的方式將 Secret 掛載到 Container 中，然後透過存取目錄中的檔案方式獲取該機敏資訊。

當 Pod 被 API Server 建立時，API Server 不會驗證該 Pod 引用的 Secret 是否存在。一旦這個 Pod 被調度時，則 Kubelet 會試著獲取 Secret 的值。如果 Secret 不存在或暫時無法連接到 API Server，則 Kubelet 將以固定的時間間隔定期重試取得該 Secret，並發送一個 Event 來解釋 Pod 沒有啟動的原因。一旦 Secret 被 Pod 取得，則 Kubelet 將建立並 Mount 包含 Secret 的 Volume。只有所有 Volume 被 Mount 後，Pod 中的 Container 才會啟動。在 Kubelet 啟動了 Pod 中的 Container 後，Container 中和 Secret 相關的 Volume 將不會被改變，即使 Secret 本身被修改了。為了使用更新後的 Secret，必須刪除舊的 Pod，並重新建立一個新的 Pod，因此更新 Secret 的流程和部署一個新的 Image 是一樣的。

Secret 包含三種類型：Opaque、ServiceAccount 和 Dockercfg。在前面已經舉例說明了如何建立 Opaque 和 Dockcfg 類型的 Secret。下面的範例為建立一個 Service Account Secret：

```
{
    "kind": "Secret",
    "metadata": {
        "name": "mysecret",
        "annotations": {
            "kubernetes.io/service-account.name": "myserviceaccount"
        }
    }
    "type": "kubernetes.io/service-account-token"
}
```

2.4.5 Service Account

Service Account 是多個 Secret 的集合。它包含兩種 Secret：一種為普通 Secret，用於存取 API Server，也被稱為 Service Account Secret；另一種為 imagePullSecret，用於下載容器映像檔。如果映像檔儲存庫運行在 Insecure 模式下，則該 Service Account 可不需包含 imagePullSecret。在下面的範例中建立了一個名為 build-robot 的 Service Account，並查詢該 Service Account 的資訊：

```
$ cat serviceaccount.json
{
    "kind": "ServiceAccount",
    "apiVersion": "v1",
    "metadata": {
        "name": "myserviceaccount"
    },
    "secrets": [
    {
      "kind": "Secret",
      "name": "mysecret",
      "apiVersion": "v1"
    },
    {
      "kind": "Secret",
      "name": "mysecret1",
      "apiVersion": "v1"
    }
  ],
  "imagePullSecrets": [
    {
      "name": "mysecret2"
    }
  ]
}

$ kubectl create -f serviceaccount.json
$ kubectl get serviceaccounts build-robot -o json
```

此 Service Account 包含對兩種 Secret 的引用：一種用於下載 Image，一種用於存取 API Server。如圖 2.15 所示。

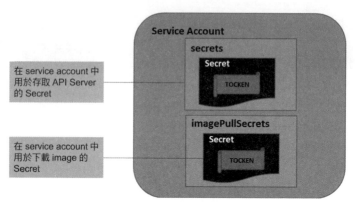

圖 2.15 Service Account 中的 Secret

透過下列命令可以查詢 Namespace 中的 Service Account 清單：

```
kubectl get serviceAccounts
```

Pod 和 Service Account 是如何建立關係的呢？如果在建立 Pod 時沒有為 Pod 指定 Service Account，則系統會自動為其指定一個位於同一命名空間（Namespace）下名為 "default" 的 Service Account。如果想要為 Pod 指定其他 Service Account，則可以在 Pod 的建立過程中指定 "spec.serviceAccountName" 欄位的值為相對應的 Service Account 名稱。如下所示：

```
apiVersion: v1
kind: Pod
metadata:
  name: mypod
spec:
  containers:
    - name: mycontainter
      image: nginx:v1
  serviceAccountName:myserviceaccount
```

圖 2.16 列出了 Pod、Service Account 及 Secret 的關係。

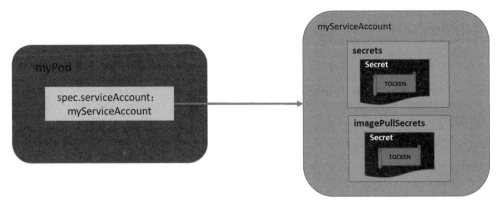

圖 2.16 Pod、Service Account 和 Secret 的關係

在實作系統自動化的過程中，Service Account 會和下列三個功能一起運作：

(1) Admission Controller；

(2) Token Controller；

(3) Service Account Controller。

Admission Controller 是 API Server 的一部分，在請求進行認證和授權後，對請求進行允入控制。當 API Service 的啟動參數中加入下列內容時：

```
-admission_control=ServiceAccount
```

則 API Server 的 Admission Controller 會啟用允入控制的 Service Account 功能。

如果 Admission Controller 啟用了 Service Account 功能，則當用戶在某個 Namespace（預設為 default）中建立和修改 Pod 時，Admission Controller 會執行以下事項。

(1) 如果 spec.serviceAccount 欄位沒有被設定，則 Kubernetes 預設將指定其名字為 default 的 Service accout；

(2) 如果建立和修改 Pod 時 spec.serviceAccount 欄位指定了 default 以外的 Service Account，而該 Service Account 沒有事先建立好，則此 Pod 操作將失敗；

(3) 如果在 Pod 中沒有指定 "ImagePullSecrets"，則這個 spec.serviceAccount 欄位指定的 Service Account 之 "ImagePullSecrets" 會被加入到該 Pod 中；

(4) 添加一個 "volume" 給 Pod，在該 "volume" 中設定一個能存取 API Server 的 Token（該 Token 來自 Service Account Secret）；

(5) 透過添加 "volumeSource" 的方式，將上面提到的 "volume" 掛載到 Pod 中所有容器的 /var/run/secrets/kubernetes.io/serviceaccount 目錄中。

Token Controller 和 Service AccountController 在其自動化過程中所起到的作用請參考 2.2.5 節。

2.5 網路原理

關於 Kubernetes 網路，通常有下列問題需要回答，如圖 2.17 所示。

| Kubernetes 的網路模型是什麼？ |
| Docker 背後的網路基礎是什麼？ |
| Docker 自身的網路模型和限制？ |
| Kubernetes 的網路元件之間是如何通訊的？ |
| 外部如何存取 Kubernetes 的叢集？ |
| 有哪些開源的元件支援 Kubernetes 的網路模型？ |

圖 2.17 Kubernetes 常見問題

在本節將分別回答這些問題，然後透過一個具體的試驗，將這些相關的知識串聯在一起。

2.5.1 Kubernetes 網路模型

Kubernetes 網路模型設計的一個基礎原則是：每個 Pod 都擁有一個獨立的 IP 位址，而且假設所有 Pod 都在一個可以直接連線的、扁平的網路空間中。所以不管它們是否運行在同一個 Node（Host 主機）中，都要求它們可以直接透過對方的 IP 進行存取。設計這個原則的主要原因是，使用者不需要額外考慮如何建立 Pod 之間的連線，也不需要考慮將容器連接埠對應到主機連接埠等問題。

實際上在 Kubernetes 的世界裡，IP 是以 Pod 為單位來進行分配的。一個 Pod 內部的所有容器共用一個網路底層堆疊（實際上就是一個網路命名空間，包括它們的 IP

位址、網路設備、配置等都是共用的)。依照這個網路抽象原則,一個 Pod 具有一個 IP 的設計模型也被稱作 IP-per-Pod 模型。

由於 Kubernetes 的網路模型假設 Pod 之間存取時使用的是對方 Pod 的實際位址,所以一個 Pod 內部的應用程式看到的自己的 IP 位址和連接埠與叢集內其他 Pod 看到的一樣。它們都是 Pod 實際分配的 IP 位址(從 docker0 來分配的)。將 IP 位址和連接埠在 Pod 內部和外部都維持一致,我們可以不使用 NAT 來進行轉換。位址空間也自然是平的。Kubernetes 的網路之所以這麼設計,主要原因就是可以相容過往的應用程式。當然我們使用 Linux 命令 "ip addr show" 也能看到這些位址,和程式看到的沒有什麼區別。所以這種 IP-per-Pod 的方案能很好地利用了現有的各種功能變數名稱解析和探索機制。

另外,一個 Pod 一個 IP 的模型還有另一層含義,那就是同一個 Pod 內的不同容器將會共用一個網路命名空間,也就是同一個 Linux 網路通訊協定堆疊。這就意味著同一個 Pod 內的容器可以透過 localhost 來連接對方的連接埠。這種關係和同一個 VM 內的程序彼此之間的關係是一樣的,看起來 Pod 內的容器之間隔離性降低了,而且 Pod 內不同容器之間的連接埠是共用的,沒有所謂的私有連接埠的概念了。如果您的應用系統必須要使用一些特定的連接埠範圍,那麼也可以為這些應用系統單獨建立一些 Pod。反之,對於沒有特殊需要的應用,這樣做的好處是 Pod 內的容器是共用部分的資源,透過共用資源互相通訊顯然更加容易和有效率。針對這些應用,雖說損失了可接受範圍內的部分隔離性,但也是值得的。

IP-per-Pod 模式和 Docker 原生的透過動態連接埠對應方式實作的多節點存取模式有什麼區別呢?主要區別是後者的動態連接埠對應會導致連接埠管理的複雜度,而且存取用戶看到的 IP 位址和連接埠與服務提供者實際綁定的不同(因為 NAT 的緣故,它們都被轉換成新的位址或連接埠了),這也會引發應用系統配置的複雜化。同時,標準的 DNS 等名字解析服務也不適用了。甚至服務註冊和探索機制都將受到挑戰,因為在連接埠對應情況下,服務本身很難知道自己對外暴露的真實服務 IP 和連接埠。而外部應用系統也無法透過服務所在容器的私有 IP 位址和連接埠來存取服務。

整體來說,IP-per-Pod 模型是一個簡單且相容性較好的模型。從該模型的網路連接埠分配、功能變數名稱解析、服務發現、負載平衡、應用配置和搬遷等角度來看,Pod 都能夠被視為一台獨立的 "虛擬機器" 或 "物理機"。

按照這個網路抽象原則，Kubernetes 對網路有什麼前提和要求呢？

Kubernetes 對叢集的網路有以下要求：

(1) 所有容器都可以在不用 NAT 的方式下與其他的容器通訊；

(2) 所有節點都可以在不用 NAT 的方式下與所有容器通訊，反之亦然；

(3) 容器的位址和別人看到的位址是同一個位址。

這些基本的要求意味著並不是只要兩台機器運行 Docker，Kubernetes 就可以工作了。具體的叢集網路實現必須保障上述基本要求，原生的 Docker 網路目前還不能順利地支援這些要求。

實際上，這些對網路模型的要求並沒有降低整個網路系統的複雜度。如果您的程式原來在 VM 上運行，而那些 VM 擁有獨立 IP，並且它們之間可以直接通透地通信，那麼 Kubernetes 的網路模型就和 VM 使用的網路模型是一樣的。所以使用這種模型可以很容易地將已有應用程式從 VM 或物理機搬遷到容器上。

當然，Google 設計 Kubernetes 的一個主要運作基礎就是其雲端環境 GCE（Google Compute Engine），在 GCE 下這些網路要求都是預設支援的。另外，常見的其他公用雲服務商如亞馬遜等，在它們的公有雲計算環境下也是預設支援這個模型的。

由於部署私有雲的情況會更普遍，所以在私有雲中運行 Kubernetes+Docker 叢集之前，就需要自己搭建出符合 Kubernetes 要求的網路環境。現在的開源世界有很多開源元件可以幫助我們打通 Docker 容器和容器之間的網路，實現 Kubernetes 要求的網路模型。當然每種方案都有適合的情境，我們要根據自己的實際需要來進行選擇。2.5.5 節將會對常見的開源方案進行介紹。

Kubernetes 的網路依賴於 Docker，Docker 的網路又離不開 Linux 作業系統內核特色的支援，所以我們有必要先深入瞭解 Docker 背後的網路原理和基礎知識。接下來我們一起深入學習一些必要的 Linux 網路知識。

2.5.2 Docker 的網路基礎

Docker 本身的技術依賴於近年 Linux 內核虛擬化技術的發展，所以 Docker 對 Linux 內核的特性有很強的依賴。這裡將 Docker 使用到的與 Linux 網路有關的主要技術進行簡要介紹，這些技術包括如下幾種，如圖 2.18 所示。

圖 2.18 Docker 使用到的與 Linux 網路有關的主要技術

1. 網路的命名空間

為了支援網路通訊協定推疊的多個實例，Linux 在網路底層堆疊中引入了網路命名空間（Network Namespace），這些獨立的協定堆疊被隔離到不同的命名空間中。處於不同命名空間的網路底層堆疊是完全隔離的，彼此之間互相無法通信，就好像兩個 "平行宇宙"。透過這種對網路資源的隔離，就能在一個 Host 主機上虛擬多個不同的網路環境。而 Docker 也是利用了網路的命名空間特性，實現了不同容器之間網路的隔離。

在 Linux 的網路命名空間內可以有自己獨立的路由表及獨立的 Iptables/Netfilter 設定，來提供封包繞送、NAT 及 IP 封包過濾等功能。

為了隔離出獨立的網路協定堆疊，需要納入命名空間的元素有程序、通訊端點、網路設備等。程序建立的通訊端點必須屬於某個命名空間，通訊端點的操作也必須在命名空間內進行。同樣，網路設備也必須屬於某個命名空間。因為網路設備屬於公共資源，所以可以透過修改屬性實現在命名空間之間轉移。當然，是否允許轉移與設備的特性有關。

讓我們稍微深入 Linux 作業系統內部，看它是如何實現網路命名空間的，這也會對理解後面的概念有幫助。

1 網路命名空間的實現

Linux 的網路通訊協定堆疊是十分複雜的，為了支援獨立的協定堆疊，相關的這些全域變數都必須修改為私有協議堆疊。最好的辦法就是讓這些全域變數成為一個 Net Namespace 變數的成員，然後為協議堆疊的函式呼叫加入一個 Namespace 參數。這就是 Linux 實現網路命名空間的核心。

同時，為了保證對已經開發的應用程式及內核程式的相容性，內核程式隱含性使用了命名空間內的變數。我們的程式若沒有對命名空間的特殊需求，就不需要寫額外的程式，網路命名空間對應用程式來說是透明無視的。

在建立新的網路命名空間並將某個程序關聯到這個網路命名空間後，就會出現類似於如圖 2.19 所示的內核資料結構，所有網路堆疊變數都放入了網路命名空間的資料結構中。這個網路命名空間是同屬於它的程序群組自用的，和其他程序群組沒有衝突。

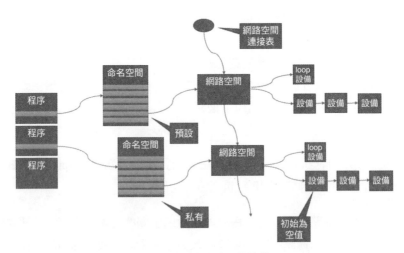

圖 2.19　命名空間內核結構

新產生的私有命名空間只有 loop 設備 lo（而且是停止狀態），其他設備預設都不存在，如果需要，則要一一手動建立。Docker 容器中的各類網路堆疊設備都是 Docker Daemon 在啟動時自動建立且配置的。

所有的網路設備（實體的或虛擬介面、橋接器等在內核裡都叫作 Net Device）都只能屬於單一命名空間。當然，通常實體的設備（連接實際硬體的設備）只能關聯到 root 這個命名空間中。虛擬的網路設備（虛擬的乙太網路介面或虛擬成對網路設備）則可以被建立並關聯到一個既定的命名空間中，而且可以在這些命名空間之間轉移。

前面曾提到過，由於網路命名空間代表的是一個獨立的協定堆疊，所以它們之間是相互隔離的，彼此無法通信，在協定堆疊內部都看不到對方。那麼有沒有辦法打破這種限制，讓處於不同命名空間的網路相互通訊，甚至和外部的網路進行通訊呢？答案就是 "Veth 成對設備"。"Veth 成對設備" 的一個重要作用就是打通互相看不到的協議堆疊之間的屏蔽，它就像一個管子，一端連著這個網路命名空間的協定堆疊，一端連著另一個網路命名空間的協定堆疊。所以如果想要在兩個命名空間之間進行通訊，就必須有一個 Veth 成對設備。稍後我們會介紹如何操作 Veth 成對設備來打通不同命名空間之間的網路。

2 網路命名空間操作

下面將列出一些網路命名空間的操作。

我們可以使用 Linux iproute2 系列的配置工具，以其 IP 命令來操作網路命名空間。注意，這個命令需以 root 使用者來執行。

建立一個命名空間：

```
$ ip netns add <name>
```

在命名空間內執行命令：

```
$ ip netns exec <name> <command>
```

如果想執行多個命令，則可以先進入內部的 sh，然後執行：

```
$ ip netns exec <name> bash
```

之後就是在新的命名空間內進行操作了。要退出到外面的命名空間時，請輸入 "exit"。

3 網路命名空間的一些技巧

操作網路命名空間時的一些實用技巧如下：

我們可以在不同的網路命名空間之間轉移設備，例如下面會提到的 Veth 成對設備的轉移。因為一個設備只能屬於一個命名空間，所以轉移後在這個命名空間內就看不到這個設備了。具體有哪些設備能夠轉移到不同的命名空間呢？在設備裡面有一個重要的屬性：NETIF_F_ETNS_LOCAL，如果這個屬性為 "on"，則不能轉移到其他命名空間內。Veth 設備是屬於可以轉移的設備，而很多其他設備如 lo 設備、vxlan 設備、ppp 設備、bridge 設備等都是不可以轉移的。對於將無法轉移的設備移動到別的命名空間的操作，則會得到無效參數的錯誤提示。

```
$ ip link set br0 netns ns1
RTNETLINK answers: Invalid argument
```

如何知道這些設備是否可以轉移呢？可以使用 ethtool 工具查看：

```
$ ethtool -k br0
netns-local: on [fixed]
```

netns-local 的值是 on，則說明不可以轉移，反之則可以。

2. Veth 成對設備

引入 Veth 成對設備是為了在不同的網路命名空間之間進行通訊，利用它可以直接將兩個網路命名空間連接起來。由於要連接兩個網路命名空間，所以 Veth 設備都是成對出現的，很像一對乙太網卡，並且中間有一條對接的網路線。既然是一對網卡，那麼我們將其中一端稱為另一端的 peer。在 Veth 設備的一端發送資料時，它會將資料直接發送到另一端，並觸發另一端的接收操作。

整個 Veth 的實現非常簡單，有興趣的讀者可以參考原始程式碼 "drivers/net/veth.c" 的實現。圖 2.20 是 Veth 成對設備的示意圖。

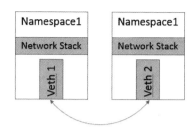

圖 2.20 Veth 成對設備示意圖

1 Veth 成對設備的操作命令

接下來看看如何建立 Veth 成對設備，連接到不同的命名空間，並設定它們的位址，讓它們通訊。

建立 Veth 成對設備：

```
$ ip link add veth0 type veth peer name veth1
```

建立後，可以查看 veth 成對設備的資訊。使用 ip link show 命令查看所有網路介面：

```
$ ip link show
1: lo: <LOOPBACK,UP,LOWER_UP> mtu 65536 qdisc noqueue state UNKNOWN mode DEFAULT
    Link/loopback: 00:00:00:00:00:00 brd 00:00:00:00:00:00
2: eno16777736: <BROADCAST,MULTICAST,UP,LOWER_UP> mtu 1500 qdisc pfifo_fast state
UP mode DEFAULT qlen 1000
    link/ether 00:0c:29:cf:1a:2e brd ff:ff:ff:ff:ff:ff
3: docker0: <NO-CARRIER,BROADCAST,MULTICAST,UP> mtu 1500 qdisc noqueue state UP
mode DEFAULT
link/ether 56:84:7a:fe:97:99 brd ff:ff:ff:ff:ff:ff
19: veth1: <BROADCAST,MULTICAST> mtu 1500 qdisc noop state DOWN mode DEFAULT qlen
1000
link/ether 7e:4a:ae:41:a3:65 brd ff:ff:ff:ff:ff:ff
20: veth0: <BROADCAST,MULTICAST> mtu 1500 qdisc noop state DOWN mode DEFAULT qlen
1000
link/ether ea:da:85:a3:75:8a brd ff:ff:ff:ff:ff:ff
```

看到了吧！有兩個設備產生了，一個是 veth0，它的 peer 是 veth1。

現在這兩個設備都在自己的命名空間內，如此一來就能運行嗎？好了，如果將 Veth 視為具有兩端的網路線，那我們將另一端設定到另一個命名空間中：

```
$ ip link set veth1 netns netns1
```

這時可在外面的這個命名空間內觀看兩個設備的情況:

```
$ ip link show
1: lo: <LOOPBACK,UP,LOWER_UP> mtu 65536 qdisc noqueue state UNKNOWN mode DEFAULT
    Link/loopback: 00:00:00:00:00:00 brd 00:00:00:00:00:00
2: eno16777736: <BROADCAST,MULTICAST,UP,LOWER_UP> mtu 1500 qdisc pfifo_fast state
UP mode DEFAULT qlen 1000
    link/ether 00:0c:29:cf:1a:2e brd ff:ff:ff:ff:ff:ff
3: docker0: <NO-CARRIER,BROADCAST,MULTICAST,UP> mtu 1500 qdisc noqueue state UP
mode DEFAULT
link/ether 56:84:7a:fe:97:99 brd ff:ff:ff:ff:ff:ff
20: veth0: <BROADCAST,MULTICAST> mtu 1500 qdisc noop state DOWN mode DEFAULT qlen
1000
link/ether ea:da:85:a3:75:8a brd ff:ff:ff:ff:ff:ff
```

只剩一個 veth0 設備,已經看不到另一個設備了,另一個設備已經轉移到另一個網路命名空間。

在 netns1 網路命名空間中可以看到 veth1 設備了,符合預期的結果。

```
$ ip netns exec netns1 ip link show
1: lo: <LOOPBACK,UP,LOWER_UP> mtu 65536 qdisc noqueue state UNKNOWN mode DEFAULT
    Link/loopback: 00:00:00:00:00:00 brd 00:00:00:00:00:00
19: veth1: <BROADCAST,MULTICAST> mtu 1500 qdisc noop state DOWN mode DEFAULT qlen
1000
link/ether 7e:4a:ae:41:a3:65 brd ff:ff:ff:ff:ff:ff
```

現在看到的結果是,兩個不同的命名空間各自有一個 Veth 的 "網路線接頭",各顯示為一個 Device(在 Docker 的實現裡面,它除了將 Veth 放入容器內,還將它的名字改成了 eth0,簡直以假亂真,您以為它是一個本地網卡嗎?)。

現在可以通訊了嗎?不行,因為它們還沒有任何 IP 位址,現在我們來給它們分配 IP 位址吧:

```
$ ip netns exec netns1 ip addr add 10.1.1.1/24 dev veth1
$ ip addr add 10.1.1.2/24 dev veth0
```

再重啟它們:

```
$ ip netns exec netns1 ip link set dev veth1 up
$ ip link set dev veth0 up
```

現在兩個網路命名空間可以互相通訊了：

```
$ ping 10.1.1.1
PING 10.1.1.1 (10.1.1.1) 56(84) bytes of data.
64 bytes from 10.1.1.1: icmp_seq=1 ttl=64 time=0.035 ms
64 bytes from 10.1.1.1: icmp_seq=2 ttl=64 time=0.096 ms
^C
--- 10.1.1.1 ping statistics ---
2 packets transmitted, 2 received, 0% packet loss, time 1001ms
rtt min/avg/max/mdev = 0.035/0.065/0.096/0.031 ms

$ ip netns exec netns1 ping 10.1.1.2
PING 10.1.1.2 (10.1.1.2) 56(84) bytes of data.
64 bytes from 10.1.1.2: icmp_seq=1 ttl=64 time=0.045 ms
64 bytes from 10.1.1.2: icmp_seq=2 ttl=64 time=0.105 ms
^C
--- 10.1.1.2 ping statistics ---
2 packets transmitted, 2 received, 0% packet loss, time 1000ms
rtt min/avg/max/mdev = 0.045/0.075/0.105/0.030 ms
```

如此一來，兩個網路命名空間就完全連通了。

至此我們就能夠理解 Veth 成對設備的原理和用法了。在 Docker 內部，Veth 成對設備也是聯繫容器到外面的重要設備，不能缺少它。

2 Veth 成對設備如何查看另一端

在操作 Veth 成對設備的時候有一些實用技巧，如下所示。

一旦將 Veth 成對設備的 peer 設備端放入另一個命名空間，在原本命名空間內就看不到它了。那麼該怎麼知道這個 Veth 對的另一端在哪裡呢？也就是說它到底連接到哪一個命名空間呢？可以使用 ethtool 工具來查看（當網路命名空間特別多的時候，這可不是一件很容易的事）。

首先在一個命名空間中查詢 Veth 成對設備端介面在設備清單中的序號：

```
$ ip netns exec netns1 ethtool -S veth1
NIC statistics:
     peer_ifindex: 5
```

得知另一端的設備裝置的序號是 5 後，再到另一個命名空間中查看序號 5 代表什麼設備：

```
$ ip netns exec netns2 ip link | grep 5        <-- 我們只專注序號是5的設備
veth0
```

好了，現在找到標示為 5 的設備了，它是 veth0，它的另一端自然就是另一個命名空間中的 veth1 了，因為它們彼此互為 peer。

3. 橋接器

Linux 可以支持很多不同的連接埠，這些連接埠之間當然應該能夠通訊，如何將這些連接埠連接起來，並實現類似交換機的多對多通訊呢？這就是利用橋接器的功用了。橋接器是一個 OSI 第二層網路設備，可以解析收發的封包，讀取目標 MAC 位址的資訊，和自己記錄的 MAC 表格結合，來決定封包的轉發連接埠。為了實現這些功能，橋接器會學習來源 MAC 位址（第二層橋接器轉發的依據就是 MAC 位址）。在轉發封包的時候，橋接器只需要向特定的網路介面進行轉送，進而避免不必要的網路交互行為。如果它遇到一個自己從未學習到的位址，就無法知道這個封包應該從哪個網路介面設備轉發，於是只好將封包廣播給所有的網路設備介面（封包來源的那個介面除外）。

在實際網路中，網路拓撲不可能永久不變。如果設備移動到另一個介面上，而它沒有發送任何資料，那麼橋接器設備就無法得知到這個變化，結果橋接器還是向原來的介面轉發資料封包，在這種情況下資料就會遺失。所以橋接器還要對學習到的 MAC 位址表加上逾時限制（預設為 5 分鐘）。如果橋接器收到了對應介面 MAC 位址回送的封包，則重置逾時時間，否則過了逾時時間後，將認為那個設備已經不在那個介面上了，它就會重新廣播發送。

在 Linux 的內部網路堆疊裡面實現的橋接器設備，作用和上面的描述相同。過去 Linux 主機一般都只有一個網卡，現在多網卡的機器越來越多，而且還有很多虛擬的設備存在，所以 Linux 的橋接器提供了這些設備之間互相轉送資料的第二層網路設備。

Linux 內核支援網路介面的橋接（目前只支援乙太網路介面）。但是與單純的交換機不同，交換機只是一個第二層設備，對於接收到的封包，要麼轉送，要麼丟棄。

運行著 Linux 內核的機器本身就是一台主機,有可能是網路封包的目的地,其收到的封包除了轉發和丟棄,還可能被送到網路通訊協定堆疊的上層(網路層),進而由自己(這台主機本身的協定堆疊)所接收,所以我們既可以把橋接器看作一個第二層設備,也可以視為一個第三層設備。

❶ Linux 橋接器的實現

Linux 內核是透過一個虛擬的橋接器設備(Net Device)來實現橋接功能。這個虛擬裝置可以綁定好幾個乙太網路周邊設備,進而將它們串接起來。如圖 2.21 所示,這種 Net Device 橋接器和普通的設備不同,最明顯的一個特性是它還可以有一個 IP 位址。

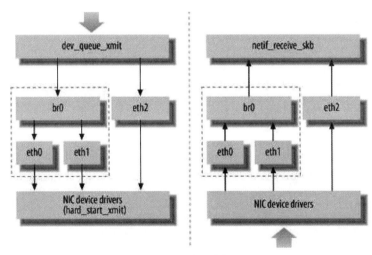

圖 2.21 橋接器的位置

如圖 2.21 所示,橋接器設備 br0 綁定了 eth0 和 eth1。對於網路通訊協定堆疊的上層來說,只看得到 br0。因為橋接是在資料連結層所實作的,上層不需要瞭解橋接的細節,於是協定堆疊上層需要將發送的封包送到 br0,橋接器設備的處理程式判斷封包該被轉發到 eth0 還是 eth1,或者兩者皆轉送;反過來,從 eth0 或從 eth1 接收到的封包被送交給橋接器的處理程式,在這裡會判斷封包應該被轉送、丟棄還是送交到協議堆疊上層去。

而有時 eth0、eth1 也可能會作為封包的來源位址或目的位址,直接參與封包的發送與接收,進而繞過橋接器。

2 橋接器的常用操作命令

Docker 自動完成了對橋接器的建立和維護。為了進一步理解橋接器，下面舉幾個常用的橋接器操作範例，對橋接器進行手動操作：

```
$ brctl addbr xxxxx   //就是新增一個橋接器
```

之後可以增加網路介面，在 Linux 中，一個介面其實就是一個實體網卡。將實體網卡和橋接器連接起來：

```
$ brctl addif xxxxx ethx
```

橋接器的實體網卡作為一個窗口，由於在資料鏈接層工作，就不再需要 IP 位址了，這樣上面的 IP 位址自然無效：

```
$ ifconfig ethx 0.0.0.0
```

給橋接器配置一個 IP 位址：

```
$ ifconfig brxxx xxx.xxx.xxx.xxx
```

如此一來，橋接器就有了一個 IP 位址，而連接到上面的網卡就是一個純資料鏈結層設備了。

4. Iptables/Netfilter

我們知道，Linux 網路通訊協定堆疊非常有效率，同時比較複雜。如果希望在資料的處理過程中對在意的資料進行一些操作該怎麼做呢？ Linux 提供了一套機制來為使用者實現自訂的資料封包處理過程。

在 Linux 網路通訊協定堆疊中有一組 callback 函數掛載節點，透過這些掛載節點掛接的 hook 函數可以在 Linux 網路堆疊處理資料封包的過程中對資料封包進行一些操作，例如過濾、修改、丟棄等。整個掛載節點技術叫作 Netfilter 和 Iptables。

Netfilter 負責在內核中執行各種掛接的規則，運行在核心模式中；而 Iptables 是在使用者模式下執行的程序，負責協助維護內核中 Netfilter 的各種規則表。透過二者的配合來實現整個 Linux 網路通訊協定堆疊中靈活的資料封包處理機制。

Netfilter 可以掛接的規則點有 5 個，如圖 2.22 中的深色橢圓所示。

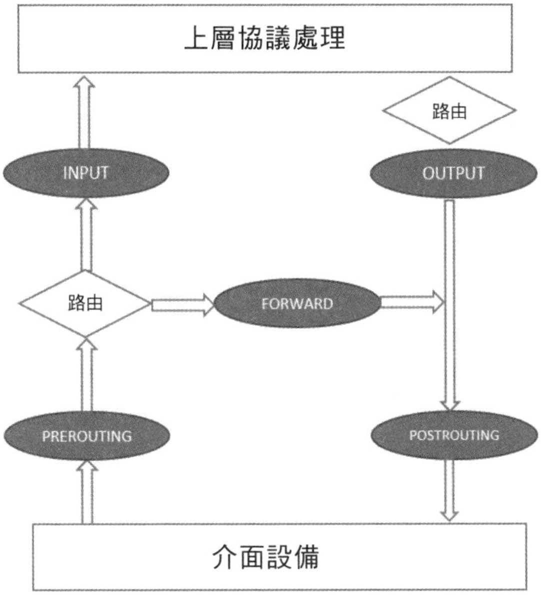

圖 2.22 Netfilter 掛接點

1 規則表 Table

這些掛載節點能掛接的規則也分成不同的類型（也就是規則表 Table），可以在不同類型的 Table 中加入我們的規則。目前主要支援的 Table 類型為：

⊙ RAW；

⊙ MANGLE；

⊙ NAT；

⊙ FILTER。

上述 4 個 Table（規則鏈）的優先順序是 RAW 最高，FILTER 最低。

在實際應用中，不同的掛接點需要的規則類型通常不同。例如，在 Input 的掛接點上明顯不需要 FILTER 過濾規則，因為根據目標位址，已經選擇好本機的上層協議堆疊了，所以無須再掛接 FILTER 過濾規則。目前 Linux 系統支援的不同掛接點能掛接的規則類型如圖 2.23 所示。

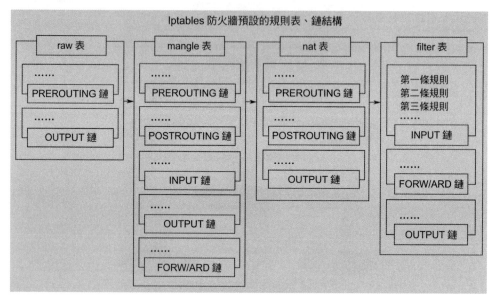

圖 2.23 四種掛接點的規則表

當 Linux 協定堆疊的資料處理執行到掛載節點時，它會依序呼叫掛接點上所有的
hook 函數，直到資料封包的處理結果是確定地接收或拒絕。

2 處理規則

每個規則的特性皆分為以下幾部分：

- ⊙ 表類型（準備做什麼事情？）；
- ⊙ 何種掛接點（何時發揮作用？）；
- ⊙ 比對的參數是什麼（針對何種類型的資料封包？）；
- ⊙ 比對後有什麼動作（比對後具體的處理是什麼？）。

表類型和何種掛接點在前面已經介紹過，現在我們來看看比對的參數和比對後的
動作。

3 比對參數

比對參數用於對資料封包或 TCP 資料連接的狀態進行比對。當有多個條件存在時，它們會一起作用，來達到只針對某部分封包數據內容進行修改的目的。常見的比對參數有：

- ⊙ 輸入，輸出的網路介面；
- ⊙ 來源，目的位址；
- ⊙ 通訊協定類型；
- ⊙ 來源，目的連接埠。

4 比對動作

一旦有資料比對到，就會執行相對應的動作。動作類型既可以是標準預先定義的幾個動作，也可以是自訂的註冊模組行為，或者是一個新的規則鏈，方便更順利地編織成一組動作。

5 Iptables 命令

Iptables 命令用於協助使用者維護各種規則。在使用 Kubernetes、Docker 的過程中，通常都會去查看相關的 Netfilter 配置。這裡只介紹一下如何查看規則表，詳細的介紹請參照 Linux 的 Iptables 說明文件。

查看系統中已有規則的方法如下。

- ⊙ iptables-save：按照命令的方式列印 Iptables 的內容。
- ⊙ iptables-vnL：以另一種格式顯示 Netfilter 表的內容。

5. 路由

Linux 系統內含一個完整的路由功能。當 IP 層在處理資料發送或轉發的時候，會使用路由表來決定發向何處。通常情況下，如果主機與目的主機直接相連，那麼主機可以直接發送 IP 封包到目的主機，這個過程比較簡單。例如，透過點對點的連結或透過網路共用。如果主機與目的主機沒有直接相連，那麼主機會將 IP 封包發送給預設的路由器，然後由路由器來決定往何處發送 IP 封包。

路由功能由 IP 層維護的一張路由表來決定。當主機收到資料封包時，它用此表來決策接下來應該做什麼處理。當從網路介面接收到資料封包時，IP 層首先會檢查封包的 IP 位址是否與主機自身的位址相同。如果資料封包中的 IP 位址是主機自身的位址，則封包將被發送到傳輸層相對應的協定中。如果封包中的 IP 位址不是主機自身的位址，並且主機配置了路由功能，那麼封包將被轉發，否則，封包將被丟棄。

路由表中的資料一般是以條列形式表示。一個典型的路由表條列規則通常包含以下主要的條列項目。

(1) 目的 IP 位址：此欄位表示目標的 IP 位址。此 IP 位址可以是某台主機的位址，也可以是一個網段位址。如果這條規則包含的是一個主機位址，那麼它的主機 ID 將被標記不為零；如果這條規則包含的是一個網路位址，那麼它的主機 ID 將被標記為零。

(2) 下一個路由器的 IP 位址：為什麼採用 "下一個" 的說法，是因為下一個路由器並不一定是最終的目的路由器，它很可能是一個中間路由器。規則列出下一個路由器的位址是用來轉發從相對應介面接收到的 IP 資料封包。

(3) 標誌：此欄位提供了另一組重要資訊，例如：目的 IP 位址是一個主機位址還是一個網段位址。此外，從標誌中可以得知下一個路由器是一個真實路由器還是一個直接相通的介面。

(4) 網路介面規範：為一些資料封包的網路介面規範，此規範將與封包一起被轉發。

在透過路由表轉送時，如果任何規則的第一個欄位完全符合目的 IP 位址（主機）或部分符合目的 IP 位址（網路），那麼它將指示下一個路由器的 IP 位址。這是一個重要的資訊，因為這些資訊直接告訴主機（具備路由功能的）資料包應該轉發到哪個 "下一個路由器" 去。而規則中的所有其他欄位將提供更多的輔助資訊來為路由轉送做決定。

如果沒有找到一個完全的匹配 IP，則接著搜索相符合的網路 ID。如果找到，即該資料封包會被轉送到指定的路由器上。如此可以看出，網路上的所有主機都透過這個路由表中的單一個規則進行管理。

如果上述兩個條件都不匹配，該資料包文將被轉發到一個預設路由器上。

如果上述步驟失敗，預設路由器也不存在，該資料封包最終將無法被轉送。任何無法投遞的資料封包都將產生一個 ICMP 主機不可達或 ICMP 網路不可達的錯誤，並將此錯誤返回給產生此資料封包的應用程式。

1 路由表的建立

Linux 的路由表至少包括兩個表（當啟用策略路由的時候，還會有其他表）：一個是 LOCAL，另一個是 MAIN。在 LOCAL 表中會包含所有的本地設備位址。LOCAL 路由表的建立是在配置網路設備位址時自動建立的。LOCAL 表用於供 Linux 協定堆疊識別本地位址，以及進行本地各個不同網路介面之間的資料轉送。

可以透過下面的命令查看 LOCAL 表的內容：

```
$ ip route show table local type local
10.1.1.0 dev flannel0  proto kernel  scope host  src 10.1.1.0
127.0.0.0/8 dev lo  proto kernel  scope host  src 127.0.0.1
127.0.0.1 dev lo  proto kernel  scope host  src 127.0.0.1
172.17.42.1 dev docker  proto kernel  scope host  src 172.17.42.1
192.168.1.128 dev eno16777736  proto kernel  scope host  src 192.168.1.128
```

MAIN 表用於各種網路 IP 位址的轉送。它的建立既可以使用靜態配置產生，也可以使用動態路由探索協定來產生。動態路由探索協定一般使用群組廣播功能來透過回傳路由廣播後所發現資料，動態地交換和取得網路的路由資訊，並更新到路由表中。

Linux 下支援路由發現協定的開源軟體有許多，常用的有 Quagga、Zebra 等。第 4 章會介紹使用 Quagga 動態容器路由探索的機制來實現 Kubernetes 的網路架構。

2 路由表的查看

我們可以使用 ip route list 命令查看目前的路由表。

```
$ ip route list
192.168.6.0/24 dev eno16777736  proto kernel  scope link  src 192.168.6.140
metric 1
```

在上面的範例程式中，只有一個子網段的路由，來源位址是 192.168.6.140（本機），目標位址是 192.168.6.0/24 網段的資料，都將透過 eth0 周邊設備發送出去。

Netstat-rn 是另一個查看路由表的工具：

```
$ netstat -rn
Kernel IP routing table
Destination      Gateway         Genmask         Flags   MSS Window   irtt Iface
0.0.0.0          192.168.6.2     0.0.0.0         UG        0 0           0 eth0
192.168.6.0      0.0.0.0         255.255.255.0   U         0 0           0 eth0
```

在它顯示的資訊中，如果標誌是 U，則說明是可達路由；如果標誌是 G，則說明這個網路介面連接的是閘道，否則說明是連接主機。

2.5.3 Docker 的網路實現

標準的 Docker 支援以下四類網路模式。

⊙ host 模式：使用 --net=host 指定。

⊙ container 模式：使用 --net=container:NAME_or_ID 指定。

⊙ none 模式：使用 --net=none 指定。

⊙ bridge 模式：使用 --net=bridge 指定，為預設模式。

在 Kubernetes 管理模式下，通常只會使用 bridge 模式，所以本節只介紹 bridge 模式下 Docker 網路是如何運作的。

在 bridge 模式下，Docker Daemon 第一次啟動時會建立一個虛擬的橋接器，預設的名字是 docker0，然後按照 RPC1918 的模型，在私有網路空間中給這個橋接器分配一個子網段。針對由 Docker 建立的每一個容器，都會新增一個虛擬的乙太網路設備（Veth 成對設備），其中一端連接到橋接器上，另一端使用 Linux 的網路命名空間技術，對應到容器內的 eth0 設備，然後從橋接器的位址網段中給 eth0 介面分配一個 IP 位址。

如圖 2.24 所示為 Docker 的預設橋接器網路模型。

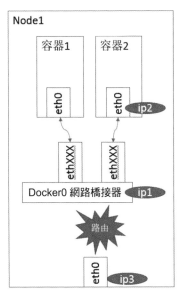

圖 2.24 預設的 Docker 網路橋接器模型

其中 ip1 是橋接器的 IP 位址，Docker Daemon 會在幾個候選網段中選出一個，通常是 172 中的一個網段。這個位址和主機的 IP 位址不是重疊的。ip2 是 Docker 啟動容器的時候，在這個網段中隨機選擇的一個沒有使用的 IP 位址，使用它並分配給被啟動的容器。相對應的 MAC 位址也根據這個 IP 位址，在 02:42:ac:11:00:00 和 02:42:ac:11:ff:ff 的範圍內產生，這樣做可以確保不會發生 ARP 衝突。

啟動後，Docker 將 Veth 成對裝置的名字對應到 eth0 網路介面。ip3 就是主機的網卡位址。

在一般情況下，ip1、ip2 和 ip3 是不同的 IP 段，所以在預設不做任何特殊配置的情況下，在外部是看不到 ip1 和 ip2 的。

這樣做的結果就是，同一台機器內的容器之間可以相互通訊。不同主機上的容器不能夠直接通訊。實際上它們甚至有可能都在相同的網路位址範圍內（不同的主機上的 docker0 網段可能是一樣的）。

為了讓它們跨節點互相通信，就必須在主機的位址上分配連接埠，然後透過這個連接埠路由或 proxy 到容器上。這種做法顯然意味著一定要在容器之間小心謹慎地協調好連接埠的分配，或使用動態連接埠的分配技術。在不同應用之間協調好連接埠分配是十分困難的事情,特別是叢集數量擴增的時候。而動態的連接埠分配也會帶來高度複雜性,例如:每個應用程式都只能將連接埠視作一個符號(因為是動態分配的,無法提前設定)。而且 API Server 也要在分配完後,將動態連接埠插入到配置的合適位置。另外,服務也必須能彼此之間找到對方等。這些都是 Docker 的網路模型在跨主機存取時面臨的問題。

1 查看 Docker 啟動後的系統情況

我們已經知道,Docker 網路在 bridge 模式下 Docker Daemon 啟動時建立 docker0 橋接器,並在橋接器使用的網段為容器分配 IP。讓我們看看實際的操作。

在剛剛啟動 Docker Daemon,並且還沒有啟動任何容器的時候,網路通訊協定堆疊的配置情況如下:

```
$ systemctl start docker
$ ip addr
1: lo: <LOOPBACK,UP,LOWER_UP> mtu 65536 qdisc noqueue state UNKNOWN
    link/loopback 00:00:00:00:00:00 brd 00:00:00:00:00:00
    inet 127.0.0.1/8 scope host lo
       valid_lft forever preferred_lft forever
    inet6 ::1/128 scope host
       valid_lft forever preferred_lft forever
2: eno16777736: <BROADCAST,MULTICAST,UP,LOWER_UP> mtu 1500 qdisc pfifo_fast state
UP qlen 1000
    link/ether 00:0c:29:14:3d:80 brd ff:ff:ff:ff:ff:ff
    inet 192.168.1.133/24 brd 192.168.1.255 scope global eno16777736
       valid_lft forever preferred_lft forever
    inet6 fe80::20c:29ff:fe14:3d80/64 scope link
       valid_lft forever preferred_lft forever
3: docker0: <NO-CARRIER,BROADCAST,MULTICAST,UP> mtu 1500 qdisc noqueue state DOWN
    link/ether 02:42:6e:af:0e:c3 brd ff:ff:ff:ff:ff:ff
    inet 172.17.42.1/24 scope global docker0
       valid_lft forever preferred_lft forever

$ iptables-save
# Generated by iptables-save v1.4.21 on Thu Sep 24 17:11:04 2015
*nat
:PREROUTING ACCEPT [7:878]
:INPUT ACCEPT [7:878]
:OUTPUT ACCEPT [3:536]
:POSTROUTING ACCEPT [3:536]
:DOCKER - [0:0]
-A PREROUTING -m addrtype --dst-type LOCAL -j DOCKER
```

```
-A OUTPUT ! -d 127.0.0.0/8 -m addrtype --dst-type LOCAL -j DOCKER
-A POSTROUTING -s 172.17.0.0/16 ! -o docker0 -j MASQUERADE
COMMIT
# Completed on Thu Sep 24 17:11:04 2015
# Generated by iptables-save v1.4.21 on Thu Sep 24 17:11:04 2015
*filter
:INPUT ACCEPT [133:11362]
:FORWARD ACCEPT [0:0]
:OUTPUT ACCEPT [37:5000]
:DOCKER - [0:0]
-A FORWARD -o docker0 -j DOCKER
-A FORWARD -o docker0 -m conntrack --ctstate RELATED,ESTABLISHED -j ACCEPT
-A FORWARD -i docker0 ! -o docker0 -j ACCEPT
-A FORWARD -i docker0 -o docker0 -j ACCEPT
COMMIT
# Completed on Thu Sep 24 17:11:04 2015
```

可以看到，Docker 建立了 docker0 橋接器，並添加了 Iptables 規則。docker0 橋接器和 Iptables 規則都處於 root 命名空間中。透過解讀這些規則，我們發現，在還沒有啟動任何容器時，如果啟動 Docker Daemon，那麼它就已經做好了通訊的準備。這些規則的說明如下：

(1) 在 NAT 表中有三條記錄，前兩條規則生效後，都會繼續執行 DOCKER 規則鏈，而此時 DOCKER 規則鏈為空，所以前兩條只是做了個框架，並沒有實際效果。

(2) NAT 表第三條的含義是，若本地發出的資料包不是發往 docker0 的，即是發往主機之外的設備的，都需要進行動態位址修改（MASQUERADE），將來源位址從容器的位址（172 段）修改為 Host 主機網卡的 IP 位址，之後就可以發送給外部的網路了。

(3) 在 FILTER 表中，第一條也是一個框架，因為後繼的 DOCKER 規則鏈是空的。

(4) 在 FILTER 表中，第三條是指，docker0 發出的封包，如果需要 Forward 到非 docker0 本地 IP 位址的設備，則是允許的，如此一來，docker0 設備的封包就可以根據路由規則中轉到 Host 主機的網卡設備，進而存取外部的網路。

(5) FILTER 表中，第四條是指，docker0 的封包還可以轉送給 docker0 本身，即連接在 docker0 橋接器上的不同容器之間的通訊也是允許的。

(6) FILTER 表中，第二條是指，如果接收到的資料封包屬於以前已經建立好的連接，則允許直接通過。如此一來，接收到的資料封包自然又走回 docker0，並轉送到相對應的容器。

除了這些 Netfilter 的設定，Linux 的 ip_forward 功能也被 Docker Daemon 打開了：

```
$ cat /proc/sys/net/ipv4/ip_forward
1
```

另外，還可以看到剛剛啟動 Docker 後的 Route 表，和啟動前沒有什麼不同：

```
$ ip route
default via 192.168.1.2 dev eno16777736  proto static  metric 100
172.17.0.0/16 dev docker  proto kernel  scope link  src 172.17.42.1
192.168.1.0/24 dev eno16777736  proto kernel  scope link  src 192.168.1.132
192.168.1.0/24 dev eno16777736  proto kernel  scope link  src 192.168.1.132
metric 100
```

2 查看容器啟動後的情況（容器無連接埠對應）

剛才我們看到了 Docker 服務啟動後的網路情況。現在，我們啟動一個 Registry 容器後（不使用任何連接埠映像檔參數），看一下網路堆疊部分相關的變化：

```
docker run --name register -d registry
$ ip addr
1: lo: <LOOPBACK,UP,LOWER_UP> mtu 65536 qdisc noqueue state UNKNOWN
    link/loopback 00:00:00:00:00:00 brd 00:00:00:00:00:00
    inet 127.0.0.1/8 scope host lo
       valid_lft forever preferred_lft forever
    inet6 ::1/128 scope host
       valid_lft forever preferred_lft forever
2: eno16777736: <BROADCAST,MULTICAST,UP,LOWER_UP> mtu 1500 qdisc pfifo_fast state
UP qlen 1000
    link/ether 00:0c:29:c8:12:5f brd ff:ff:ff:ff:ff:ff
    inet 192.168.1.132/24 brd 192.168.1.255 scope global eno16777736
       valid_lft forever preferred_lft forever
    inet6 fe80::20c:29ff:fec8:125f/64 scope link
       valid_lft forever preferred_lft forever
3: docker0: <NO-CARRIER,BROADCAST,MULTICAST,UP> mtu 1500 qdisc noqueue state DOWN
    link/ether 02:42:72:79:b8:88 brd ff:ff:ff:ff:ff:ff
    inet 172.17.42.1/24 scope global docker0
       valid_lft forever preferred_lft forever
    inet6 fe80::42:7aff:fe79:b888/64 scope link
       valid_lft forever preferred_lft forever
```

```
13: veth2dc8bbd: <BROADCAST,MULTICAST,UP,LOWER_UP> mtu 1500 qdisc noqueue master
docker0 state UP
    link/ether be:d9:19:42:46:18 brd ff:ff:ff:ff:ff:ff
    inet6 fe80::bcd9:19ff:fe42:4618/64 scope link
        valid_lft forever preferred_lft forever

$ iptables-save
# Generated by iptables-save v1.4.21 on Thu Sep 24 18:21:04 2015
*nat
:PREROUTING ACCEPT [14:1730]
:INPUT ACCEPT [14:1730]
:OUTPUT ACCEPT [59:4918]
:POSTROUTING ACCEPT [59:4918]
:DOCKER - [0:0]
-A PREROUTING -m addrtype --dst-type LOCAL -j DOCKER
-A OUTPUT ! -d 127.0.0.0/8 -m addrtype --dst-type LOCAL -j DOCKER
-A POSTROUTING -s 172.17.0.0/16 ! -o docker0 -j MASQUERADE
COMMIT
# Completed on Thu Sep 24 18:21:04 2015
# Generated by iptables-save v1.4.21 on Thu Sep 24 18:21:04 2015
*filter
:INPUT ACCEPT [2383:211572]
:FORWARD ACCEPT [0:0]
:OUTPUT ACCEPT [2004:242872]
:DOCKER - [0:0]
-A FORWARD -o docker0 -j DOCKER
-A FORWARD -o docker0 -m conntrack --ctstate RELATED,ESTABLISHED -j ACCEPT
-A FORWARD -i docker0 ! -o docker0 -j ACCEPT
-A FORWARD -i docker0 -o docker0 -j ACCEPT
COMMIT
# Completed on Thu Sep 24 18:21:04 2015

$ ip route
default via 192.168.1.2 dev eno16777736  proto static  metric 100
172.17.0.0/16 dev docker  proto kernel  scope link  src 172.17.42.1
192.168.1.0/24 dev eno16777736  proto kernel  scope link  src 192.168.1.132
192.168.1.0/24 dev eno16777736  proto kernel  scope link  src 192.168.1.132
metric 100
```

可以看到：

(1) Host 主機器上的 Netfilter 和路由表都沒有變化，說明在不進行連接埠對應時，Docker 的預設網路是沒有特殊處理的。相關的 NAT 和 FILTER 兩個 Netfilter 鏈都還是空的。

(2) Host 主機上的 Veth 成對設備已經建立，並連接到容器內。

我們再進入剛剛啟動的容器內，看看網路堆疊是什麼情況。容器內部的 IP 位址和路由如下：

```
$ docker exec -ti 24981a750a1a bash
[root@24981a750a1a /]# ip route
default via 172.17.42.1 dev eth0
172.17.0.0/16 dev eth0  proto kernel  scope link  src 172.17.0.10
[root@24981a750a1a /]# ip addr
1: lo: <LOOPBACK,UP,LOWER_UP> mtu 65536 qdisc noqueue state UNKNOWN
    link/loopback 00:00:00:00:00:00 brd 00:00:00:00:00:00
    inet 127.0.0.1/8 scope host lo
       valid_lft forever preferred_lft forever
    inet6 ::1/128 scope host
       valid_lft forever preferred_lft forever
22: eth0: <BROADCAST,MULTICAST,UP,LOWER_UP> mtu 1500 qdisc noqueue state UP
    link/ether 02:42:ac:11:00:0a brd ff:ff:ff:ff:ff:ff
    inet 172.17.0.10/16 scope global eth0
       valid_lft forever preferred_lft forever
    inet6 fe80::42:acff:fe11:a/64 scope link
       valid_lft forever preferred_lft forever
```

我們可以看到，預設停止的 loop 設備 lo 已經被啟動，外面 Host 主機連接進來的 Veth 設備也被命名成 eth0，並也已經配置了 IP 位址 172.17.0.10。

路由資訊表包含一條到 docker0 的子網路由和一條到 docker0 的預設路由。

3 查看容器啟動後的情況（容器有連接埠對應）

下面，我們附上連接埠對應的命令啟動 registry：

```
docker run --name register -d -p 1180:5000 registry
```

在啟動後查看 Iptables 的變化。

```
$ iptables-save
# Generated by iptables-save v1.4.21 on Thu Sep 24 18:45:13 2015
*nat
:PREROUTING ACCEPT [2:236]
:INPUT ACCEPT [0:0]
:OUTPUT ACCEPT [0:0]
:POSTROUTING ACCEPT [0:0]
:DOCKER - [0:0]
-A PREROUTING -m addrtype --dst-type LOCAL -j DOCKER
-A OUTPUT ! -d 127.0.0.0/8 -m addrtype --dst-type LOCAL -j DOCKER
```

```
-A POSTROUTING -s 172.17.0.0/16 ! -o docker0 -j MASQUERADE
-A POSTROUTING -s 172.17.0.19/32 -d 172.17.0.19/32 -p tcp -m tcp --dport 5000 -j
MASQUERADE
-A DOCKER ! -i docker0 -p tcp -m tcp --dport 1180 -j DNAT --to-destination
172.17.0.19:5000
COMMIT
# Completed on Thu Sep 24 18:45:13 2015
# Generated by iptables-save v1.4.21 on Thu Sep 24 18:45:13 2015
*filter
:INPUT ACCEPT [54:4464]
:FORWARD ACCEPT [0:0]
:OUTPUT ACCEPT [41:5576]
:DOCKER - [0:0]
-A FORWARD -o docker0 -j DOCKER
-A FORWARD -o docker0 -m conntrack --ctstate RELATED,ESTABLISHED -j ACCEPT
-A FORWARD -i docker0 ! -o docker0 -j ACCEPT
-A FORWARD -i docker0 -o docker0 -j ACCEPT
-A DOCKER -d 172.17.0.19/32 ! -i docker0 -o docker0 -p tcp -m tcp --dport 5000 -j
ACCEPT
COMMIT
# Completed on Thu Sep 24 18:45:13 2015
```

從新增的規則可以看出，Docker 服務在 NAT 和 FILTER 兩個表內添加的兩個 DOCKER 子規則鏈都是給連接埠對應用的。例如，本例中我們需要把外面 Host 主機的 1180 連接埠對應到容器的 5000 埠。透過前面的分析我們得知，無論是 Host 主機接收到的還是 Host 主機本地端協定堆疊所發出的，目標位址是本地端 IP 位址的封包都會經過 NAT 表中的 DOCKER 子規則鏈。Docker 為每一個連接埠對應都在這個規則鏈上增加了到實際容器目標位址和目標連接埠的轉換。

經過這個 DNAT 的規則修改後的 IP 封包，會重新經過路由模組的判斷進行轉發。由於目標位址和連接埠已經是容器的位址和連接埠，所以資料自然就送到了 docker0，進而送到對應的容器內部。

當然在 Forward 時，也需要在 Docker 子規則鏈中添加一條規則，如果目標連接埠和位址是指定容器的資料，則允許通過。

在 Docker 按照連接埠對應的方式啟動容器時，主要的不同就是上述 Iptables 部分。而容器內部的路由和網路設備，都和不做連接埠對應時一樣，沒有任何變化。

4 Docker 的網路限制

從 Docker 對 Linux 網路通訊協定堆疊的操作可以看到，Docker 一開始沒有考慮到多主機互聯的網路解決方案。

Docker 一直以來的理念都是 "簡單為美"，幾乎所有嘗試 Docker 的人，都被它 "用法簡單，功能強大" 的特性所吸引，這也是 Docker 迅速走紅的一個原因。

我們都知道，虛擬化技術中最為複雜的部分就是虛擬化網路技術，即使是單純的物理網路部分，也是一個門檻很高的專業領域，通常只被少數網路工程師所掌握，所以我們可以理解，結合了物理網路的虛擬網路技術會有多難了。在 Docker 之前，所有接觸過 OpenStack 的人其心裡都有一個難以釋懷的陰影，那就是它的網路問題，於是，Docker 明智地避開這個 "雷區"，讓其他專業人員利用現有的虛擬化網路技術解決 Docker 主機的互聯問題，以免讓用戶覺得 Docker 太難了，進而放棄學習和使用 Docker。

Docker 成名以後，重新開始重視網路解決方案，收購了一家 Docker 網路解決方案公司——Socketplane，原因在於這家公司的產品在客戶間廣受好評，但有趣的是 Socketplane 的方案就是以 Open vSwitch 為核心的，其還為 Open vSwitch 提供了 Docker 映像檔，以方便部署程式。之後，Docker 開啟了一個 "宏偉" 的虛擬化網路解決方案——Libnetwork，如圖 2.25 所示為其概念圖。

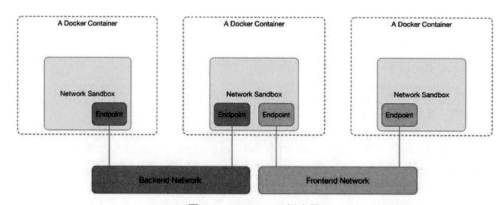

圖 2.25 Libnetwork 概念圖

這個概念圖沒有 IP，也沒有了路由，已經顛覆了我們的網路常識，對於不怎麼懂網路的大多數人來說，它的確很有誘惑力，未來是否會對虛擬化網路的模型產生深遠衝擊我們還不得而知，但目前，它僅僅是 Docker 官方的一次 "嘗試"。

針對目前 Docker 的網路實現，Docker 使用的 Libnetwork 元件只是將 Docker 平台中的網路子系統模組化為一個獨立函式庫的簡單嘗試，離成熟和完善還有一段距離。

所以，直到現在，仍然沒有來自 Docker 官方可以實際用於營運中的多主機網路解決方案。

2.5.4 Kubernetes 的網路實現

在實際的業務情境中，業務元件之間的關係十分複雜，特別是微服務概念的發展，應用系統部署的細微性更加細小和靈活。為了支援業務應用程式元件的通訊聯繫，Kubernetes 網路的設計主要致力於解決以下情況：

(1) 緊密耦合的容器到容器之間的直接通訊；

(2) 抽象的 Pod 到 Pod 之間的通訊；

(3) Pod 到 Service 之間的通訊；

(4) 叢集外部與內部元件之間的通訊；

接下來，我們看看 Kubernetes 是如何一一解決這些情況下的網路通訊問題的。

1. 容器到容器的通訊

在同一個 Pod 內的容器（Pod 內的容器是不會跨 Host 主機的）共用同一個網路命名空間，共用同一個 Linux 協定堆疊。所以對於網路的各類操作，就和它們在同一台機器上一樣，它們甚至可以用 localhost 位址存取彼此的連接埠。

這麼做的結果是簡單、安全和有效率，也能減少目前已經存在的程式從實體機或虛擬機移植到容器上執行的難度。在沒有容器技術之前，其實大家早就積累了如何在一台機器上執行一組應用程式的經驗，例如，如何讓連接埠不衝突，以及如何讓用戶端發現它們等。

我們來看一下 Kubernetes 是如何利用 Docker 的網路模型的。

圖 2.26 中的陰影部分就是在 Node 上執行著的一個 Pod 實例。在我們的範例中，容器就是圖 2.26 中的容器 1 和容器 2。容器 1 和容器 2 共用了一個網路的命名空間，共用一個命名空間的結果就是它們好像在一台機器上執行似的，它們打開的連接埠不會有衝突，可以直接使用 Linux 的本地 IPC 進行通訊（例如訊息佇列或管道）。其實這和傳統的一組普通程式運行的環境是完全一樣的，傳統的程式不需要針對網路做特別的修改就可以移植了。它們之間互相存取只需要使用 localhost 就可以。例如，如果容器 2 運行的是 MySQL，容器 1 存取這個 MySQL 直接使用 localhost:3306，就能直接存取這個運行在容器 2 上的 MySQL 了。

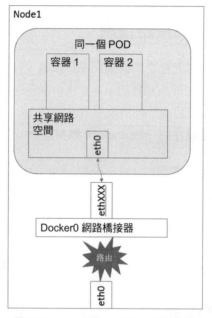

圖 2.26 Kubernetes 的 Pod 網路模型

2. Pod 之間的通訊

我們看過了同一個 Pod 內的容器之間的通訊情況，再看看 Pod 之間的通訊情況。

每一個 Pod 都有一個真實的全域 IP 位址，同一個 Node 內的不同 Pod 之間可以直接採用對方 Pod 的 IP 位址通訊，而且不需要使用其他發現機制，例如 DNS、Consul 或 etcd。

Pod 容器既有可能在同一個 Node 上運行，也有可能在不同的 Node 上運行，所以通訊也分為兩類：同一個 Node 內的 Pod 之間的通訊和不同 Node 上的 Pod 之間的通訊。

◼ 同一個 Node 內的 Pod 之間的通信

我們來看看同一個 Node 上的兩個 Pod 之間的關係，如圖 2.27 所示。

圖中可以看出，Pod1 和 Pod2 都是透過 Veth 連接在同一個 docker0 橋接器上的，它們的 IP 位址 IP1、IP2 都是從 docker0 的網段上動態獲取的，它們和橋接器本身的 IP3 是同一個網段的。

另外，在 Pod1、Pod2 的 Linux 協定堆疊上，預設路由都是 docker0 的位址，也就是說所有非本地位址的網路資料，都會被預設發送到 docker0 橋接器上，由 docker0 橋接器直接轉送。

綜上所述，由於它們都關聯在同一個 docker0 橋接器上，位址段相同，所以它們之間是能直接通信的。

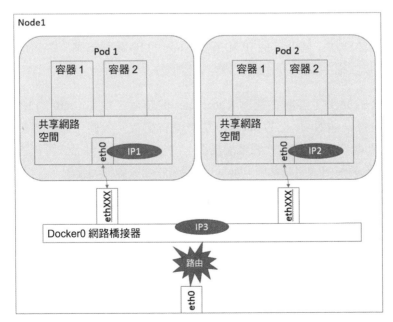

圖 2.27 同一個 Node 內的 Pod 關係

❷ 不同 Node 上的 Pod 之間的通信

Pod 的位址是與 docker0 在同一個網段內的，我們知道 docker0 網段與 Host 主機網卡是兩個完全不同的 IP 網段，並且不同 Node 之間的溝通只能透過 Host 主機的物理網卡進行，因此要想實現位於不同 Node 上的 Pod 容器之間的通訊，就必須想辦法透過主機的這個 IP 位址來進行定址和通訊。

另外一方面，這些動態分配且位在 docker0 之後的所謂 "私有" IP 位址，也是可以找到的。Kubernetes 會記錄所有正在運行 Pod 的 IP 分配資訊，並將這些資訊保存在 etcd 中（作為 Service 的 Endpoint）。這些私有 IP 資訊對於 Pod 到 Pod 的通訊也是十分重要的，因為我們的網路模型要求 Pod 到 Pod 使用私有 IP 進行通訊。所以首先要知道這些 IP 是什麼。

之前提到，Kubernetes 的網路對 Pod 的位址是平面且直達的，所以這些 Pod 的 IP 規劃也很重要，不能有衝突。只要沒有衝突，我們就可以想辦法在整個 Kubernetes 的叢集中找到它。

綜上所述，要想支持不同 Node 上的 Pod 之間的溝通，就要達到兩個條件：

(1) 在整個 Kubernetes 叢集中對 Pod 的 IP 分配進行規劃，不能有衝突；

(2) 找到一種辦法，將 Pod 的 IP 和所在 Node 的 IP 關聯起來，透過這個關聯讓 Pod 可以互相存取。

根據條件 1 的要求，需要在部署 Kubernetes 的時候，對 docker0 的 IP 位址進行規劃，保證每一個 Node 上的 docker0 位址沒有衝突。我們可以在規劃後手動配置到每個 Node 上，或者做一個分配規則，由安裝的程式自己去分配占用。例如 Kubernetes 的網路增強開源軟體 Flannel 就能夠管理資源池的分配。

根據條件 2 的要求，Pod 中的資料在發出時，需要有一個機制能夠知道對方 Pod 的 IP 位址掛在哪個具體的 Node 上。也就是說先要找到 Node 對應 Host 主機的 IP 位址，將資料發送到這個 Host 主機的網卡上，然後在 Host 主機上將相應的資料轉到具體的 docker0 上。一旦資料到達 Host 主機 Node，則那個 Node 內部的 docker0 便知道如何將資料發送到 Pod。如圖 2.28 所示。

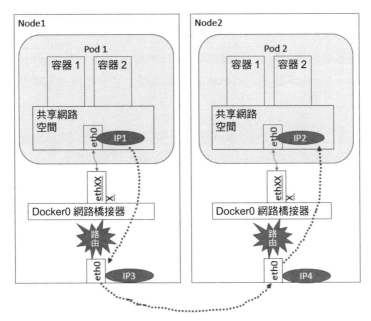

圖 2.28 跨 Node 的 Pod 通信

在圖 2.28 中，IP1 對應的是 Pod1，IP2 對應的是 Pod2。Pod1 在訪問 Pod2 時，首先要將資料從來源 Node 的 eth0 發送出去，找到並到達 Node2 的 eth0。也就是說先要從 IP3 到 IP4，之後才是 IP4 到 IP2 的遞送。

在 Google 的 GCE 環境下，Pod 的 IP 管理（類似 docker0）、分配及它們之間的路由連通都是由 GCE 完成的。Kubernetes 作為主要在 GCE 上面運行的框架，它的設計是假設底層已經具備這些條件，所以它分配完位址並將位址記錄下來就完成了它的工作。在實際的 GCE 環境中，GCE 的網路元件會讀取這些資訊，實現具體的網路通透。

而在實際的生產中，因為安全、費用、規範等種種原因，Kubernetes 的客戶不可能全部使用 Google 的 GCE 環境，所以在實際的私有雲環境中，除了部署 Kubernetes 和 Docker，還需要額外的網路配置，甚至透過一些軟體來實現 Kubernetes 對網路的要求。做到這些後，Pod 和 Pod 之間才能無差別地透明通訊。

為了達到這個目的，開源界有不少應用來增強 Kubernetes、Docker 的網路，在 2.5.5 節會介紹幾個常用的組件和它們的網路架構原理。

3. Pod 到 Service 之間的通訊

我們在前面已經瞭解到，為了支援叢集的橫向擴展、高可用性，Kubernetes 抽象出 Service 的概念。Service 是對一組 Pod 的抽象資源，它會根據存取策略（如負載平衡策略）來存取這組 Pod。

Kubernetes 在建立服務時會為服務分配一個虛擬的 IP 位址，用戶端透過連線這個虛擬的 IP 位址來存取服務，而服務則負責將請求轉送到後端的 Pod 上。這不就是一般反向代理嗎？沒錯，這就是一個反向代理。但是，它和普通的反向代理有一些不同：首先它的 IP 位址是虛擬的，想從外面存取還需要一些技巧；其次是它的部署和啟動停止是 Kubernetes 統一自動管理的。

Service 在很多情況下只是一個概念，而真正將 Service 作用落實的是背後的 kube-proxy 服務程序。只有理解了 kube-proxy 的原理和機制，才能真正理解 Service 背後的運作邏輯。

在 Kubernetes 叢集的每個 Node 上都會執行一個 kube-proxy 服務程序，這個程序可以看作 Service 的通透代理兼負載平衡器，其核心功能是將到某個 Service 的連線請求轉送到後端的多個 Pod 實例上。對每一個 TCP 類型的 Kubernetes Service，kube-proxy 都會在本地端 Node 上建立一個 SocketServer 來負責接收請求，然後平均發送到後端某個 Pod 的連接埠上，這個過程預設採用 Round Robin 負載平衡演算法。kube-proxy 和後端 Pod 的通訊方式與標準的 Pod 到 Pod 的通訊方式完全相同。另外，Kubernetes 也提供透過修改 Service 的 service.spec.sessionAffinity 參數值來實現保持 session 狀態特性的固定轉送，如果設定的值為 "ClientIP"，則將來自同一個 ClientIP 的請求都轉送到同一個後端 Pod 上。

此外，Service 的 Cluster IP 與 NodePort 等概念是 kube-proxy 透過 Iptables 的 NAT 轉換實現的，kube-proxy 在執行過程中動態建立與 Service 相關的 Iptables 規則，這些規則實現了 Cluster IP 及 NodePort 的請求流量重導向到 kube-proxy 程序上對應服務的代理連接埠之功能。由於 Iptables 機制針對的是本地端的 kube-proxy 連接埠，所以如果 Pod 需要存取 Service，則它所在的 Node 上必須執行 kube-proxy，並且在每個 Kubernetes 的 Node 上都會運行 kube-proxy 元件。在 Kubernetes 叢集內部，對 Service Cluster IP 和 Port 的存取可以在任意 Node 上進行，這是因為每個 Node 上的 kube-proxy 針對該 Service 都設置了相同的轉送規則。

綜合上述，由於 kube-proxy 的作用，在 Service 的呼叫過程中用戶端無須關心後端有幾個 Pod，中間過程的通訊、負載平衡及故障恢復都是透明的，如圖 2.29 所示。

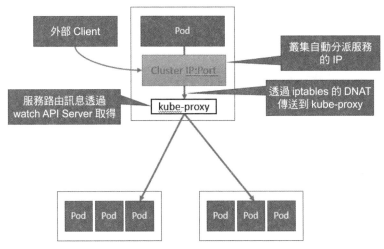

圖 2.29　Service 的負載平衡轉發規則

存取 Service 的請求，不論是用 Cluster IP + TargetPort 的方式，還是用節點主機 IP+ NodePort 的方式，都會被節點主機的 Iptables 規則重導向到 kube-proxy 監聽 Service 服務代理連接埠。kube-proxy 接收到 Service 的存取請求後，會如何選擇後端的 Pod 呢？

首先，目前 kube-proxy 的負載平衡器只支援 ROUND ROBIN 演算法。ROUND ROBIN 演算法按照成員清單逐一選取成員，如果一個回合完後，便從頭開始下一輪，如此循環反覆。kube-proxy 的負載平衡器在 ROUND ROBIN 演算法的基礎上還支援 Session 持續。如果 Service 在定義中指定 Sesssion 持續，則 kube-proxy 接收請求時會從本地端記憶體中尋找是否存在來自該請求 IP 的 affinityState 物件，如果存在該物件，且 Session 沒有超時，則 kube-proxy 將請求轉向該 affinityState 所指向的後端 Pod。如果本地端記憶體沒有來自該請求 IP 的 affinityState 物件，則按照 ROUND ROBIN 演算法為該請求挑選一個 Endpoint，並建立一個 affinityState 物件，記錄請求的 IP 和指向的 Endpoint。後面的請求就會綁定到這個建立好的 affinityState 物件上，這就實現了用戶端 IP session 持續的功能。

接下來將深入分析 kube-proxy 的實作細節。kube-proxy 程序為每個 Service 都建立了一個 "服務代理物件"，服務代理物件是 kube-proxy 程式內部的一種資料結構，它包括一個用於監聽此服務請求的 SocketServer，SocketServer 的連接埠是隨機選擇本地端一個空閒連接埠。此外，kube-proxy 內部也建立了一個 "負載平衡器元件"，用來實現 SocketServer 上收到連接到後端多個 Pod 連接之間的負載平衡和 session 持續能力。

kube-proxy 透過查詢和監聽 API Server 中 Service 與 Endpoints 的變化來實現其主要功能，包括為新建立的 Service 開啟一個本地端 proxy 物件（proxy 物件是 kube-proxy 程式內部的一種資料結構，一個 Service 連接埠是一個 proxy 物件，包括一個用於監聽服務請求的 SocketServer），接收請求，針對發生變化的 Service 列表，Kube-proxy 會逐一處理。下面是具體的處理流程。

(1) 如果該 Service 沒有設定叢集 IP（ClusterIP），則不做任何處理，否則，取得該 Service 的所有連接埠定義清單（spec.ports 欄位）。

(2) 逐一讀取服務連接埠定義清單中的連接埠資訊，根據連接埠名稱、Service 名稱和 Namespace 判斷本地端是否已經存在對應的服務代理物件，如果不存在就新建，如果存在並且 Service 連接埠被修改過，則先刪除 Iptables 中和此 Service 連接埠相關的規則，關閉服務代理物件，然後執行新建流程，即為該 Service 連接埠分配服務代理物件並為該 Service 建立相關的 Iptables 規則。

(3) 更新負載平衡器元件中對應 Service 的轉送位址清單，對於新建的 Service，確定轉發時的 session 持續策略。

(4) 對於已經刪除的 Service 則進行清理。

而針對 Endpoint 的變化，kube-proxy 會自動更新負載平衡器中對應 Service 的轉發地址清單。

下面講解 kube-proxy 針對 Iptables 所做的一些細節操作。

kube-proxy 在啟動時和監聽到 Service 或 Endpoint 的變化後，會在本機 Iptables 的 NAT 表中添加 4 條規則鏈。

(1) KUBE-PORTALS-CONTAINER：從容器中透過 Service Cluster IP 和連接埠存取 Service 的請求。

(2) KUBE-PORTALS-HOST：從主機中透過 Service Cluster IP 和連接埠訪問 Service 的請求。

(3) KUBE-NODEPORT-CONTAINER：從容器中透過 Service 的 NodePort 連接埠存取 Service 的請求。

(4) KUBE-NODEPORT-HOST：從主機中透過 Service 的 NodePort 連接埠存取 Service 的請求。

此外，kube-proxy 在 Iptables 中為每個 Service 建立由 Cluster IP + Service 連接埠到 kube-proxy 所在主機 IP + Service 代理服務所監聽的連接埠轉發規則。轉發規則的封包比對規則部分（Criteria）如下所示：

```
-m comment --comment $SERVICESTRING -p $PROTOCOL -m $PROTOCOL --dport $DESTPORT
-d $DESTIP
```

其中，"-m comment –comment" 表示比對規則使用 Iptables 的顯性擴展註解功能；"$SERVICESTRING" 為註解的內容；"-p $PROTOCOL -m $PROTOCOL --dport $DESTPORT -d $DESTIP" 表示協定為 "$PROTOCOL" 且目標位址和連接埠為 "$DESTIP" 和 "$DESTPORT" 的封包，其中，"$PROTOCOL" 可以為 TCP 或 UDP，"$DESTIP" 和 "$DESTPORT" 為 Service 的 Cluster IP 和 TargetPort。

對於轉發規則的跳轉部分（-j 部分），如果請求來自本地端容器，且 Service 代理服務監聽的是所有的介面（例如 IPV4 的位址為 0.0.0.0），則跳轉部分如下所示：

```
-j REDIRECT --to-ports $proxyPort
```

其表示該規則的功能是實現資料封包的連接埠重導向，重導向到 $proxyPort 連接埠（Service 代理服務監聽的連接埠）；否則，跳轉部分如下所示：

```
-j DNAT --to-destination proxyIP:proxyPort
```

表示該規則的功能是實現資料封包轉發，資料封包的目的地址變為 "proxyIP:proxyPort"（即 Service 代理服務所在的 IP 位址和連接埠，這些位址和連接埠都會被替換成實際的位址和連接埠）。

如果 Service 類型為 NodePort，則 kube-proxy 在 Iptables 中除了添加上面提到的規則，還會為每個 Service 建立由 NodePort 連接埠到 kube-proxy 所在主機 IP + Service 代理服務所監聽連接埠的轉發規則。轉發規則的封包比對規則部分（Criteria）如下所示：

```
-m comment --comment $SERVICESTRING -p $PROTOCOL -m $PROTOCOL --dport $NODEPORT
```

上面所列的內容用於比對目的連接埠為 "$NODEPORT" 的封包。

轉發規則的跳轉部分（-j 部分）和前面提及的跳轉規則一樣。

最後，以本書開始的 Hello World 為例，看看 kube-proxy 為 redis-master 服務所產生的 Iptables 轉發規則：

```
$ iptables-save | grep redis-master
-A KUBE-PORTALS-CONTAINER -d 10.254.208.57/32 -p tcp -m comment --comment
"default/redis-master:" -m tcp --dport 6379 -j REDIRECT --to-ports 42872
-A KUBE-PORTALS-HOST -d 10.254.208.57/32 -p tcp -m comment --comment "default/
redis-master:" -m tcp --dport 6379 -j DNAT --to-destination 192.168.1.130:42872
```

由此可以看到，對 "redis-master" Service 的 6379 連接埠其連接將會被轉送到實體機的 42872 連接埠上。而 42872 連接埠就是 kube-proxy 為這個 Service 打開的隨機本地端連接埠。

4. 外部到內部的連線

Pod 作為基本的資源物件，除了會被叢集內部的 Pod 存取，也會被外部使用。服務是對一組相同功能的 Pod 之抽象集合，以它為單元對外提供服務是最適當的架構尺寸。

由於 Service 物件在 Cluster IP Range 範圍中分配到的 IP 只能在內部存取，所以其他 Pod 都可以無障礙地存取到它。但如果這個 Service 作為前端服務，準備為叢集外的用戶端提供服務，就需要讓外部能夠看到它。Kubernetes 支援兩種對外提供服務的 Service 的 Type 定義：NodePort 和 LoadBalancer。

1 NodePort

在定義 Service 時指定 spec.type=NodePort，並指定 spec.ports.nodePort 的內容值，系統就會在 Kubernetes 叢集中的每個 Node 上打開一個主機上的真實連接埠。如此一來，能夠存取 Node 的用戶端就能透過這個連接埠連線到內部的 Service 了。

2 LoadBalancer

如果雲端服務商支援外接負載平衡器，則可以透過 spec.type=LoadBalancer 定義 Service，同時需要指定負載平衡器的 IP 位址。使用這種類型需要指定 Service 的 nodePort 和 clusterIP。

Service 的連線請求將會透過 LoadBalancer 轉發到後端 Pod 上，負載平衡的實踐方式則依賴於雲端服務商提供的 LoadBalancer 的運作機制。

3 外部連線內部 Service 的原理

從叢集外部存取叢集內部，最終都是連線到具體的 Pod 上。透過 NodePod 的方式，就是將 kube-proxy 開放出去，利用 Iptables 為服務的 NodePort 設定規則，將對 Service 的連線轉到 kube-proxy 上，如此一來，kube-proxy 就可以使用和內部 Pod 存取服務一樣的方式來存取後端的一組 Pod 了。這種模式就是利用 kube-proxy 作為負載平衡器，處理外部到服務進一步到 Pod 的連線。

而更常用的是外部平衡器模式（LoadBalancer）。通常其實作方式是使用一個外部的負載平衡器（例如 GCE 的 FR 或者 AWS 的 ELB），這些平衡器面對叢集內的所有節點。當網路流量發送到 LoadBalancer 位址時，它會識別出這是某個服務的一部分，然後路由轉送到合適的後端 Pod。

所以從外面存取內部的 Pod 資源，就有了很多種不同的組合。

(1) 外面沒有負載平衡器，直接存取內部的 Pod。

(2) 外面沒有負載平衡器，直接透過存取內部的負載平衡器來連線 Pod。

(3) 外面有負載平衡器，透過外部負載平衡器直接存取內部的 Pod。

(4) 外面有負載平衡器，透過連線內部的負載平衡器來連線內部的 Pod。

第 1 種情況的場景十分少見，只是在特殊情境才需要。在實際的營運專案中需要逐一存取啟動的 Pod，給它們發送一個更新指令。只有這種情況下才使用這種方式。這需要開發額外的程式，讀取 Service 下的 Endpoint 列表，逐一和這些 Pod 進行通訊。通常要避免這種通訊方式，例如可以採取每個 Pod 從特定單一資料來源 pull 命令的方式，而不是採取 push 命令方式。因為實際上每個 Pod 的啟動停止本來就是動態的，如果我們依賴直接控制特定 Pod，就相當於避開了 Kubernetes 的 Service 機制，雖然能夠實現達成，但是不理想。

第 2 種情況就是 NodePod 的方式，外部的應用直接存取 Service 的 NodePod，並透過 kube-proxy 這個負載平衡器連線內部的 Pod。

第 3 種情況是 LoadBalancer 模式，因為外部的 LoadBalancer 是具備 Kubernetes 整合的負載平衡器，它會去監聽 Service 的建立，進而得知後端的 Pod 啟動停止等變化，所以它有能力和後端的 Pod 進行通訊。但是這裡有個問題需要注意，即負載平衡器需要有辦法能直接和 Pod 進行溝通。也就是說要求這個外部的負載平衡器使用和 Pod 到 Pod 一樣的通訊機制。

第 4 種情況也很少用，因為需要經歷兩層的負載平衡設備，而且網路的呼叫被兩次隨機負載平衡後，就更難追蹤了。在實際營運環境中出了問題除錯時，很難追蹤網路資料的流動過程。

綜上所述，無論是外部的負載平衡器，還是內部的 kube-proxy 負載平衡器，都是 Service 可偵測到的。

4 外部硬體負載平衡器模式

在很多實際的營運環境中，由於是在私有雲環境中部署 Kubernetes 叢集，所以傳統的負載平衡器都無法偵測到 Service。實際上只需要解決兩個問題，就可以將它變成 Service 可感測到的負載平衡器，這也是實際系統中理想的外部連線 Kubernetes 叢集內部的模式。

(1) 先撰寫一個程式監聽 Service 的變化，將變化按照負載平衡器的通訊介面，當作規則寫入負載平衡器。

(2) 提供負載平衡器直接存取 Pod 的通訊手段。

舉一個實際的例子來說明這個過程，如圖 2.30 所示。

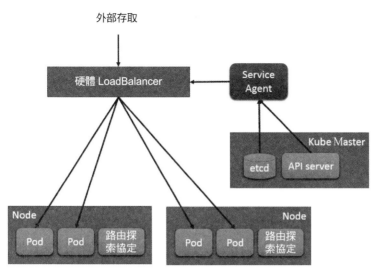

圖 2.30 自訂外部負載平衡器存取 Service

這裡提供了一個 Service Agent 來實現 Service 變化的感測。該 Agent 能夠直接從 etcd 中或透過介面呼叫 API Server 來監控 Service 及 EndPoint 的變化,並將變化寫入外部的硬體負載平衡器中。

同時每台 Node 上都執行著有路由探索協定的軟體,該軟體負責將這個 Node 上所有的 IP 位址透過路由探索協定群播給網路內的其他主機,當然也包含硬體負載平衡器。如此一來,硬體負載平衡器就能知道每個 Pod 實例的 IP 位址是在哪台 Node 上了。

透過上述兩個步驟,即建立起一個基於硬體的外部可感測 Service 的負載平衡器,效果和 GCE 中的 LoadBalancer 一樣。

2.5.5 開源的網路元件

Kubernetes 的網路模型假設所有 Pod 都在一個可以直接連通的扁平網路空間中。這在 GCE 裡面是預設的網路模型,Kubernetes 假定這個網路已經存在。而在私有雲裡建置 Kubernetes 叢集,就不能假定這樣網路已經存在了。我們需要自己實作這樣的扁平網路,將不同節點上的 Docker 容器之間的互相存取先連通,然後執行 Kubernetes。

目前已經有多個開源元件支援這個網路模型。這裡將介紹幾個常見的模型，分別是
Flannel、Open vSwitch 及直接路由的方式。

1. Flannel

Flannel 之所以可以建置 Kubernetes 依賴的底層網路，是因為它能實現以下兩點：

(1) 它能協助 Kubernetes，給每一個 Node 上的 Docker 容器分配互不衝突的 IP 地
址。

(2) 它能在這些 IP 位址之間建立一個層疊網路（Overlay Network），透過這個層疊
網路，將資料封包原封不動地傳遞到目標容器內。

透過圖 2.31 來看看 Flannel 是如何實現這兩點，如圖 2.31 所示。

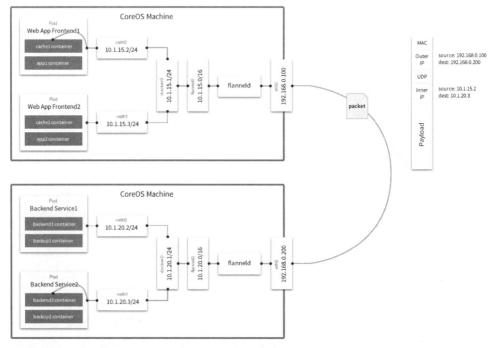

圖 2.31 Flannel 架構圖

透過圖 2.31 可以看到，首先 Flannel 建立了一個 flannel0 的橋接器，而且這個橋接
器的一端連接 docker0 橋接器，另一端連接著一個叫作 flanneld 的 daemon 服務。

flanneld 程序並不簡單，它首先連到 etcd，利用 etcd 來管理可分配的 IP 位址網段資源，同時監控 etcd 中每個 Pod 的實際位址，並在記憶體中建立一個 Pod 節點路由表；然後連接 docker0 和實體網路，使用記憶體中的 Pod 節點路由表，將 docker0 發給它的資料封包包裝起來，利用實體網路的連線將資料封包投遞到目標 flanneld，進而完成 Pod 到 Pod 之間的網路位址直接通訊。

Flannel 之間的底層通訊協定的可選擇方案很多，有 UDP、VxLAN、AWS VPC 等多種方式，只要能連通到另一端的 Flannel 就可以了。來源 flanneld 封裝封包，目標 flanneld 解析封包，最終 docker0 看到的就是原始的資料，非常透明，根本感覺不到中間 Flannel 的存在。而常用的是 UDP。

我們來看一下 Flannel 是如何做到為不同 Node 上的 Pod 分配不會產生衝突的 IP。其實只要想到 Flannel 使用了集中式的 etcd 儲存器就很容易理解了。它每次分配的網段都在同一個共同區域取得，這樣大家自然能夠互相協調，不會產生衝突。而且在 Flannel 分配好網路位址區段後，後面的事情是由 Docker 完成的，Flannel 透過修改 Docker 的啟動參數將分配給它的網段傳遞過去。

```
--bip=172.17.18.1/24
```

透過以上操作，Flannel 就控制了每個 Node 上的 docker0 網段的位址，也就保障了所有 Pod 的 IP 位址在同一個階層網路且不產生衝突了。

Flannel 完美地實現了對 Kubernetes 網路的支援，但因為它引進了多個網路元件，在網路通訊時需要轉到 flannel0 網路介面，再轉到使用者模式的 flanneld 程式，到另一端後還需要走相同過程的反向過程，所以也會導致一些網路的延遲損耗。

另外，Flannel 模型預設使用 UDP 作為底層傳輸協定，UDP 本身是非可靠傳輸協定，雖然兩端的 TCP 實現了可靠傳輸，但在大流量、大量並行應用情境下還需反覆測試，確保沒有問題。

2. Open vSwitch

在瞭解 Flannel 之後，再來看看 Open vSwitch 是怎麼解決上述兩個問題的。

Open vSwitch 是一個開源的虛擬交換器軟體，有點像 Linux 中的 bridge，但是功能更複雜得多。Open vSwitch 的橋接器可以直接建立多種通訊管道（Tunnel），例如

Open vSwitch with GRE/VxLAN。這些管道的建立可以很容易地透過 OVS 的配置命令實作。在 Kubernetes、Docker 場景下，我們主要是建立 L3 到 L3 的通道。舉一個例子來看看 Open vSwitch with GRE/VxLAN 的網路架構，如圖 2.32 所示。

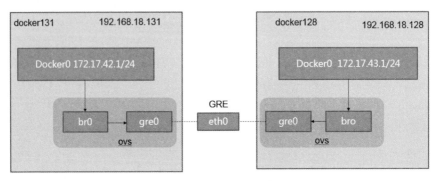

圖 2.32 OVS with GRE 原理圖

首先，為了避免 Docker 建立的 docker0 位址產生衝突（因為 Docker Daemon 啟動且給 docker0 選擇子網位址時只有幾個候選清單，很容易產生衝突），我們可以將 docker0 橋接器刪除，手動建立一個 Linux 橋接器，然後手動給這個橋接器配置 IP 位址範圍。

其次，建立 Open vSwitch 的橋接器 ovs，然後使用 ovs-vsctl 命令給 ovs 橋接器增加 gre 介面，添加 gre 介面時要將連線目標的 NodeIP 位址設定為另一端的 IP 位址。對每一個對應端 IP 位址都需要這樣操作（對於大型叢集網路而言，這可是個 dirty job，必須利用自動化腳本來完成）。

最後將 ovs 的橋接器作為網路介面，加到 Docker 的橋接器上（docker0 或自己手動建立的新橋接器）。

重啟 ovs 橋接器和 Docker 的橋接器，並添加一個 Docker 的網段到 Docker 橋接器的路由規則項目，就可以將兩個容器的網路連接起來。

1 網路通訊過程

當容器內的應用系統連線另一個容器的位址時，資料封包會透過容器內的預設路由發送給 docker0 橋接器。ovs 的橋接器是作為 docker0 橋接器的網路介面而存在的，它會將資料發送給 ovs 橋接器。ovs 網路已經透過配置建立了和其他 ovs 橋接器連線的 GRE/VxLAN 隧道，自然能將資料送到另一端的 Node，並送往 docker0 及 Pod。

透過新增的路由項目，使得 Node 節點本身的應用資料也可路由傳送到 docker0 橋接器上，和剛才的通訊過程一樣，自然也可以存取其他 Node 上的 Pod。

2 OVS with GRE/VxLAN 網路架構的特點

OVS 的優勢是，作為開源虛擬交換器軟體，相對比較成熟和穩定，而且支援各種網路隧道協定，並經過了 OpenStack 等專案項目的考驗。

另一方面，在前面介紹 Flannel 時已知 Flannel 除了支援建立層疊網路（Overlay Network），確保 Pod 到 Pod 的無縫溝通外，還和 Kubernetes、Docker 架構系統緊密結合。Flannel 能夠感測 Kubernetes 的 Service，動態維護自己的路由表，還透過 etcd 來協助 Docker 對整個 Kubernetes 叢集中 docker0 的子網路位址分配。而在使用 OVS 的時候，很多事情就需要手動完成了。

無論是 OVS 還是 Flannel，透過層疊網路提供的 Pod 到 Pod 通訊都會導致一些額外的通訊損耗，如果是對網路依賴特別重的應用程式，則需要評估對業務的影響。

3. 直接路由

我們知道，docker0 橋接器上的 IP 位址在 Node 網路上是看不到的。從一個 Node 到一個 Node 內的 docker0 是不連通的。因為它不知道某個 IP 位址在哪裡。如果能夠讓這些機器知道另一端 docker0 位址在哪裡，就可以讓這些 docker0 互相溝通了。如此一來，所有 Node 上運行的 Pod 就可以互相通訊了。

我們可以透過部署 MultiLayer Switch（MLS）來實作這一點，在 MLS 中配置每個 docker0 子網位址到 Node 位址的路由項目，透過 MLS 將 docker0 的 IP 定址重導向到對應的 Node 節點上。

另外，還可以將這些 docker0 和 Node 的比對關係配置在 Linux 作業系統的路由項目中，這樣通訊發起的 Node 能夠根據這些路由資訊直接找到目標 Pod 所在的 Node，將資料傳輸過去。如圖 2.33 所示。

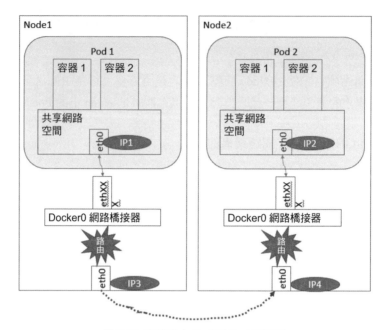

圖 2.33 直接路由 Pod 到 Pod 間通訊

我們在每個 Node 的路由表中增加對方所有 docker0 的路由項目。

例如，Pod1 所在 docker0 橋接器的 IP 子網是 10.1.10.0，Node 的地址為 192.168.1.128；而 Pod2 所在 docker0 橋接器的 IP 子網是 10.1.20.0，Node 的地址為 192.168.1.129。

在 Node1 上用 route add 命令增加一條到 Node2 上 docker0 的靜態路由規則：

```
$ route add -net 10.1.20.0 netmask 255.255.255.0 gw 192.168.1.129
```

同樣，在 Node2 上增加一條到 Node1 上 docker0 的靜態路由規則：

```
$ route add -net 10.1.10.0 netmask 255.255.255.0 gw 192.168.1.128
```

如此一來，兩個 Node 之間的 Pod 就可以彼此通訊了，因為它們發出的資料封包經過本地端 Linux 的路由規則，能將資料送到另一端的 Node。

在大規模叢集中，每個 Node 上都需要配置到其他 docker0/Node 的路由項目，會帶來很大的工作量；並且在新增機器時，對所有 Node 都需要修改配置；重啟機器時，如果 docker0 的位址有變化，則也需要修改所有 Node 的配置，這顯然是非常複雜的。

為了管理這些動態變化的 docker0 位址，動態地讓其他 Node 都感知到它，還可以使用動態路由探索協定來同步這些變化。執行動態路由探索協定代理的 Node，會將本機 LOCAL 路由表的 IP 位址透過群播協定發布出去，同時監聽其他 Node 的群播封包。透過這樣的資訊交換，Node 上的路由規則都能夠相互學習到。當然，路由探索協定本身還是很複雜的，如果您感興趣可以查閱相關的規範。在實現這些動態路由探索協定的開源軟體中，常用的有 Quagga、Zebra 等。下面簡單介紹直接路由的操作過程。

(1) 首先，手動分配 Docker bridge 的位址，保證它們在不同的網段是不重疊的。建議最好不用 Docker Daemon 自動建立的 docker0（因為我們不需要它的自動管理功能），而是單獨建立一個 bridge，給它配置規劃好的 IP 位址，然後使用 --bridge=XX 指定橋接器。

(2) 然後，在每一個節點上運行 Quagga。

完成這些操作後，很快就能得到一個 Pod 和 Pod 直接互相存取的環境了。由於路由探索能夠給網路上的所有設備接收到，所以如果網路上的路由器也能打開 RIP 協定選項，則能夠學習到這些路由資訊。透過這些路由器，甚至可以在非 Node 節點上使用 Pod 的 IP 位址直接存取 Node 上的 Pod。

當然，聰明的您還會有新的疑問：如果這樣做，由於每一個 Pod 的位址都會被路由探索協定廣播出去，會不會存在路由表過大的情況？實際上，路由表通常都會有快取記憶體，查詢速度會很快，不會對性能產生太大的影響。當然，如果您的叢集容量在數千台 Node 以上，則仍然需要測試和評估路由表的效率問題。

2.5.6 Kubernetes 網路試驗

Docker 給我們帶來了不同的網路模式，而 Kubernetes 也以一種不同的方式來解決這些網路模式的挑戰，但是其運作有些不太好理解，特別是對於剛開始接觸 Kubernetes 網路的開發者。我們在前面學習了 Kubernetes、Docker 的理論，本節將透過一個完整的實驗，從部署一個 Pod 開始，一步一步地部署那些 Kubernetes 的元件，來剖析 Kubernetes 在網路層是如何實現及如何運作的。

這裡將使用虛擬機器來完成實驗。如果您要部署在實體機器上，或者部署在雲端服務供應商的環境下，則涉及的網路模型很有可能有些不同。不過，從網路角度來看，Kubernetes 的機制是類似且相同的。

好了，先來看看我們的試驗環境，如圖 2.34 所示。

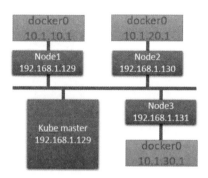

圖 2.34 實驗環境

Kubernetes 的網路模型要求每一個 Node 上的容器都可以相互存取。

預設的 Docker 的網路模型提供了一個 IP 位址段是 172.17.0.0/16 的 docker0 橋接器。每一個容器都會在這個子網中取得 IP 位址，並且將 docker0 橋接器的 IP 位址（172.17.42.1）作為其預設閘道。需要留意的是 Docker Host 主機外面的網路不需要知道任何關於這個 172.17.0.0/16 的資訊或如何連接到它內部，因為 Docker 的 Host 主機針對容器發送出的資料，在實體物理網卡位址後面都做了 IP 偽裝 MASQUERADE（隱含 NAT）。也就是說，在網路上看到的任何容器資料流程都來自於那台 Docker 節點的實體 IP 位址。這裡所說的網路都是指連接這些主機的實體運作網路。

這個模型便於使用，但是並不完美，需要依賴連接埠對應機制。

在 Kubernetes 的網路模型中，每台主機上的 docker0 橋接器都是可以被路由傳送到。也就是說，當部署了一個 Pod 時，在同一個叢集內，那台主機的外部可以直接存取到那個 Pod，並不需要在實體主機上做連接埠對應。綜合所述，您可以在網路層將 Kubernetes 的節點視為一個路由器。如果我們將試驗環境改畫成一張網路圖，那麼它看起來會如圖 2.35 所示。

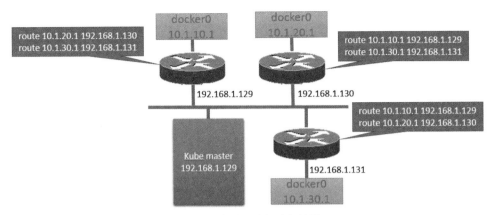

圖 2.35 實驗環境網路拓樸圖

為了支援 Kubernetes 網路模型,我們採取了直接路由的方式來實作,在每個 Node 上配置相對應的靜態路由項目,例如在 192.168.1.129 這個 Node 上我們配置了兩個路由紀錄:

```
$ route add -net 10.1.20.0 netmask 255.255.255.0 gw 192.168.130
$ route add -net 10.1.30.0 netmask 255.255.255.0 gw 192.168.131
```

這意味著,每一個新部署的容器都將使用這個 Node(docker0 的橋接器 IP)作為它的預設閘道。而這些 Node 節點(類似路由器)都有其他 docker0 的路由資訊,這樣它們就能夠相互連通了。

接下來透過一些實際的案例,來看看 Kubernetes 在不同的情境下其網路部分到底做了哪些事情。

部署一個 RC/Pod

部署的 RC/Pod 描述文件如下(frontend-controller.yaml):

```
apiVersion: v1
kind: ReplicationController
metadata:
  name: frontend
  labels:
    name: frontend
spec:
  replicas: 1
```

```
selector:
  name: frontend
template:
  metadata:
    labels:
      name: frontend
  spec:
    containers:
    - name: php-redis
      image: kubeguide/guestbook-php-frontend
      env:
      - name: GET_HOSTS_FROM
        value: env
      ports:
      - containerPort: 80
        hostPort: 80
```

為了便於觀察，我們假定在一個空的 Kubernetes 叢集上運行，提前清理了所有
Replication Controllers、Pods 和其他 Services：

```
$ kubectl get rc
CONTROLLER    CONTAINER(S)    IMAGE(S)    SELECTOR    REPLICAS

$ kubectl get services
NAME          LABELS                                          SELECTOR    IP(S)       PORT(S)
kubernetes    component=apiserver,provider=kubernetes    <none>      20.1.0.1    443/TCP

$ kubectl get pods
NAME      READY      STATUS      RESTARTS      AGE
```

讓我們檢查一下此時某個 Node 上的網路介面都有哪些。Node1 的狀態是：

```
$ ifconfig
docker0: flags=4099<UP,BROADCAST,RUNNING,MULTICAST>  mtu 1500
        inet 10.1.10.1  netmask 255.255.255.0  broadcast 10.1.10.255
        inet6 fe80::5484:7aff:fefe:9799  prefixlen 64  scopeid 0x20<link>
        ether 56:84:7a:fe:97:99  txqueuelen 0  (Ethernet)
        RX packets 373245  bytes 170175373 (162.2 MiB)
        RX errors 0  dropped 0  overruns 0  frame 0
        TX packets 353569  bytes 353948005 (337.5 MiB)
        TX errors 0  dropped 0 overruns 0  carrier 0  collisions 0

eno16777736: flags=4163<UP,BROADCAST,RUNNING,MULTICAST>  mtu 1500
        inet 192.168.1.129  netmask 255.255.255.0  broadcast 192.168.1.255
        inet6 fe80::20c:29ff:fe47:6e2c  prefixlen 64  scopeid 0x20<link>
```

```
        ether 00:0c:29:47:6e:2c  txqueuelen 1000  (Ethernet)
        RX packets 326552  bytes 286033393 (272.7 MiB)
        RX errors 0  dropped 0  overruns 0  frame 0
        TX packets 219520  bytes 31014871 (29.5 MiB)
        TX errors 0  dropped 0 overruns 0  carrier 0  collisions 0

lo: flags=73<UP,LOOPBACK,RUNNING>  mtu 65536
        inet 127.0.0.1  netmask 255.0.0.0
        inet6 ::1  prefixlen 128  scopeid 0x10<host>
        loop  txqueuelen 0  (Local Loopback)
        RX packets 24095  bytes 2133648 (2.0 MiB)
        RX errors 0  dropped 0  overruns 0  frame 0
        TX packets 24095  bytes 2133648 (2.0 MiB)
        TX errors 0  dropped 0 overruns 0  carrier 0  collisions 0
```

由上面可以看出，有一個 docker0 橋接器和一個本地端位址的網路連接埠。現在部署一下我們在前面準備的 RC/Pod 設定檔，看看發生了什麼：

```
$ kubectl create -f frontend-controller.yaml
replicationcontrollers/frontend
$
$ kubectl get pods
NAME            READY    STATUS    RESTARTS   AGE    NODE
frontend-4o11g  1/1      Running   0          11s    192.168.1.130
```

由此可以看到一些有趣的事情。Kubernetes 為這個 Pod 找了一個主機 192.168.1.130（Node2）來執行它。另外，這個 Pod 還獲得了一個在 Node2 上的 docker0 橋接器上的 IP 地址。我們登錄到 Node2 看看發生了什麼事情：

```
$ docker ps
CONTAINER ID      IMAGE          COMMAND         CREATED       STATUS        PORTS
NAMES
37b193a4c633      kubeguide/example-guestbook-php-redis    "/bin/sh -c /run.sh"
32 seconds ago      Up 26 seconds      k8s_php-redis.6ad3289e_frontend-n9n1m_
development_813e2dd9-8149-11e5-823b-000c2921ba71_af6dd859
6d1b99cff4ae      google_containers/pause:latest    "/pause"    35 seconds
ago      Up 28 seconds      0.0.0.0:80->80/tcp  k8s_POD.855eeb3d_frontend-4t52y_
development_ 813e3870-8149-11e5-823b-000c2921ba71_2b66f05e
```

現在在 Node2 上執行了兩個容器。在我們的 RC/Pod 定義檔中僅僅包含了一個，那麼第 2 個是從哪裡來的呢？第 2 個看起來運行的是一個叫作 google_containers/pause:latest 的映像檔，而且這個容器已經有連接埠對應到它了，為什麼是這樣呢？

讓我們深入容器內部去看一下具體原因。使用 docker 的 "inspect" 命令來查看容器的詳細資訊，特別要關注容器的網路模型。

```
# docker inspect 6d1b99cff4ae | grep NetworkMode
        "NetworkMode": "bridge",
# docker inspect 37b193a4c633 | grep NetworkMode
        "NetworkMode": "container:6d1b99cff4ae537689ce87d7528f4ba9dbb40ae
711ecc0a5b3f7c39ff5e5e495",
```

有趣的結果是，在查詢完每個容器的網路模型後，我們可以看到這樣的配置：我們檢查的第一個容器是執行 "google_containers/pause:latest" 映像檔的容器，它使用了 Docker 預設的網路模型 bridge；而我們檢查的第二個容器，也就是在 RC/Pod 中定義運行的 php-redis 容器，使用了非預設的網路配置和對應容器的模型，指定了對應目標容器為 "google_containers/ pause:latest"。

我們一起來仔細思考一下這個過程，為什麼 Kubernetes 要這麼做呢？首先，一個 Pod 內的所有容器都需要共用同一個 IP 位址，這就意味著一定要使用網路的容器對應模式。然而，為什麼不能只啟動第一個 Pod 中的容器，而將第二個 Pod 內的容器串連到第一個容器呢？我們認為 Kubernetes 從兩個方面來考慮這個問題：第一，如果 Pod 有超過兩個容器，則連接這些容器可能不容易，第二，後面的容器還要依賴第一個來串連的容器，如果第二個容器串連到第一個容器，且第一個容器死掉的話，第二個也將死掉。啟動一個基礎容器，然後將 Pod 內的所有容器都連接到它上面會更容易一些。因為我們只需要為基礎的 google_containers/pause 容器執行連接埠對應規則，這也簡化了連接埠對應的過程。所以我們的 Pod 的網路模型類似於圖 2.36。

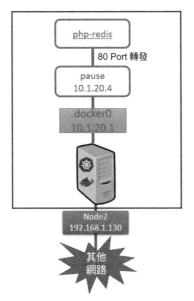

圖 2.36 啟動 Pod 後網路模型

在這種情況下，實際 Pod 的 IP 資料流程的網路目標都是這個 google_containers/
pause 容器。圖 2.36 有點兒取巧地顯示 google_containers/pause 容器將埠 80 的流
量轉送給了相關的容器。而 Pause 只是邏輯上的，並沒有真的這麼做。實際上另外
的 Web 容器直接監聽了這些埠，和 google_containers/pause 容器共用了同一個網路
堆疊。這就是為什麼 Pod 內部實際容器的連接埠對應都顯示到 google_containers/
pause 容器上了。可以透過 docker port 命令來檢驗一下：

```
$ docker ps
CONTAINER ID        IMAGE
37b193a4c633        kubeguide/example-guestbook-php-redis
6d1b99cff4ae        google_containers/pause:latest
$
$ docker port 6d1b99cff4ae
80/tcp -> 0.0.0.0:80
```

綜合以上所述，google_containers/pause 容器實際上只是負責接管這個 Pod 的
Endpoint，並沒有做更多的事情。那麼 Node 呢？它需要將資料流程傳給 google_
containers/pause 容器嗎？我們來檢查一下 Iptables 的規則，看看有什麼發現：

```
$ iptables-save
# Generated by iptables-save v1.4.21 on Thu Sep 24 17:15:01 2015
*nat
```

```
:PREROUTING ACCEPT [0:0]
:INPUT ACCEPT [0:0]
:OUTPUT ACCEPT [0:0]
:POSTROUTING ACCEPT [0:0]
:DOCKER - [0:0]
:KUBE-NODEPORT-CONTAINER - [0:0]
:KUBE-NODEPORT-HOST - [0:0]
:KUBE-PORTALS-CONTAINER - [0:0]
:KUBE-PORTALS-HOST - [0:0]
-A PREROUTING -m comment --comment "handle ClusterIPs; NOTE: this must be before
the NodePort rules" -j KUBE-PORTALS-CONTAINER
-A PREROUTING -m addrtype --dst-type LOCAL -j DOCKER
-A PREROUTING -m addrtype --dst-type LOCAL -m comment --comment "handle service
NodePorts; NOTE: this must be the last rule in the chain" -j KUBE-NODEPORT-
CONTAINER
-A OUTPUT -m comment --comment "handle ClusterIPs; NOTE: this must be before the
NodePort rules" -j KUBE-PORTALS-HOST
-A OUTPUT ! -d 127.0.0.0/8 -m addrtype --dst-type LOCAL -j DOCKER
-A OUTPUT -m addrtype --dst-type LOCAL -m comment --comment "handle service
NodePorts; NOTE: this must be the last rule in the chain
-A POSTROUTING -s 10.1.20.0/24 ! -o docker0 -j MASQUERADE
-A KUBE-PORTALS-CONTAINER -d 20.1.0.1/32 -p tcp -m comment --comment "default/
kubernetes:" -m tcp --dport 443 -j REDIRECT --to-ports 60339
-A KUBE-PORTALS-HOST -d 20.1.0.1/32 -p tcp -m comment --comment "default/
kubernetes:" -m tcp --dport 443 -j DNAT --to-destination 192.168.1.131:60339
COMMIT
# Completed on Thu Sep 24 17:15:01 2015
# Generated by iptables-save v1.4.21 on Thu Sep 24 17:15:01 2015
*filter
:INPUT ACCEPT [1131:377745]
:FORWARD ACCEPT [0:0]
:OUTPUT ACCEPT [1246:209888]
:DOCKER - [0:0]
-A FORWARD -o docker0 -j DOCKER
-A FORWARD -o docker0 -m conntrack --ctstate RELATED,ESTABLISHED -j ACCEPT
-A FORWARD -i docker0 ! -o docker0 -j ACCEPT
-A FORWARD -i docker0 -o docker0 -j ACCEPT
-A DOCKER -d 172.17.0.19/32 ! -i docker0 -o docker0 -p tcp -m tcp --dport 5000 -j
ACCEPT
COMMIT
# Completed on Thu Sep 24 17:15:01 2015
```

上面的這些規則並沒有應用到我們剛剛定義的 Pod。當然，Kubernetes 會給每一
個 Kubernetes 的節點提供一些預設的服務，上面的規則就是 Kubernetes 的預設

服務需要的。關鍵是，我們沒有看到任何 IP 偽裝的規則，並且沒有任何指向 Pod 10.1.20.4 的內部方向的連接埠對應。

發布一個服務

我們已經瞭解了 Kubernetes 如何處理最基本元素 Pod 的連接問題，接下來看一下它是如何處理 Service 的。Service 允許我們在多個 Pod 之間建立抽象服務，而且，服務可以透過提供在同一個 Service 的多個 Pod 之間的負載平衡機制來支援橫向擴展。我們再次將環境初始化，刪除剛剛建立的 RC/Pod 來確保叢集是空的：

```
$ kubectl stop rc frontend
replicationcontroller/frontend
$
$ kubectl get rc
CONTROLLER    CONTAINER(S)    IMAGE(S)    SELECTOR    REPLICAS
$
$ kubectl get services
NAME           LABELS                                        SELECTOR    IP(S)       PORT(S)
kubernetes     component=apiserver,provider=kubernetes    <none>      20.1.0.1    443/TCP
$
$ kubectl get pods
NAME      READY      STATUS    RESTARTS    AGE
```

然後準備一個名為 frontend 的 Service 設定檔：

```
apiVersion: v1
kind: Service
metadata:
  name: frontend
  labels:
    name: frontend
spec:
  ports:
  - port: 80
#   nodePort: 30001
  selector:
    name: frontend
# type:
#   NodePort
```

然後在 Kubernetes 叢集中定義這個服務：

```
$ kubectl create -f frontend-service.yaml
services/frontend
$ kubectl get services
NAME        LABELS                                    SELECTOR      IP(S)        PORT(S)
frontend    name=frontend                             name=frontend 20.1.244.75  80/TCP
kubernetes  component=apiserver,provider=kubernetes   <none>        20.1.0.1     443/TCP
```

服務正確建立後，可以看到 Kubernetes 叢集已經為這個服務分配了一個虛擬 IP 位址 20.1.244.75，這個 IP 位址是在 Kubernetes 的 Portal Network 中分配的。而這個 Portal Network 的位址範圍則是在 Kubmaster 上啟動 API 服務程序時，使用 --service-cluster-ip-range=xx 命令列參數指定的：

```
$ cat /etc/kubernetes/apiserver
......
# Address range to use for services
KUBE_SERVICE_ADDRESSES="--service-cluster-ip-range=20.1.0.0/16"
......
```

這個 IP 段可以是任何網段，只要不和 docker0 或者實體網路的子網路相衝突就可以。選擇任意其他網段的原因是這個網段將不會在實體網路和 docker0 網路上進行路由。這個 Portal Network 針對每一個 Node 都有局部的特殊性，實際上它存在的意義是讓容器的流量都指向預設閘道（也就是 docker0 橋接器）。在繼續實驗前，先登錄到 Node1 看一下定義服務後發生了什麼變化。首先檢查一下 Iptables/Netfilter 的規則：

```
$ iptables-save
......
-A KUBE-PORTALS-CONTAINER -d 20.1.244.75/32 -p tcp -m comment --comment "default/
frontend:" -m tcp --dport 80 -j REDIRECT --to-ports 59528
-A KUBE-PORTALS-HOST -d 20.1.244.75/32 -p tcp -m comment --comment "default/
kubernetes:" -m tcp --dport 80 -j DNAT --to-destination 192.168.1.131:59528
......
```

第一行是掛在 PREROUTING 鏈上的連接埠重導向規則，所有的進入流量如果滿足 20.1.244.75:80，則都會被重導向到連接埠 33761。第二行是掛在 OUTPUT 鏈上的目標位址 NAT，做了和上述第一行規則類似的工作，但針對的是目前主機產生的輸出流量。所有主機產生的流量都需要使用這個 DNAT 規則來處理。簡而言之，這兩個規則使用不同的方式做了類似的事情，就是將所有從節點產生的發送給 20.1.244.75:80 的流量重導向到本地端的 33761 連接埠。

到此為止，目標為 Service IP 位址和連接埠的任何流量都將被重導向到本地端的 33761 連接埠。這個連接埠連到何處去了呢？這就輪到 kub-proxy 發揮作用的地方了。這個 kube-proxy 服務給每一個新建立的服務綁定了一個隨機的連接埠，並且監聽特定的連接埠，為服務建立相關的負載平衡物件。在我們的實驗中，隨機產生的連接埠剛好是 33761。透過監控 Node1 上的 Kubernetes-Service 的日誌，在建立服務時，可以看到下面的記錄：

```
2612 proxier.go:413] Opened iptables from-containers portal for service "default/
frontend:" on TCP 20.1.244.75:80
2612 proxier.go:424] Opened iptables from-host portal for service "default/
frontend:" on TCP 20.1.244.75:80
```

現在我們知道，所有的流量都被導入 kube-proxy。接下來，我們需要它完成一些負載平衡的工作。建立 Replication Controller 並觀察結果，下面是 Replication Controller 的設定檔：

```
apiVersion: v1
kind: ReplicationController
metadata:
  name: frontend
  labels:
    name: frontend
spec:
  replicas: 3
  selector:
    name: frontend
  template:
    metadata:
      labels:
        name: frontend
    spec:
      containers:
      - name: php-redis
        image: kubeguide/example-guestbook-php-redis
        env:
        - name: GET_HOSTS_FROM
          value: env
        ports:
        - containerPort: 80
          hostPort: 80
```

在叢集發布上述設定檔後，等待並觀察，確保所有 Pod 都運作起來：

```
$ kubectl create -f frontend-controller.yaml
replicationcontrollers/frontend
$
$ kubectl get pods -o wide
NAME            READY    STATUS     RESTARTS    AGE     NODE
frontend-64t8q  1/1      Running    0           5s      192.168.1.130
frontend-dzqve  1/1      Running    0           5s      192.168.1.131
frontend-x5dwy  1/1      Running    0           5s      192.168.1.129
```

現在所有的 Pod 都運作起來了，Service 將會比對到標籤為 "name=frontend" 的所有 Pod 進行負載部署派送。因為 Service 的選擇比對所有的這些 Pod，所以我們的負載平衡將會對這 3 個 Pod 進行派發。現在我們做實驗的環境如圖 2.37 所示。

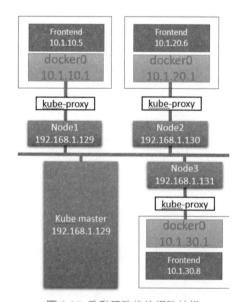

圖 2.37 啟動服務後的網路結構

Kubernetes 的 kube-proxy 看起來只是一個中間層，但實際上它只是在 Node 上運行的一個服務。上述重導向規則的結果就是針對目標位址為服務 IP 的流量，將 Kubernetes 的 kube-proxy 變成了一個中間的夾層。

為了查看具體的重導向動作，我們會使用 tcpdump 來進行網路攔截操作。首先，安裝 tcpdump：

```
$ yum -y install tcpdump
```

安裝完成後，登錄 Node1，運行 tcpdump 命令：

```
$ tcpdump -nn -q -i eno16777736 port 80
```

需要擷取實體伺服器乙太網路介面的資料封包，Node1 機器上的乙太網路介面名字叫作 eno16777736。

再打開第一個視窗中運行第二個 tcpdump 程式，不過我們需要一些額外的資訊去執行它，即掛接在 docker0 橋接器上虛擬網卡 Veth 的名字。我們看到只有一個 frontend 容器在 Node1 主機上運行，所以可以使用簡單的 "ip addr" 命令來查看唯一的 "Veth" 網路介面：

```
$ ip addr
1: lo: <LOOPBACK,UP,LOWER_UP> mtu 65536 qdisc noqueue state UNKNOWN
    link/loopback 00:00:00:00:00:00 brd 00:00:00:00:00:00
    inet 127.0.0.1/8 scope host lo
       valid_lft forever preferred_lft forever
    inet6 ::1/128 scope host
       valid_lft forever preferred_lft forever
2: eno16777736: <BROADCAST,MULTICAST,UP,LOWER_UP> mtu 1500 qdisc pfifo_fast state
UP qlen 1000
    link/ether 00:0c:29:47:6e:2c brd ff:ff:ff:ff:ff:ff
    inet 192.168.1.129/24 brd 192.168.1.255 scope global eno16777736
       valid_lft forever preferred_lft forever
    inet6 fe80::20c:29ff:fe47:6e2c/64 scope link
       valid_lft forever preferred_lft forever
3: docker0: <NO-CARRIER,BROADCAST,MULTICAST,UP> mtu 1500 qdisc noqueue state DOWN
    link/ether 56:84:7a:fe:97:99 brd ff:ff:ff:ff:ff:ff
    inet 10.1.10.1/24 brd 10.1.10.255 scope global docker0
       valid_lft forever preferred_lft forever
    inet6 fe80::5484:7aff:fefe:9799/64 scope link
       valid_lft forever preferred_lft forever
12: veth0558bfa: <BROADCAST,MULTICAST,UP,LOWER_UP> mtu 1500 qdisc noqueue master
docker0 state UP
    link/ether 86:82:e5:c8:5a:9a brd ff:ff:ff:ff:ff:ff
    inet6 fe80::8482:e5ff:fec8:5a9a/64 scope link
       valid_lft forever preferred_lft forever
```

複製這個介面的名字，在第二個視窗中執行 tcpdump 的命令。

```
$ tcpdump -nn -q -i veth0558bfa host 20.1.244.75
```

同時執行這兩個命令，並且將視窗並排放置，以便同時看到兩個視窗的輸出：

```
$ tcpdump -nn -q -i eno16777736 port 80
tcpdump: verbose output suppressed, use -v or -vv for full protocol decode
listening on eno16777736, link-type EN10MB (Ethernet), capture size 65535 bytes

$ tcpdump -nn -q -i veth0558bfa host 20.1.244.75
tcpdump: verbose output suppressed, use -v or -vv for full protocol decode
listening on veth0558bfa, link-type EN10MB (Ethernet), capture size 65535 bytes
```

好了，我們已經在同時擷取兩個介面的網路封包了。這時再啟動第三個視窗，運行一個 "docker exec" 命令來連接到 "frontend" 的容器內部（您可以先執行 docker ps 來取得這個容器的 ID）：

```
$ docker ps
CONTAINER ID          IMAGE                                    ......
268ccdfb9524          kubeguide/example-guestbook-php-redis     ......
6a519772b27e          google_containers/pause:latest            ......
```

執行命令進入容器內部：

```
$ docker exec -it 268ccdfb9524 bash
root@frontend-x5dwy:/$
```

一旦進入執行的容器內部，就可以透過 Pod 的 IP 位址來存取服務了。使用 curl 來嘗試連線服務：

```
$ curl 20.1.244.75
```

在使用 curl 存取服務時，將在監聽封包的兩個視窗內看到：

```
20:19:45.208948 IP 192.168.1.129.57452 > 10.1.30.8.8080: tcp 0
20:19:45.209005 IP 10.1.30.8.8080 > 192.168.1.129.57452: tcp 0
20:19:45.209013 IP 192.168.1.129.57452 > 10.1.30.8.8080: tcp 0
20:19:45.209066 IP 10.1.30.8.8080 > 192.168.1.129.57452: tcp 0

20:19:45.209227 IP 10.1.10.5.35225 > 20.1.244.75.80: tcp 0
20:19:45.209234 IP 20.1.244.75.80 > 10.1.10.5.35225: tcp 0
```

```
20:19:45.209280 IP 10.1.10.5.35225 > 20.1.244.75.80: tcp 0
20:19:45.209336 IP 20.1.244.75.80 > 10.1.10.5.35225: tcp 0
```

這些資訊說明了什麼問題呢，讓我們在網路拓樸圖上用實線標出第一個視窗中網路擷取封包資訊的路徑（實體網卡上的網路流量），並用虛線標出第二個視窗中網路擷取封包資訊的路徑（docker0 橋接器上的網路流量），如圖 2.38 所示。

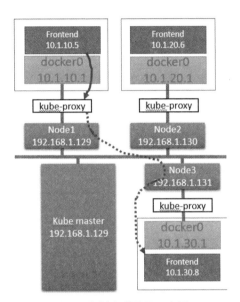

圖 2.38　資料流動情況示意圖 1

請注意！圖 2.38 中，虛線是繞過了 Node3 的 kube-proxy，這麼做是因為 Node3 上的 kube-proxy 沒有參與這次網路互動。換句話說，Node1 的 kube-proxy 服務直接和負載平衡到的 Pod 進行網路交換。

在查看第二個擷取封包的視窗時，我們能夠站在容器的視角看這些流量。首先，容器嘗試使用 20.1.244.75:80 打開 TCP 的 Socket 連接。同時，還可以看到從服務位址 20.1.244.75 回傳的資料。從容器的視角來看，整個傳輸過程都是在服務之間進行的。但是在查看一個擷取封包的視窗時（上面的視窗），我們可以看到實體機之間的資料交換，可以看到一個 TCP 連接從 Node1 的實體位址（192.168.1.129）發出，直接連接到執行 Pod 的主機 Node3（192.168.1.131）。總而言之，Kubernetes 的 kube-proxy 作為一個全功能的代理伺服器管理了兩個獨立的 TCP 連接：一個是從容器到 kube-proxy；另一個是從 kube-proxy 到負載平衡的目標 Pod。

如果我們整理一下擷取的記錄，再次執行 curl，則還可以看到網路流量被負載平衡轉送到另一個節點 Node2 上了。

```
20:19:45.208948 IP 192.168.1.129.57485 > 10.1.20.6.8080: tcp 0
20:19:45.209005 IP 10.1.20.6.8080 > 192.168.1.129.57485: tcp 0
20:19:45.209013 IP 192.168.1.129.57485 > 10.1.20.6.8080: tcp 0
20:19:45.209066 IP 10.1.20.6.8080 > 192.168.1.129.57485: tcp 0

20:19:45.209227 IP 10.1.10.5.38026 > 20.1.244.75.80: tcp 0
20:19:45.209234 IP 20.1.244.75.80 > 10.1.10.5.38026: tcp 0
20:19:45.209280 IP 10.1.10.5.38026> 20.1.244.75.80: tcp 0
20:19:45.209336 IP 20.1.244.75.80 > 10.1.10.5.38026: tcp 0
```

這一次，Kubernetes 的 Proxy 將選擇執行在 Node2（10.1.20.1）上面的 Pod 作為負載平衡的目的。網路流動圖如圖 2.39 所示。

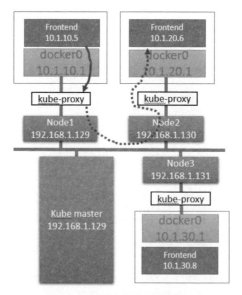

圖 2.39 資料流動情況示意圖 2

到這裡，您肯定已經知道另外一個可能的負載均衡的路由結果了吧！關於服務的最重要的概念就是，它使我們可以快速、便利地橫向擴展部署 Pod。結合使用 Replication Controller 對 Pod 的複製部署，可看出這是功能很強大的特性。

第 **3** 章

Kubernetes 開發指南

本章將介紹 REST 的概念，詳細說明 Kubernetes API，並舉例說明如何基於 Jersey 和 Fabric8 框架存取 Kubernetes API，深入分析基於這兩個框架存取 Kubernetes API 的優缺點。下面就讓我們從 REST 開始說起。

3.1 REST 簡述

REST（Representational State Transfer）是由 Roy Thomas Fielding 博士在他的論文 *Architectural Styles and the Design of Network-based Software Architectures* 中提出的一個術語。REST 本身只是為分散式超媒體系統設計的一種架構風格，而不是標準。

基於 Web 的架構實際上就是各種規範的集合，這些規範共同組成了 Web 架構，比如 HTTP、用戶端伺服器模式都是規範。每當我們在原有規範的基礎上增加新的規範時，就會形成新的架構。而 REST 正是這樣一種架構，它結合一系列規範，形成了一種基於 Web 的新式架構風格。

傳統的 Web 應用大多是 B/S 架構，涉及如下規範。

(1) 客戶 - 伺服器：這種規範的提出，改善了使用者介面跨多個平台的可攜性，並且透過簡化伺服器元件，改善了系統的可伸縮性。最為關鍵的是透過分離使用者介面和資料儲存這兩個關鍵點，使得不同的使用者端點共用相同資料成為可能。

(2) 無狀態性：無狀態性是在客戶 - 伺服器限制基礎上增添的另一層規範，它要求通訊必須在本質上是無狀態的，即是從用戶端到伺服器的每個 request 都必須包含理解該 request 所必須的所有資訊。這個規範改善了系統的可見性（無狀態性使得用戶端和伺服器端不必保存對方的詳細資訊，伺服器只需要處理目前的 request，而不必瞭解所有 request 的歷史）、可靠性（無狀態性減少了伺服器從局部錯誤中恢復的任務量）、可伸縮性（無狀態性使得伺服器端可以很容易地釋放資源，因為伺服器端不必在多個 request 中保存狀態）。同時，這種規範的缺點也是顯而易見的，由於不能將狀態資料保存在伺服器上，因此增加了在一系列 request 中重複發送資料的損耗，嚴重降低了效率。

(3) 暫存：為改善無狀態性導致的網路低效率，我們添加了暫存機制。緩衝限制允許隱式或顯式地標記一個 response 中的資料，賦予用戶端暫存 response 資料的功能，這樣就可以為之後的 request 共用暫存資料，部分或全部地消除一部分互動，提高了網路效率。但是由於用戶端暫存了資訊，所以增加用戶端與伺服器資料不一致的可能性，進而降低了可靠性。

B/S 架構的優點是部署非常方便，在用戶體驗方面卻不很理想。為了改善這種情況，我們引入了 REST。REST 在原有架構上增加了三個新規範：統一介面、分層系統和需求化程式。

(1) 統一介面：REST 架構風格的核心特徵就是強調元件之間有一個統一的介面，表現在 REST 世界裡，網路上的所有事物都被抽象為資源，REST 透過通用的連結器介面對資源進行操作。這樣設計的好處是保證系統提供的服務都是去耦合性，大量地簡化了系統，進而改善了系統的互動性和重複利用性。

(2) 分層系統：分層系統規範的加入提高了各種層次之間的獨立性，限縮了整個系統的複雜度，透過封裝舊有的服務，使新的伺服器免受原有用戶端的影響，也提高了系統的可伸縮性。

(3) 需求化程式：REST 允許對用戶端功能進行擴展。比如，透過下載並執行 applet 或腳本形式的程式來擴展用戶端功能。但這在改善系統可擴展性的同時降低了可用性，所以它只是 REST 的一個選項功能。

REST 架構是針對 Web 應用而設計的，其目的是為了降低開發的複雜性，提高系統的可伸縮性。REST 提出了如下設計準則。

(1) 網路上的所有事物都被抽象化成資源（Resource）。

(2) 每個資源對應一個唯一的資源識別符（Resource Identifier）。

(3) 透過通用的連接器介面（Generic Connector Interface）對資源進行操作。

(4) 對資源的各種操作不會改變資源識別符。

(5) 所有的操作都是無狀態的（Stateless）。

REST 中的資源所指的不是資料，而是資料和表現形式的組合，比如“最近訪問的 10 位會員”和“最活躍的 10 位會員”在資料上可能有重疊或者完全相同，而由於它們的表現形式不同，所以被歸為不同的資源，這也就是為什麼 REST 的全名是 Representational State Transfer。資源識別符就是 URI（Uniform Resource Identifier），不管是圖片、Word 還是視訊檔，甚至只是一種虛擬的服務，也不管是 xml、txt 還是其他檔案格式，全部透過 URI 對資源進行唯一標識。

REST 是基於使用 HTTP 的，任何對資源的操作行為都透過 HTTP 來實現。以往的 Web 開發大多數用的是 HTTP 中的 GET 和 POST 方法，很少使用其他方法，這實際上是因為對 HTTP 的片面理解所造成的。HTTP 不僅僅是一個簡單的承載資料協定，而且是一個具有豐富內涵的網路軟體協議，它不僅能對互聯網資源進行唯一定位，還能告訴我們如何對該資源進行操作。HTTP 把對一個資源的操作限制在 4 種方法內：GET、POST、PUT 和 DELETE，這正是對資源 CRUD 操作的實現。由於資源和 URI 是一一對應的，在執行這些操作時 URI 沒有變化，和以往的 Web 開發有很大的區別，所以大量地簡化了 Web 開發，也使得 URI 可以被設計成更為直觀地反映資源的結構。這種 URI 的設計被稱作 RESTful 的 URI，為開發人員引進了一種新的思維方式：透過 URL 來設計系統結構。當然了，這種設計方式對於一些特定情況也是不適用的，也就是說不是所有 URI 都適用於 RESTful。

REST 之所以可以提高系統的可伸縮性，就是因為它要求所有操作都是無狀態的。由於沒有了上下文（Context）的約束，做分散式和叢集時就更為簡單，也可以讓系統更為有效地利用緩衝區（Pool），並且由於伺服器端不需要記錄用戶端的一系列存取，也就減少了伺服器端的性能損耗。

Kubernetes API 也符合 RESTful 規範，下面對其進行介紹。

3.2 Kubernetes API 詳解

3.2.1 Kubernetes API 概述

Kubernetes API 是叢集系統中的重要組成部分，Kubernetes 中各種資源（物件）的資料透過該 API 介面被傳送到後端的持久化存儲（etcd）中，Kubernetes 叢集中的各部位元件之間透過該 API 介面實現去耦合性，同時 Kubernetes 叢集中一個重要且便利的管理工具 kubectl 也是透過存取該 API 介面實現其強大的管理功能。Kubernetes API 中的資源物件都擁有通用的中繼資料，資源物件也可能存在多個資源物件集合，比如在一個 Pod 裡面包括多個 Container。建立一個 API 物件是指透過 API 呼叫建立一則有意義的記錄，該記錄一旦被建立好，Kubernetes 將確保對應的資源物件會被自動建立並託管維護。

在 Kubernetes 系統中，大多數情況下，API 定義和實作都符合標準的 HTTP REST 格式，比如透過標準的 HTTP 動詞（POST、PUT、GET、DELETE）來完成對相關資源物件的查詢、建立、修改、刪除等操作。但同時 Kubernetes 也為某些非標準的 REST 行為實現了附加的 API 介面，例如 Watch 某個資源的變化、進入容器執行某個操作等。另外，某些 API 介面可能違反嚴謹的 REST 規範，因為介面不是回傳單一的 JSON 物件，而是回傳其他類型的資料，比如 JSON 物件串流（Stream）或非結構化的日誌格式資料等。

Kubernetes 開發人員認為，任何成功的系統都會經歷一個不斷成長和不斷適應各種變更的過程。因此，他們期望 Kubernetes API 是不斷變更和增長的。同時，他們在設計和開發時，有共識地相容已存在的客戶需求。通常，新的 API 資源（Resource）和新的資源 URI 網址不希望頻繁地加到系統中。資源或 URI 網址的刪除需要一個嚴格的審核流程。

為了方便查閱 API 介面的詳細定義，Kubernetes 使用 swagger-ui 提供 API 線上查詢功能，其官網為 http://kubernetes.io/third_party/swagger-ui/，Kubernetes 開發團隊會定期更新、產生 UI 及文件。Swagger UI 是一款 REST API 說明文件線上自動產生和功能測試軟體，關於 Swagger 的詳細內容請參閱官網 http://swagger.io。

運行在 Master 節點上的 API Server 程序同時提供了 swagger-ui 的存取位址：http://<master-ip>: <master-port>/swagger-ui/。假設我們的 API Server 安裝在 192.168.1.128 伺服器上，綁定了 8080 埠，則可以透過存取 http://192.168.1.128:8080/swagger-ui/ 來查看 API 訊息，如圖 3.1 所示。

圖 3.1 swagger-ui

按一下 api/v1 可以查看所有 API 的列表，如圖 3.2 所示。

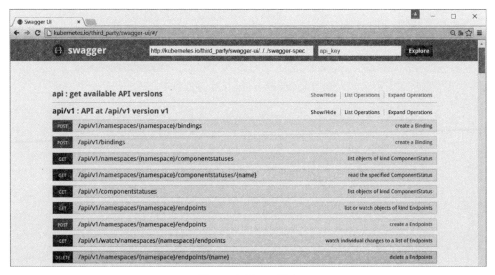

圖 3.2 查看 API 列表

以 create a Pod 為例,找到 Rest API 的存取路徑為:/api/v1/namespaces/{namespace}/pods,如圖 3.3 所示。

圖 3.3 Create a Pod API

按一下連結展開,即可查看詳細的 API 介面說明,如圖 3.4 所示。

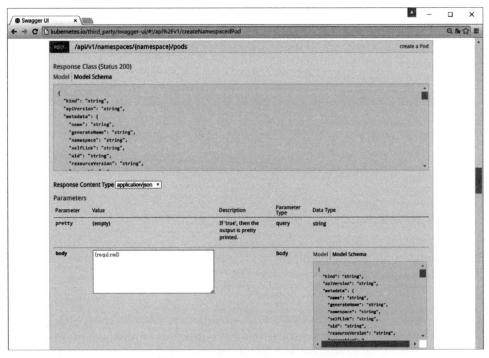

圖 3.4 Create a Pod API 詳細說明

按一下 Model 連結，則可以查看文件格式顯示的 API 介面描述，如圖 3.5 所示。

圖 3.5 Create a Pod API 文件格式詳細説明

由上述可得知，在 Kubernetes API 中，一個 API 的最上層（Top Level）元素由 kind、apiVersion、metadata、spec 和 status 等幾個部分所組成，接下來，我們分別對這些部分進行說明。

Kind 表示的物件有以下三大類別。

(1) 物件（objects）：代表在系統中的一個永久資源（實體），例如 Pod、RC、Service、Namespace 及 Node 等。透過操作這些資源的屬性，用戶端可以對該物件做建立、修改、刪除和讀取操作。

(2) 列表（list）：一個或多個資源類別的集合。列表可具有一個通用中繼資料的有限集合。所有列表（lists）透過 "items" 欄位取得物件陣列，例如 PodLists、ServiceLists、NodeLists。大部分定義在系統中的物件都有一個回傳所有資源（resource）集合的端點，以及零到多個回傳所有資源子集合的端點。某些物件有可能是單一物件（singletons），例如目前使用者、系統預設使用者等，這些物件並沒有清單。

(3) 簡單類別（simple）：該類別包含作用在物件上的特殊行為和非持久性實體。該類別限制了使用範圍，它有一個通用中繼資料的有限集合，例如 Binding、Status。

apiVersion 表明 API 的版本號，目前版本預設只支援 v1。

Metadata 是資源物件的中繼資料定義，是集合類別的元素類型，包含一組由不同名稱所定義的屬性。在 Kubernetes 中每個資源物件都必須包含以下 3 種 Metadata：

(1) namespace：物件所屬的命名空間，如果不指定，系統則會將物件置於名為 "default" 的系統命名空間中。

(2) name：物件的名字，在一個命名空間中名字具備唯一性。

(3) uid：系統為每個物件生成的唯一 ID，符合 RFC 4122 規範的定義。

此外，每種物件還應該包含以下幾個重要中繼資料：

(1) labels：用戶可定義的 "標籤"，索引鍵和值都為字串的 map，是物件進行組織和分類的一種手段，通常用於標籤選擇器（Label Selector），用來比對目標物件。

(2) annotations：用戶可定義的 "註解"，索引鍵和值都為字串的 map，被 Kubernetes 內部程序或某些外部工具使用，用於儲存和讀取關於該物件的特定中繼資料。

(3) resourceVersion：用於識別該資源內部版本號的字串，在用於 Watch 操作時，可以避免在 GET 操作和下一次 Watch 操作之間造成的資訊不一致，用戶端可以用它來判斷資源是否改變。該值應該被用戶端視為固定不可變，且不做任何修改就回傳給服務端。用戶端不應認定版本資訊具有跨命名空間、跨不同資源類別、跨不同伺服器的含義。

(4) creationTimestamp：系統記錄建立物件時的時間戳記，符合 RFC 3339 規範。

(5) deletionTimestamp：系統記錄刪除物件時的時間戳記，符合 RFC 3339 規範。

(6) selfLink：透過 API 存取資源本身的 URL，例如一個 Pod 的 link 可能是 /api/v1/namespaces/default/pods/frontend-o8bg4。

spec 是集合類別的元素類型，使用者對需要管理的物件有詳細描述，其主體部分都在 spec 裡所提供，它會被 Kubernetes 持久化到 etcd 中保存，系統透過 spec 的描述來建立或更新物件，以達到使用者期望物件的運行狀態。spec 的內容既包括使用者提供的配置設定、預設值、屬性的初始化值，也包括在物件建立過程中由其他相關元件（例如 schedulers、auto-scalers）所建立或修改的物件屬性，比如 Pod 的 Service IP 位址。如果 spec 被刪除，則該物件將會從系統中被刪除。

Status 用於記錄物件在系統中的目前狀態資訊，它也是集合類別元素類型，status 在一個自動處理的程序中被持久化保存，可以在轉換過程中產生。如果觀察到一個資源遺失了它的狀態（Status），則該遺失的狀態可能被重新構建。以 Pod 為例，Pod 的 status 資訊主要包括 conditions、containerStatuses、hostIP、phase、podIP、startTime 等。其中比較重要的兩個狀態屬性如下。

(1) phase：描述物件所處的生命週期階段，phase 的典型值是 "Pending"（建置中）、"Running"（執行中）、"Active"（生效）或 "Terminated"（已終結），這幾種狀態對於不同的物件可能有輕微的差別，此外，關於目前 phase 附加的詳細說明可能包含在其他欄位中。

(2) condition：表示條件，由條件類型和狀態值所組成，目前僅有一種條件類型 Ready，對應的狀態值可以為 True、False 或 Unknown。一個物件可以具備多種 condition，而 condition 的狀態值也可能不斷發生變化，condition 可能附帶一些資訊，例如最後的探測時間或最後的轉變時間。

3.2.2 API 版本

為了在相容舊版本的同時不斷升級新的 API，Kubernetes 提供支援多版本 API 的 E 功能，每個版本的 API 透過一個版本號路徑前綴字進行判斷，例如 /api/v1beta3。一般情況下，新舊幾個不同的 API 版本都能涵蓋所有的 Kubernetes 資源物件，在不同的版本之間這些 API 介面存在著細微差異。Kubernetes 開發團隊基於 API 層級選擇版本而不是基於資源和欄位級別，是為了確保 API 能夠描述一個清晰且連續的系統資源和行為之視野，能夠控制存取的整個過程和控制實驗性 API 的連線。

API 及版本發布建議已描述目前版本升級思路。版本 v1beta1、v1beta2 和 v1beta3 為不建議使用（Deprecated）的版本，請盡快轉到 v1 版本。在 2015 年 6 月 4 日，Kubernetes v1 版本 API 正式發布。版本 v1beta1 和 v1beta2 API 在 2015 年 6 月 1 日被刪除，版本 v1beta3 API 在 2015 年 7 月 6 日被刪除。

3.2.3 API 詳細說明

API 資源使用 REST 模式，具體說明如下。

(1) GET /< 資源名稱的複數格式 >：讀取某一類型的資源列表，例如 GET /pods 返回一個 Pod 資源列表。

(2) POST /< 資源名稱的複數格式 >：建立一個資源，該資源來自使用者提供的 JSON 物件。

(3) GET /< 資源名稱的複數格式 >/< 名字 >：透過提供的名稱（Name）取得單一資源，例如 GET /pods/first 回傳一個名稱為 "first" 的 Pod。

(4) DELETE /< 資源名稱的複數格式 >/< 名字 >：透過路徑的名字刪除單一個資源，刪除選項（DeleteOptions）中可指定期限內刪除（Grace Deletion）的間隔時間（GracePeriodSeconds），該選項定義了從服務端接收到刪除請求到資源被刪除的時間間隔（單位為秒）。不同的類別（Kind）可能要設定不同的刪除間隔時間（Grace Period）的預設值。用戶可自行定義間隔時間來覆蓋此預設值，包括數值為 0 的刪除間隔值。

(5) PUT /< 資源名稱的複數格式 >/< 名字 >：透過路經的資源名稱和用戶端提供的 JSON 物件來更新或建立資源。

(6) PATCH /< 資源名稱的複數格式 >/< 名字 >：選擇修改資源明確指定的欄位。

對於 PATCH 操作，目前 Kubernetes API 透過相對應的 HTTP 標頭 "Content-Type" 來進行識別。

目前支援以下三種類型的 PATCH 操作。

(1) JSON Patch, Content-Type: application/json-patch+json。 在 RFC6902 的 定義中，JSON Patch 是執行在資源物件上的一系列操作，例如 {"op": "add",

"path": "/a/b/c", "value": ["foo", "bar"]} 。詳情請查看 RFC6902 說明，網址為 HTTPs://tools.ietf.org/html/rfc6902。

(2) Merge Patch, Content-Type: application/merge-json-patch+json。在 RFC7386 的定義中，Merge Patch 必須包含對一個資源物件的部分描述，這個資源物件的部分描述就是一個 JSON 物件。此 JSON 物件被傳送到服務端，並和服務端目前物件合併，進而建立一個新的物件。詳細請查看 RFC73862 說明，網址為 HTTPs://tools.ietf.org/html/rfc7386。

(3) Strategic Merge Patch, Content-Type: application/strategic-merge-patch+json。

Strategic Merge Patch 是一個客制化 Merge Patch 的實現。接下來將詳細講解 Strategic Merge Patch。

在標準的 JSON Merge Patch 中，JSON 物件經常是被合併（merge）的，但是資源物件中的清單欄位經常被替換的。通常這不是用戶所希望的。例如，我們透過下列定義建立一個 Pod 資源物件：

```
spec:
  containers:
    - name: nginx
      image: nginx-1.0
```

接著我們希望增加一個容器到這個 Pod 中，程式和上傳的 JSON 物件如下所示：

```
PATCH /api/v1/namespaces/default/pods/pod-name
spec:
  containers:
    - name: log-tailer
      image: log-tailer-1.0
```

如果使用標準的 Merge Patch，則其中的整個容器列表將被單一個的 "log-tailer" 容器所替換。然而我們的目的是兩個容器清單能夠合併。

為了解決這個問題，Strategic Merge Patch 透過添加中繼資料到 API 物件中，並利用這些新中繼資料來決定哪個列表被合併，哪個列表不被合併。目前這些中繼資料作為結構標籤，對於 API 物件自身來說是合法的。對於用戶端來說，這些中繼資料作為 Swagger annotations 也是合法的。在上述例子中，對 "containers" 中添加 "patchStrategy" 欄位，且它的值為 "merge"，透過添加 "patchMergeKey"，它的

值為 "name"。也就是說，"containers" 中的列表將會被合併而不是替換，合併的依據為 "name" 欄位的值。

此外，Kubernetes API 增加了資源變動的 "觀察者" 模式的 API 介面。

- ⊙ GET /watch/< 資源名稱的複數格式 >：隨時間變化，不斷接收一連串的 JSON 物件，這些 JSON 物件記錄了特定資源類別內所有資源物件的變化情況。
- ⊙ GET /watch/< 資源名稱的複數格式 >/<name>：隨時間變化，不斷接收一連串的 JSON 物件，這些 JSON 物件記錄了某個特定資源物件的變化情況。

上述介面改變了回傳資料的基本類別，watch 動詞回傳的是一連串的 JSON 對象，而不是單一個 JSON 對象。並不是所有的物件類別都支援 "觀察者" 模式的 API 介面，在後續的章節中將會說明哪些資源物件支援這種介面。

另外，Kubernetes 還增加了 HTTP Redirect 與 HTTP Proxy 這兩種特殊的 API 介面，前者實現資源重導向連線，後者則實現 HTTP 請求的代理。

3.2.4 API 回應説明

API Server 回應使用者請求時附帶一個狀態碼，此狀態碼符合 HTTP 規範。表 3.1 列出了 API Server 可能回傳的狀態碼。

表 3.1 API Server 可能回傳的狀態碼

狀態碼	編碼	描述
200	OK	表示請求完全成功
201	Created	表示建立類型的請求完全成功
204	NoContent	表示請求完全成功，同時 HTTP 回應不包含回應值 在回應 OPTIONS 方法的 HTTP 請求時回傳
307	TemporaryRedirect	表示請求資源的位址被改變，建議用戶端使用 Location 前綴字找出的臨時 URL 來定位資源
400	BadRequest	表示請求是非法的，建議客戶不要重試，修改該請求

狀態碼	編碼	描述
401	Unauthorized	表示請求能夠到達服務端，且服務端能夠理解使用者請求，但是限制做更多的事情，因為用戶端必須提供認證資訊。如果用戶端提供了認證資訊，則返回此狀態碼，表示服務端指出所提供的認證資訊不正確或非法認證
403	Forbidden	表示請求能夠到達服務端，且服務端能夠理解使用者請求，但是拒絕做更多的事情，因為該請求被設定成拒絕存取。建議客戶不要重試，或修改該請求
404	NotFound	表示所請求的資源不存在。建議客戶不要重試，或修改該請求
405	MethodNotAllowed	表示請求中帶有此資源不支援的方法。建議客戶不要重試，或修改該請求
409	Conflict	表示用戶端嘗試建立的資源已經存在，或者因衝突請求的更新操作無法完成
422	UnprocessableEntity	表示因所提供的作為請求內的部分資料不符規則，建立或修改操作無法完成
429	TooManyRequests	表示超出了用戶端存取頻率限制或服務端接收過多的處理請求。建議用戶端讀取相對應的 Retry-After Header，然後等待該 Headerc 傳回的時間後再重試
500	InternalServerError	表示服務端能被請求存取到，但是不能理解用戶的請求；或者服務端內產生非預期中的一個錯誤，而且無法識別出該錯誤；或者服務端不能在一個合理的時間內完成處理（這可能由於伺服器臨時負載過重造成或者因和其他伺服器通訊時的一個臨時連線故障造成）
503	ServiceUnavailable	表示所請求的服務無效。建議客戶不要重試，或修改該請求
504	ServerTimeout	表示請求在限定的時間內無法完成。用戶端只有在為請求設定逾時（Timeout）參數時會得到此回應

在呼叫 API 介面發生錯誤時，Kubernetes 將會回傳一個狀態類別（Status Kind）。下面是兩種常見的錯誤情況：

(1) 當一個操作不成功時（例如，當服務端返回一個非 2xx HTTP 狀態碼時）；

(2) 當一個 HTTP DELETE 方法呼叫失敗時。

狀態物件被編碼成 JSON 格式，同時該 JSON 物件被當成請求的回應內容。該狀態物件包含人和機器使用的欄位，這些欄位中包含了來自 API 有關的失敗原因之詳細資訊。狀態物件中的資訊補充了對 HTTP 狀態碼的說明。例如：

```
$ curl -v -k -H "Authorization: Bearer WhCDvq4VPpYhrcfmF6ei7V9qlbqTubUc" \
https://10.240.122.184:443/api/v1/namespaces/default/pods/grafana
> GET /api/v1/namespaces/default/pods/grafana HTTP/1.1
> User-Agent: curl/7.26.0
> Host: 10.240.122.184
> Accept: */*
> Authorization: Bearer WhCDvq4VPpYhrcfmF6ei7V9qlbqTubUc
>

< HTTP/1.1 404 Not Found
< Content-Type: application/json
< Date: Wed, 20 May 2015 18:10:42 GMT
< Content-Length: 232
<
{
  "kind": "Status",
  "apiVersion": "v1",
  "metadata": {},
  "status": "Failure",
  "message": "pods \"grafana\" not found",
  "reason": "NotFound",
  "details": {
    "name": "grafana",
    "kind": "pods"
  },
  "code": 404
}
```

"status" 欄位包含兩個可能的值：Success 和 Failure。

"message" 欄位包含對錯誤的詳細描述。

"reason" 欄位包含說明該操作失敗原因的編碼描述。如果該欄位的值為空，則表示該欄位內沒有任何說明資訊。"reason" 欄位顯示 HTTP 狀態碼原因，但不會涵蓋其狀態碼。

"details" 可能包含和 "reason" 欄位相關的擴展資料。每個 "reason" 欄位可以定義它擴展的 "details" 欄位。此欄位是可選的,回傳資料的格式是不確定的,不同的 reason 類型回傳的 "details" 欄位內容是不一樣的。

3.3 使用 Java 程式存取 Kubernetes API

本節介紹如何使用 Java 程式存取 Kubernetes API。在 Kubernetes 的官網上列出了多個存取 Kubernetes API 的開源項目,其中有兩個是用 Java 語言開發工具的開源專案,一個為 OSGI,另一個為 Fabric8。在本節所列的兩個 Java 開發範例中,一個是基於 Jersey 的,另一個是基於 Fabric8 的。

3.3.1 Jersey

Jersey 是一個 RESTful 請求服務 JAVA 框架。與 Struts 類似,它可以和 Hibernate、Spring 框架整合。透過它不僅可方便開發 RESTful Web Service,而且可以將它當成用戶端更簡便地連線 RESTful Web Service 服務端。

如果沒有一個好的工具包,要開發一個能夠以不同的媒體(Media)類型無縫地連接您的資料,以及完美地封裝抽象化客戶 / 服務端通訊之底層連線的 RESTful Web Services,會是件困難的事。為了能夠簡化 Java 開發 RESTful Web Services 及其它們用戶端的流程,業界設計了 JAX-RS API。Jersey RESTful Web Services 框架是一個開源的高品質框架,它提供以 JAVA 語言開發 RESTful Web Services 及其用戶端,支援 JAX-RS APIs。Jersey 不僅支援 JAX-RS APIs,而且在此基礎上擴展了 API 介面,這些擴展更加便利且簡化了 RESTful Web Services 和其用戶端的開發。

由於 Kuberetes API Server 是 RESTful Web Services。因此此處選用 Jersey 框架開發 RESTful Web Services 用戶端,用來存取 Kubernetes API。在本範例中選用的 Jersey 框架版本為 1.19,所涉及的 Jar 包如圖 3.6 所示。

commons-codec-1.2.jar	2015/9/13 11:10	Executable Jar File	30 KB
commons-httpclient-3.1.jar	2015/9/13 11:09	Executable Jar File	298 KB
commons-logging-1.0.4.jar	2015/9/13 11:10	Executable Jar File	38 KB
jackson-core-asl-1.9.2.jar	2015/2/11 5:41	Executable Jar File	223 KB
jackson-jaxrs-1.9.2.jar	2015/2/11 5:41	Executable Jar File	18 KB
jackson-mapper-asl-1.9.2.jar	2015/2/11 5:41	Executable Jar File	748 KB
jackson-xc-1.9.2.jar	2015/2/11 5:41	Executable Jar File	27 KB
jersey-apache-client-1.19.jar	2015/2/11 5:41	Executable Jar File	22 KB
jersey-atom-abdera-1.19.jar	2015/2/11 5:41	Executable Jar File	20 KB
jersey-client-1.19.jar	2015/2/11 5:41	Executable Jar File	131 KB
jersey-core-1.19.jar	2015/2/11 5:41	Executable Jar File	427 KB
jersey-guice-1.19.jar	2015/2/11 5:41	Executable Jar File	16 KB
jersey-json-1.19.jar	2015/2/11 5:41	Executable Jar File	162 KB
jersey-multipart-1.19.jar	2015/2/11 5:41	Executable Jar File	53 KB
jersey-server-1.19.jar	2015/2/11 5:41	Executable Jar File	687 KB
jersey-servlet-1.19.jar	2015/2/11 5:41	Executable Jar File	126 KB
jersey-simple-server-1.19.jar	2015/2/11 5:41	Executable Jar File	12 KB
jersey-spring-1.19.jar	2015/2/11 5:41	Executable Jar File	18 KB
jettison-1.1.jar	2015/2/11 5:41	Executable Jar File	67 KB
jsr311-api-1.1.1.jar	2015/2/11 5:41	Executable Jar File	46 KB
oauth-client-1.19.jar	2015/2/11 5:41	Executable Jar File	15 KB
oauth-server-1.19.jar	2015/2/11 5:41	Executable Jar File	30 KB
oauth-signature-1.19.jar	2015/2/11 5:41	Executable Jar File	24 KB

圖 3.6 本範例所涉及的 Jar 函式庫

對 Kubernetes API 的連線包含如下三個方面：

(1) 指定存取資源的類型；

(2) 連線時的一些選項（參數），比如命名空間、物件的名稱、過濾方式（標籤和欄位）、子目錄、存取的目標是否是 proxy 代理和是否用 watch 方式存取等；

(3) 連線的方法，比如增刪改查（CRUD）。

在使用 Jersey 框架存取 Kubernetes API 之前，為這三個面向定義了三個物件。第一個定義的物件為 ResourceType，它定義了存取資源的類型；第二個定義的物件是 Params，它定義了連線 API 時的一些選項，以及透過這些選項如何產生完整的 URI；第三個物件是 RestfulClient，它是一個介面，該介面定義了存取 API 的方法（Method）。

ResourceType 是一個 enum 列舉類型的物件，定義了 16 種資源，程式如下：

```
package com.hp.k8s.apiclient.imp;

public enum ResourceType {
  NODES("nodes"),
  NAMESPACES("namespaces"),
```

```
SERVICES("services"),
REPLICATIONCONTROLLERS("replicationcontrollers"),
PODS("pods"),
BINDINGS("bindings"),
ENDPOINTS("endpoints"),
SERVICEACCOUNTS("serviceaccounts"),
SECRETS("secrets"),
EVENTS("events"),
COMPOMENTSTATUSES("componentstatuses"),
LIMITRANGES("limitranges"),
RESOURCEQUOTAS("resourcequotas"),
PODTEMPLATES("podtemplates"),
PERSISTENTVOLUMECLAIMS("persistentvolumeclaims");
PERSISTENTVOLUMES("persistentvolumes");
private String type;

private ResourceType(String type) {
  this.type = type;
}

public String getType() {
  return type;
}
}
```

Params 物件的程式如下：

```
package com.hp.k8s.apiclient.imp;

import java.io.UnsupportedEncodingException;
import java.net.URLEncoder;
import java.util.List;
import java.util.Map;

import org.apache.logging.log4j.LogManager;
import org.apache.logging.log4j.Logger;

public class Params {
  private static final Logger LOG = LogManager.getLogger(Params.class.getName());
  private String namespace = null;
  private String name = null;
  private Map<String, String> fields = null;
  private Map<String, String> labels = null;
  private Map<String, String> notLabels = null;
  private Map<String, List<String>> inLabels = null;
  private Map<String, List<String>> notInLabels = null;
```

```java
private String json = null;
private ResourceType resourceType = null;
private String subPath = null;
private boolean isVisitProxy = false;
private boolean isSetWatcher = false;

public String buildPath() {
  StringBuilder result = (isVisitProxy ? new StringBuilder("/proxy")
      : (isSetWatcher ? new StringBuilder("/watch") : new StringBuilder("")));
  if (null != namespace)
    result.append("/namespaces/").append(namespace);

  result.append("/").append(resourceType.getType());
  if (null != name)
    result.append("/").append(name);
  if(null!=subPath)
    result.append("/").append(subPath);

  if (null != labels && !labels.isEmpty() || null != notLabels && !notLabels.
isEmpty()
      || null != inLabels && inLabels.size() > 0 || null != notInLabels &&
notInLabels.size() > 0
      || null != fields && fields.size() > 0) {
    StringBuilder labelSelectorStr = null;
    StringBuilder fieldSelectorStr = null;
    try {
      labelSelectorStr = builderLabelSelector();
      fieldSelectorStr = builderFiledSelector();
    } catch (UnsupportedEncodingException e1) {
      LOG.error(e1);
    }

    if (labelSelectorStr.length() + fieldSelectorStr.length() > 0)
      result.append("?");
    if (labelSelectorStr.length() > 0) {
      result.append("labelSelector=").append(labelSelectorStr. toString());

      if (fieldSelectorStr.length() > 0) {
        result.append(",");
      }
    }
    if (fieldSelectorStr.length() > 0) {
      result.append("fieldSelector=").append(fieldSelectorStr. toString());
    }
  }
```

```java
            return result.toString();
    }


    private StringBuilder builderLabelSelector() throws UnsupportedEncoding
Exception {
        StringBuilder result = new StringBuilder();
        if (null != labels) {
            for (String key : labels.keySet()) {
                if (result.length() > 0) {
                    result.append(",");
                }

                result.append(URLEncoder.encode(key + "=" + labels.get(key), "GBK"));
            }
        }


        if (null != notLabels) {
            for (String key : labels.keySet()) {
                if (result.length() > 0) {
                    result.append(",");
                }

                result.append(URLEncoder.encode(key + "!=" + labels.get(key), "GBK"));
            }
        }


        if (null != inLabels) {
            for (String key : inLabels.keySet()) {
                if (result.length() > 0) {
                    result.append(URLEncoder.encode(",", "GBK"));
                }
                result.append(URLEncoder.encode(key + " in (" + listToString (inLabels.
get(key), ",") + ")", "GBK"));
            }
        }


        if (null != notInLabels) {
            for (String key : inLabels.keySet()) {
                if (result.length() > 0) {
                    result.append(URLEncoder.encode(",", "GBK"));
                }
                result.append(URLEncoder.encode(key + " notin (" + listToString
(inLabels.get(key), ",") + ")", "GBK"));
            }
        }
```

```java
        LOG.info("label result:" + result);
        return result;
    }

    private StringBuilder builderFiledSelector() throws UnsupportedEncoding
Exception {
        StringBuilder result = new StringBuilder();
        if (null != fields) {
            for (String key : fields.keySet()) {
                if (result.length() > 0) {
                    result.append(",");
                }

                result.append(URLEncoder.encode(key + "=" + fields.get(key), "GBK"));
            }
        }

        return result;
    }

    private String listToString(List<String> list, String delim) {
        boolean isFirst = true;
        StringBuilder result = new StringBuilder();
        for (String str : list) {
            if (isFirst) {
                result.append(str);
                isFirst = false;
            } else {
                result.append(delim).append(str);
            }
        }

        return result.toString();
    }

    public String getNamespace() {
        return namespace;
    }

    public void setNamespace(String namespace) {
        this.namespace = namespace;
    }

    public String getName() {
        return name;
    }
```

```java
public void setName(String name) {
  this.name = name;
}

public Map<String, String> getFields() {
  return fields;
}

public void setFields(Map<String, String> fields) {
  this.fields = fields;
}

public Map<String, String> getLabels() {
  return labels;
}

public void setLabels(Map<String, String> labels) {
  this.labels = labels;
}

public String getJson() {
  return json;
}

public void setJson(String json) {
  this.json = json;
}

public ResourceType getResourceType() {
  return resourceType;
}

public void setResourceType(ResourceType resourceType) {
  this.resourceType = resourceType;
}

public String getSubPath() {
  return subPath;
}

public void setSubPath(String subPath) {
  this.subPath = subPath;
}

public boolean isVisitProxy() {
  return isVisitProxy;
}
```

```java
public void setVisitProxy(boolean isVisitProxy) {
  this.isVisitProxy = isVisitProxy;
}

public boolean isSetWatcher() {
  return isSetWatcher;
}

public void setSetWatcher(boolean isSetWatcher) {
  this.isSetWatcher = isSetWatcher;
}

public Map<String, String> getNotLabels() {
  return notLabels;
}

public void setNotLabels(Map<String, String> notLabels) {
  this.notLabels = notLabels;
}

public Map<String, List<String>> getInLabels() {
  return inLabels;
}

public void setInLabels(Map<String, List<String>> inLabels) {
  this.inLabels = inLabels;
}

public Map<String, List<String>> getNotInLabels() {
  return notInLabels;
}

public void setNotInLabels(Map<String, List<String>> notInLabels) {
  this.notInLabels = notInLabels;
}
}
```

Params 物件包含的屬性說明如表 3.2 所示。

表 3.2 Params 物件包含的屬性清單

屬性	說明
namespace	String 類型屬性，説明資源所在的命名空間，如果沒有指定此屬性，則表示存取所有命名空間下的資源物件
name	String 類型屬性，在存取單一資源物件時使用，如果沒有指定此屬性，則表示存取該類型資源列表
fields	Map<String, String> 類型屬性，透過資源物件的欄位值過濾存取結果
labels	Map<String, String> 類型屬性，透過指定的標籤選擇器清單來選擇資源物件。選擇出的資源物件包含標籤清單中所列的標籤（即 Map 的 key），且所選資源的標籤 value 和標籤列表中的 value 值（即 Map 的 value）是一樣
notLabels	Map<String, String> 類型屬性，透過指定的標籤選擇器清單來選擇資源物件。選擇出的資源物件包含標籤清單中所列的標籤（即 Map 的 key），且所選資源的標籤的 value 和標籤列表中的 value 值（即 Map 的 value）為不相等
inLabels	Map<String, List<String>> 類型屬性，透過指定的標籤選擇器清單來選擇資源物件。Map 物件的 key 值為標籤名稱，Map 物件的 value 值為此標籤可能包含的值
notInLabels	Map<String, List<String>> 類型屬性，透過指定的標籤選擇器清單來選擇資源物件。Map 物件的 key 值為標籤名稱，Map 物件的 value 值為清單，表示資源物件包含和 key 值同名的標籤，且這些標籤的值不包含在此列表中
json	String 類型屬性，在建立或修改資源物件時使用，用於向 API Server 提供資源物件的定義
resourceType	ResourceType 類型屬性，用於指定存取資源物件的類型
subPath	String 類型屬性，用於指定存取資源的子目錄
isVisitProxy	Boolean 類型屬性，用於表示是否透過 proxy 的方式存取資源物件
isSetWatcher	Boolean 類型屬性，表示是否透過 watcher 方式存取資源物件

Params 的 buildPath 方法用於構建存取 URL 的完整路徑。

介面物件 RestfulClient 定義了連線 API 介面的所有方法（Method），其程式列表如下：

```
package com.hp.k8s.apiclient;

import com.hp.k8s.apiclient.imp.Params;

public interface RestfulClient {
  public String get(Params params);                              //獲得單個資源物件
  public String list(Params params);                             //獲得資源物件清單
  public String create(Params params);                           //創建資源物件
  public String delete(Params params);                           //刪除某個資源物件
  public String update(Params params);                           //部分更新某個資源物件
  public String updateWithMediaType(Params params,String mediaType);
                                                                  //透過mediaType，實現Merge
  public String replace(Params params);                          //替換某個資源物件
  public String options(Params params);
  public String head(Params params);
}
}
```

其中 get 和 list 方法對應 Kubernetes API 的 GET 方法；create 方法對應 API 中的 POST 方法；delete 方法對應 API 中的 DELETE 方法；update 方法對應 API 中的 PATCH 方法；replace 方法對應 API 中的 PUT 方法；options 方法對應 API 中的 OPTIONS 方法；head 方法對應 API 中的 HEAD 方法。

該介面基於 Jersey 框架所實現的類別如下所示：

```
package com.hp.k8s.apiclient.imp;

import javax.ws.rs.core.MediaType;

import org.apache.logging.log4j.LogManager;
import org.apache.logging.log4j.Logger;

import com.hp.k8s.apiclient.RestfulClient;
import com.sun.jersey.api.client.Client;
import com.sun.jersey.api.client.WebResource;
import com.sun.jersey.api.client.config.DefaultClientConfig;
import com.sun.jersey.client.urlconnection.URLConnectionClientHandler;

public class JerseyRestfulClient implements RestfulClient {
  private static final Logger LOG = LogManager.getLogger(RestfulClient. class.
getName());
```

```java
  private static final String METHOD_PATCH = "PATCH";

  private String _baseUrl = null;
  Client _client = null;

  public JerseyRestfulClient(String baseUrl) {
    DefaultClientConfig config = new DefaultClientConfig();
    config.getProperties().put(URLConnectionClientHandler.PROPERTY_HTTP_URL_
CONNECTION_SET_METHOD_WORKAROUND, true);
    _client = Client.create(config);

    this._baseUrl = baseUrl;
  }

  @Override
  public String get(Params params) {
    WebResource resource = _client.resource(_baseUrl + params.buildPath());
    String response = resource.accept(MediaType.APPLICATION_JSON_TYPE).
get(String.class);
    LOG.info("Get one resource:\n" + response);

    return response;
  }

  @Override
  public String list(Params params) {
    WebResource resource = _client.resource(_baseUrl + params.buildPath());
    LOG.info("URL:" + _baseUrl + params.buildPath());
    String response = resource.accept(MediaType.APPLICATION_JSON_TYPE).
get(String.class);

    return response;
  }

  @Override
  public String create(Params params) {
    WebResource resource = _client.resource(_baseUrl + params.buildPath());
    LOG.info("URL:" + _baseUrl + params.buildPath());
    LOG.info("Create resource:" + params.getJson());
    String response = (null == params.getJson())
        ? resource.accept(MediaType.APPLICATION_JSON).post(String.class)
        : resource.type(MediaType.APPLICATION_JSON).accept(MediaType.
APPLICATION_JSON).post(String.class, params.getJson());

    return response;
  }
```

```java
  @Override
  public String delete(Params params) {
    WebResource resource = _client.resource(_baseUrl + params.buildPath());
    String response = resource.accept(MediaType.APPLICATION_JSON_TYPE).
delete(String.class);
    LOG.info("Detelet resource " + params.getResourceType().getType() + "/" +
params.getName() + " result:\n" + response);

    return response;
  }


  @Override
  public String update(Params params) {
    return updateWithMediaType(params, MediaType.APPLICATION_JSON);
  }


  @Override
  public String updateWithMediaType(Params params, String mediaType) {
    WebResource resource = _client.resource(_baseUrl + params.buildPath());
    LOG.info("URL:" + _baseUrl + params.buildPath());
    LOG.info("Patch resource:" + params.getJson());
    String response = resource.type(mediaType).accept(MediaType.APPLICATION_
JSON_TYPE).method(METHOD_PATCH, String.class, params.getJson());
    LOG.info("Update resource " + params.buildPath() + " result:\n" + response);

    return response;
  }


  @Override
  public String replace(Params params) {
    WebResource resource = _client.resource(_baseUrl + params.buildPath());
    LOG.info("URL:" + _baseUrl + params.buildPath());
    LOG.info("Replace resource:" + params.getJson());
    String response = resource.type(MediaType.APPLICATION_JSON_TYPE).accept
(MediaType.APPLICATION_JSON_TYPE).put(String.class, params.getJson());
    LOG.info("Replace resource " + params.buildPath() + " result:\n" + response);

    return response;
  }


  @Override
  public String options(Params params) {
    WebResource resource = _client.resource(_baseUrl + params.buildPath());
    String response = resource.type(MediaType.APPLICATION_JSON_TYPE).accept
(MediaType.TEXT_PLAIN_TYPE).options(String.class);
```

```
    LOG.info("Get options for resource " + params.getResourceType(). getType() +
"/" + params.getName() + " result:\n" + response);

    return response;
  }

  @Override
  public String head(Params params) {
    WebResource resource = _client.resource(_baseUrl + params.buildPath());
    String response = resource.accept(MediaType.TEXT_PLAIN_TYPE).head().
getResponseStatus().toString();
    LOG.info("Get head for resource " + params.getResourceType().getType() + "/"
+ params.getName() + " result:\n" + response);

      return response;
  }

  @Override
  public void close() {
    _client.destroy();
  }

}
```

該物件中包含如下程式：

```
config.getProperties().put(URLConnectionClientHandler.PROPERTY_HTTP_URL_
CONNECTION_SET_METHOD_WORKAROUND, true);
```

這段程式的作用是使 Jersey 用戶端能夠支援除了標準 REST 方法以外的方法，比如 PATCH 方法。這段程式能存取除了 watcher 以外的所有 Kubernetes API 介面，在後續的章節中我們將會舉例說明如何連線 Kubernetes API。

3.3.2 Fabric8

Fabric8 包含多款工具套件，Kubernetes Client 只是其中之一，也是 Kubernetes 官網中提到的 Java Client API 之一。本例子程式涉及的 Jar 檔如圖 3.7 所示。

dnsjava-2.1.7.jar	2015/8/31 14:23	Executable Jar File	301 KB
fabric8-utils-2.2.22.jar	2015/8/31 14:23	Executable Jar File	134 KB
jackson-annotations-2.6.0.jar	2015/8/31 16:27	Executable Jar File	46 KB
jackson-core-2.6.1.jar	2015/8/31 16:28	Executable Jar File	253 KB
jackson-databind-2.6.1.jar	2015/8/31 15:56	Executable Jar File	1,140 KB
jackson-dataformat-yaml-2.6.1.jar	2015/8/31 15:56	Executable Jar File	313 KB
jackson-module-jaxb-annotations-2.6.0.jar	2015/8/31 16:24	Executable Jar File	32 KB
json-20141113.jar	2015/8/31 14:23	Executable Jar File	64 KB
kubernetes-api-2.2.22.jar	2015/8/31 14:22	Executable Jar File	72 KB
kubernetes-client-1.3.8.jar	2015/8/31 15:37	Executable Jar File	2,262 KB
kubernetes-model-1.0.12.jar	2015/8/31 15:56	Executable Jar File	2,308 KB
log4j-api-2.3.jar	2015/8/31 16:18	Executable Jar File	133 KB
log4j-core-2.3.jar	2015/8/31 15:56	Executable Jar File	808 KB
log4j-slf4j-impl-2.3.jar	2015/8/31 15:56	Executable Jar File	23 KB
oauth-20100527.jar	2015/8/31 15:56	Executable Jar File	44 KB
openshift-client-1.3.2.jar	2015/8/31 14:23	Executable Jar File	24 KB
slf4j-api-1.7.12.jar	2015/8/31 15:56	Executable Jar File	32 KB
sundr-annotations-0.0.25.jar	2015/8/31 15:56	Executable Jar File	146 KB
validation-api-1.1.0.Final.jar	2015/8/31 14:23	Executable Jar File	63 KB

圖 3.7 範例程式涉及的 Jar 函式庫

因為這工具包已經對存取 Kubernetes API 用戶端做了適當的封裝，因此其存取程式碼比較簡單，其具體的連線過程會在後續的章節舉例說明。

Fabric 8 的 Kubernetes API 用戶端工具包只能存取 Node、Service、Pod、Endpoints、Events、Namespace、PersistenetVolumeclaims、PersistenetVolume、ReplicationController、ResourceQuota、Secret 和 ServiceAccount 這幾種資源類型，不能使用 OPTIONS 和 HEAD 方法存取資源，且不能以代理方式存取資源，但其對 watcher 方式存取資源具完整的支援。

3.3.3 使用說明

首先，舉例說明對 API 資源的基本存取，也就是對資源的增刪改查（CRUD），以及替換資源的 status。其中會單獨對 Node 和 Pod 的特殊介面來舉例說明。表 3.3 列出了各資源物件的基本 API 介面。

表 3.3 各資源物件的基本 API 介面

資源類型	方法	URL Path	說明	備注
NODES	GET	/api/v1/nodes	取得 Node 列表	
	POST	/api/v1/nodes	建立一個 Node 物件	
	DELETE	/api/v1/nodes/{name}	刪除一個 Node 物件	

資源類型	方法	URL Path	說明	備注
	GET	/api/v1/nodes/{name}	讀取一個 Node 物件	
	PATCH	/api/v1/nodes/{name}	部分更新一個 Node 物件	
	PUT	/api/v1/nodes/{name}	替換一個 Node 物件	
NAMESPACES	GET	/api/v1/namespaces	取得 Namespace 列表	
	POST	/api/v1/namespaces	建立一個 Namespace 物件	
	DELETE	/api/v1/namespaces/{name}	刪除一個 Namespace 物件	
	GET	/api/v1/namespaces/{name}	讀取一個 Namespace 物件	
	PATCH	/api/v1/namespaces/{name}	部分更新一個 Namespace 物件	
	PUT	/api/v1/namespaces/{name}	替換一個 Namespace 物件	
	PUT	/api/v1/namespaces/{name}/finalize	替換一個 Namespace 物件的最終方案物件	在 Fabric8 中沒有實作
	PUT	/api/v1/namespaces/{name}/status	替換一個 Namespace 物件的狀態	在 Fabric8 中沒有實作
SERVICES	GET	/api/v1/services	取得 Service 列表	
	POST	/api/v1/services	建立一個 Service 物件	
	GET	/api/v1/namespaces/{namespace}/services	取得某個 Namespace 下的 Service 列表	
	POST	/api/v1/namespaces/{namespace}/services	在某個 Namespace 下建立列表	
	DELETE	/api/v1/namespaces/{namespace}/services/{name}	刪除某個 Namespace 的一個 Service 物件	
	GET	/api/v1/namespaces/{namespace}/services/{name}	讀取某個 Namespace 下的一個 Service 物件	
	PATCH	/api/v1/namespaces/{namespace}/services/{name}	部分更新某個 Namespace 下的一個 Service 物件	
	PUT	/api/v1/namespaces/{namespace}/services/{name}	替換某個 Namespace 下的一個 Service 物件	
REPLICATIONCONTROLLERS	GET	/api/v1/replicationcontrollers	取得 RC 列表	
	POST	/api/v1/replicationcontrollers	建立一個 RC 物件	
	GET	/api/v1/namespaces/{namespace}/replicationcontrollers	讀取某個 Namespace 下的 RC 列表	
	POST	/api/v1/namespaces/{namespace}/replicationcontrollers	在某個 Namespace 下建立一個 RC 物件	

資源類型	方法	URL Path	說明	備註
	DELETE	/api/v1/namespaces/{namespace}/ replicationcontrollers/{name}	刪除某個 Namespace 下的 RC 物件	
	GET	/api/v1/namespaces/{namespace}/ replicationcontrollers/{name}	讀取某個 Namespace 下的 RC 物件	
	PATCH	/api/v1/namespaces/{namespace}/ replicationcontrollers/{name}	部分更新某個 Namespace 下的 RC 物件	
	PUT	/api/v1/namespaces/{namespace}/ replicationcontrollers/{name}	替換某個 Namespace 下的 RC 物件	
	GET	/api/v1/pods	取得一個 Pod 列表	
	POST	/api/v1/pods	建立一個 Pod 物件	
	GET	/api/v1/namespaces/{namespace}/ pods	取得某個 Namespace 下的 Pod 列表	
	POST	/api/v1/namespaces/{namespace}/ pods	在某個 Namespace 下建立一個 Pod 物件	
	DELETE	/api/v1/namespaces/{namespace}/ pods/{name}	刪除某個 Namespace 下的一個 Pod 物件	
	GET	/api/v1/namespaces/{namespace}/ pods/{name}	讀取某個 Namespace 下的一個 Pod 物件	
	PATCH	/api/v1/namespaces/{namespace}/ pods/{name}	部分更新某個 Namespace 下的一個 Pod 物件	
PODS	PUT	/api/v1/namespaces/{namespace}/ pods/{name}	替換某個 Namespace 下的一個 Pod 物件	
	PUT	/api/v1/namespaces/{namespace}/ pods/{name}/status	替換某個 Namespace 下的一個 Pod 物件狀態	在 Fabric8 中沒有實作
	POST	/api/v1/namespaces/{namespace}/ pods/{name}/binding	建立某個 Namespace 下的一個 Pod 物件的 Binding	在 Fabric8 中沒有實作
	GET	/api/v1/namespaces/{namespace}/ pods/{name}/exec	連接到某個 Namespace 下的一個 Pod 物件,並執行 exec	在 Fabric8 中沒有實作
	POST	/api/v1/namespaces/{namespace}/ pods/{name}/exec	連接到某個 Namespace 下的一個 Pod 物件,並執行 exec	在 Fabric8 中沒有實作
	GET	/api/v1/namespaces/{namespace}/ pods/{name}/log	連接到某個 Namespace 下的一個 Pod 物件,並取得 log 日誌資訊	在 Fabric8 中沒有實作
	GET	/api/v1/namespaces/{namespace}/ pods/{name}/portforward	連接到某個 Namespace 下的一個 Pod 物件,並實現連接埠轉發	在 Fabric8 中沒有實作
	POST	/api/v1/namespaces/{namespace}/ pods/{name}/portforward	連接到某個 Namespace 下的一個 Pod 物件,並實現連接埠轉發	在 Fabric8 中沒有實作

資源類型	方法	URL Path	說明	備註
BINDINGS	POST	/api/v1/bindings	建立一個 Binding 物件	
	POST	/api/v1/namespaces/{namespace}/bindings	在某個 Namespace 下建立一個 Binding 物件	
ENDPOINTS	GET	/api/v1/endpoints	取得 Endpoint 列表	
	POST	/api/v1/endpoints	建立一個 Endpoint 物件	
	GET	/api/v1/namespaces/{namespace}/endpoints	讀取某個 Namespace 下的 Endpoint 對象清單	
	POST	/api/v1/namespaces/{namespace}/endpoints	在某個 Namespace 下建立一個 Endpoint 物件	
	DELETE	/api/v1/namespaces/{namespace}/endpoints/{name}	刪除某個 Namespace 下的 Endpoint 物件	
	GET	/api/v1/namespaces/{namespace}/endpoints/{name}	讀取某個 Namespace 下的 Endpoint 物件	
	PATCH	/api/v1/namespaces/{namespace}/endpoints/{name}	部分更新某個 Namespace 下的 Endpoint 物件	
	PUT	/api/v1/namespaces/{namespace}/endpoints/{name}	替換某個 Namespace 下的 Endpoint 物件	
SERVICEACCOUNTS	GET	/api/v1/serviceaccounts	取得 Serviceaccount 列表	
	POST	/api/v1/serviceaccounts	建立一個 Serviceaccount 物件	
	GET	/api/v1/namespaces/{namespace}/serviceaccounts	讀取某個 Namespace 下的 Serviceaccount 物件清單	
	POST	/api/v1/namespaces/{namespace}/serviceaccounts	在某個 Namespace 下建立一個 Serviceaccount 物件	
	DELETE	/api/v1/namespaces/{namespace}/serviceaccounts/{name}	刪除某個 Namespace 下的一個 Serviceaccount 物件	
	GET	/api/v1/namespaces/{namespace}/serviceaccounts/{name}	讀取某個 Namespace 下的一個 Serviceaccount 物件	
	PATCH	/api/v1/namespaces/{namespace}/serviceaccounts/{name}	部分更新某個 Namespace 下的一個 Serviceaccount 物件	
	PUT	/api/v1/namespaces/{namespace}/serviceaccounts/{name}	替換某個 Namespace 下的一個 Serviceaccount 物件	
SECRETS	GET	/api/v1/secrets	取得 Secret 列表	
	POST	/api/v1/secrets	建立一個 Secret 物件	
	GET	/api/v1/namespaces/{namespace}/secrets	讀取某個 Namespace 下的 Secret 列表	

資源類型	方法	URL Path	說明	備註
	POST	/api/v1/namespaces/{namespace}/secrets	在某個 Namespace 下建立一個 Secret 物件	
	DELETE	/api/v1/namespaces/{namespace}/secrets/{name}	刪除某個 Namespace 下的一個 Secret 物件	
	GET	/api/v1/namespaces/{namespace}/secrets/{name}	讀取某個 Namespace 下的一個 Secret 物件	
	PATCH	/api/v1/namespaces/{namespace}/secrets/{name}	部分更新某個 Namespace 下的一個 Secret 物件	
	PUT	/api/v1/namespaces/{namespace}/secrets/{name}	替換某個 Namespace 下的一個 Secret 物件	
EVENTS	GET	/api/v1/events	取得 Event 列表	
	POST	/api/v1/events	建立一個 Event 物件	
	GET	/api/v1/namespaces/{namespace}/events	讀取某個 Namespace 下的 Event 列表	
	POST	/api/v1/namespaces/{namespace}/events	在某個 Namespace 下建立一個 Event 物件	
	DELETE	/api/v1/namespaces/{namespace}/events/{name}	刪除某個 Namespace 下的一個 Event 物件	
	GET	/api/v1/namespaces/{namespace}/events/{name}	讀取某個 Namespace 下的一個 Event 物件	
	PATCH	/api/v1/namespaces/{namespace}/events/{name}	部分更新某個 Namespace 下的一個 Event 物件	
	PUT	/api/v1/namespaces/{namespace}/events/{name}	替換某個 Namespace 下的一個 Event 物件	
COMPONENTSTATUSES	GET	/api/v1/componentstatuses	取得 ComponentStatus 列表	
	GET	/api/v1/namespaces/{namespace}/componentstatuses	讀取某個 Namespace 下的 Component Status 列表	
	GET	/api/v1/namespaces/{namespace}/componentstatuses/{name}	讀取某個 Namespace 下的一個 ComponentStatus 物件	
LIMITRANGES	GET	/api/v1/limitranges	取得 LimitRange 列表	
	POST	/api/v1/limitranges	建立一個 LimitRange 物件	
	GET	/api/v1/namespaces/{namespace}/limitranges	讀取某個 Namespace 下的 LimitRange 列表	
	POST	/api/v1/namespaces/{namespace}/limitranges	在某個 Namespace 下建立一個 LimitRange 物件	

資源類型	方法	URL Path	說明	備註
	DELETE	/api/v1/namespaces/{namespace}/limitranges/{name}	刪除某個 Namespace 下的一個 LimitRange 物件	
	GET	/api/v1/namespaces/{namespace}/limitranges/{name}	讀取某個 Namespace 下的一個 LimitRange 物件	
	PATCH	/api/v1/namespaces/{namespace}/limitranges/{name}	部分更新某個 Namespace 下的一個 LimitRange 物件	
	PUT	/api/v1/namespaces/{namespace}/limitranges/{name}	替換某個 Namespace 下的一個 LimitRange 物件	
RESOURCEQUOTAS	GET	/api/v1/resourcequotas	取得 ResourceQuota 列表	
	POST	/api/v1/resourcequotas	建立一個 ResourceQuota 物件	
	GET	/api/v1/namespaces/{namespace}/resourcequotas	讀取某個 Namespace 下的 Resource Quota 列表	
	POST	/api/v1/namespaces/{namespace}/resourcequotas	在某個 Namespace 下建立一個 Resource Quota 物件	
	DELETE	/api/v1/namespaces/{namespace}/resourcequotas/{name}	刪除某個 Namespace 下的一個 Resource Quota 物件	
	GET	/api/v1/namespaces/{namespace}/resourcequotas/{name}	讀取某個 Namespace 下的一個 Resource Quota 物件	
	PATCH	/api/v1/namespaces/{namespace}/resourcequotas/{name}	部分更新某個 Namespace 下的一個 Resource Quota 物件	
	PUT	/api/v1/namespaces/{namespace}/resourcequotas/{name}	替換某個 Namespace 下的一個 Resource Quota 物件	
	PUT	/api/v1/namespaces/{namespace}/resourcequotas/{name}/status	替換某個 Namespace 下的一個 Resource Quota 物件狀態	在 Fabric8 中沒有實作
PODTEMPLATES	GET	/api/v1/podtemplates	取得 PodTemplate 列表	
	POST	/api/v1/podtemplates	建立一個 PodTemplate 物件	
	GET	/api/v1/namespaces/{namespace}/podtemplates	讀取某個 Namespace 下的 PodTemplate 列表	
	POST	/api/v1/namespaces/{namespace}/podtemplates	在某個 Namespace 下建立一個 PodTemplate 物件	
	DELETE	/api/v1/namespaces/{namespace}/podtemplates/{name}	刪除某個 Namespace 下的一個 PodTemplate 物件	
	GET	/api/v1/namespaces/{namespace}/podtemplates/{name}	讀取某個 Namespace 下的一個 PodTemplate 物件	
	PATCH	/api/v1/namespaces/{namespace}/podtemplates/{name}	部分更新某個 Namespace 下的一個 PodTemplate 物件	

資源類型	方法	URL Path	說明	備註
	PUT	/api/v1/namespaces/{namespace}/ podtemplates/{name}	替換某個 Namespace 下的一個 PodTemplate 物件	
PERSISTENTVOLUMES	GET	/api/v1/persistentvolumes	取得 PersistentVolume 列表	
	POST	/api/v1/persistentvolumes	建立一個 PersistentVolume 物件	
	DELETE	/api/v1/persistentvolumes/{name}	刪除一個 PersistentVolume 物件	
	GET	/api/v1/persistentvolumes/{name}	讀取一個 PersistentVolume 物件	
	PATCH	/api/v1/persistentvolumes/{name}	部分更新一個 PersistentVolume 物件	
	PUT	/api/v1/persistentvolumes/{name}	替換一個 PersistentVolume 物件	
	PUT	/api/v1/persistentvolumes/{name}/ status	替換一個 PersistentVolume 物件狀態	在 Fabric8 中沒有實作
PERSISTENTVOLUMECLAIMS	GET	/api/v1/persistentvolumeclaims	取得 PersistentVolumeClaim 列表	
	POST	/api/v1/persistentvolumeclaims	建立一個 PersistentVolumeClaim 物件	
	GET	/api/v1/namespaces/{namespace}/ persistentvolumeclaims	讀取某個 Namespace 下的 Persistent VolumeClaim 列表	
	POST	/api/v1/namespaces/{namespace}/ persistentvolumeclaims	在某個 Namespace 下建立一個 Persistent VolumeClaim 物件	
	DELETE	/api/v1/namespaces/{namespace}/ persistentvolumeclaims/{name}	刪除某個 Namespace 下的一個 Persistent VolumeClaim 物件	
	GET	/api/v1/namespaces/{namespace}/ persistentvolumeclaims/{name}	讀取某個 Namespace 下的一個 Persistent VolumeClaim 物件	
	PATCH	/api/v1/namespaces/{namespace}/ persistentvolumeclaims/{name}	部分更新某個 Namespace 下的一個 Persistent VolumeClaim 物件	
	PUT	/api/v1/namespaces/{namespace}/ persistentvolumeclaims/{name}	替換某個 Namespace 下的一個 Persistent VolumeClaim 物件	
	PUT	/api/v1/namespaces/{namespace}/ persistentvolumeclaims/{name}/ status	替換某個 Namespace 下的一個 Persistent VolumeClaim 物件狀態	在 Fabric8 中沒有實作

首先，舉例說明如何透過 API 介面來建立資源物件。我們需要建立存取 API Server 的用戶端，基於 Jersey 框架的程式如下：

```
RestfulClient _restfulClient = new JerseyRestfulClient("http://192.168.1.128:
8080/api/v1");
```

其中，http://192.168.1.128:8080 為 API Server 的地址。基於 Fabric8 框架的程式如下：

```
Config _conf = new Config();
KubernetesClient _kube = new DefaultKubernetesClient("http://192.168.1.128:8080");
```

分別透過上面的兩個用戶端建立 Namespace 資源物件，基於 Jersey 框架的程式如下：

```
private void testCreateNamespace() {
  Params params = new Params();
  params.setResourceType(ResourceType.NAMESPACES);
  params.setJson(Utils.getJson("namespace.json"));

  LOG.info("Result:" + _restfulClient.create(params));
}
```

其中，"namespace.json" 為建立 Namespace 資源物件的 JSON 定義，程式如下：

```
{
  "kind":"Namespace",
  "apiVersion":"v1",
  "metadata":{
    "name": "ns-sample"
  }
}
```

基於 Fabric8 框架的程式如下：

```
private void testCreateNamespace() {
  Namespace ns = new Namespace();
  ns.setApiVersion(ApiVersion.V_1);
  ns.setKind("Namespace");
  ObjectMeta om = new ObjectMeta();
  om.setName("ns-fabric8");
  ns.setMetadata(om);

  _kube.namespaces().create(ns);

  LOG.info(_kube.namespaces().list().getItems().size());
}
```

由於 Fabric8 框架對 Kubernetes API 物件做了良好的封裝，其中大量的物件都有其定義，所以用戶可以透過所提供的資源物件去定義 Kubernetes API 物件，例如上面例子中的 Namespace 物件。Fabric8 框架中的 kubernetes-model 工具套件用於 API 物件的封裝。在上面的例子中，透過 Fabric8 框架提供的類別建立了一個名為 "ns-fabric8" 的命名空間物件。

接下來我們會透過基於 Jeysey 框架的程式去建立兩個 Pod 資源物件。在兩個範例中，一個是上面建立的 "ns-sample" Namespace 中新建 Pod 資源物件，另一個是為後續另建 "cluster service" 而建立的 Pod 資源物件。由於基於 Fabric8 框架建立 Pod 資源物件的方法很簡單，因此不再用 Fabric8 框架對上述兩個例子另做說明。透過基於 Jersey 框架建立這兩個 Pod 資源物件的程式如下：

```java
private void testCreatePod() {
  Params params = new Params();
  params.setResourceType(ResourceType.PODS);
  params.setJson(Utils.getJson("podInNs.json"));
  params.setNamespace("ns-sample");
  LOG.info("Result:" + _restfulClient.create(params));

  params.setJson(Utils.getJson("pod4ClusterService.json"));
  LOG.info("Result:" + _restfulClient.create(params));
}
```

其中，podInNs.json 和 pod4ClusterService.json 是建立兩個 Pod 資源物件的定義檔。podInNs.json 檔案內容如下：

```json
{
  "kind":"Pod",
  "apiVersion":"v1",
  "metadata":{
    "name":"pod-sample-in-namespace",
    "namespace": "ns-sample"
  },
  "spec":{
    "containers":[{
      "name":"mycontainer",
      "image":"kubeguide/redis-master"
    }]
  }
}
```

pod4ClusterService.json 檔案內容如下：

```json
{
"kind":"Pod",
"apiVersion":"v1",
"metadata":{
  "name":"pod-sample-4-cluster-service",
  "namespace": "ns-sample",
  "labels":{
    "k8s-cs": "kube-cluster-service",
    "k8s-test": "kube-cluster-test",
    "k8s-sample-app": "kube-service-sample",
    "kkk": "bbb"
  }
},
"spec":{
  "containers":[{
    "name":"mycontainer",
    "image":"kubeguide/redis-master"
  }]
}
}
```

下面的範例程式用於取得 Pod 資源清單，其中第 1 部分程式用於讀取所有的 Pod 資源物件，第 2、3 部分程式主要是舉例如何使用標籤選擇 Pod 資源物件，最後一部分程式用於說明如何使用 field 選擇 Pod 資源物件。程式如下：

```java
private void testGetPodList() {
  Params params = new Params();
  params.setResourceType(ResourceType.PODS);
  LOG.info("Result:" + _restfulClient.list(params));

  Map<String, String> labels = new HashMap<String, String>();
  labels.put("k8s-cs", "kube-cluster-service");
  labels.put("k8s-sample-app", "kube-service-sample");
  params.setLabels(labels);
  LOG.info("Result:" + _restfulClient.list(params));
  params.setLabels(null);

  Map<String, List<String>> inLabels = new HashMap<String, List<String>>();
  List list = new ArrayList<String>();
  list.add("kube-cluster-service");
  list.add("kube-cluster");
  inLabels.put("k8s-cs", list);
  params.setInLabels(inLabels);
```

```
    LOG.info("Result:" + _restfulClient.list(params));
    params.setInLabels(null);

    Map<String, String> fields = new HashMap<String, String>();
    fields.put("metadata.name", "pod-sample-4-cluster-service");
    params.setNamespace("ns-sample");
    params.setFields(fields);
    LOG.info("Result:" + _restfulClient.list(params));
}
```

接下來的範例程式用於替換一個 Pod 物件，在透過 Kubernetes API 替換一個 Pod 資源物件時需要注意兩點：

(1) 在替換該資源物件之前，先從 API 中取得該資源物件的 JSON 物件，然後在此 JSON 物件的基礎上修改需要替換的部分；

(2) 在 Kubernetes API 提供的介面中，PUT 方法（replace）只支援替換容器的 image 部分。

程式如下：

```
private void testReplacePod() {
    Params params = new Params();
    params.setNamespace("ns-sample");
    params.setName("pod-sample-in-namespace");
    params.setJson(Utils.getJson("pod4Replace.json"));
    params.setResourceType(ResourceType.PODS);

    LOG.info("Result:" + _restfulClient.replace(params));
}
```

其中，pod4Replace.json 的內容如下：

```
{
  "kind": "Pod",
  "apiVersion": "v1",
  "metadata": {
    "name": "pod-sample-in-namespace",
    "namespace": "ns-sample",
    "selfLink": "/api/v1/namespaces/ns-sample/pods/pod-sample-in-namespace",
    "uid": "084ff63e-59d3-11e5-8035-000c2921ba71",
    "resourceVersion": "45450",
    "creationTimestamp": "2015-09-13T04:51:01Z"
  },
```

```json
"spec": {
  "volumes": [
    {
      "name": "default-token-szoje",
      "secret": {
        "secretName": "default-token-szoje"
      }
    }
  ],
  "containers": [
    {
      "name": "mycontainer",
      "image": "centos",
      "resources": {},
      "volumeMounts": [
        {
          "name": "default-token-szoje",
          "readOnly": true,
          "mountPath": "/var/run/secrets/kubernetes.io/serviceaccount"
        }
      ],
      "terminationMessagePath": "/dev/termination-log",
      "imagePullPolicy": "IfNotPresent"
    }
  ],
  "restartPolicy": "Always",
  "dnsPolicy": "ClusterFirst",
  "serviceAccountName": "default",
  "serviceAccount": "default",
  "nodeName": "192.168.1.129"
},
"status": {
  "phase": "Running",
  "conditions": [
    {
      "type": "Ready",
      "status": "True"
    }
  ],
  "hostIP": "192.168.1.129",
  "podIP": "10.1.10.66",
  "startTime": "2015-09-11T15:17:28Z",
  "containerStatuses": [
    {
      "name": "mycontainer",
      "state": {
```

```
      "running": {
        "startedAt": "2015-09-11T15:17:30Z"
      }
    },
    "lastState": {},
    "ready": true,
    "restartCount": 0,
    "image": "kubeguide/redis-master",
    "imageID": "docker://5630952871a38cddffda9ec611f5978ab0933628fcd54cd7d767
7ce6b17de33f",
    "containerID": "docker://7bf0d454c367418348711556e667fd1ef6a04d7153d
24bfcac2e2e06da634a9f"
    }
  ]
  }
}
```

接下來的兩個例子實作了 3.2.4 節中提到的兩種 Merge 方式：Merge Patch 和 Strategic Merge Patch。

第一種 Merge 方式的示範如下：

```
private void testUpdatePod1() {
  Params params = new Params();
  params.setNamespace("ns-sample");
  params.setName("pod-sample-in-namespace");
  params.setJson(Utils.getJson("pod4MergeJsonPatch.json"));
  params.setResourceType(ResourceType.PODS);

  LOG.info("Result:" + _restfulClient.updateWithMediaType(params, "application/
merge-patch+json"));
  }
```

其中，pod4MergeJsonPatch.json 的內容如下：

```
{
  "metadata":{
    "labels":{
      "k8s-cs": "kube-cluster-service",
      "k8s-test": "kube-cluster-test",
      "k8s-sa5555mple-app": "kube-service-sample",
      "kkk": "bbb4444"
    }
  }
}
```

第二種 Merge 方式（Strategic Merge Patch）的示範如下：

```java
private void testUpdatePod2() {
  Params params = new Params();
  params.setNamespace("ns-sample");
  params.setName("pod-sample-in-namespace");
  params.setJson(Utils.getJson("pod4StrategicMerge.json"));
  params.setResourceType(ResourceType.PODS);

  LOG.info("Result:" + _restfulClient.updateWithMediaType(params, "application/
strategic-merge-patch+json"));
  }
```

其中，pod4StrategicMerge.json 的內容如下：

```json
{
  "spec":{
    "containers":[{
      "name":"mycontainer",
      "image":"centos",
      "patchStrategy":"merge",
      "patchMergeKey":"name"
    }]
  }
}
```

接下來實作修改 Pod 資源物件的狀態，程式如下：

```java
private void testStatusPod() {
  Params params = new Params();
  params.setNamespace("ns-sample");
  params.setName("pod-sample-in-namespace");
  params.setSubPath("/status");
  params.setJson(Utils.getJson("pod4Status.json"));
  params.setResourceType(ResourceType.PODS);

  _restfulClient.replace(params);
  }
```

其中，pod4Status.json 的內容如下：

```json
{
  "kind": "Pod",
  "apiVersion": "v1",
  "metadata": {
```

```
      "name": "pod-sample-in-namespace",
      "namespace": "ns-sample",
      "selfLink": "/api/v1/namespaces/ns-sample/pods/pod-sample-in-namespace",
      "uid": "ad1d803f-59ec-11e5-8035-000c2921ba71",
      "resourceVersion": "51640",
      "creationTimestamp": "2015-09-13T07:54:35Z"
  },
  "spec": {
    "volumes": [
      {
        "name": "default-token-szoje",
        "secret": {
          "secretName": "default-token-szoje"
        }
      }
    ],
    "containers": [
      {
        "name": "mycontainer",
        "image": "kubeguide/redis-master",
        "resources": {},
        "volumeMounts": [
          {
            "name": "default-token-szoje",
            "readOnly": true,
            "mountPath": "/var/run/secrets/kubernetes.io/serviceaccount"
          }
        ],
        "terminationMessagePath": "/dev/termination-log",
        "imagePullPolicy": "IfNotPresent"
      }
    ],
    "restartPolicy": "Always",
    "dnsPolicy": "ClusterFirst",
    "serviceAccountName": "default",
    "serviceAccount": "default",
    "nodeName": "192.168.1.129"
  },
  "status": {
    "phase": "Unknown",
    "conditions": [
      {
        "type": "Ready",
        "status": "false"
      }
    ],
```

```
    "hostIP": "192.168.1.129",
    "podIP": "10.1.10.79",
    "startTime": "2015-09-11T18:21:02Z",
    "containerStatuses": [
      {
        "name": "mycontainer",
        "state": {
          "running": {
            "startedAt": "2015-09-11T18:21:03Z"
          }
        },
        "lastState": {},
        "ready": true,
        "restartCount": 0,
        "image": "kubeguide/redis-master",
        "imageID": "docker://5630952871a38cddffda9ec611f5978ab0933628fcd54cd
7d7677ce6b17de33f",
        "containerID": "docker://b0e2312643e9a4b59cf1ff5fb7a8468c5777180d5a
8ea5f2f0c9dfddcf3f4cd2"
      }
    ]
  }
}
```

接下來執行查看 Pod 的 log 日誌功能，程式如下：

```java
private void testLogPod() {
  Params params = new Params();
  params.setNamespace("ns-sample");
  params.setName("pod-sample-in-namespace");
  params.setSubPath("/log");
  params.setResourceType(ResourceType.PODS);

  _restfulClient.get(params);
}
```

下面透過 API 存取 Node 的多種介面，程式如下：

```java
private void testPoxyNode() {
  Params params = new Params();
  params.setName("192.168.1.129");
  params.setSubPath("pods");
  params.setVisitProxy(true);
  params.setResourceType(ResourceType.NODES);
  _restfulClient.get(params);
```

```
   params = new Params();
   params.setName("192.168.1.129");
   params.setSubPath("stats");
   params.setVisitProxy(true);
   params.setResourceType(ResourceType.NODES);
   _restfulClient.get(params);

   params = new Params();
   params.setName("192.168.1.129");
   params.setSubPath("spec");
   params.setVisitProxy(true);
   params.setResourceType(ResourceType.NODES);
   _restfulClient.get(params);

   params = new Params();
   params.setName("192.168.1.129");
   params.setSubPath("run/ns-sample/pod/pod-sample-in-namespace");
   params.setVisitProxy(true);
   params.setResourceType(ResourceType.NODES);
   _restfulClient.get(params);

   params = new Params();
   params.setName("192.168.1.129");
   params.setSubPath("metrics");
   params.setVisitProxy(true);
   params.setResourceType(ResourceType.NODES);
   _restfulClient.get(params);
}
```

最後，舉例說明如何透過 API 刪除資源物件 pod，程式如下：

```
private void testDetetePod() {
   Params params = new Params();
   params.setNamespace("ns-sample");
   params.setName("pod-sample-in-namespace");
   params.setResourceType(ResourceType.PODS);
   LOG.info("Result:" + _restfulClient.delete(params));
}
```

透過 API 介面除了能夠對資源物件實作前面列出的基本操作外，還涉及兩類特殊介面，一類是 WATCH，一類是 PROXY。這兩類特殊介面所包含的介面方法如表 3.4 所示。

表 3.4 兩類特殊介面所包含的介面方法

資源類型	類別	方法	URL Path	說明
NODES	WATCH	GET	/api/v1/watch/nodes	監聽所有節點的變化
		GET	/api/v1/watch/nodes/{name}	監聽單個節點的變化
	PROXY	DELETE	/api/v1/proxy/nodes/{name}/{path:*}	proxy 代理 DELETE 請求到節點的某個子目錄
		GET	/api/v1/proxy/nodes/{name}/{path:*}	proxy 代理 GET 請求到節點的某個子目錄
		HEAD	/api/v1/proxy/nodes/{name}/{path:*}	proxy 代理 HEAD 請求到節點的某個子目錄
		OPTIONS	/api/v1/proxy/nodes/{name}/{path:*}	proxy 代理 OPTIONS 請求到節點的某個子目錄
		POST	/api/v1/proxy/nodes/{name}/{path:*}	proxy 代理 POST 請求到節點的某個子目錄
		PUT	/api/v1/proxy/nodes/{name}/{path:*}	proxy 代理 PUT 請求到節點的某個子目錄
		DELETE	/api/v1/proxy/nodes/{name}	proxy 代理 DELETE 請求到節點
		GET	/api/v1/proxy/nodes/{name}	proxy 代理 GET 請求到節點
		HEAD	/api/v1/proxy/nodes/{name}	proxy 代理 HEAD 請求到節點
		OPTIONS	/api/v1/proxy/nodes/{name}	proxy 代理 OPTIONS 請求到節點
		POST	/api/v1/proxy/nodes/{name}	proxy 代理 POST 請求到節點
		PUT	/api/v1/proxy/nodes/{name}	proxy 代理 PUT 請求到節點
SERVICES	WATCH	GET	/api/v1/watch/services	監聽所有 Service 的變化
		GET	/api/v1/watch/namespaces/{namespace}/services	監聽某個 Namespace 下所有 Service 的變化
		GET	/api/v1/watch/namespaces/{namespace}/services/{name}	監聽某個 Service 的變化
	PROXY	DELETE	/api/v1/proxy/namespaces/{namespace}/services/{name}/{path:*}	proxy 代理 DELETE 請求到 Service 的某個子目錄
		GET	/api/v1/proxy/namespaces/{namespace}/services/{name}/{path:*}	proxy 代理 GET 請求到 Service 的某個子目錄
		HEAD	/api/v1/proxy/namespaces/{namespace}/services/{name}/{path:*}	proxy 代理 HEAD 請求到 Service 的某個子目錄

資源類型	類別	方法	URL Path	說明
		OPTIONS	/api/v1/proxy/namespaces/ {namespace}/services/{name}/ {path:*}	proxy 代理 OPTIONS 請求到 Service 的某個子目錄
		POST	/api/v1/proxy/namespaces/ {namespace}/services/{name}/ {path:*}	proxy 代理 POST 請求到 Service 的某個子目錄
		PUT	/api/v1/proxy/namespaces/ {namespace}/services/{name}/ {path:*}	proxy 代理 PUT 請求到 Service 的某個子目錄
		DELETE	/api/v1/proxy/namespaces/ {namespace}/services/{name}	prxoy 代理 DELETE 請求到 Service
		GET	/api/v1/proxy/namespaces/ {namespace}/services/{name}	proxy 代理 GET 請求到 Service
		HEAD	/api/v1/proxy/namespaces/ {namespace}/services/{name}	proxy 代理 HEAD 請求到 Service
		OPTIONS	/api/v1/proxy/namespaces/ {namespace}/services/{name}	proxy 代理 OPTIONS 請求到 Service
		POST	/api/v1/proxy/namespaces/ {namespace}/services/{name}	proxy 代理 POST 請求到 Service
		PUT	/api/v1/proxy/namespaces/ {namespace}/services/{name}	proxy 代理 PUT 請求到 Service
REPLICATIONCONTROLLER	WATCH	GET	/api/v1/watch/replicationcontrollers	監聽所有 RC 的變化
		GET	/api/v1/watch/namespaces/ {namespace}/replicationcontrollers	監聽某個 Namespace 下所有 RC 的變化
		GET	/api/v1/watch/namespaces/ {namespace}/replicationcontrollers/ {name}	監聽某個 RC 的變化
PODS	WATCH	GET	/api/v1/watch/pods	監聽所有 Pod 的變化
		GET	/api/v1/watch/namespaces/ {namespace}/pods	監聽某個 Namespace 下所有 Pod 的變化
		GET	/api/v1/watch/namespaces/ {namespace}/pods/{name}	監聽某個 Pod 的變化
	PROXY	DELETE	/api/v1/namespaces/{namespace}/ pods/{name}/proxy/{path:*}	proxy 代理 DELETE 請求到 Pod 的某個子目錄
		GET	/api/v1/namespaces/{namespace}/ pods/{name}/proxy/{path:*}	proxy 代理 GET 請求到 Pod 的某個子目錄

資源類型	類別	方法	URL Path	說明
		HEAD	/api/v1/namespaces/{namespace}/ pods/{name}/proxy/{path:*}	proxy 代理 HEAD 請求到 Pod 的 某個子目錄
		OPTIONS	/api/v1/namespaces/{namespace}/ pods/{name}/proxy/{path:*}	proxy 代理 OPTIONS 請求到 Pod 的某個子目錄
		POST	/api/v1/namespaces/{namespace}/ pods/{name}/proxy/{path:*}	proxy 代理 POST 請求到 Pod 的 某個子目錄
		PUT	/api/v1/namespaces/{namespace}/ pods/{name}/proxy/{path:*}	proxy 代理 PUT 請求到 Pod 的某 個子目錄
		DELETE	/api/v1/namespaces/{namespace}/ pods/{name}/proxy	proxy 代理 DELETE 請求到 Pod
		GET	/api/v1/namespaces/{namespace}/ pods/{name}/proxy	proxy 代理 GET 請求到 Pod
		HEAD	/api/v1/namespaces/{namespace}/ pods/{name}/proxy	proxy 代理 HEAD 請求到 Pod
		OPTIONS	/api/v1/namespaces/{namespace}/ pods/{name}/proxy	proxy 代理 OPTIONS 請求到 Pod
		POST	/api/v1/namespaces/{namespace}/ pods/{name}/proxy	proxy 代理 POST 請求到 Pod
		PUT	/api/v1/namespaces/{namespace}/ pods/{name}/proxy	proxy 代理 PUT 請求到 Pod
		DELETE	/api/v1/proxy/namespaces/ {namespace}/pods/{name}/{path:*}	proxy 代理 DELETE 請求到 Pod 的某個子目錄
		GET	/api/v1/proxy/namespaces/ {namespace}/pods/{name}/{path:*}	proxy 代理 GET 請求到 Pod 的某 個子目錄
		HEAD	/api/v1/proxy/namespaces/ {namespace}/pods/{name}/{path:*}	proxy 代理 HEAD 請求到 Pod 的 某個子目錄
		OPTIONS	/api/v1/proxy/namespaces/ {namespace}/pods/{name}/{path:*}	proxy 代理 OPTIONS 請求到 Pod 的某個子目錄
		POST	/api/v1/proxy/namespaces/ {namespace}/pods/{name}/{path:*}	proxy 代理 POST 請求到 Pod 的 某個子目錄
		PUT	/api/v1/proxy/namespaces/ {namespace}/pods/{name}/{path:*}	proxy 代理 PUT 請求到 Pod 的某 個子目錄
		DELETE	/api/v1/proxy/namespaces/ {namespace}/pods/{name}	proxy 代理 DELETE 請求到 Pod
		GET	/api/v1/proxy/namespaces/ {namespace}/pods/{name}	proxy 代理 GET 請求到 Pod
		HEAD	/api/v1/proxy/namespaces/ {namespace}/pods/{name}	proxy 代理 HEAD 請求到 Pod

資源類型	類別	方法	URL Path	說明
		OPTIONS	/api/v1/proxy/namespaces/{namespace}/pods/{name}	proxy 代理 OPTIONS 請求到 Pod
		POST	/api/v1/proxy/namespaces/{namespace}/pods/{name}	proxy 代理 POST 請求到 Pod
		PUT	/api/v1/proxy/namespaces/{namespace}/pods/{name}	proxy 代理 PUT 請求到 Pod
ENDPOINTS	WATCH	GET	/api/v1/watch/endpoints	監聽所有 Endpoint 的變化
		GET	/api/v1/watch/namespaces/{namespace}/endpoints	監聽某個 Namespace 下所有 Endpoint 的變化
		GET	/api/v1/watch/namespaces/{namespace}/endpoints/{name}	監聽某個 Endpoint 的變化
SERVICEACCOUNT	WATCH	GET	/api/v1/watch/serviceaccounts	監聽所有 ServiceAccount 的變化
		GET	/api/v1/watch/namespaces/{namespace}/serviceaccounts	監聽某個 Namespace 下所有 ServiceAccount 的變化
		GET	/api/v1/watch/namespaces/{namespace}/serviceaccounts/{name}	監聽某個 ServiceAccount 的變化
SECRET	WATCH	GET	/api/v1/watch/secrets	監聽所有 Secret 的變化
		GET	/api/v1/watch/namespaces/{namespace}/secrets	監聽某個 Namespace 下所有 Secret 的變化
		GET	/api/v1/watch/namespaces/{namespace}/secrets/{name}	監聽某個 Secret 的變化
EVENTS	WATCH	GET	/api/v1/watch/events	監聽所有 Event 的變化
		GET	/api/v1/watch/namespaces/{namespace}/events	監聽某個 Namespace 下所有 Event 的變化
		GET	/api/v1/watch/namespaces/{namespace}/events/{name}	監聽某個 Event 的變化
LIMITRANGES	WATCH	GET	/api/v1/watch/limitranges	監聽所有 Event 的變化
		GET	/api/v1/watch/namespaces/{namespace}/limitranges	監聽某個 Namespace 下所有 Event 的變化
		GET	/api/v1/watch/namespaces/{namespace}/limitranges/{name}	監聽某個 Event 的變化

資源類型	類別	方法	URL Path	說明
RESOURCEQUOTAS	WATCH	GET	/api/v1/watch/resourcequotas	監聽所有 ResourceQuota 的變化
		GET	/api/v1/watch/namespaces/{namespace}/resourcequotas	監聽某個 Namespace 下所有 ResourceQuota 的變化
		GET	/api/v1/watch/namespaces/{namespace}/resourcequotas/{name}	監聽某個 ResourceQuota 的變化
PODTEMPLATES	WATCH	GET	/api/v1/watch/podtemplates	監聽所有 PodTemplate 的變化
		GET	/api/v1/watch/namespaces/{namespace}/podtemplates	監聽某個 Namespace 下所有 PodTemplate 的變化
		GET	/api/v1/watch/namespaces/{namespace}/podtemplates/{name}	監聽某個 PodTemplate 的變化
PERSISTENTVOLUMES	WATCH	GET	/api/v1/watch/persistentvolumes	監聽所有 PersistentVolume 的變化
		GET	/api/v1/watch/persistentvolumes/{name}	監聽某個 PersistentVolume 的變化
PERSISTENTVOLUMECLAIMS	WATCH	GET	/api/v1/watch/persistentvolumeclaims	監聽所有 PersistentVolumeClaim 的變化
		GET	/api/v1/watch/namespaces/{namespace}/persistentvolumeclaims	監聽某個 Namespace 下所有 PersistentVolumeClaim 的變化
		GET	/api/v1/watch/namespaces/{namespace}/persistentvolumeclaims/{name}	監聽某個 PersistentVolumeClaim 的變化

下面基於 Fabric8 撰寫對資源物件的監聽（Watch），程式如下：

```java
private void testWatcher() {
  _kube.pods().watch(new io.fabric8.kubernetes.client.Watcher<Pod>() {
    @Override
    public void eventReceived(Action action, Pod pod) {
      System.out.println(action + ": " + pod);
    }

    @Override
    public void onClose(KubernetesClientException e) {
      System.out.println("Closed: " + e);
    }
  });
}
```

接下來基於 Jersey 框架實作透過 Proxy 方式存取 Pod。由於 API Server 針對 Pod 資源提供了兩種 Proxy 存取介面，所以下面分別用兩段程式進行範例說明。程式如下：

```
private void testPoxyPod() {
  //存取第一種proxy介面
  Params params = new Params();
  params.setNamespace("ns-sample");
  params.setName("pod-sample-in-namespace");
  params.setSubPath("/proxy");
  params.setResourceType(ResourceType.PODS);

  _restfulClient.get(params);

  //存取第二種proxy介面
  params = new Params();
  params.setNamespace("ns-sample");
  params.setName("pod-sample-in-namespace");
  params.setVisitProxy(true);
  params.setResourceType(ResourceType.PODS);

  _restfulClient.get(params);

}
```

第**4**章

Kubernetes 維運指南

本章將對 Kubernetes 系統中需要配置的系統參數、設定檔、維運技巧、資源配額管理、網路配置、系統監控及 Trouble Shooting 等方面進行詳細說明,透過實際操作的案例對 Kubernetes 的維運工作給予指導。

4.1 Kubernetes 核心服務配置詳解

在第一章安裝內容部分對 Kubernetes 各服務啟動程序的關鍵配置參數進行了簡要說明,而實際上 Kubernetes 的每個服務都提供了許多可配置的參數。這些參數涉及了安全性、性能優化及功能擴展(Plugin)等層面。全面理解和掌握這些參數的含義和設定,無論對於 Kubernetes 的營運部署還是日常維運都有很大的幫助。

每個服務的可用參數都可以透過執行 "cmd --help" 命令查閱,其中 cmd 為具體的服務啟動命令,例如 kube-apiserver、kube-controller-manager、kube-scheduler、Kubelet、kube-proxy 等。另外,也可以透過命令列的設定檔(例如 /etc/kubernetes/kubelet 等)中增加 "-- 參數名 = 參數值" 的語法來完成對某個參數的配置。

本節將對 Kubernetes 所有服務的參數進行完整介紹，為了方便學習和查閱，對於每個服務的參數皆用一個小節來詳細說明。

4.1.1 基礎公共配置參數

基礎公共配置參數適用於所有服務，如表 4.1 所示包括 kube-apiserver、kube-controller- manager、kube-scheduler、Kubelet、kube-proxy 等。在本節會進行統一說明，將不再於每個服務的參數清單中列出。

表 4.1 基礎公共配置參數表

參數名和參數值示範	說明
--log-backtrace-at=:0	記錄日誌每到 "file: 行號" 時列印一次 stack trace
--log-dir=	日誌檔路徑
--log-flush-frequency=5s	設定 flush 日誌檔的間隔時間
--logtostderr=true	輸出到 stderr，不輸出到日誌檔
--alsologtostderr=false	如果設定為 true，將日誌輸出到檔同時也輸出到 stderr
--stderrthreshold=2	在此 threshold 門檻值之上的日誌將輸出到 stderr
--v=0	V log 日誌級別
--vmodule=	基於模式的逗號分隔清單用以過濾檔案日誌資料
--version=false	列印版本資訊，然後退出

4.1.2 kube-apiserver

kube-apiserver 的參數請見表 4.2。

表 4.2 kube-apiserver 參數表

參數名和參數值範例	說明
--address=127.0.0.1	舊版本參數，已被 --insecure-bind-address 取代
--port=8080	舊版本參數，已被 --insecure-port 取代
--insecure-bind-address=127.0.0.1	綁定不用認證的 IP 位址，與 --insecure-port 共同使用。預設為 localhost。設定為 0.0.0.0 表示使用全部網路介面

參數名和參數值範例	說明
--insecure-port=8080	提供不用認證存取的監聽埠，預設為 8080。假設此連接埠在防火牆內有其配置，以便讓外部用戶端無法直接存取
--bind-address=0.0.0.0	Kubernetes API Server 在本地端位址的 6443 port 開啟安全的 HTTPS 服務，預設為 0.0.0.0
--secure-port=6443	使用 HTTPS 的連接埠，設定為 0 表示不啟用 HTTPS
--public-address-override=0.0.0.0	舊版本參數，已被 "--bind-address" 取代
--advertise-address=<nil>	用於廣播通知叢集所有成員此伺服器的 IP 位址，若系統未使用 "--bind-address" 定義 IP 位址，則以此位址替代
--profiling=true	打開效能分析，可以透過 <host>:<port>/debug/pprof/ 位址查看記憶體推疊、執行緒等系統執行資訊
--admission-control = "AlwaysAdmit"	載入的 "允入控制器" 參數，每個允入控制器是一段二進位碼，以外掛程式方式動態載入，參數值是以逗號分隔的多個允入控制權，形成一個控制鏈，若控制鏈上的任何一個節點不允許通過，則 API Server 拒絕此呼叫請求。目前可用的允入控制權如下： • AlwaysAdmit：允許所有請求。 • AlwaysDeny：禁止所有請求，多用於測試環境。 • NamespaceLifecycle：它會觀察所有請求，如果請求試圖建立一個不存在的 namespace，則此請求將被拒絕。 • DenyExecOnPrivileged：它會攔截所有想在 privileged container 上執行命令的請求。如果您的叢集支援 privileged container，您又希望限制用戶在這些 privileged container 上執行命令，那麼強烈推薦您使用它。 • ServiceAccount：這個 plug-in 將 serviceAccounts 實現了自動化，如果您想要使用 ServiceAccount 物件，則推薦您嘗試使用它。 • SecurityContextDeny：這個外掛程式將會使用了 SecurityContext 的 pod 中定義的選項全部失效。SecurityContext 在 container 中定義了作業系統級別的安全設定（uid、gid、capabilities、SELinux 等）。 • ResourceQuota：用於資源配額管理，作用於 Namespace 上，它會觀察所有的請求，確保在 namespace 上的配額不會超標。建議在 admission control 參數列表中此外掛程式位於最後一個。

參數名和參數值範例	說明
--admission-control ＝ "AlwaysAdmit"	• LimitRanger：用於配額管理，作用於 Pod 與 Container 上，確保 Pod 與 Container 上的配額不會超過額度。 另外，如果啟用多種允入選項，則建議的載入次序是： --admission-control＝NamespaceLifecycle,LimitRanger,SecurityContextDeny,ServiceAccount,ResourceQuota
--admission-control-config-file＝ " "	與允入控制相關的設定檔，一般不使用設定檔，而是透過 API Server（或 Kubectl）來維護相關的允入配置限制（規則）
--allow-privileged＝false	如果設定為 true，則 Kubernetes 將允許在 Pod 中運行擁有系統特權的容器應用，與 docker run --privileged 的效用相同
--api-burst＝200	用於服務流量限制，預設最大突發流量為每秒 200 次呼叫
--api-prefix＝ "/api"	API 存取請求前綴字，預設為 "/api"
--api-rate＝10	用於服務流量限制所允許的每秒查詢 API 呼叫的次數
--authorization-mode＝ "AlwaysAllow"	安全連接埠上的認證方式，選項包括：AlwaysAllow、AlwaysDeny、ABAC
--authorization-policy-file＝ " "	當 --authorization-mode 設定為 ABAC 時使用的 csv 格式的認證策略檔
--basic-auth-file＝ " "	如果指定，則這個檔將被用於透過 HTTP 基本認證的方式存取 apiserver 的安全連接埠
--cert-dir＝ "/var/run/kubernetes"	TLS 憑證所在的目錄，預設為 /var/run/kubernetes。如果設定了 --tls-cert-file 和 --tls-private-key-file，則此設定將被忽略
--client-ca-file＝ " "	如果指定，則該用戶端憑證將被用於認證過程
--cloud-config＝ " "	雲端供應商的設定檔路徑
--cloud-provider＝ " "	雲端供應商的名稱
--cluster-name＝ "kubernetes"	Kubernetes 叢集名稱，也作為實例名稱的前綴字
--cors-allowed-origins＝[]	CORS（跨區域資源分享）設定允許存取的區域列表，用逗號進行分隔，並可使用規則運算式比對網段。如果不指定，則表示不啟用 CORS
--etcd-config＝ " "	etcd 用戶端設定檔路徑，與 --etcd-servers 互斥
--etcd-prefix＝ "/registry"	etcd 中所有資源路徑的前綴字，預設為 "/registry"
--etcd-servers＝[]	以逗號分隔的 etcd 服務清單，與 --etcd-config 互斥

參數名和參數值範例	說明
--event-ttl=1h0m0s	Kubernetes API Server 中各種事件（通常用於審查和追蹤）在系統中保存的時間，預設為 1 小時
--external-hostname=" "	此主機名稱為外部可識別的節點名字，用來產生供外部系統存取的 API URL，其中一個用途就是在 Swagger API 的 Docs 文件中使用此主機名稱
--httptest.serve=	如果提供了此參數，則 Kubernetes API Server 會在此位址上開啟一個 HTTP Server，這個 Server 提供了部分 API 的 Mocker 實作（主要是與 Pod 相關的 API），用於測試
--kubelet-certificate-authority=" "	用於 CA 授權的 cert 檔路徑
--kubelet-client-certificate=" "	用於 TLS 的用戶端憑證檔路徑
--kubelet-client-key=" "	用於 TLS 的用戶端私鑰檔路徑
--kubelet-https=true	指定 Kubelet 是否使用 HTTPS 連接
--kubelet-port=10250	Kubelet 監聽的連接埠
--kubelet-timeout=5s	Kubelet 執行操作的超時等待時間
--long-running-request-regexp="(/|^) ((watch|proxy)(/|$)\|(logs\|portforward\|exec)/?$)	用於對需要長時間運行的請求不進行請求數量限制，以正規運算式表示
--master-service-namespace="default"	Kubernetes Master 服務的命名空間
--max-requests-inflight=400	同時處理的最大請求數量，超過這個數量的請求將被拒絕。設定為 0 表示不限制數量
--min-request-timeout=1800	最小請求處理超時等待時間，單位為秒
--old-etcd-prefix=" "	指定以前 etcd 中資源路徑的前綴字
--runtime-config=	一組 key=value 用於執行時的配置資訊。api/<version> 可用於開啟或關閉對某個 API 版本的支援。api/all 和 api/legacy 特別用在支援所有版本的 API 或支援舊版本 API
--service-account-key-file=" "	包含 EM-encoded x509 RSA 公開金鑰和私密金鑰的檔案路徑，用於驗證 Service Account 的 token。不指定則使用 --tls-private-key-file 指定的檔案
--service-account-lookup=false	設定為 true 時系統會到 etcd 驗證 ServiceAccount token 是否存在
--service-cluster-ip-range=<nil>	Service 的 Cluster IP（VIP）範圍，例如 10.254.0.0/16，這個 IP 位址網段不能在 Kubernetes 所在的網路內使用到

參數名和參數值範例	說明
--service-node-port-range＝	Service 的 NodePort 所能使用的主機連接埠範圍，預設為 30000 ~ 32767，包括 30000 和 32767
--ssh-keyfile＝" "	如果指定，則透過 SSH 使用指定的私鑰檔對 Node 進行連線
--ssh-user＝" "	如果指定，則透過 SSH 使用指定的用戶名對 Node 進行連線
--storage-version＝" "	儲存資源時使用的版本號，預設為系統內部使用
--tls-cert-file＝" "	包含 x509 憑證檔案路徑，用於 HTTPS 認證
--tls-private-key-file＝" "	包含 x509 與 tls-cert-file 對應的私密金鑰檔路徑
--token-auth-file＝" "	用於存取加密連接埠的 token 認證檔路徑

4.1.3 kube-controller-manager

kube-controller-manager 的參數表請參閱表 4.3。

表 4.3 kube-controller-manager 參數表

參數名和參數值範例	說明
--address＝127.0.0.1	綁定主機 IP 位址，設定為 0.0.0.0 表示使用全部網路介面
--port＝10252	controller-manager 監聽的主機連接埠，預設為 10252
--allocate-node-cidrs＝false	設定為 true 表示使用雲端供應商為其 Pod 分配的 CIDRs，只在被託管到公有雲中有效
--cloud-config＝" "	雲端供應商的設定檔路徑
--cloud-provider＝" "	雲端供應商的名稱
--cluster-cidr＝＜nil＞	可用 CIDR 範圍
--cluster-name＝"kubernetes"	Kubernetes 叢集名稱，也用於呈現實例名的前綴字
--concurrent-endpoint-syncs＝5	並行執行 Endpoint 可同步操作的程序數量，值越大表示更快的同步操作，但將會消耗更多 CPU 和網路資源
--concurrent-rc-syncs＝5	並型執行 RC 可同步操作的程序數量，值越大表示同步操作越快，但將會消耗更多的 CPU 和網路資源
--deleting-pods-burst＝10	如果一個 Node 節點失敗，則會批次刪除在上面執行 Pod 實例的資訊，此值定義了瞬間最大刪除的 Pod 的數量，與 deleting-pods-qps 一起作為調度中的流量限制參數

參數名和參數值範例	說明
--deleting-pods-qps=0.1	當 Node 失效時,每秒刪除其中多少個 Pod 實例
--httptest.serve=	(參見 kube-apiserver 中的參數說明)
--kubeconfig=" "	Kubeconfig 設定檔路徑,在設定檔中包括 Master 位址資訊及必要的認證資訊
--master=" "	Kubernetes Master apiserver 位址
--namespace-sync-period=5m0s	命名空間更新的同步間隔時間
--node-monitor-grace-period=40s	監控 Node 狀態的間隔時間,超過該設定時間後,controller-manager 會把 Node 標記為不可用狀態。此值的設定有以下要求: 它應該被設定為 Kubelet 回報 Node 狀態間隔時間(參數 --node-status-update-frequency=10s)的 N 倍,N 表示 Kubelet 狀態回報的重試次數
--node-monitor-period=5s	同步 NodeStatus 的間隔時間
--node-startup-grace-period=1m0s	Node 啟動的最長允許時間,超過此時間無回應則會標記 Node 為不可用狀態(啟動失敗)
--node-sync-period=10s	Node 資訊發生變化時(例如新 Node 加入叢集)controller-manager 同步各 Node 資訊的間隔時間
--pod-eviction-timeout=5m0s	在發現一個 Node 失效以後,延遲一段時間,在超過這個參數指定的時間後,刪除此 Node 上的 Pod
--profiling=true	開啟效能分析,可以透過 <host>:<port>/debug/pprof/ 位址查看記憶體堆疊、執行緒等系統運作資訊
--pvclaimbinder-sync-period=10s	同步 PV 和 PVC(容器宣告的 PV)的時間間隔
--register-retry-count=10	Node 資訊註冊重試次數,預設為 10 次。重試的間隔時間為參數 --node-sync-period 定義的值
--resource-quota-sync-period=10s	配額(Quota)使用資訊同步的間隔時間,預設為 10 秒
--root-ca-file=" "	根 CA 憑證檔路徑,將被用於 Service Account 的 token secret 中
--service-account-private-key-file=" "	用於給 Service Account token 簽名的 PEM-encoded RSA 私密金鑰檔路徑

4.1.4　kube-scheduler

kube-scheduler 的參數表請見表 4.4。

表 4.4　kube-scheduler 參數表

參數名和參數值範例	說明
--address＝127.0.0.1	綁定主機 IP 位址，設定為 0.0.0.0 表示使用全部網路介面
--port＝10251	scheduler 監聽的主機連接埠，預設為 10251
--algorithm-provider＝ "DefaultProvider"	調度策略，預設為 DefaultProvider
--kubeconfig＝ " "	（參見 kube-controller-manager 中的參數說明）
--master＝ " "	（參見 kube-controller-manager 中的參數說明）
--policy-config-file＝ " "	調度策略（scheduler policy）設定檔路徑
--profiling＝true	開啟效能分析，可以透過 <host>：<port>/debug/pprof/ 位址查看記憶體推疊、執行緒等系統運作資訊

4.1.5　Kubelet

Kubelet 的參數表請見表 4.5。

表 4.5　Kubelet 參數表

參數名和參數值範例	說明
--address＝0.0.0.0	綁定主機 IP 位址，設定為 0.0.0.0 表示使用全部網路介面
--enable-server＝false	啟動 Kubelet 上的 http rest server，此 server 提供了取得本節點上執行的 Pod 清單、Pod 狀態和其他管理監控相關的 REST 介面，對於開發自定自己的 Web 管理系統來說，可善用這個選項
--enable-debugging-handlers＝false	如果為 true，則在 http rest server 上添加 debug handlers，debug handlers 提供遠端存取本節點容器的日誌、進入容器執行命令等相關 Rest 服務
--port＝10250	Kubelet 上的 HTTP REST Server 的連接埠
--read-only-port＝10255	如果設定為非零參數，則 Kubelet 會啟動一個提供 "唯讀" 操作的 HTTP REST Server

參數名和參數值範例	說明
--cadvisor-port=4194	本地端 cAdvisor endpoint 的連接埠
--log-cadvisor-usage=false	是否記錄 cAdvisor 容器的使用情況
--healthz-bind-address=127.0.0.1	healthz 服務綁定主機 IP 位址，預設為 127.0.0.1，設定為 0.0.0.0 表示使用所有網路介面
--healthz-port=10248	healthz 服務監聽的主機連接埠，預設為 10248
--allow-privileged=false	是否允許以特權模式啟動容器，預設為 false
--api-servers=[]	Master apiserver 位址清單，以 ip:port 格式表示，以逗號分隔
--cert-dir= "/var/run/kubernetes"	TLS 憑證位於的目錄，預設為 /var/run/kubernetes。如果設定 --tls-cert-file 和 --tls-private-key-file，則此設定將被忽略
--chaos-chance=0	隨機產生用戶端錯誤的機率，僅用於測試，預設為 0，即不產生
--cloud-config= " "	雲端供應商的設定檔路徑
--cluster-provider=""	雲端供應商的名稱
--cluster-dns=<nil>	叢集 DNS 服務的 IP 位址
--cluster-domain= " "	叢集功能變數名稱
--config= " "	Kubelet 設定檔的路徑或目錄名
--configure-cbr0=false	設定為 true 表示 Kubelet 將會根據 Node.Spec. PodCIDR 的值來配置 cbr0
--container-hints=/etc/cadvisor/container_hints.json	容器 hints 檔路徑
--container-runtime= "docker"	容器類型，目前支援 Docker、rkt，預設為 docker
--containerized=false	將 Kubelet 執行於容器中，僅供測試使用，預設為 false
--docker-endpoint= "unix:///var/run/docker.sock"	Docker endpoint 位址
--docker-exec-handler= "native"	進入 Docker 容器中執行命令的方式，支援 native、nsenter，預設為 native
--docker-only=false	設定為 true，表示僅回報 Docker 容器的統計資訊而不再回報其他統計資訊
--docker-root=/var/lib/docker	Docker state 根目錄完整路徑，預設為 /var/lib/docker

參數名和參數值範例	說明
--docker-run=/var/run/docker	Docker 執行時根目錄的完整路徑，預設為 /var/lib/docker
--event-storage-age-limit=default=24h	事件保存時間清單，以 key=value 的格式表示，以逗號分隔，事件類型包括 creation、oom 等，"default" 表示所有未指定事件的類型
--event-storage-event-limit=default=100000	每種類型事件數量限制，以 key=value 格式表示，逗號分隔，事件類型包括 creation、oom 等，"default" 表示所有未指定事件的類型
--manifest-url=" "	為 HTTP URL Source 來源類型時，Kubelet 用來取得 Pod 定義的 URL 地址，此 URL 回傳一組 Pod 定義
--file-check-frequency=20s	在 File Source 作為 Pod 來源的情況下，Kubelet 定期重新檢查檔案變化的間隔時間，檔案發生變化後，Kubelet 重新載入更新後的檔案內容
--http-check-frequency=20s	HTTP URL Source 作為 Pod 來源的情況下，Kubelet 定期檢查 URL 回傳的內容是否發生變化的週期時間，作用等同 file-check-frequency 參數
--sync-frequency=10s	目前正在運行的容器和其定義配置檔內容進行同步的最大間隔時間
--google-json-key=" "	Google 雲平台 Service Account 的 json key 檔案路徑
--host-network-sources= "file"	以逗號分隔的字串參數，控制 Pod 是否允許使用主機的網路（net=HOST），預設情況下只有來源是 File Source 的 Pod 才能使用主機網路，如果允許所有 Pod 使用主機網路，則可以設定為 "*"
--hostname-override=" "	如果設定此項，則作用於主機名稱，不使用主機真實的 hostname
--httptest.serve=	參見 kube-apiserver 中的參數
--image-gc-high-threshold=90	預設為 90%，它與 image-gc-low-threshold 一起，用於設定映像檔占用磁碟空間比例值，超過門檻值就會清理不用的映像檔，釋放磁碟空間
--image-gc-low-threshold=80	參見 image-gc-high-threshold
--kubeconfig=/var/lib/kubelet/kubeconfig	參見 kube-controller-manager
--low-diskspace-threshold-mb=256	建立 Pod 所需剩餘磁碟空間的底限，單位為 MB。當剩餘磁碟空間低於設定值時，Kubelet 將拒絕建立新的 Pod，預設值為 256MB。

參數名和參數值範例	說明
--master-service-namespace= "default"	Master 服務的命名空間
--max-pods=40	在此 Kubelet 節點上可運行 Pod 的上限
--maximum-dead-containers=100	在系統中保存已停止的容器實例之最大數量，由於停止的容器也會消耗磁碟空間，所以超過上限以後，Kubelet 會自動清理這些容器來釋放磁碟空間
--maximum-dead-containers-per-container=2	系統中允許的每個容器能保留的停止實例之上限值，參照 maximum-dead- containers
--minimum-container-ttl-duration=1m0s	已停止運作的容器實例在被清理釋放之前的最小存活時間，例如 "300ms"、"10s" 或 "2h45m"，超過此存活時間的實例如果滿足清理條件，則會被自動清理掉
--network-plugin= " "	自訂的網路外掛程式的名字，Pod 的生命週期中相關一些事件會引用此網路外掛程式進行處理。警告：此參數還不具備可在營運環境中使用的條件，目前僅供測試（Alpha 版本的測試功能）
--node-status-update-frequency=10s	Kubelet 向 Master 回報 Node 狀態的間隔時間，預設值為 10 秒。與 controller- manager 的 --node-monitor-grace-period 參數一起發揮作用。
--oom-score-adj=-900	Kubelet 程序的 oom_score_adj 參數值，有效範圍為 [-1000, 1000]
--pod-cidr= " "	提供給 Pod 分配 IP 位址的 CIDR 位址範圍，僅在單機模式中使用。在一個叢集中，Kubelet 會從 apiserver 中取得 CIDR 設定
--pod-infra-container-image= "gcr.io/google_containers/pause:0.8.0"	Kubernetes 基礎 pause 的映像檔名稱，預設從 gcr.io 下載，如果連線過慢或防火牆阻擋，此參數為解決問題的關鍵手段，從別處取得此映像檔並存入私有 Registry 中
--really-crash-for-testing=false	在 panics 發生時毀損，僅用於測試
--register-node=true	註冊本身的資訊到 apiserver，需要設定 --api-servers
--registry-qps=0	在 Pod 建立過程中容器的映像檔可能需要從 Registry 中拉取，由於拉取映像檔的過程中會消耗大量頻寬，因此可能需要限速，此參數與 registry-burst 一起用來限制每秒可拉取多少個映像檔，預設不限速，如果設定為 5，則表示平均每秒允許拉取 5 個映像檔

參數名和參數值範例	說明
--registry-burst＝10	預設值為 10，表示最多只能同時拉取 10 個映像檔，參照 registry-qps
--resource-container＝"/kubelet"	當此參數不為空值時，Kubelet 會執行以此命名的容器（cgroup），預設為 /kubelet，這是出於審查或資源隔離目的而設計的功能
--system-cgroups＝" "	可選擇參數，將不在 cgroup 中非 kernel 的其他程序放入此容器（cgroup）中，預設為空，表示不建立容器，此參數修改後如果要回溯到原來狀態，則需要重啟系統
--root-dir＝"/var/lib/kubelet"	Kubelet 執行時的檔案存放目錄
--runonce＝false	設定為 true 表示建立完 Pod 之後立即退出 Kubelet 程序，與 --api-servers 和 --enable-server 參數互斥
--streaming-connection-idle-timeout＝0	在容器中執行命令或進行連接埠轉送的過程中會產生輸入、輸出串流，這個參數用來控制連線閒置逾時而關閉的時間，如果設定為 "5m"，則表示連線超過 5 分鐘沒有輸入、輸出的情況下就被認為是閒置的，會被自動關閉
--tls-cert-file＝" "	包含 x509 憑證檔案路徑，用於 HTTPS 認證
--tls-private-key-file＝" "	包含 x509 與 tls-cert-file 對應的私密金鑰檔路徑

4.1.6 kube-proxy

kube-proxy 的參數表請參見表 4.6。

表 4.6 kube-proxy 參數表

參數名和參數值範例	說明
--bind-address＝0.0.0.0	主機綁定的 IP 位址，預設為 0.0.0.0
--healthz-bind-address＝127.0.0.1	healthz 服務綁定主機 IP 位址，預設為 127.0.0.1，設定為 0.0.0.0 表示使用所有網路介面
--healthz-port＝10249	healthz 服務監聽的主機連接埠，預設為 10249
--kubeconfig＝" "	包含 Master 位址和認證資訊的設定檔路徑
--master＝" "	Kubernetes Master apiserver 的地址

參數名和參數值範例	說明
--oom-score-adj=-899	kube-proxy 程序的 oom_score_adj 參數值，有效範圍為 [-1000, 1000]
--proxy-port-range＝	進行 Service 代理的本地端連接埠範圍，格式為 begin-end，含兩端，未指定則採用隨機選擇的系統可用的連接埠
--resource-container＝ "/kube-proxy"	參照 Kubelet 的 resource-container 參數的意義和作用

4.2 關鍵物件定義檔詳解

本節針對使用者需要定義的 Pod、RC 和 Service 的設定檔進行詳細說明。在範本中列出的屬性為最常用之內容，完整的屬性清單可參考 API 文件中的說明。

4.2.1 Pod 定義檔詳解

Pod 的定義範本（yaml 格式）如下：

```
apiVersion: v1          // Required
kind: Pod               // Required
metadata:               // Required
  name: string          // Required
  namespace: string     // Required
  labels:
    - name: string
  annotations:
    - name: string
spec:                   // Required
  containers:           // Required
    - name: string      // Required
      image: string     // Required
      imagePullPolicy: [Always | Never | IfNotPresent]
      command: [string]
      workingDir: string
      volumeMounts:
        - name: string
          mountPath: string
          readOnly: boolean
      ports:
        - name: string
          containerPort: int
```

```
      hostPort: int
      protocol: string
    env:
      - name: string
      value: string
    resources:
      limits:
      cpu: string
      memory: string
  volumes:
    - name: string
    # Either emptyDir for an empty directory
    emptyDir: {}
    # Or hostPath for a pre-existing directory on the host
    hostPath:
     path: string
restartPolicy: [Always | Never | OnFailure]
dnsPolicy: [Default | ClusterFirst]        // Required
nodeSelector: object
imagePullSecrets: object
```

對各屬性的詳細說明如表 4.7 所示。

表 4.7 對 Pod 定義範本中各屬性的詳細說明

屬性名稱	參數值類型	是否必選	參數值說明
version	String	Required	v1
kind	String	Required	Pod
metadata	Object	Required	中繼描述資料
metadata.name	String	Required	Pod 名稱，需符合 RFC 1035 規範
metadata.namespace	String	Required	命名空間，在不指定名稱時將使用名為 "default" 的命名空間
metadata.labels[]	List		自訂標籤屬性清單
metadata.annotation[]	List		自訂註解屬性清單
spec	Object	Required	詳細描述
spec.containers[]	List	Required	Pod 中運行的容器清單
spec.containers[].name	String	Required	容器名稱，需符合 RFC 1035 規範
spec.containers[].image	String	Required	容器的映像檔名，在 Node 上如果不存在該映像檔，則 Kubelet 會先下載

屬性名稱	參數值類型	是否必選	參數值說明
spec.containers[].imagePullPolicy	String		取得映像檔的策略，選項值包括：Always、Never、IfNotPresent，預設值為 Always Always：表示每次都下載映像檔 IfNotPresent：表示如果本地端有該映像檔，就使用本地的映像檔 Never：表示僅使用本地映像檔
spec.containers[].command[]	List		容器的啟動命令列表，如果不指定，則使用映像檔打包時所使用的 CMD 命令
spec.containers[].workingDir	String		容器的工作目錄
spec.containers[].volumeMounts[]	List		可供容器使用的共用儲存 volume 清單
spec.containers[].volumeMounts[].name	String		引用 Pod 定義的共用儲存 volume 的名稱，需使用 volumes[] 部分定義的共用儲存 volume 名稱
spec.containers[].volumeMounts[].mountPath	String		儲存 volume 在容器內掛載的絕對路徑，應少於 512 個字元
spec.containers[].volumeMounts[].readOnly	boolean		是否為唯讀模式，預設為讀寫模式
spec.containers[].ports[]	List		容器需要暴露的連接埠清單
spec.containers[].ports[].name	String		連接埠名稱
spec.containers[].ports[].containerPort	Int		容器需要監聽的連接埠
spec.containers[].ports[].hostPort	Int		容器所在主機需要監聽的連接埠，預設與 containerPort 相同
spec.containers[].ports[].protocol	String		連接埠協定，支援 TCP 和 UDP，預設為 TCP
spec.containers[].env[]	List		容器運行前需設定的環境變數清單
spec.containers[].env[].name	String		環境變數名稱
spec.containers[].env[].value	String		環境變數的值
spec.containers[].resources	Object		資源限制條件
spec.containers[].resources.limits	Object		資源限制條件

屬性名稱	參數值類型	是否必選	參數值說明
spec.containers[].resources.limits.cpu	String		CPU 限制條件，將用於 docker run --cpu-shares 參數
spec.containers[].resources.limits.memory	String		記憶體限制條件，將用於 docker run --memory 參數
spec.volumes[]	List		在該 Pod 上定義的共用儲存 volume 清單
spec.volumes[].name	string		共用儲存 volume 名稱，需唯一，符合 RFC 1035 規範。容器定義部分 containers[].volumeMounts[].name 將引用該共用儲存 volume 的名稱
spec.volumes[].emptyDir	Object		預設的儲存 volume 類型，表示與 Pod 相同生命週期的一個臨時目錄，其值為一個空物件：emptyDir: {}。 該類型與 hostPath 類型互斥，只能定義一種
spec.volumes[].hostPath	Object		使用 Pod 所在主機的目錄，透過 volumes[].hostPath.path 指定。 該類型與 emptyDir 類型互斥，只能定義一種
spec.volumes[].hostPath.path	String		Pod 所在主機的目錄，將被用於容器中 mount 的目錄
spec.dnsPolicy	String	Required	DNS 策略，選項值包括：Default、ClusterFirst
spec.restartPolicy	Object		該 Pod 內容器的重啟策略，可選值為 Always、OnFailure，預設值為 Always Always：容器一旦終止運行，無論容器是如何終止的，Kubelet 都將重新啟動它

屬性名稱	參數值類型	是否必選	參數值說明
spec.restartPolicy	Object		OnFailure：只有容器是終止時登出碼不為 0 時，Kubelet 才會重新啟動此容器。如果容器正常結束（登出碼為 0），則 Kubelet 將不會重啟它 Never：容器終止後，Kubelet 將登出碼報告給 Master，不再重啟它
spec.nodeSelector	Object		指定需要調度到的 Node 之 Label，以 key=value 格式指定
spec.imagePullSecrets	Object		Pull 映像檔時使用的 secret 名稱，以 name=secretkey 格式定義

4.2.2　RC 定義檔詳解

RC（ReplicationController）定義檔範本（yaml 格式）如下：

```
apiVersion: v1              // Required
kind: ReplicationController // Required
metadata:                   // Required
  name: string              // Required
  namespace: string         // Required
  labels:
    - name: string
  annotations:
    - name: string
spec:                       // Required
  replicas: number          // Required
  selector: []              // Required
  template: object          // Required
```

對各屬性的說明如表 4.8 所示。

表 4.8　對 RC 之定義檔範本的各屬性的說明

屬性名稱	參數值類型	是否必選	參數值說明
version	string	Required	v1
kind	string	Required	ReplicationController

屬性名稱	參數值類型	是否必選	參數值說明
metadata	object	Required	中繼描述資料
metadata.name	string	Required	ReplicationController 名稱，需符合 RFC 1035 規範
metadata.namespace	string	Required	命名空間，不指定名稱時將使用名為 "default" 的命名空間
metadata.labels[]	list		自訂標籤屬性清單
metadata.annotation[]	list		自訂注解屬性清單
spec	object	Required	詳細描述
spec.replicas	number	Required	Pod 抄本數量，設定為 0 表示不建立 Pod
spec.selector[]	list	Required	Label Selector 配置，將選擇具有其指定 Label 標籤的 Pod 作為管理範圍
spec.template	object	Required	容器的定義，與 Pod 的 spec 內容相同，參見 4.2.1 節的描述

4.2.3 Service 定義檔詳解

Service 的定義檔範本（yaml 格式）如下：

```
apiVersion: v1          // Required
kind: Service           // Required
metadata:               // Required
  name: string          // Required
  namespace: string     // Required
  labels:
    - name: string
  annotations:
    - name: string
spec:                   // Required
  selector: []          // Required
  type: string          // Required
  clusterIP: string
  sessionAffinity: string
  ports:
    - name: string
      port: int
      targetPort: int
      protocol: string
  status:
```

```
loadBalancer:
  ingress:
    ip: string
    hostname: string
```

對各屬性的說明如表 4.9 所示。

表 4.9　對 Service 的定義檔範本的各屬性說明

屬性名稱	參數值類型	是否必選	參數值說明
version	string	Required	v1
kind	string	Required	Service
metadata	object	Required	中繼描述資料
metadata.name	string	Required	Service 名稱，需符合 RFC 1035 規範
metadata.namespace	string	Required	命名空間，不指定名稱時將使用名為 "default" 的命名空間
metadata.labels[]	list		自訂標籤屬性清單
metadata.annotation[]	list		自訂注解屬性清單
spec	object	Required	詳細描述
spec.selector[]	list	Required	Label Selector 配置，將選擇具有指定其 Label 標籤的 Pod 作為管理範圍
spec.type	string	Required	Service 的類型，指定 Service 的存取方式，預設為 ClusterIP ClusterIP：虛擬的服務 IP 位址，該位址用於 Kubernetes 叢集內部的 Pod 存取，在 Node 上 kube-proxy 透過設定的 iptables 規則進行轉送 NodePort：使用 Host 主機的埠，讓能夠存取各 Node 的外部用戶端透過 Node 的 IP 位址和連接埠就能連線服務 LoadBalancer：使用外部負載平衡器完成到服務的負載分配，需要在 spec.status. loadBalancer 欄位指定外部負載平衡器的 IP 位址，並同時定義 nodePort 和 clusterIP
spec.clusterIP	string		虛擬服務 IP 位址，當 type=ClusterIP 時，如果不指定，則系統將自動分配；當 type=LoadBalancer 時，則需要指定

屬性名稱	參數值類型	是否必選	參數值說明
spec.sessionAffinity	string		是否支援 Session，可選值為 ClientIP，預設為空 ClientIP：表示將同一個用戶端（根據用戶端的 IP 位址決定）的連線請求都轉發到同一個後端 Pod
spec.ports[]	list		Service 需要開通的連接埠清單
spec.ports[].name	string		連接埠名稱
spec.ports[].port	int		服務監聽的連接埠
spec.ports[].targetPort	int		需要轉發到後端 Pod 的連接埠
spec.ports[].protocol	string		連接埠協定，支援 TCP 和 UDP，預設為 TCP
Status	object		當 spec.type＝LoadBalancer 時，設定外部負載平衡器的位址
status.loadBalancer	object		外部負載平衡器
status.loadBalancer.ingress	object		外部負載平衡器
status.loadBalancer.ingress.ip	string		外部負載平衡器的 IP 位址
status.loadBalancer.ingress.hostname	string		外部負載平衡器的主機名稱

4.3 常用維運技巧集錦

本節對常用的 Kubernetes 系統維運操作和技巧進行詳細說明。

4.3.1 Node 的隔離和恢復

在硬體升級、硬體維護等情況下，我們需要將某些 Node 進行隔離，脫離 Kubernetes 叢集的調度範圍。Kubernetes 提供了一種機制，既可以將 Node 納入調度範圍，也可以將 Node 脫離調度範圍。

建立設定檔 unschedule_node.yaml，在 spec 部分指定 unschedulable 為 true：

```
apiVersion: v1
kind: Node
metadata:
  name: kubernetes-minion1
  labels:
    kubernetes.io/hostname: kubernetes-minion1
spec:
  unschedulable: true
```

然後，透過 kubectl replace 命令完成對 Node 狀態的修改：

```
$ kubectl replace -f unschedule_node.yaml
nodes/kubernetes-minion1
```

查看 Node 的狀態，可以觀察到在 Node 的狀態中增加了一項 SchedulingDisabled：

```
$ kubectl get nodes
NAME                    LABELS                                           STATUS
kubernetes-minion1      kubernetes.io/hostname=kubernetes-minion1        Ready,
SchedulingDisabled
```

對於後續建立的 Pod，系統將不會再向此 Node 進行調度。

另一種方法是不使用設定檔，直接使用 kubectl patch 命令完成：

```
$ kubectl patch node kubernetes-minion1 -p '{"spec":{"unschedulable":true}}'
```

需要注意的是，將某個 Node 脫離調度範圍時，在上面執行的 Pod 並不會自動停止，管理員需要手動停止在此 Node 上運行的 Pod。

同樣，如果需要將某個 Node 重新納入叢集調度範圍，則將 unschedulable 設定為 false，再次執行 kubectl replace 或 kubectl patch 命令就能恢復系統對該 Node 的調度。

4.3.2　Node 的擴充

在實際營運系統中會經常遇到伺服器容量不足的情況，這時就需要購買新的伺服器，然後將應用系統進行橫向擴展以完成對系統的擴充。

在 Kubernetes 叢集中，對於一個新 Node 的加入是非常簡單的。可以在 Node 節點上安裝 Docker、Kubelet 和 kube-proxy 服務，然後將 Kubelet 和 kube-proxy 的啟動參數中的 Master URL 指定為目前 Kubernetes 叢集 Master 的位址，最後啟動這些服務。基於 Kubelet 的自動註冊機制，新的 Node 將會自動加入現有的 Kubernetes 叢集中，如圖 4.1 所示。

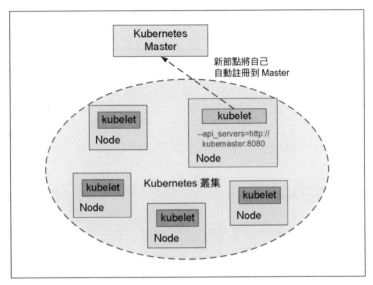

圖 4.1 新節點自動註冊完成擴充

Kubernetes Master 在接受新 Node 的註冊之後，會自動將其納入目前叢集的調度範圍內，在之後建立容器時，就可以對新的 Node 進行調度了。

透過這種機制，Kubernetes 實現了叢集的擴展。

4.3.3 Pod 動態擴展和縮放

在實際營運系統中，我們經常會遇到某個服務需要擴展的情境，也可能會遇到由於資源緊張或工作負載降低而需要減少服務實例數的情形。此時可以利用命令 kubectl scale rc 來完成這些任務。以 redis-slave RC 為例，已定義的最初抄本數量為 2，透過執行下面的命令將 redis-slave RC 控制的 Pod 抄本數量從初始的 2 更新為 3：

```
$ kubectl scale rc redis-slave --replicas=3
scaled
```

執行 kubectl get pods 命令以驗證 Pod 的抄本數量增加到 3：

```
$ kubectl get pods
NAME                  READY   STATUS    RESTARTS   AGE
redis-slave-4na2n     1/1     Running   0          1h
redis-slave-92u3k     1/1     Running   0          1h
redis-slave-palab     1/1     Running   0          2m
```

將 --replicas 設定為比目前 Pod 抄本數量更小的數目，系統將會 "殺掉" 一些運行中的 Pod，即可實現應用系統叢集縮減：

```
$ kubectl scale rc redis-slave --replicas=1
scaled

$ kubectl get pods
NAME                  READY   STATUS    RESTARTS   AGE
redis-slave-4na2n     1/1     Running   0          1h
```

4.3.4 更新資源物件的 Label

Label（標籤）作為使用者可靈活定義的物件屬性，在已建立的物件上，仍然可以隨時透過 kubectl label 命令對其進行增加、修改、刪除等操作。

例如，我們要給已建立的 Pod "redis-master-bobr0" 添加一個標籤 role=backend：

```
$ kubectl label pod redis-master-bobr0 role=backend
```

查看該 Pod 的 Label：

```
$ kubectl get pods -Lrole
NAME                  READY   STATUS    RESTARTS   AGE   ROLE
redis-master-bobr0    1/1     Running   0          3m    backend
```

刪除一個 Label，只需在命令列最後指定 Label 的 key 名並與一個減號相連即可：

```
$ kubectl label pod redis-master-bobr0 role-
```

修改一個 Label 的值，需要加上 --overwrite 參數：

```
$ kubectl label pod redis-master-bobr0 role=master --overwrite
```

4.3.5 將 Pod 調度到指定的 Node

Kubernetes 的 Scheduler 服務（kube-scheduler 進程）負責實現 Pod 的調度，整個調度過程透過執行一系列複雜的演算法最終為每個 Pod 計算出一個最佳的目標節點，這一過程是自動完成的，我們無法知道 Pod 最終會被調度到哪個節點上。有時可能需要將 Pod 調度到一個指定的 Node 上，此時，我們可以透過 Node 的標籤（Label）和 Pod 的 nodeSelector 屬性相比對，來達到上述目的。

首先，可以透過 kubectl label 命令給目標 Node 附上一個特定的標籤，下面是此命令的完整用法：

```
kubectl label nodes <node-name> <label-key>=<label-value>
```

接下來，我們為 kubernetes-minion1 節點附上一個 zone=north 的標籤，表明它是 "北方" 的一個節點：

```
$ kubectl label nodes kubernetes-minion1 zone=north
NAME                    LABELS
STATUS
kubernetes-minion1    kubernetes.io/hostname=kubernetes-minion1,zone=north    Ready
```

上述命令列操作也可以透過修改資源定義檔的方式，並執行 kubectl replace -f xxx.yaml 命令來完成。

然後，在 Pod 的設定檔中加入 nodeSelector 定義，以 redis-master-controller.yaml 為例：

```
apiVersion: v1
kind: ReplicationController
metadata:
  name: redis-master
  labels:
    name: redis-master
spec:
  replicas: 1
  selector:
    name: redis-master
  template:
    metadata:
      labels:
        name: redis-master
```

```
  spec:
    containers:
    - name: master
      image: kubeguide/redis-master
      ports:
      - containerPort: 6379
    nodeSelector:
      zone: north
```

執行 kubectl create -f 命令建立 Pod，scheduler 就會將該 Pod 調度到擁有 zone=north 標籤的 Node 上。

使用 kubectl get pods -o wide 命令可以驗證 Pod 所在的 Node：

```
# kubectl get pods -o wide
NAME                  READY    STATUS     RESTARTS    AGE     NODE
redis-master-f0rqj    1/1      Running    0           19s     kubernetes-minion1
```

如果我們將多個 Node 都定義為相同的標籤（例如 zone=north），則 scheduler 會根據調度演算法從這組 Node 中挑選一個可用的 Node 進行 Pod 調度。

這種基於 Node 標籤的調度方式靈活度很高，比如可以把一組 Node 分別貼上 "開發環境"、"測試驗證環境"、"用戶驗收環境" 這三組標籤中的一種，此時一個 Kubernetes 叢集就承載了 3 個環境，這將大大提高開發效率。

需要注意的是，如果我們指定 Pod 的 nodeSelector 條件，且叢集中不存在包含相應標籤的 Node 時，即使還有其他可供調度的 Node，這個 Pod 也最終會調度失敗。

4.3.6 應用系統的輪流升級

當叢集中的某個服務需要升級時，我們需要停止目前與該服務相關的所有 Pod，然後重新拉取映像檔並啟動。如果叢集規模比較大，則這個工作就變成了一個挑戰，而且先全部停止然後逐步升級的方式會導致較長時間的服務不可使用。Kubernetes 提供了 rolling-update（輪流升級）功能來解決上述問題。

輪流升級透過執行 kubectl rolling-update 命令一鍵就完成，此命令建立了一個新的 RC，然後自動控制舊的 RC 中的 Pod 抄本數量逐漸減少到 0，同時新的 RC 中的 Pod 抄本數量從 0 逐步增加到目標值，最終完成了 Pod 的升級。需要注意的是，系統要求新的 RC 需要與舊的 RC 在相同的命名空間（Namespace）內，也就是不能把別人的資產偷偷轉移到自家名下。

以 redis-master 為例，假設目前運行的 redis-master Pod 是 1.0 版本，則現在需要升級到 2.0 版本。

建立 redis-master-controller-v2.yaml 的設定檔如下：

```
apiVersion: v1
kind: ReplicationController
metadata:
  name: redis-master-v2
  labels:
    name: redis-master
    version: v2
spec:
  replicas: 1
  selector:
    name: redis-master
    version: v2
  template:
    metadata:
      labels:
        name: redis-master
        version: v2
    spec:
      containers:
      - name: master
        image: kubeguide/redis-master:2.0
        ports:
        - containerPort: 6379
```

在設定檔中有幾處需要注意：

(1) RC 的名字（name）不能與舊的 RC 名字相同；

(2) 在 selector 中應至少有一個 Label 與舊的 RC Label 不同，以標識其為新的 RC。本例中新增了一個名為 version 的 Label，以便與舊的 RC 進行區別。

執行 kubectl rolling-update 命令完成 Pod 的輪流升級：

```
$ kubectl rolling-update redis-master -f redis-master-controller-v2.yaml
```

Kubectl 的執行過程如下：

```
Creating redis-master-v2
At beginning of loop: redis-master replicas: 2, redis-master-v2 replicas: 1
Updating redis-master replicas: 2, redis-master-v2 replicas: 1
At end of loop: redis-master replicas: 2, redis-master-v2 replicas: 1
At beginning of loop: redis-master replicas: 1, redis-master-v2 replicas: 2
Updating redis-master replicas: 1, redis-master-v2 replicas: 2
At end of loop: redis-master replicas: 1, redis-master-v2 replicas: 2
At beginning of loop: redis-master replicas: 0, redis-master-v2 replicas: 3
Updating redis-master replicas: 0, redis-master-v2 replicas: 3
At end of loop: redis-master replicas: 0, redis-master-v2 replicas: 3
Update succeeded. Deleting redis-master
redis-master-v2
```

等所有新的 Pod 啟動完成後，舊的 Pod 也被全部銷毀，這樣就完成了容器叢集的更新。

另一種方法是不使用設定檔，直接用 kubectl rolling-update 命令，加上 --image 參數指定新版映像檔名稱來完成 Pod 的輪流升級：

```
$ kubectl rolling-update redis-master --image=redis-master:2.0
```

與使用設定檔的方式不同，執行的結果是舊的 RC 被刪除，新的 RC 仍將沿用舊的 RC 的名字。

Kubectl 的執行過程如下：

```
Creating redis-master-ea866a5d2c08588c3375b86fb253db75
At beginning of loop: redis-master replicas: 2, redis-master-ea866a5d2c08588c
3375b86fb253db75 replicas: 1
Updating redis-master replicas: 2, redis-master-ea866a5d2c08588c3375b86fb253db 75
replicas: 1
At end of loop: redis-master replicas: 2, redis-master-ea866a5d2c08588c3375b86fb
253db75 replicas: 1
At beginning of loop: redis-master replicas: 1, redis-master-ea866a5d2c08588c
3375b86fb253db75 replicas: 2
Updating redis-master replicas: 1, redis-master-ea866a5d2c08588c3375b86fb 253db75
replicas: 2
At end of loop: redis-master replicas: 1, redis-master-ea866a5d2c08588c3375b86fb
253db75 replicas: 2
At beginning of loop: redis-master replicas: 0, redis-master-ea866a5d2c08588c
3375b86fb253db75 replicas: 3
```

```
Updating redis-master replicas: 0, redis-master-ea866a5d2c08588c3375b86fb253db 75
replicas: 3
At end of loop: redis-master replicas: 0, redis-master-ea866a5d2c08588c3375b86fb
253db75 replicas: 3
Update succeeded. Deleting old controller: redis-master
Renaming redis-master-ea866a5d2c08588c3375b86fb253db75 to redis-master
redis-master
```

以上可以看到，Kubectl 透過新建一個新版本 Pod、停掉一個舊版本 Pod，並逐一反覆運行來完成整個 RC 的更新。

更新完成後，查看 RC：

```
$ kubectl get rc
CONTROLLER      CONTAINER(S)    IMAGE(S)                    SELECTOR        REPLICAS
redis-master    master          kubeguide/redis-master:2.0  deployment= ea866a5d2c0
8588c3375b86fb253db75,name=redis-master,version=v1                          3
```

可以看到，Kubectl 給 RC 增加了一個 key 為 "deployment" 的 Label（這個 key 的名字可透過 --deployment-label-key 參數進行修改），Label 的值是 RC 內容執行 Hash 計算後的值，相當於簽名，如此一來，就能很方便地比較 RC 裡的 Image 名字及其他資訊是否發生變化，它的具體作用可以參見第 6 章的原始碼分析。

如果在更新過程中發現配置有誤，則使用者可以中斷此更新操作，並透過執行 Kubectl rolling-update –rollback 完成 Pod 版本的回溯：

```
$ kubectl rolling-update redis-master --image=kubeguide/redis-master:2.0
--rollback
Found existing update in progress (redis-master-fefd9752aa5883ca4d53013a7b
583967), resuming.
Found desired replicas.Continuing update with existing controller redis-master.
At beginning of loop: redis-master-fefd9752aa5883ca4d53013a7b583967 replicas: 0,
redis-master replicas: 3
Updating redis-master-fefd9752aa5883ca4d53013a7b583967 replicas: 0, redis-master
replicas: 3
At end of loop: redis-master-fefd9752aa5883ca4d53013a7b583967 replicas: 0, redis-
master replicas: 3
Update succeeded. Deleting redis-master-fefd9752aa5883ca4d53013a7b583967
redis-master
```

到此，可以看到 Pod 恢復到更新前的版本了。

4.3.7 Kubernetes 叢集高可用性方案

Kubernetes 作為容器應用的管理中心，透過對 Pod 的數量進行監控，並且根據主機或容器失效的狀態將新的 Pod 調度到其他 Node 上，實現了應用層的高可用性。針對 Kubernetes 叢集，高可用性還應包含以下兩個層面的考慮：etcd 資料儲存的高可用性和 Kubernetes Master 組件的高可用性。

■ etcd 高可用性方案

etcd 在整個 Kubernetes 叢集中處於中心資料庫的地位，為保證 Kubernetes 叢集的高可用性，首先需要保證資料庫不是單點故障。一方面，etcd 需要以叢集的方式進行部署，以實現 etcd 資料儲存的備援、備份與高可用性；另一方面，etcd 儲存的資料本身也應考慮使用可靠的存放裝置。

etcd 叢集的部署可以使用靜態配置，也可以透過 etcd 提供的 REST API 在運行時動態添加、修改或刪除叢集中的成員。本節將對 etcd 叢集的靜態配置進行說明。關於動態修改的操作方法請參考 etcd 官方文件上的說明。

首先，規劃一個至少 3 台伺服器（節點）的 etcd 叢集，在每台伺服器上安裝好 etcd。

部署一個由 3 台伺服器組成的 etcd 叢集，其配置如表 4.10 所示，其叢集部署實例如圖 4.2 所示。

表 4.10 etcd 叢集的配置

etcd 實例名稱	IP 地址
etcd1	10.0.0.1
etcd2	10.0.0.2
etcd3	10.0.0.3

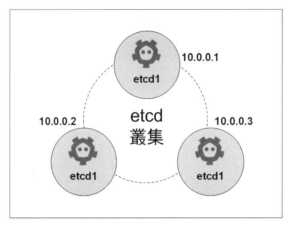

圖 4.2 etcd 叢集部署實例

然後，修改每台伺服器上 etcd 的設定檔 /etc/etcd/etcd.conf。

以 etcd1 為建立叢集的實例，需要將其 ETCD_INITIAL_CLUSTER_STATE 設定為 "new"。etcd1 的完整配置如下：

```
# [member]
ETCD_NAME=etcd1                                        #etcd實例名稱
ETCD_DATA_DIR="/var/lib/etcd/etcd1"                    #etcd資料保存目錄
ETCD_LISTEN_PEER_URLS="http://10.0.0.1:2380"           #叢集內部通訊使用的URL
ETCD_LISTEN_CLIENT_URLS="http://10.0.0.1:2379"         #供外部用戶端使用的URL
……
#[cluster]
ETCD_INITIAL_ADVERTISE_PEER_URLS="http://10.0.0.1:2380" #廣播給叢集內其他成員使用的URL
ETCD_INITIAL_CLUSTER="etcd1=http://10.0.0.1:2380,etcd2=http://10.0.0.2:2380, etcd
3=http://10.0.0.3:2380"                                #初始叢集成員清單
ETCD_INITIAL_CLUSTER_STATE="new"                       #初始叢集狀態，new為新建叢集
ETCD_INITIAL_CLUSTER_TOKEN="etcd-cluster"              #叢集名稱
ETCD_ADVERTISE_CLIENT_URLS="http://10.0.0.1:2379"      #廣播給外部用戶端使用的URL
```

啟動 etcd1 伺服器上的 etcd 服務：

```
$ systemctl restart etcd
```

啟動完成後，就建立了一個名為 etcd-cluster 的叢集。

etcd2 和 etcd3 為 加 入 etcd-cluster 叢 集 的 實 例，需 要 將 其 ETCD_INITIAL_ CLUSTER_STATE 設定為 "exist"。etcd2 的完整配置如下（etcd3 的配置省略）：

```
# [member]
ETCD_NAME=etcd2                                            #etcd實例名稱
ETCD_DATA_DIR="/var/lib/etcd/etcd2"                        #etcd資料保存目錄
ETCD_LISTEN_PEER_URLS="http://10.0.0.2:2380"              #叢集內部通訊使用的URL
ETCD_LISTEN_CLIENT_URLS="http://10.0.0.2:2379"           #供外部用戶端使用的URL
......
#[cluster]
ETCD_INITIAL_ADVERTISE_PEER_URLS="http://10.0.0.2:2380"  #廣播給叢集內其他成員使用的URL
ETCD_INITIAL_CLUSTER="etcd1=http://10.0.0.1:2380,etcd2=http://10.0.0.2:2380,etcd3
=http://10.0.0.3:2380"                                    #初始叢集成員清單
ETCD_INITIAL_CLUSTER_STATE="exist"                        #existing表示加入已存在的叢集
ETCD_INITIAL_CLUSTER_TOKEN="etcd-cluster"                 #叢集名稱
ETCD_ADVERTISE_CLIENT_URLS="http://10.0.0.2:2379"        #廣播給外部用戶端使用的URL
```

啟動 etcd2 和 etcd3 伺服器上的 etcd 服務：

```
$ systemctl restart etcd
```

啟動完成後，在任意 etcd 節點執行 etcdctl cluster-health 命令來查詢叢集的運行狀態：

```
$ etcdctl cluster-health
cluster is healthy
member ce2a822cea30bfca is healthy
member acda82ba1cf790fc is healthy
member eba209cd0012cd2 is healthy
```

在任意 etcd 節點上執行 etcdctl member list 命令來查詢叢集的成員清單：

```
$ etcdctl member list
ce2a822cea30bfca: name=default peerURLs=http://10.0.0.1:2380,http://10.0.0.1:
7001 clientURLs=http://10.0.0.1:2379,http://10.0.0.1:4001
acda82ba1cf790fc: name=default peerURLs=http://10.0.0.2:2380,http://10.0.0.2:
7001 clientURLs=http://10.0.0.2:2379,http://10.0.0.2:4001
eba209cd40012cd2: name=default peerURLs=http://10.0.0.3:2380,http://10.0.0.3:
7001 clientURLs=http://10.0.0.3:2379,http://10.0.0.3:4001
```

至此，一個 etcd 叢集就建置成功了。

以 kube-apiserver 為例，將存取 etcd 叢集的參數設定為：

```
--etcd-servers=http://10.0.0.1:4001,http://10.0.0.2:4001,http://10.0.0.3:4001
```

在 etcd 叢集成功啟動之後，如果需要對叢集成員進行修改，請參考官方文件內的詳細說明：

```
https://github.com/coreos/etcd/blob/master/Documentation/runtime-configuration.
md#cluster-reconfiguration-operations
```

對於 etcd 中需要保存資料的可靠性，可以考慮使用 RAID 磁碟陣列、高效率存放裝置、NFS 網路檔案系統，或者使用雲端供應商提供的網路儲存系統等來實踐。

2 Kubernetes Master 元件的高可用性方案

在 Kubernetes 體系中，Master 服務扮演著管控中心的角色，主要的三個服務 kube-apiserver、kube-controller-mansger 和 kube-scheduler 透過不斷與工作節點上的 Kubelet 和 kube-proxy 進行通訊來維護整個叢集的健康工作狀態。如果 Master 的服務無法存取到某個 Node，則會將該 Node 標記為不可用，不再向其調度新建的 Pod。但對 Master 自身則需要進行額外的監控，使 Master 不成為叢集的單點故障，所以對 Master 服務也需要進行高可用性方式的部署。

以 Master 的 kube-apiserver、kube-controller-mansger 和 kube-scheduler 三個服務作為一個部署單元，類似於 etcd 叢集的典型部署配置。使用至少三台伺服器安裝 Master 服務，並且以 Active-Standby-Standby 模式確保任何時候總有一套 Master 能夠正常工作。

所有工作節點上的 Kubelet 和 kube-proxy 服務則需要存取 Master 叢集的統一連線入口位址，例如可以使用 pacemaker 等工具來實現。圖 4.3 展示了一種典型的部署方式。

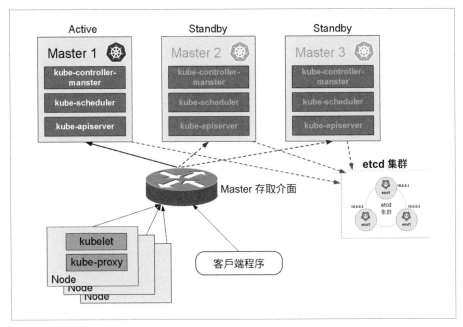

圖 4.3 Kubernetes Master 高可用性部署架構

4.4 資源配額管理

在第 2 章中介紹了資源的配額管理功能，主要用於對叢集中可用的資源進行分配和限制。為了開啟配額管理，首先要設定 kube-apiserver 的 --admission_control 參數，使其載入這兩個允入控制器：

kube-apiserver ... --admission_control=LimitRanger,ResourceQuota...

接下來，我們將以具體案例的方式來深入學習 Kubernetes 配額管理的用法。

4.4.1 指定容器配額

對指定容器實施配額管理是非常簡單，只要在 Pod 或 ReplicationController 的定義檔中設定 resources 屬性即可為某個容器指定配額。目前容器支援 CPU 和 Memory 兩類資源的配額限制。

在下面這個 RC 定義檔中增加 redis-master 的資源配額宣告：

```
apiVersion: v1
kind: ReplicationController
metadata:
  name: redis-master
  labels:
    name: redis-master
spec:
  replicas: 1
  selector:
    name: redis-master
  template:
    metadata:
      labels:
        name: redis-master
    spec:
      containers:
      - name: master
        image: kubeguide/redis-master
        ports:
        - containerPort: 6379
        resources:
          limits:
            cpu: 0.5
            memory: 128Mi
```

以上配置表示，系統將對名為 master 的容器限制 CPU 為 0.5（也可以寫為 500m），可用記憶體限制為 128MiB 位元組。

這裡有必要簡單說明在上述定義中所採用的 CPU 和 Memory 的單位，它們遵循國際單位制（International System of Units），包括十進位的 E、P、T、G、M、K、m，或二進位的 Ei、Pi、Ti、Gi、Mi、Ki。小於 1 的數字可以用小數來表示，此外，KiB 與 MiB 是十進位表示的位元組單位，而常見的 KB 與 MB 則是二進位表示的位元組單位，區別如下：

```
1 KB (kilobyte) = 1000 bytes = 8000 bits
1 KiB (kibibyte) = 2^10 bytes = 1024 bytes = 8192 bits
```

Kubernetes 啟動一個容器時，會將 CPU 的配額值乘以 1024 並轉為整數傳遞給 docker run 的 --cpu-shares 參數，之所以乘以 1024 是因為 Docker 的 cpu-shares 參數是以 1024 為基數計算 CPU 時間的。另外，Docker 官方文件裡解釋說 cpu-shares 是一個相對權重值（Relative Weight），因此 Kubernetes 官方文件裡解釋以 cpu: 0.5 表示該容器占用 0.5 個 CPU 計算時間的說法其實是不準確的。僅當該節點是單核心 CPU 並只運行兩個容器，且每個容器的 CPU 配額設定為 0.5 時，上述說法才成立。假如在一個節點上同時運行了 3 個容器 A、B、C，其中 A 容器的 CPU 配額設定為 1，B 容器與 C 容器設定為 0.5，則當系統的 CPU 利用率達到 100% 時，A 容器只占用了 1×100/(1+0.5+0.5)=50% 的 CPU 時間，而 B 容器與 C 容器分別占用了 25% 的 CPU 時間。如果此時加入一個新的容器 D，它的 CPU 配額也設定為 1，則透過計算我們得到 A 容器此時只占據 33% 的 CPU 時間。對於目前主流的多核 CPU，容器的 CPU 配額會在多核心上共同承擔。因此在多核 CPU 上，即使某個容器宣告 CPU<1，它也可能會占滿多個 CPU 核。例如兩個設定為 cpu=0.5 的容器運行在 4 核的 CPU 上，則每個容器可能會用光 4×0.5/(0.5+0.5)=2 個 CPU 核。

同樣地，Memory 配額也會被轉換為整數傳遞給 docker run 的 --memory 參數。如果一個容器在運行過程中超出了指定的記憶體配額，則它可能會被 "刪除"，然後重新啟動。因此對容器的記憶體配額需要進行準確的測試和評估。CPU 配額則不會因為偶然超額使用而導致容器被系統 "刪除"。

由於 CPU 和 Memory 的限額最終涉及 Linux 的底層 cgroup 的相關知識，所以有興趣的讀者可以繼續深入研究這部分的相關知識。

4.4.2 全域預設配額

除了可以直接在容器（或 RC）的定義檔中給指定的容器增加資源配額參數，我們還可以透過建立 LimitRange 物件來定義一個全域用預設配額範本。這個預設配額範本會載入到叢集中的每個 Pod 及容器上，如此一來，就不用手動為每個 Pod 和容器重複設定了。

LimitRange 物件可以同時在 Pod 和 Container 兩個層級上進行資源配額的設定。當 LimitRange 建立生效後，之後建立的 Pod 都將使用 LimitRange 設定的資源配額進行限制。

首先，定義一個名為 limit-range-1 的 LimitRange，設定檔名為 pod-container-limits.yaml，下面是檔案的完整內容：

```
apiVersion: v1
kind: LimitRange
metadata:
  name: limit-range-1
spec:
  limits:
    - type: "Pod"
      max:
        cpu: "2"
        memory: 1Gi
      min:
        cpu: 250m
        memory: 32Mi
    - type: "Container"
      max:
        cpu: "2"
        memory: 1Gi
      min:
        cpu: 250m
        memory: 32Mi
      default:
        cpu: 250m
        memory: 64Mi
```

上述設定說明：

⊙ 任意 Pod 內所有容器的 CPU 使用限制在 0.25 ~ 2；

⊙ 任意 Pod 內所有容器的記憶體使用限制在 32Mi ~ 1Gi；

⊙ 任意容器的 CPU 使用限制在 0.25 ~ 2，預設值為 0.25；

⊙ 任意容器的記憶體使用限制在 32Mi ~ 1Gi，預設值為 64Mi。

接下來，使用 kubectl create 傳送上述定義檔到 Kubernetes 叢集裡使之生效：

```
$ kubectl replace -f pod-container-limits.yaml
limitranges/limit-range-1
$ kubectl describe limits limit-range-1
Name:           limit-range-1
Namespace:      default
Type            Resource        Min     Max     Default
----            --------        ---     ---     ---
Pod             memory          32Mi    1Gi     -
Pod             cpu             250m    2       -
Container       cpu             250m    2       250m
Container       memory          32Mi    1Gi     64Mi
```

最後，我們來檢驗上述全域用配額是否起作用。

定義一個名為 redis-master-pod 的 Pod，不指定資源配額，對應的檔案名為 redis-master- pod.yaml，下面是其完整定義內容：

```
apiVersion: v1
kind: Pod
metadata:
  name: redis-master-pod
  labels:
    name: redis-master-pod
spec:
  containers:
  - name: master-pod
    image: kubeguide/redis-master
    ports:
    - containerPort: 6379
```

執行 kubectl create 命令建立該 Pod：

```
$ kubectl create -f redis-master-pod.yaml
pods/redis-master-pod
```

建立成功後，查看該 Pod 的詳細資訊，可以看到系統中 LimitRange 的設定對新建立的容器進行了資源限制（使用了 LimitRange 中的預設值）：

```
$ kubectl describe pod redis-master-pod
......
Name:                        redis-master-pod
Containers:
  master-pod:
    Image:      kubeguide/redis-master
    Limits:
      memory:           64Mi
      cpu:              250m
    State:          Running
......
```

此外，如果在 Pod 的定義檔中指定配額參數，則可遵循區域覆蓋全域的原則，此配額參數會"覆蓋"全域參數的值。當然，如果用戶指定的配額參數超過全域所設定的最大值，則會被"禁止"。在下面的例子中，我們將記憶體配額改為 1.5Gi，系統將新建失敗：

```
$ kubectl create -f redis-master-pod.yaml
Error from server: error when creating "redis-master-pod.yaml": Pod "redis-
master-pod" is forbidden: Maximum memory usage per pod is 1Gi
```

最後需要說明的一點是：LimitRange 是跟 Namespace 綁定的，每個 Namespace 都可以關聯一個不同的 LimitRange 作為其全域預設配額配置。另外，建立 LimitRange 時可以在命令列以指定 --namespace=yournamespace 的方式關聯到指定 的 Namespace 上，也可以在定義檔中直接指定 namespace，如下面的例子：

```
apiVersion: v1
kind: LimitRange
metadata:
  name: limit-range-1
  namespace: development
spec:
  limits:
    - type: "Container"
      default:
        cpu: 250m
        memory: 64Mi
```

4.4.3 多用戶配額管理

多用戶在 Kubernetes 中以 Namespace 來實現，這裡的多用戶可以是多個使用者、多個業務系統或相互隔離的多種作業環境。一個叢集中的資源總是有限的，當這個叢集被多個用戶的應用同時使用時，為了更好地使用有限的共有資源，我們需要將資源配額的管理單元提升到用戶級別，只需要在不同用戶對應的 Namespace 上載入對應的 ResourceQuota 配置即可達到目的。

下面將舉例說明如何使用 ResourceQuota 來實現基於用戶的配額管理，情境如下。

叢集擁有的總資源為：CPU 共有 128core；記憶體總量為 1024GiB；有兩個用戶，分別是開發組和測試組，開發組的資源配額為 32 core CPU 及 256GiB 記憶體，測試組的資源配額為 96 core CPU 及 768GiB 記憶體。

首先，建立開發組對應的命名空間：

namespace-development.yaml：

```
apiVersion: v1
kind: Namespace
metadata:
  name: development
```

接著，建立用於限定開發組的 ResourceQuota 物件，請注意 metadata.namespace 屬性被設定為開發組的命名空間：

resourcequota-development.yaml

```
apiVersion: v1
kind: ResourceQuota
metadata:
  name: quota-development
  namespace: development
spec:
  hard:
    cpu: "32"
    memory: 256Gi
    persistentvolumeclaims: "10"
    pods: "100"
    replicationcontrollers: "50"
    resourcequotas: "1"
    secrets: "20"
    services: "50"
```

查看 ResourceQuota 的詳細資訊：

```
$ kubectl describe quota quota-development --namespace=development
Name:                   quota-development
Namespace:              development
Resource                Used    Hard
--------                ----    ----
cpu                     0       32
memory                  0       256Gi
persistentvolumeclaims  0       10
pods                    0       100
replicationcontrollers  0       50
resourcequotas          1       1
secrets                 0       20
services                0       50
```

重複上述步驟，為測試組也建立相對應的 namespace 與 ResourceQuota，這裡省略具體操作步驟。

在建立完 ResourceQuota 之後，對於所有需要建立的 Pod 都必須指定具體的資源配額設定。否則，建立 Pod 會失敗：

```
$ kubectl create -f redis-master.yaml
Error from server: error when creating "redis-master.yaml": Pod "redis-master" is
forbidden: Limited to 256Gi memory, but pod has no specified memory limit
```

可以使用前面介紹的兩種辦法來為 Pod 宣告配額，這裡省略具體操作。

在建立了一些 Pod 以後，可以透過命令 kubectl describe resourcequota 來查看某個用戶的配額使用情況。

下面是對 development 用戶的配額使用情況統計：

```
$ kubectl describe resourcequota quota-development --namespace=development
Name:                   quota-development
Namespace:              development
Resource                Used            Hard
--------                ----            ----
cpu                     250m            32
memory                  67108864        256
Gipersistentvolumeclaims 0              10
pods                    1               100
replicationcontrollers  0               50
resourcequotas          1               1
secrets                 0               20
services                0               50
```

此外，還可以透過 kubectl describe namespace 命令查看一個 Namespace 內所包括的 ResourceQuota 和 LimitRange 的資訊。此命令有助於我們瞭解某個用戶的配額定義和使用情況：

```
$ kubectl describe namespace development
Name:   development
Labels: <none>
Status: Active

Resource Quotas
 Resource                 Used    Hard
 ---                      ---     ---
 cpu                      0       32
 memory                   0       256Gi
 persistentvolumeclaims   0       10
 pods                     0       100
```

```
replicationcontrollers 0        50
resourcequotas         1        1
secrets                0        20
services               0        50

Resource Limits
Type        Resource      Min     Max     Default
----        --------      ---     ---     ---
Container   cpu           -       -       250m
Container   memory        -       -       64Mi
```

4.5 Kubernetes 網路配置方案詳解

根據第 2 章對 Kubernetes 網路機制的介紹，為了實現各 Node 上 Pod 之間的互連互通，需要一些方案來打通網路，這是 Kubernetes 叢集能夠正常工作的前提。本節將對常用的直接路由、Flannel 和 Open vSwitch 三種配置進行詳細說明。

4.5.1 直接路由方案

透過在每個 Node 上增加到其他 Node 上 docker0 的靜態路由規則，就可以將不同物理伺服器上 Docker Daemon 建立的 docker0 橋接器相互連通。圖 4.4 描述了在兩個 Node 之間透通網路的情況。

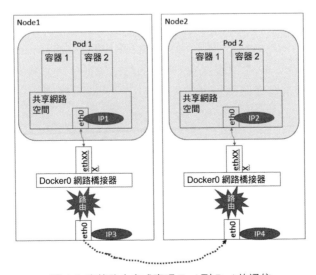

圖 4.4 直接路由方式實現 Pod 到 Pod 的通信

使用這種方案，只需要在每個 Node 的路由表中增加到對方 docker0 的路由轉送規則配置項目。

例如 Pod1 所在 docker0 橋接器的 IP 子網是 10.1.10.0，Node 地址為 192.168.1.128；而 Pod2 所在 docker0 橋接器的 IP 子網是 10.1.20.0，Node 地址為 192.168.1.129。

在 Node1 上用 route add 命令增加一條到 Node2 上 docker0 的靜態路由規則：

```
route add -net 10.1.20.0 netmask 255.255.255.0 gw 192.168.1.129
```

同樣，在 Node2 上增加一條到 Node1 上 docker0 的靜態路由規則：

```
route add -net 10.1.10.0 netmask 255.255.255.0 gw 192.168.1.128
```

在 Node1 上透過 ping 命令驗證到 Node2 上 docker0 的網路連通性。這裡 10.1.20.1 為 Node2 上 docker0 橋接器本身的 IP 位址。

```
$ ping 10.1.20.1
PING 10.1.20.1 (10.1.20.1) 56(84) bytes of data.
64 bytes from 10.1.20.1: icmp_seq=1 ttl=62 time=1.15 ms
64 bytes from 10.1.20.1: icmp_seq=2 ttl=62 time=1.16 ms
64 bytes from 10.1.20.1: icmp_seq=3 ttl=62 time=1.57 ms
......
```

以上可以看到，路由轉送規則生效後，Node1 可以直接連線到 Node2 上的 docker0 橋接器，進一步也可以連線到屬於 docker0 網段的容器應用程式了。

不過，叢集中機器的數量通常可能很多。假設有 100 台伺服器，則需要在每台伺服器上手動添加到另外 99 台伺服器 docker0 的路由規則。為了減少手動操作，可以使用 Quagga 軟體來實現路由規則的動態增加。Quagga 軟體的主頁為 http://www.quagga.net。

除了在每台伺服器安裝 Quagga 軟體並啟動，還可以使用網際網路上的 Quagga 容器來執行，在本範例中使用 index.alauda.cn/georce/router 映像檔啟動 Quagga。在每台 Node 上下載該 Docker 映像檔：

```
$ docker pull index.alauda.cn/georce/router
```

在執行 Quagga 路由器之前，需要確保每個 Node 上 docker0 橋接器的子網段位址不能重疊，也不能與實體機所在的網路重疊，這需要網路系統管理員仔細規劃。

下面以 3 個 Node 為例，使用 ifconfig 命令修改 docker0 橋接器的位址和子網段（假設 Node 所在的物理網路不是 10.1.X.X 位址網段）：

```
Node 1：# ifconfig docker0 10.1.10.1/24
Node 2：# ifconfig docker0 10.1.20.1/24
Node 3：# ifconfig docker0 10.1.30.1/24
```

然後，在每個 Node 上啟動 Quagga 容器。需要說明的是，Quagga 需要以 --privileged 特權模式運行，並且指定 --net=host，表示直接使用 Host 主機的網路：

```
$ docker run -itd --name=router --privileged --net=host index.alauda.cn/georce/
router
```

啟動成功後，Quagga 會相互學習來完成到其他機器的 docker0 路由規則的添加。

一段時間後，在 Node1 上使用 route -n 命令來查看路由表，可以看到 Quagga 自動新增了兩條到 Node2 和到 Node3 上 docker0 的路由規則。

```
# route -n
Kernel IP routing table
Destination     Gateway          Genmask         Flags  Metric  Ref   Use Iface
0.0.0.0         192.168.1.128    0.0.0.0         UG     0       0     0   eth0
10.1.10.0       0.0.0.0          255.255.255.0   U      0       0     0   docker0
10.1.20.0       192.168.1.129    255.255.255.0   UG     20      0     0   eth0
10.1.30.0       192.168.1.130    255.255.255.0   UG     20      0     0   eth0
```

在 Node2 上查看路由表，可以看到自動新增了兩條到 Node1 和 Node3 上 docker0 的路由規則。

```
# route -n
Kernel IP routing table
Destination     Gateway          Genmask         Flags  Metric  Ref   Use Iface
0.0.0.0         192.168.1.129    0.0.0.0         UG     0       0     0   eth0
10.1.20.0       0.0.0.0          255.255.255.0   U      0       0     0   docker0
10.1.10.0       192.168.1.128    255.255.255.0   UG     20      0     0   eth0
10.1.30.0       192.168.1.130    255.255.255.0   UG     20      0     0   eth0
```

至此，所有 Node 上的 docker0 都可以相互通訊了。

4.5.2 使用 flannel 層疊網路

flannel 採用層疊網路（Overlay Network）模型來完成網路的連通，本節對 flannel 的安裝和配置進行詳細說明。

(1) 安裝 etcd

由於 flannel 使用 etcd 作為儲存庫，所以需要預先安裝好 etcd。

(2) 安裝 flannel

需要在每台 Node 上都安裝 flannel。flannel 軟體的下載位址為 https://github. com/coreos/flannel/releases。將下載的壓縮包 flannel-<version>-linux-amd64.tar. gz 解壓，把二元執行檔 flanneld 和 mk-docker-opts.sh 複製到 /usr/bin（或其他 PATH 環境變數中的目錄），即可完成 flannel 的安裝。

(3) 配置 flannel

此處以使用 systemd 系統為例對 flanneld 服務進行配置。編輯服務設定檔 /usr/ lib/systemd/system/flanneld.service：

```
[Unit]
Description=Flanneld overlay address etcd agent
After=network.target
Before=docker.service

[Service]
Type=notify
EnvironmentFile=/etc/sysconfig/flanneld
EnvironmentFile=-/etc/sysconfig/docker-network
ExecStart=/usr/bin/flanneld -etcd-endpoints=${FLANNEL_ETCD} $FLANNEL_OPTIONS

[Install]
RequiredBy=docker.service
WantedBy=multi-user.target
```

編輯設定檔 /etc/sysconfig/flannel，設定 etcd 的 URL 位址：

```
# Flanneld configuration options

# etcd url location.  Point this to the server where etcd runs
FLANNEL_ETCD="http://192.168.1.128:4001"

# etcd config key.  This is the configuration key that flannel queries
```

```
# For address range assignment
FLANNEL_ETCD_KEY="/coreos.com/network"

# Any additional options that you want to pass
#FLANNEL_OPTIONS=""
```

在啟動 flannel 之前，需要在 etcd 中添加一條網路配置記錄，這個配置將用於 flannel 分配給每個 Docker 的虛擬 IP 位址網段。

```
# etcdctl set /coreos.com/network/config '{ "Network": "10.1.0.0/16" }'
```

(4) 由於 flannel 將覆蓋 docker0 橋接器，所以如果 Docker 服務已啟動，請停止 Docker 服務。

(5) 啟動 flanneld 服務：

```
$ systemctl restart flanneld
```

(6) 在每個 Node 節點執行以下命令來完成對 docker0 橋接器的設定：

```
$ mk-docker-opts.sh -i
$ source /run/flannel/subnet.env
$ ifconfig docker0 ${FLANNEL_SUBNET}
```

完成後確認網路介面 docker0 的 IP 位址是屬於 flannel0 的子網段：

```
$ ip addr
...
flannel0: flags=4305<UP,POINTOPOINT,RUNNING,NOARP,MULTICAST>  mtu 1472
        inet 10.1.10.0  netmask 255.255.0.0  destination 10.1.10.0
docker0: flags=4163<UP,BROADCAST,RUNNING,MULTICAST>  mtu 1500
        inet 10.1.10.1  netmask 255.255.255.0  broadcast 10.1.10.255
......
```

(7) 重新啟動 Docker 服務：

```
$ systemctl restart docker
```

這樣即可完成 flannel 層疊網路的設定。

使用 ping 命令驗證各 Node 上 docker0 之間的相互連線。在 10.1.10.1 機器上 ping 10.1.30.1（另一台機器）：

```
$ ping 10.1.30.1
PING 10.1.30.1 (10.1.30.1) 56(84) bytes of data.
64 bytes from 10.1.30.1: icmp_seq=1 ttl=62 time=1.15 ms
```

```
64 bytes from 10.1.30.1: icmp_seq=2 ttl=62 time=1.16 ms
64 bytes from 10.1.30.1: icmp_seq=3 ttl=62 time=1.57 ms
......
```

在 etcd 中也可以查看到 flannel 設定的 flannel0 位址與伺服器 IP 位址的路由規則：

```
$ etcdctl ls /coreos.com/network/subnets
/coreos.com/network/subnets/10.1.10.0-24
/coreos.com/network/subnets/10.1.20.0-24
/coreos.com/network/subnets/10.1.30.0-24

$ etcdctl get /coreos.com/network/subnets/10.1.10.0-24
{"PublicIP": "192.168.1.129"}
$ etcdctl get /coreos.com/network/subnets/10.1.20.0-24
{"PublicIP": "192.168.1.130"}
$ etcdctl get /coreos.com/network/subnets/10.1.30.0-24
{"PublicIP": "192.168.1.131"}
```

4.5.3 使用 Open vSwitch

以兩個 Node 為例，目標的網路拓撲如圖 4.5 所示。

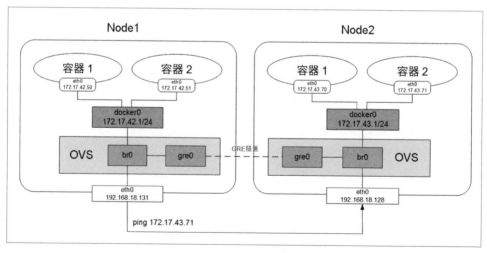

圖 4.5 透過 Open vSwitch 連通網路

首先，確保節點 192.168.18.128 的 Docker0 採用 172.17.43.0/24 網段，而 192.168.18.131 的 Docker0 採用 172.17.42.0/24 網段，對應參數為 DockerDaemon 進程裡的 bip 參數。

Open vSwitch 的安裝和配置方法如下。

1 在兩個 Node 上安裝 ovs

```
$ yum install openvswitch-2.4.0-1.x86_64.rpm
```

禁止 SELINUX 功能，配置後重啟機器：

```
$ vi /etc/selinux/config
SELINUX=disabled
```

查看 Open vSwitch 的服務狀態，應該啟動兩個進程：ovsdb-server 與 ovs-vswitchd。

```
$ service openvswitch status
ovsdb-server is running with pid 2429
ovs-vswitchd is running with pid 2439
```

查看 Open vSwitch 的相關日誌，確認沒有異常：

```
$ more /var/log/messages |grep openv
Nov  2 03:12:52 docker128 openvswitch: Starting ovsdb-server [  OK  ]
Nov  2 03:12:52 docker128 openvswitch: Configuring Open vSwitch system IDs [  OK  ]
Nov  2 03:12:52 docker128 kernel: openvswitch: Open vSwitch switching datapath
Nov  2 03:12:52 docker128 openvswitch: Inserting openvswitch module [  OK  ]
```

請注意，上述操作需要在兩個節點機器上分別操作完成。

2 建立橋接器和 GRE 隧道

接下來需要在每個 Node 上建立 ovs 的橋接器 br0，然後在橋接器上建立一個 GRE 隧道連接另一端橋接器，最後把 ovs 的橋接器 br0 作為一個連接埠連接到 docker0 這個 Linux 橋接器上（可認為是交換機互連），如此一來，兩個節點機器上的 docker0 網段就能互通了。

下面以節點機器 192.168.18.131 為例，具體的操作步驟如下。

(1) 建立 ovs 橋接器：

```
$ ovs-vsctl add-br br0
```

(2) 建立 GRE 隧道連接另一端，remote_ip 為另一端 eth0 的網卡位址：

```
$ ovs-vsctl add-port br0 gre1 -- set interface gre1 type=gre option:remote_
ip=192.168.18.128
```

(3) 添加 br0 到本地端 docker0，使得容器流量透過 OVS 流經 tunnel：

```
$ brctl addif docker0 br0
```

(4) 啟動 br0 與 docker0 橋接器：

```
$ ip link set dev br0 up
$ ip link set dev docker0 up
```

(5) 添加路由規則。由於 192.168.18.128 與 192.168.18.131 的 docker0 網段分別為 172.17.43.0/24 與 172.17.42.0/24，這兩個網段的路由都需要經過本機的 docker0 橋接器路由，其中一個 24 網段是透過 OVS 的 GRE 隧道到達另一端的，因此需要在每個 Node 上添加透過 docker0 橋接器轉送 172.17.0.0/16 網段的路由規則：

```
$ ip route add 172.17.0.0/16 dev docker0
```

(6) 清空 Docker 預設的 Iptables 規則及 Linux 的規則，後者包含拒絕 icmp 封包通過防火牆的規則：

```
$ iptables -t nat -F; iptables -F
```

於 192.168.18.131 上完成上述步驟後，在 192.168.18.128 節點執行同樣的操作。請注意，GRE 隧道裡的 IP 位址要改為另一端節點（192.168.18.131）的 IP 地址。

配置完成後，192.168.18.131 的 IP 位址、docker0 的 IP 位址及路由等重要資訊顯示如下：

```
[root@docker131 ~]$ ip addr
1: lo: <LOOPBACK,UP,LOWER_UP> mtu 65536 qdisc noqueue state UNKNOWN
    link/loopback 00:00:00:00:00:00 brd 00:00:00:00:00:00
    inet 127.0.0.1/8 scope host lo
      valid_lft forever preferred_lft forever
2: eth0: <BROADCAST,MULTICAST,UP,LOWER_UP> mtu 1500 qdisc pfifo_fast state UP
qlen 1000
    link/ether 00:0c:29:55:5e:c3 brd ff:ff:ff:ff:ff:ff
    inet 192.168.18.131/24 brd 192.168.18.255 scope global dynamic eth0
      valid_lft 1369sec preferred_lft 1369sec
```

```
3: ovs-system: <BROADCAST,MULTICAST> mtu 1500 qdisc noop state DOWN
    link/ether a6:15:c3:25:cf:33 brd ff:ff:ff:ff:ff:ff
4: br0: <BROADCAST,MULTICAST,UP,LOWER_UP> mtu 1500 qdisc noqueue master docker0
state UNKNOWN
    link/ether 92:8d:d0:a4:ca:45 brd ff:ff:ff:ff:ff:ff
5: docker0: <BROADCAST,MULTICAST,UP,LOWER_UP> mtu 1500 qdisc noqueue state UP
    link/ether 02:42:44:8d:62:11 brd ff:ff:ff:ff:ff:ff
    inet 172.17.42.1/24 scope global docker0
       valid_lft forever preferred_lft forever
```

同樣地，192.168.18.128 節點的重要資訊如下：

```
[root@docker128 ~]$ ip addr
1: lo: <LOOPBACK,UP,LOWER_UP> mtu 65536 qdisc noqueue state UNKNOWN
    link/loopback 00:00:00:00:00:00 brd 00:00:00:00:00:00
    inet 127.0.0.1/8 scope host lo
       valid_lft forever preferred_lft forever
2: eth0: <BROADCAST,MULTICAST,UP,LOWER_UP> mtu 1500 qdisc pfifo_fast state UP
qlen 1000
    link/ether 00:0c:29:e8:02:c7 brd ff:ff:ff:ff:ff:ff
    inet 192.168.18.128/24 brd 192.168.18.255 scope global dynamic eth0
       valid_lft 1356sec preferred_lft 1356sec
3: ovs-system: <BROADCAST,MULTICAST> mtu 1500 qdisc noop state DOWN
    link/ether fa:6c:89:a2:f2:01 brd ff:ff:ff:ff:ff:ff
4: br0: <BROADCAST,MULTICAST,UP,LOWER_UP> mtu 1500 qdisc noqueue master docker0
state UNKNOWN
    link/ether ba:89:14:e0:7f:43 brd ff:ff:ff:ff:ff:ff
5: docker0: <BROADCAST,MULTICAST,UP,LOWER_UP> mtu 1500 qdisc noqueue state UP
    link/ether 02:42:63:a8:14:d5 brd ff:ff:ff:ff:ff:ff
    inet 172.17.43.1/24 scope global docker0
       valid_lft forever preferred_lft forever
```

3 兩個 Node 上容器之間的互連測試

首先，在 192.168.18.128 節點上 ping 192.168.18.131 上的 docker0 地址：172.17.42.1，
驗證網路通透性：

```
[root@docker128 ~]$ ping 172.17.42.1
PING 172.17.42.1 (172.17.42.1) 56(84) bytes of data.
64 bytes from 172.17.42.1: icmp_seq=1 ttl=64 time=1.57 ms
64 bytes from 172.17.42.1: icmp_seq=2 ttl=64 time=0.966 ms
64 bytes from 172.17.42.1: icmp_seq=3 ttl=64 time=1.01 ms
64 bytes from 172.17.42.1: icmp_seq=4 ttl=64 time=1.00 ms
64 bytes from 172.17.42.1: icmp_seq=5 ttl=64 time=1.22 ms
64 bytes from 172.17.42.1: icmp_seq=6 ttl=64 time=0.996 ms
```

下面我們將透過 tshark 擷取工具來分析流量走向。首先，在 192.168.18.128 節點上
監聽 br0 上是否有 GRE 封包，執行下面的命令，我們發現 br0 上並沒有 GRE 封包：

```
[root@docker128 ~]$ tshark -i  br0 -R ip proto GRE
tshark: -R without -2 is deprecated. For single-pass filtering use -Y.
Running as user "root" and group "root". This could be dangerous.
Capturing on 'br0'
^C
```

而在 eth0 上擷取封包，則發現了 GRE 封裝的 ping 封包通過，說明 GRE 是在承載
實際網路的網卡上完成的封裝過程：

```
[root@docker128 ~]$ tshark -i  eth0 -R ip proto GRE
tshark: -R without -2 is deprecated. For single-pass filtering use -Y.
Running as user "root" and group "root". This could be dangerous.
Capturing on 'eth0'
  1    0.000000  172.17.43.1 -> 172.17.42.1  ICMP 136 Echo (ping) request
id=0x0970, seq=180/46080, ttl=64
  2    0.000892  172.17.42.1 -> 172.17.43.1  ICMP 136 Echo (ping) reply
id=0x0970, seq=180/46080, ttl=64 (request in 1)
2  3   1.002014  172.17.43.1 -> 172.17.42.1  ICMP 136 Echo (ping) request
id=0x0970, seq=181/46336, ttl=64
  4    1.002916  172.17.42.1 -> 172.17.43.1  ICMP 136 Echo (ping) reply
id=0x0970, seq=181/46336, ttl=64 (request in 3)
4  5   2.004101  172.17.43.1 -> 172.17.42.1  ICMP 136 Echo (ping) request
id=0x0970, seq=182/46592, ttl=64
```

至此，基於 OVS 的網路建置成功，由於 GRE 是點對點隧道通訊協定，所以如果有
多個 Node，則需要建立 $N \times (N-1)$ 條 GRE 隧道，即所有 Node 組成一個網狀網，才
能實現全網相通。

4.6 Kubernetes 叢集監控

4.6.1 使用 kube-ui 查看叢集運行狀態

Kubernetes 內建一個叢集狀態的 Web 圖形化顯示介面，便於維運人員查看目前叢
集的執行狀態。

首先需要啟動 kube-ui 服務和 Pod。

在 Kubernetes 的安裝壓縮檔 kubernetes.tar.gz 中的 cluster/addons/kube-ui 目錄下，有 kube-ui-rc.yaml 和 kube-ui-svc.yaml 文件。

kube-ui-rc.yaml 的內容為：

```
apiVersion: v1
kind: ReplicationController
metadata:
  name: kube-ui-v1
  namespace: kube-system
  labels:
    k8s-app: kube-ui
    version: v1
    kubernetes.io/cluster-service: "true"
spec:
  replicas: 1
  selector:
    k8s-app: kube-ui
    version: v1
  template:
    metadata:
      labels:
        k8s-app: kube-ui
        version: v1
        kubernetes.io/cluster-service: "true"
    spec:
      containers:
      - name: kube-ui
        image: gcr.io/google_containers/kube-ui:v1.1
        resources:
          limits:
            cpu: 100m
            memory: 50Mi
        ports:
        - containerPort: 8080
```

kube-ui-svc.yaml 的內容為：

```
apiVersion: v1
kind: Service
metadata:
  name: kube-ui
  namespace: kube-system
  labels:
    k8s-app: kube-ui
    kubernetes.io/cluster-service: "true"
```

```
      kubernetes.io/name: "KubeUI"
spec:
  selector:
    k8s-app: kube-ui
  ports:
  - port: 80
    targetPort: 8080
```

透過 kubectl create 命令完成建置：

```
$ kubectl create -f kube-ui-rc.yaml
$ kubectl create -f kube-ui-svc.yaml
```

啟動成功後，透過 Kubernetes Master 的 IP 位址來存取 kube-ui：

```
https://<kubernetes-master>:<port>/ui
```

該 URL 將會被重導向到：

```
https://<kubernetes-master>:<port>/api/v1/proxy/namespaces/kube-system/services/
kube-ui/#/dashboard/
```

圖 4.6 顯示了 kube-ui 的主頁，展示所有 Node 的資訊，並且每秒更新顯示每個
Node 的 CPU 使用率、記憶體使用情況和檔案系統的使用情況。

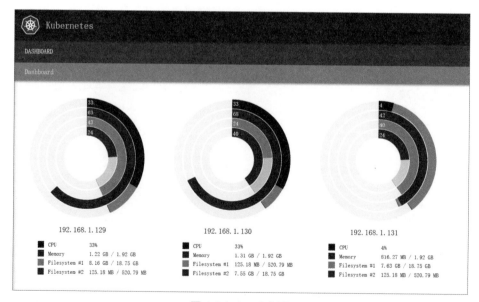

圖 4.6 kube-ui 主頁

按一下右側按鈕"Views",可以選擇查看 Explore、Pods、Nodes、Replication Controllers、Services 和 Events 等訊息。

其中,Explore 選項可以在一頁內顯示目前叢集中使用者建立的 Pod、ReplicationController 和 Service,如圖 4.7 所示。

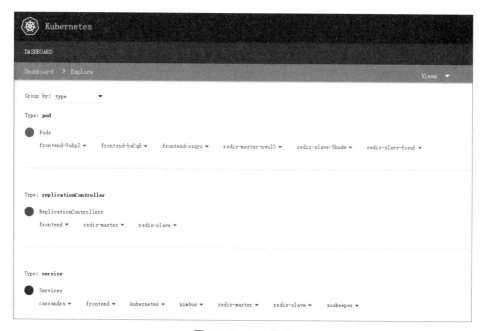

圖 4.7 Explore 頁面

按一下左上方的 Group By 下拉清單,可以使用 Type、Name、host、component 或 provider 作為篩選條件進行分組顯示,如圖 4.8 所示。

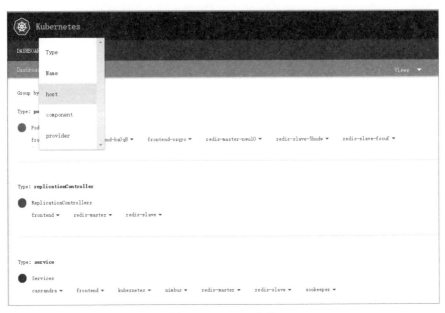

圖 4.8 Group By 條件

按一下每個資源物件右側的小三角符號,可以選擇 FILTER 來過濾並顯示滿足條件的結果,如圖 4.9 所示。

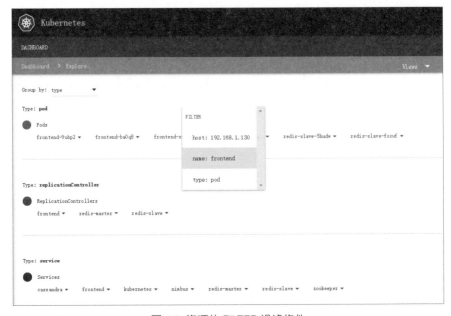

圖 4.9 資源的 FILTER 過濾條件

直接按一下某個資源實例的連結，即可查看其詳細資訊，如圖 4.10 所示。

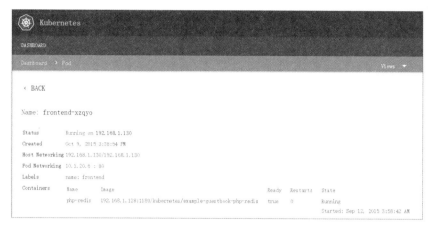

圖 4.10 Pod 的詳細資訊

按一下右側按鈕 Views 的其他選項，即可查看相對應的資源狀態，例如查看全部 Pod 的頁面，如圖 4.11 所示。

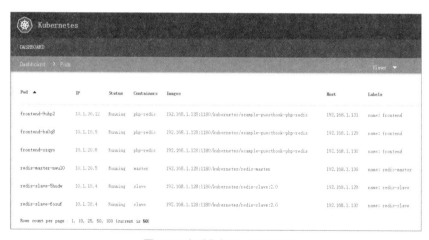

圖 4.11 查看全部 Pod 的頁面

4.6.2 使用 cAdvisor 查看容器運行狀態

開源軟體 cAdvisor（Container Advisor）是用於監控容器運行狀態的利器之一（cAdvisor 專案的網頁為 https://github.com/google/cadvisor），它被用於多個與 Docker 相關的開源專案中。

在 Kubernetes 系統中，cAdvisor 已被預設整合到 Kubelet 元件內了，當 Kubelet 服務啟動時，它就會自動啟動 cAdvisor 服務，然後 cAdvisor 會即時收集所在節點的性能指標及在節點上執行的容器之效能指標。Kubelet 的啟動參數 --cadvisor-port 定義了 cAdvisor 對外提供服務的連接埠，預設為 4194。

可以透過瀏覽器存取 cAdvisor 提供的 Web 頁面。假設 Kubernetes 叢集中的一個 Node 的 IP 位址是 192.168.1.129，則在瀏覽器中輸入網址 http://192.168.1.129:4194 來開啟 cAdvisor 的監控頁面。cAdvisor 的主頁顯示了主機即時運行狀態，包括 CPU 使用情況、記憶體使用情況、網路傳輸量及檔案系統使用情況等資訊。

圖 4.12 為展示 cAdvisor 的幾個效能監控頁面。

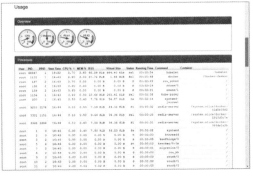
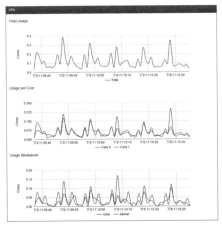
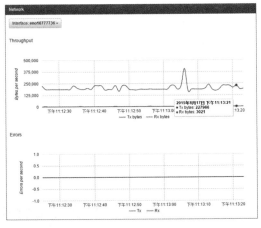

圖 4.12　主機的效能監控頁面

透過 Docker Containers 連結可以查看容器清單及每個容器的效能資料，如圖 4.13 所示。

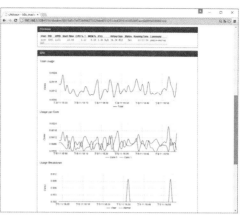

圖 4.13 容器的效能監控頁面

此外，cAdvisor 也提供 REST API 供用戶端遠端呼叫，主要是為了客制開發，API 回傳的資料格式為 JSON，可以採用以下 URL 來存取：

```
http://<hostname>:<port>/api/<version>/<request>
```

例如，透過 URL http://192.168.1.129:4194/api/v1.3/machine 可以取得主機的相關資訊：

```
{
    "num_cores":2,
    "cpu_frequency_khz":2793544,
    "memory_capacity":1915408384,
    "machine_id":"0f6233d8256a4ec1a673640e04b8344a",
    "system_uuid":"564D188F-8E82-21C0-6E89-176E2C51EBB5",
    "boot_id":"a03d00d8-ca9c-4d74-a674-ebf5dfbc69d9",
    "filesystems":[
        {
            "device":"/dev/mapper/rhel-root",
            "capacity":18746441728
        },
        {
            "device":"/dev/sda1",
            "capacity":520794112
        }
    ],
    "disk_map":{
        "253:0":{
            "name":"dm-0",
            "major":253,
```

```
                "minor":0,
                "size":2147483648,
                "scheduler":"none"
            },
            ......
        },
        "network_devices":[
            {
                "name":"eno16777736",
                "mac_address":"00:0c:29:51:eb:b5",
                "speed":1000,
                "mtu":1500
            }
        ],
        "topology":[
            {
                "node_id":0,
                "memory":2146947072,
                "cores":[
                    {
                        "core_id":0,
                        "thread_ids":[
                            0
                        ],
                        "caches":null
                    },
                    ......
                ],
                "caches":[
                    {
                        "size":6291456,
                        "type":"Unified",
                        "level":3
                    }
                ]
            }
        ]
}
```

透過下面的 URL 則可以取得節點上最新（1 分鐘內）的容器的效能資料：
http://192.168.1. 129:4194/api/v1.3/subcontainers/system.slice/docker-5015d5c7ef72b9
8627332fabd031251cbd3f191418500f7aec6b9950399661ed.scope。

結果為：

```
[
    {
"name":"/system.slice/docker-5015d5c7ef72b98627332fabd031251cbd3f191418500f7aec6b
9950399661ed.scope",
        "aliases":[
"k8s_master.f8a6f6df_Redis-master-6okig_default_9c428d4f-4167-11e5-afe7-000c
2921ba71_5dce2f85",
"5015d5c7ef72b98627332fabd031251cbd3f191418500f7aec6b9950399661ed"
        ],
        "namespace":"docker",
        "spec":{
            "creation_time":"2015-08-17T08:44:27.401122502Z",
            "labels":{
                "io.kubernetes.pod.name":"default/Redis-master-6okig"
            },
            "has_cpu":true,
            "cpu":{
                "limit":2,
                "max_limit":0,
                "mask":"0-1"
            },
            "has_memory":true,
            "memory":{
                "limit":18446744073709552000,
                "swap_limit":18446744073709552000
            },
            "has_network":true,
            "has_filesystem":false,
            "has_diskio":true
        },
        "stats":[
            {
                "timestamp":"2015-08-18T00:54:26.167988505+08:00",
                "cpu":{
                    "usage":{
                        "total":43121463207,
                        "per_cpu_usage":[
                            21578091763,
                            21543371444
                        ],
                        "user":410000000,
                        "system":13620000000
                    },
                    "load_average":0
```

```
            },
            "diskio":{
                "io_service_bytes":[
                    {
                        "major":253,"minor":14,
                        "stats":{
"Async":8036352,"Read":8036352,"Sync":0,"Total":8036352,"Write":0
                        }
                    }
                ],
                "io_serviced":[
                    {
                        "major":8,
                        "minor":0,
                        "stats":{
                            "Async":0,
                            ......
                    ]
            },
            "memory":{
                "usage":16748544,
                "working_set":9297920,
                "container_data":{
                    "pgfault":882,
                    "pgmajfault":8
                },
                "hierarchical_data":{
                    "pgfault":882,
                    "pgmajfault":8
                }
            },
            "network":{
                "name":"",
"rx_bytes":0,"rx_packets":0,"rx_errors":0,"rx_dropped":0,"tx_bytes":0,"tx_
packets":0,"tx_errors":0,"tx_dropped":0
            },
            "task_stats":{
"nr_sleeping":0,"nr_running":0,"nr_stopped":0,"nr_uninterruptible":0,"nr_io_
wait":0
            }
        },
        ......
        ]
    }
]
```

容器的效能資訊對於叢集監控非常有用，系統管理員可以根據 cAdvisor 提供的資料進行分析和預警。不過，由於 cAdvisor 是在每台 Node 上運行的，只能採集本機的效能指標資料，所以系統管理員需要對每台 Node 主機單獨監控。

針對大型叢集，Kubernetes 建議使用幾個開源軟體組成的完整解決方案來實現對整個叢集的監控。這些開源軟體包括 Heapster、InfluxDB 及 Grafana 等。它們的安裝和使用說明參見第 5 章。

4.7 Trouble Shooting 指導

如果 Kubernetes 在運行中出現某些故障，則可以透過多種手段來追蹤和發現問題，流程如下。

首先，查看 Kubernetes 物件的目前運行時資訊，特別是與物件關聯的 Event 事件。這些事件記錄了相關主題、發生時間、最近發生時間、發生次數及事件原因等，對查找故障非常有價值。此外，透過查看物件的運行時資料，還可以發現參數錯誤、關聯錯誤、狀態異常等明顯問題。由於 Kubernetes 中多種物件相互關聯，因此，這一步可能會涉及多個相關物件的查找問題。

其次，對於服務／容器的問題，則可能需要深入容器內部進行故障診斷，此時可以透過查看容器的運行日誌來聚焦具體問題。

最後，對於某些複雜問題，比如 Pod 調度這種全域性的問題，可能需要結合叢集中每個節點上的 Kubernetes 服務日誌來除錯。比如搜集 Master 上 kube-apiserver、kube-schedule、kube-controler-manager 服務的日誌，以及各個 Node 節點上的 Kubelet、kube-proxy 服務的日誌，綜合判斷各種資訊，我們就能找到問題的原因並解決。

4.7.1 物件的 Event 事件

在 Kubernetes 建立 Pod 之後，我們可以透過 kubectl get pods 命令查看 Pod 列表，但該命令能夠顯示的資訊很有限。Kubernetes 提供了 kubectl describe pod 命令來查看一個 Pod 的詳細資訊。

```
$ kubectl describe pod redis-master-bobr0
Name:                   Redis-master-bobr0
Namespace:              default
Image(s):               kubeguide/Redis-master
Node:                   kubernetes-minion1/192.168.1.129
Labels:                 name=Redis-master,role=master
Status:                 Running
Reason:
Message:
IP:                     172.17.0.58
Replication Controllers:  Redis-master (1/1 replicas created)
Containers:
  master:
    Image:      kubeguide/Redis-master
    Limits:
      cpu:              250m
      memory:           64Mi
    State:              Running
      Started:          Fri, 21 Aug 2015 14:45:37 +0800
    Ready:              True
    Restart Count:      0
Conditions:
  Type          Status
  Ready         True
Events:
  FirstSeen                     LastSeen        Count   From
SubobjectPath       Reason              Message
  Fri, 21 Aug 2015 14:45:36 +0800       Fri, 21 Aug 2015 14:45:36 +0800 1
{kubelet kubernetes-minion1}    implicitly required container POD    pulled
Pod container image   myregistry:5000/google_containers/pause:latest   already
present on machine
  Fri, 21 Aug 2015 14:45:37 +0800       Fri, 21 Aug 2015 14:45:37 +0800 1
{kubelet kubernetes-minion1}    implicitly required container POD    created
Created with docker id a4aa97813908
  Fri, 21 Aug 2015 14:45:37 +0800       Fri, 21 Aug 2015 14:45:37 +0800 1
{kubelet kubernetes-minion1}    implicitly required container POD    started
Started with docker id a4aa97813908
  Fri, 21 Aug 2015 14:45:37 +0800       Fri, 21 Aug 2015 14:45:37
+0800 1       {kubelet kubernetes-minion1}    spec.containers{master}
created        Created with docker id 1e746245f768
  Fri, 21 Aug 2015 14:45:37 +0800       Fri, 21 Aug 2015 14:45:37
+0800 1       {kubelet kubernetes-minion1}    spec.containers{master}
started        Started with docker id 1e746245f768
  Fri, 21 Aug 2015 14:45:37 +0800       Fri, 21 Aug 2015 14:45:37 +0800 1
{scheduler }                            scheduled       Successfully
assigned Redis-master-bobr0 to kubernetes-minion1
```

該命令除了顯示 Pod 建立時的配置定義、狀態等資訊，還顯示了與該 Pod 相關的最近 Event 事件，事件資訊對於除錯非常有用。如果某個 Pod 一直處於 Pending 狀態，則透過 Kubectl describe 命令就能瞭解到失敗的具體原因。例如，從 Event 事件中我們可能獲知 Pod 失敗的原因有以下幾種：

⊙ 沒有可用的 Node 以供調度；

⊙ 開啟了資源配額管理，並且目前 Pod 的目標節點上恰好沒有可用的資源。

kubectl describe 命令還可用於查看其他 Kubernetes 物件，包括 Node、RC、Service、Namespace、Secrets 等，對於每一種物件都會顯示相關聯的其他資訊。

例如，查看一個服務的詳細資訊：

```
$ kubectl describe service redis-master
Name:                 Redis-master
Namespace:            default
Labels:               name=Redis-master
Selector:             name=Redis-master
Type:                 ClusterIP
IP:                   10.254.208.57
Port:                 <unnamed>        6379/TCP
Endpoints:            172.17.0.58:6379
Session Affinity:     None
No events.
```

如果查看的物件屬於某個特定的 namespace，則需要加上 --namespace=<namespace> 進行查詢。例如：

```
$ kubectl get service kube-dns --namespace=kube-system
```

4.7.2 容器日誌

在需要檢查容器內部應用程式生成的日誌時，我們可以使用 kubectl logs <pod_name> 命令：

```
$ kubectl logs redis-master-bobr0
[1] 21 Aug 06:45:37.781 * Redis 2.8.19 (00000000/0) 64 bit, stand alone mode,
port 6379, pid 1 ready to start.
[1] 21 Aug 06:45:37.781 # Server started, Redis version 2.8.19
```

```
[1] 21 Aug 06:45:37.781 # WARNING overcommit_memory is set to 0! Background
save may fail under low memory condition. To fix this issue add 'vm.overcommit_
memory = 1' to /etc/sysctl.conf and then reboot or run the command 'sysctl
vm.overcommit_memory=1' for this to take effect.
[1] 21 Aug 06:45:37.782 # WARNING you have Transparent Huge Pages (THP) support
enabled in your kernel. This will create latency and memory usage issues
with Redis. To fix this issue run the command 'echo never > /sys/kernel/mm/
transparent_hugepage/ enabled' as root, and add it to your /etc/ rc.local in
order to retain the setting after a reboot. Redis must be restarted after THP is
disabled.
[1] 21 Aug 06:45:37.782 # WARNING: The TCP backlog setting of 511 cannot be
enforced because /proc/sys/net/core/somaxconn is set to the lower value of 128.
```

如果在一個 Pod 中包含多個容器,則需要透過 -c 參數指定容器名稱來查看,例如:

```
kubectl logs <pod_name> -c <container_name>
```

這個命令與在 Pod 的 Host 主機上運行 docker logs <container_id> 的效果是一樣的。

容器中應用程式產生的日誌與容器的生命週期是一致的,所以在容器被銷毀之後,容器內部的檔案也會被丟棄,包括日誌等。如果需要保留容器內應用程式所產生的日誌,一方面可以使用掛載的 Volume(儲存區)將容器產生的日誌保存到 Host 主機,另一方面也可以透過一些工具對日誌進行收集,包括 Fluentd、Elasticsearch 等開源軟體。

4.7.3 Kubernetes 系統日誌

如果在 Linux 系統上進行安裝,並且使用 systemd 系統來管理 Kubernetes 服務,則 systemd 的 journal 系統會接管服務程式的輸出日誌。在這種環境中,可以透過使用 systemd status 或 journalctl 工具來查看系統服務的日誌。

例如,使用 systemctl status 命令查看 kube-controller-manager 服務的日誌:

```
$ systemctl status kube-controller-manager -l
kube-controller-manager.service - Kubernetes Controller Manager
   Loaded: loaded (/usr/lib/systemd/system/kube-controller-manager.service;
enabled)
   Active: active (running) since Fri 2015-08-21 18:36:29 CST; 5min ago
     Docs: https://github.com/GoogleCloudPlatform/kubernetes
 Main PID: 20339 (kube-controller)
   CGroup: /system.slice/kube-controller-manager.service
```

```
        └─20339 /usr/bin/kube-controller-manager --logtostderr=false --v=4
--master=http://kubernetes-master:8080 --log_dir=/var/log/kubernetes

Aug 21 18:36:29 kubernetes-master systemd[1]: Starting Kubernetes Controller
Manager...
Aug 21 18:36:29 kubernetes-master systemd[1]: Started Kubernetes Controller
Manager.
```

使用 journalctl 命令查看：

```
$ journalctl -u kube-controller-manager
-- Logs begin at Mon 2015-08-17 16:43:22 CST, end at Fri 2015-08-21 18:36:29 CST.
--
Aug 17 16:44:14 kubernetes-master systemd[1]: Starting Kubernetes Controller
Manager...
Aug 17 16:44:14 kubernetes-master systemd[1]: Started Kubernetes Controller
Manager.
```

如果不使用 systemd 系統接管 Kubernetes 的標準輸出，也可以透過另外一些服務的啟動參數來指定日誌的存放目錄。

- ⊙ --logtostderr=false：不輸出到 stderr。

- ⊙ --log-dir=/var/log/kubernetes：日誌存放目錄。

- ⊙ --alsologtostderr=false：設定為 true 則表示將日誌輸出到檔案時也會輸出到 stderr；

- ⊙ --v=0：vlog 日誌的等級；

- ⊙ --vmodule=gfs*=2,test*=4：用於設定日誌過濾的模式，各模組之間用逗號分隔 各別詳細日誌級別；

在 --log_dir 設定的目錄中可以看到每個程序產生了一些日誌檔，日誌檔的數量依賴 著日誌等級的設定。例如 kube-controller-manager 可能產生的幾個日誌檔為：

- ⊙ kube-controller-manager.ERROR。

- ⊙ kube-controller-manager.INFO。

- ⊙ kube-controller-manager.WARNING。

- ⊙ kube-controller-manager.kubernetes-master.unknownuser.log. ERROR.20150930-173939.9847。

⊙ kube-controller-manager.kubernetes-master.unknownuser.log.INFO.20150930-173939.9847。

⊙ kube-controller-manager.kubernetes-master.unknownuser.log.WARNING.20150930-173939. 9847。

在大多數情況下，從 WARNING 和 ERROR 等級的日誌中就能找到問題的原因，但有時還是需要尋查 INFO 等級的日誌甚至 DEBUG 等級的詳細日誌。此外，etcd 服務也屬於 Kubernetes 叢集中的重要組成部分，所以它的日誌也不能忽略。

如果是某個 Kubernetes 物件存在問題，則可以用這個物件的名字作為關鍵字搜索 Kubernetes 的日誌來發現和解決問題。在大多數情況下，我們平常所遇到的主要是與 Pod 物件相關的問題，比如無法建立 Pod、Pod 啟動後就停止，或者 Pod 抄本無法增加等。此時，我們可以先確定 Pod 在哪個節點上，然後登錄這個節點，從 Kubelet 的日誌中查詢該 Pod 的完整日誌，再進行問題查找。對於與 Pod 擴展相關或與 RC 相關的問題，則很可能在 kube-controller-manager 及 kube-scheduler 的日誌上找出問題的關鍵點。

另外，kube-proxy 經常被我們忽視，因為即使它意外地被停止，Pod 的狀態也是正常的，但可能會遇到某些服務存取異常的情況。這些錯誤通常與每個節點上的 kube-proxy 服務有著密切的關係。遇到這些問題時，首先要檢查 kube-proxy 服務的日誌，同時查詢防火牆服務，特別是要留意防火牆中是否有人為添加的可疑規則。

4.7.4 常見問題

本節對 Kubernetes 系統中的幾個常見問題及解決方法進行說明。

■ Pod 一直處於 Pending 的狀態，無法完成映像檔的下載

以 redis-master 為例，使用如下設定檔 redis-master-controller.yaml 建立 RC 和 Pod：

```
apiVersion: v1
kind: ReplicationController
metadata:
  name: redis-master
  labels:
    name: redis-master
```

```
spec:
  replicas: 1
  selector:
    name: redis-master
  template:
    metadata:
      labels:
        name: redis-master
    spec:
      containers:
      - name: master
        image: kubeguide/redis-master
        ports:
        - containerPort: 6379
```

成功執行了 kubectl create -f redis-master-controller.yaml。

但在查看 Pod 時，發現其總是無法處於 Running 狀態。透過 kubectl get pods 命令可以看到：

```
$ kubectl get pods
NAME                 READY     STATUS                             RESTARTS   AGE
redis-master-6yy7o   0/1       Image: kubeguide/redis-master is ready, container
is creating    0         5m
```

進一步使用 kubectl describe pod redis-master-6yy7o 命令查看該 Pod 的詳細資訊：

```
$ kubectl describe pod redis-master-6yy7o
Name:                       redis-master-6yy7o
Namespace:                  default
Image(s):                   kubeguide/redis-master
Node:                       127.0.0.1/127.0.0.1
Labels:                     name=redis-master
Status:                     Pending
Reason:
Message:
IP:
Replication Controllers:    redis-master (1/1 replicas created)
Containers:
  master:
    Image:              kubeguide/redis-master
    State:              Waiting
      Reason:           Image: kubeguide/redis-master is ready, container is
creating
    Ready:              False
```

```
     Restart Count:        0
Conditions:
  Type           Status
  Ready          False
Events:
  FirstSeen            LastSeen            Count     From            SubobjectPath
Reason      Message
  Thu, 24 Sep 2015 19:19:25 +0800      Thu, 24 Sep 2015 19:25:58 +0800
3      {kubelet 127.0.0.1}        failedSync Error syncing pod, skipping:
image pull failed for gcr.io/google_containers/pause:0.8.0, this may be because
there are no credentials on this request. details: (API error (500): invalid
registry endpoint https://gcr.io/v0/: unable to ping registry endpoint https://
gcr.io/v0/v2 ping attempt failed with error: Get https://gcr.io/v2/: dial tcp
173.194.196.82:443: connection refused v1 ping attempt failed with error: Get
https://gcr.io/v1/_ping: dial tcp 173.194.79.82:443: connection refused. If this
private registry supports only HTTP or HTTPS with an unknown CA certificate,
please add `--insecure-registry gcr.io` to the daemon's arguments. In the case of
HTTPS, if you have access to the registry's CA certificate, no need for the flag;
simply place the CA certificate at /etc/docker/certs.d/gcr.io/ca.crt)
  Thu, 24 Sep 2015 19:19:25 +0800      Thu, 24 Sep 2015 19:25:58 +0800 3
{kubelet 127.0.0.1}      implicitly required container POD   failed  Failed to
pull image "gcr.io/google_containers/pause:0.8.0": image pull failed for gcr.io/
google_ containers/pause:0.8.0, this may be because there are no credentials on
this request. details: (API error (500): invalid registry endpoint https:// gcr.
io/v0/: unable to ping registry endpoint https://gcr.io/v0/v2 ping attempt failed
with error: Get https://gcr.io/v2/: dial tcp 173.194.196.82:443: connection
refused v1 ping attempt failed with error: Get https://gcr.io/v1/_ping: dial tcp
173.194.79.82: 443: connection refused. If this private registry supports only
HTTP or HTTPS with an unknown CA certificate, please add `--insecure-registry
gcr.io` to the daemon's arguments. In the case of HTTPS, if you have access
to the registry's CA certificate, no need for the flag; simply place the CA
certificate at /etc/docker/certs.d/gcr.io/ca.crt
```

以上可以看到，該 Pod 的狀態為 Pending，從 Message 部分顯示的資訊可以看出其原因是 image pull failed for gcr.io/google_containers/pause:0.8.0，說明系統在建立 Pod 時無法從 gcr.io 下載 pause 映像檔，所以導致建立 Pod 失敗。

解決方法如下：

(1) 如果伺服器可以存取 Internet，並且不希望使用 HTTPS 的安全機制來存取 gcr.io，則可以在 Docker Daemon 的啟動參數中加上 --insecure-registry gcr.io 來表示可以進行匿名下載。

(2) 如果 Kubernetes 叢集環境在內網環境中，無法存取 gcr.io 網站，則可以先透過一台能夠連線 gcr.io 的機器將 pause 映像檔下載下來，匯出後，再導入內網的 Docker 私有映像檔儲存庫中，並在 Kubelet 的啟動參數中加上 --pod_infra_container_image，配置為：

```
--pod_infra_container_image=<docker_registry_ip>:<port>/google_containers/
pause:latest
```

之後重新建立 redis-master 即可正確啟動 Pod 了。

請注意，除了 pause 映像檔，其他 Docker 映像檔也可能存在無法下載的情況，與上述情況類似，很可能也是網路配置使得映像檔無法下載，解決方法同上。

2 Pod 創建成功，但狀態始終不是 Ready，且 RESTARTS 數量持續增加

在建立了一個 RC 之後，透過 kubectl get pods 命令查看 Pod，發現以下情況：

```
......
$ kubectl get pods
NAME                READY       STATUS      RESTARTS    AGE
zk-bg-ri3ru         0/1         Running     3           37s
......
$ kubectl get pods
NAME                READY       STATUS      RESTARTS    AGE
zk-bg-ri3ru         0/1         Running     5           1m
......
$ kubectl get pods
NAME                READY       STATUS       RESTARTS    AGE
zk-bg-ri3ru         0/1         ExitCode:0   6           1m
......
$ kubectl get pods
NAME                READY       STATUS      RESTARTS    AGE
zk-bg-ri3ru         0/1         Running     7           1m
```

可以看到 Pod 已經創建成功了，但 Pod 的狀態一會兒是 Running，一會兒是 ExitCode:0，READY 列中始終無法變成 1，而且 RESTARTS（重啟的數量）的數量不斷增加。

通常造成這種現象是因為容器的啟動命令不能維持前臺運行。

本例中的 Docker 映像檔的啟動命令為：

```
zkServer.sh start-background
```

在 Kubernetes 根據 RC 定義建立 Pod 後啟動容器，容器的啟動命令執行完成時，即認為該容器的運行已經結束，並且是成功結束的（ExitCode=0）。然後，根據 RC 的定義，為了維持 Pod 抄本的數量，Kubernetes 再次建立並啟動一個新的容器。

新的容器仍然會很快結束，然後 Kubernetes 會再次建立另一個新的容器，進入一個無限迴圈的過程中。

解決方法為將 Docker 映像檔的啟動命令設定為一個前台運作的命令，例如：

```
zkServer.sh start-foreground
```

4.7.5 尋求幫助

如果透過系統日誌和容器日誌都無法找到出現問題的原因，還可以追蹤原始碼進行分析，或者透過一些線上途徑尋求幫助。

Kubernetes 的常見問題參見 https://github.com/GoogleCloudPlatform/kubernetes/wiki/User-FAQ。

Debugging 的常見問題參見 https://github.com/GoogleCloudPlatform/kubernetes/wiki/Debugging- FAQ。

Service 的常見問題參見 https://github.com/GoogleCloudPlatform/kubernetes/wiki/Services-FAQ。

StackOverflow 網站關於 Kubernetes 的主題參閱 http://stackoverflow.com/questions/tagged/ kubernetes 或 http://stackoverflow.com/questions/tagged/google-container-engine。

IRC 頻道（#google-containers）參見 https://botbot.me/freenode/google-containers/。

Kubernetes 郵寄清單 Email 參見 google-containers@googlegroups.com。

第**5**章

Kubernetes 進階案例

本章將透過幾個複雜的案例對 Kubernetes 進行實戰操作，以進一步加深對 Kubernetes 系統核心概念和運作機制的理解。

5.1 Kubernetes DNS 服務配置案例

在 Kubernetes 系統中，Pod 在存取其他 Pod 的 Service 時，可以透過兩種服務探索方式完成，即環境變數和 DNS 方式。但是使用環境變數是有限制條件的，Service 必須在 Pod 之前被建立出來，然後系統才能在新建的 Pod 中自動設定與 Service 相關的環境變數。DNS 則沒有這個限制，其透過提供全域的 DNS 伺服器來完成服務的註冊與發現。

Kubernetes 提供的 DNS 由以下三個元件組成。

(1) etcd：DNS 儲存。

(2) kube2sky：將 Kubernetes Master 中的 Service（服務）註冊到 etcd。

(3) skyDNS：提供 DNS 功能變數名稱解析服務。

這三個元件以 Pod 的方式啟動和運行，所以在一個 Kubernetes 叢集中，它們都可能被調度到任意一個 Node 節點上去。為了能夠使它們之間網路互通，需要將各 Pod 之間的網路連通，如何連結網路請參考第 4 章網路配置部分的詳細說明。圖 5.1 描述了 Kubernetes DNS 服務的整體架構。

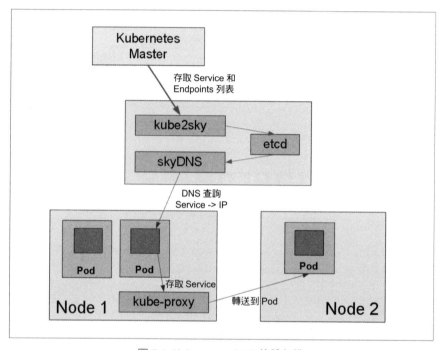

圖 5.1 Kubernetes DNS 總體架構

網路配置完成後，透過建立 RC 和 Service 來啟動 DNS 服務。

5.1.1 skyDNS 設定檔

首先建立 DNS 服務的 ReplicationController 設定檔 skydns-rc.yaml，在此 RC 配置檔中包含了 3 個 Container 的定義：

```
apiVersion: v1
kind: ReplicationController
metadata:
  name: kube-dns-v8
  namespace: kube-system
  labels:
    k8s-app: kube-dns
```

```
      version: v8
      kubernetes.io/cluster-service: "true"
spec:
  replicas: 1
  selector:
    k8s-app: kube-dns
    version: v8
  template:
    metadata:
      labels:
        k8s-app: kube-dns
        version: v8
        kubernetes.io/cluster-service: "true"
    spec:
      containers:
      - name: etcd
        image: gcr.io/google_containers/etcd:2.0.9
        resources:
          limits:
            cpu: 100m
            memory: 50Mi
        command:
        - /usr/local/bin/etcd
        - -data-dir
        - /var/etcd/data
        - -listen-client-urls
        - http://127.0.0.1:2379,http://127.0.0.1:4001
        - -advertise-client-urls
        - http://127.0.0.1:2379,http://127.0.0.1:4001
        - -initial-cluster-token
        - skydns-etcd
        volumeMounts:
        - name: etcd-storage
          mountPath: /var/etcd/data
      - name: kube2sky
        image: gcr.io/google_containers/kube2sky:1.11
        resources:
          limits:
            cpu: 100m
            memory: 50Mi
        args:
        # command = "/kube2sky"
        - --kube_master_url=http://192.168.1.128:8080
        - -domain=cluster.local
      - name: skydns
        image: gcr.io/google_containers/skydns:2015-03-11-001
        resources:
```

```
        limits:
          cpu: 100m
          memory: 50Mi
      args:
      # command = "/skydns"
      - -machines=http://localhost:4001
      - -addr=0.0.0.0:53
      - -domain=cluster.local
      ports:
      - containerPort: 53
        name: dns
        protocol: UDP
      - containerPort: 53
        name: dns-tcp
        protocol: TCP
    volumes:
      - name: etcd-storage
        emptyDir: {}
    dnsPolicy: Default
```

需要修改以下幾個配置參數。

(1) kube2sky 容器需要存取 Kubernetes Master，配置 Master 所在實體主機的 IP 位址和連接埠，本例中設定參數 --kube_master_url 的值為 http://192.168.1.128:8080。

(2) kube2sky 容器和 skydns 容器的啟動參數 -domain，設定 Kubernetes 叢集中 Service 所屬的功能變數名稱，本例中為 cluster.local。啟動後，kube2sky 會監聽 Kubernetes，當有增加新的 Service 時，就會生成相對應的記錄並保存到 etcd 中。kube2sky 為每個 Service 產生兩條記錄：

- <service_name>.<namespace_name>.<domain>；
- <service_name>.<namespace_name>.svc.<domain>。

(3) skydns 的啟動參數 -addr=0.0.0.0:53 表示使用本機 TCP 和 UDP 的 53 連接埠提供服務。

建立 DNS 服務的 Service 設定檔如下：

skydns-svc.yaml
```
apiVersion: v1
kind: Service
metadata:
  name: kube-dns
```

```
    namespace: kube-system
    labels:
      k8s-app: kube-dns
      kubernetes.io/cluster-service: "true"
      kubernetes.io/name: "KubeDNS"
spec:
    selector:
      k8s-app: kube-dns
    clusterIP: 20.1.0.100
    ports:
    - name: dns
      port: 53
      protocol: UDP
    - name: dns-tcp
      port: 53
      protocol: TCP
```

請注意，skydns 服務使用的 clusterIP 需要我們指定一個固定的 IP 位址，每個 Node 的 Kubelet 程序都將使用這個 IP 位址，不能透過 Kubernetes 自動分配。

另外，此 IP 位址需要在 kube-apiserver 啟動參數 --service-cluster-ip-range 指定的 IP 位址範圍內。

5.1.2 修改每個 Node 上的 Kubelet 啟動參數

修改每台 Node 上 Kubelet 的啟動參數：

⊙ --cluster_dns=20.1.0.100，為 DNS 服務的 ClusterIP 位址；

⊙ --cluster_domain=cluster.local，為 DNS 服務中設定的功能變數名稱。

然後重啟 Kubelet 服務。

5.1.3 建立 skyDNS Pod 和服務

之後，透過 kubectl create 完成 RC 和 Service 的建置：

```
# kubectl create -f skydns-rc.yaml
# kubectl create -f skydns-svc.yaml
```

建置完成後，查看到系統建立的 RC、Pod 和 Service 都已新增成功：

```
# kubectl get rc --namespace=kube-system
CONTROLLER   CONTAINER(S)  IMAGE(S)                   SELECTOR                         REPLICAS
kube-dns-v8  etcd          kubeguide/etcd:2.0.9       k8s-app=kube-dns,version=v8  1
             kube2sky      kubeguide/kube2sky:1.11
             skydns        kubeguide/skydns:2015-03-11-001
# kubectl get pods --namespace=kube-system
NAME                    READY       STATUS     RESTARTS    AGE
kube-dns-v8-0r71x       3/3         Running    0           24m
# kubectl get services --namespace=kube-system
NAME         LABELS                  SELECTOR          IP(S)         PORT(S)
kube-dns     k8s-app=kube-dns,kubernetes.io/cluster-service=true,kubernetes.io/
name=KubeDNS                         k8s-app=kube-dns  20.1.0.100    53/UDP
                                                                     53/TCP
```

然後，建立一個普通的 Service，以 redis-master 服務為例：

redis-master-service.yaml

```
apiVersion: v1
kind: Service
metadata:
  name: redis-master
  labels:
    name: redis-master
spec:
  ports:
  - port: 6379
    targetPort: 6379
  selector:
    name: redis-master
```

查看建立出來的 Service：

```
# kubectl get services
NAME          LABELS              SELECTOR            IP(S)          PORT(S)
redis-master  name=redis-master   name=redis-master   20.1.231.244   6379/TCP
```

從上面可以看到，系統為 redis-master 服務分配了一個 IP 位址：20.1.231.244。

5.1.4 透過 DNS 查詢 Service

接下來使用一個帶有 nslookup 工具的 Pod 驗證 DNS 服務是否能夠正常工作：

busybox.yaml

```
apiVersion: v1
kind: Pod
metadata:
  name: busybox
  namespace: default
spec:
  containers:
  - image: gcr.io/google_containers/busybox
    command:
      - sleep
      - "3600"
    imagePullPolicy: IfNotPresent
    name: busybox
  restartPolicy: Always
```

執行 kubectl create -f busybox.yaml 完成建置。

在該容器成功啟動後，透過 kubectl exec <container_id> nslookup 進行測試：

```
$ kubectl exec busybox -- nslookup redis-master
Server:    20.1.0.100
Address 1: 20.1.0.100

Name:      redis-master
Address 1: 20.1.231.244
```

以上可以看到，透過 DNS 伺服器 20.1.0.100 成功找到名為 "redis-master" 服務的 IP 位址：20.1.231.244。

如果某個 Service 屬於自訂的命名空間，則在進行 Service 查找時，需要附上 namespace 的名字。下面以查找 kube-dns 服務為例：

```
$ kubectl exec busybox -- nslookup kube-dns.kube-system
Server:    20.1.0.100
Address 1: 20.1.0.100 ignencfch3-v804.csc.com

Name:      kube-dns.kube-system
Address 1: 20.1.0.100 ignencfch3-v804.csc.com
```

如果僅使用 "kube-dns" 進行查詢，則將會失敗：

```
nslookup: can't resolve 'kube-dns'
```

5.1.5 DNS 服務的運作原理解析

接下來，讓我們看看 DNS 服務背後的運作原理。

(1) kube2sky 容器應用透過呼叫 Kubernetes Master 的 API 取得叢集中所有 Service 的資訊，並持續監控新 Service 的產生，然後寫入 etcd 中。

查看 etcd 中儲存的 Service 資訊：

```
$ kubectl exec kube-dns-v8-5tpm2 -c etcd --namespace=kube-system etcdctl ls /
skydns/local/cluster
/skydns/local/cluster/default
/skydns/local/cluster/svc
/skydns/local/cluster/kube-system
```

從上面可以看到在 skydns 索引鍵下面，根據我們配置的功能變數名稱（cluster. local）產生了 local/cluster 子索引鍵，接下來是 namespace（default 和 kube-system）和 svc（下面也按 namespace 生成子索引鍵）。

查看 redis-master 服務對應的索引值：

```
$ kubectl exec kube-dns-v8-5tpm2 -c etcd --namespace=kube-system etcdctl get
/ skydns/local/cluster/default/redis-master
{"host":"20.1.231.244","priority":10,"weight":10,"ttl":30,"targetstrip":0}
```

可以看到，redis-master 服務對應的完整功能變數名稱為 redis-master.default. cluster.local，且其 IP 地址為 20.1.231.244。

(2) 根據 Kubelet 啟動參數的設定（--cluster_dns），Kubelet 會在每個新建立的 Pod 中設定 DNS 功能變數名稱解析設定檔 /etc/resolv.conf 檔，在其中增加了一項 nameserver 配置和另一項 search 配置：

```
nameserver 20.1.0.100
search default.svc.cluster.local svc.cluster.local cluster.local localdomain
```

透過名字伺服器 20.1.0.100 存取，實際上就是 skydns 在 53 連接埠上提供的 DNS 解析服務。

(3) 最後，應用程式就能夠像存取網站功能變數名稱一樣，僅僅透過服務的名字就能連線到服務了。

例如，設定 redis-slave 的啟動腳本為：

```
redis-server --slaveof redis-master 6379
```

建立 redis-slave 的 Pod 並啟動它。

之後，可以登入 redis-slave 容器中查看，其透過 DNS 功能變數名稱服務找到了 redis-master 的 IP 地址 20.1.231.244，並成功建立連接。

透過 DNS 設定，對於其他 Service（服務）的查詢將可不需再依賴系統為每個 Pod 設置的環境變數，而是直接使用 Service 的名字就能對其進行存取，使得應用程式中的程式更簡潔了。

5.2 Kubernetes 叢集性能監控案例

在 Kubernetes 系統中，使用 cAdvisor 對 Node 所在主機資源和在該 Node 上運行的容器進行監控和性能資料採樣（詳見第 4 章的描述）。由於 cAdvisor 整合在 Kubelet 中，即運行在每個 Node 上，所以一個 cAdvisor 僅能對一台 Node 進行監控。在大規模容器叢集中，我們需要對所有 Node 和全部容器進行性能監控，Kubernetes 使用一套工具來實現叢集性能資料的收集、儲存和展示：Heapster、InfluxDB 和 Grafana。

⊙ Heapster：是對叢集中各 Node、Pod 的資源使用資料進行收集的系統，先透過存取每個 Node 上 Kubelet 的 API，再透過 Kubelet 呼叫 cAdvisor 的 API 來採集該節點上所有容器的效能資料。之後 Heapster 進行資料聚集，並將結果保存到後端儲存系統中。Heaspter 支援多種後端存儲系統，包括 memory（保存在記憶體中）、InfluxDB、BigQuery、Google 雲平台提供的 Google Cloud Monitoring（https://cloud.google.com/monitoring/）和 Google Cloud Logging（https://cloud.google.com/logging/）等。Heapster 專案的網頁為 https://github.com/kubernetes/heapster。

⊙ InfluxDB：是分散式時序資料庫（每筆記錄都帶有時間戳記屬性），主要用於即時資料採集、事件追蹤記錄、儲存時間圖表、原始資料等。InfluxDB 提供 REST API 用於資料的儲存和查詢。InfluxDB 的網頁為 http://Influxdb.com。

⊙ Grafana：透過 Dashboard 將 InfluxDB 中的時序資料展現成圖表或曲線等形式，便於維運人員查看叢集的運行狀態。Grafana 的網頁為 http://grafana.org。

整體架構如圖 5.2 所示。

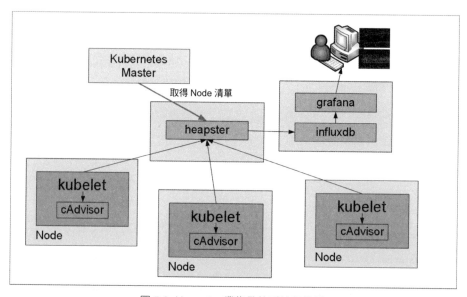

圖 5.2 Heapster 叢集監控系統架構圖

在 Kubernetes 的目前版本中，Heapster、InfluxDB 和 Grafana 均以 Pod 的形式啟動和運行。

在啟動這些 Pod 之前，首先需要為 Heapster 配置與 Master 的安全連線。

5.2.1 配置 Kubernetes 叢集的 ServiceAccount 和 Secret

Heapster 目前版本需要使用 HTTPS 的安全方式與 Kubernetes Master 進行連線，所以需要先進行 ServiceAccount 和 Secret 的建立。如果不使用 Secret，則 Heapster 啟動時將會出現錯誤：

```
/var/run/secret/kubernetes.io/serviceaccount/token no such file or directory
```

然後 Heapster 容器會被 ReplicationController 反覆銷毀、建立，無法正常運作。

關於 ServiceAccount 和 Secret 的原理詳見第 2 章的說明。

在進行以下操作時，我們假設在 Kubernetes 叢集中沒有建立過 Secret（如果之前建立過，則可以先刪除 etcd 中與 Secret 相關的索引鍵值）。

首先，使用 OpenSSL 工具在 Master 伺服器上建立一些憑證和私密金鑰相關的文件：

```
# openssl genrsa -out ca.key 2048
# openssl req -x509 -new -nodes -key ca.key -subj "/CN=yourcompany.com" -days
5000 -out ca.crt
# openssl genrsa -out server.key 2048
# openssl req -new -key server.key -subj "/CN=kubernetes-master" -out server.csr
# openssl x509 -req -in server.csr -CA ca.crt -CAkey ca.key -CAcreateserial -out
server.crt -days 5000
```

請注意，在產生 server.csr 時 -subj 參數中 /CN 指定的名字需為 Master 的主機名稱。另外，在產生 ca.crt 時 -subj 參數中 /CN 的名字最好與主機名稱不同，設為相同名稱可能導致對普通 Master 的 HTTPS 連線認證失敗。

執行完成後會產生 6 個檔：ca.crt、ca.key、ca.srl、server.crt、server.csr、server.key。

將這些檔複製到 /var/run/kubernetes/ 目錄中，然後設定 kube-apiserver 的啟動參數：

```
--client_ca_file=/var/run/kubernetes/ca.crt
--tls-private-key-file=/var/run/kubernetes/server.key
--tls-cert-file=/var/run/kubernetes/server.crt
```

之後重啟 kube-apiserver 服務。

接下來，給 kube-controller-manager 服務加上以下啟動參數：

```
--service_account_private_key_file=/var/run/kubernetes/apiserver.key
--root-ca-file=/var/run/kubernetes/ca.crt
```

然後，重啟 kube-controller-manager 服務。

在 kube-apiserver 服務成功啟動後，系統會自動為每個命名空間建立一個 ServiceAccount 和一個 Secret（包含一個 ca.crt 和一個 token）：

```
$ kubectl get serviceaccounts --all-namespaces
NAMESPACE       NAME       SECRETS
default         default    1
kube-system     default    1


$ kubectl get secrets --all-namespaces
NAMESPACE       NAME                  TYPE                                  DATA
default         default-token-lhx52   kubernetes.io/service-account-token   2
kube-system     default-token-23f6f   kubernetes.io/service-account-token   2

$ kubectl describe secret default-token-lhx52
Name:           default-token-lhx52
Namespace:      default
Labels:         <none>
Annotations:    kubernetes.io/service-account.name=default,kubernetes.io/service-
account.uid=6e09f5b5-52d0-11e5-a4f1-000c2921ba71
Type:   kubernetes.io/service-account-token
Data
====
ca.crt: 1099 bytes
token:  eyJhbGciOiJSUzI1NiIsInR5cCI6IkpXVCJ9.eyJpc3MiOiJrdWJlcm5ldGVzL3Nlcn ZpY2
VhY2NvdW50Iiwia3ViZXJuZXRlcy5pby9zZXJ2aWNlYWNjb3VudC9uYW1lc3BhY2UiOiJkZWZhdWx0Ii
wia3ViZXJuZXRlcy5pby9zZXJ2aWNlYWNjb3VudC9zZWNyZXQubmFtZSI6ImRlZmF1bHQtdG9rZW4tbG
h4NTIiLCJrdWJlcm5ldGVzLmlvL3NlcnZpY2VhY2NvdW50L3NlcnZpY2UtYWNjb3VudC5uYW1lIjoiZG
VmYXVsdCIsImt1YmVybmV0ZXMuaW8vc2VydmljZWFjY291bnQvc2VydmljZS1hY2NvdW50LnVpZCI6Ij
ZlMDlmNWI1LTUyZDAtMTFlNS1hNGYxLTAwMGMyOTIxYmE3MSIsInN1YiI6InN5c3RlbTpzZXJ2aWNlYW
Njb3VudDpkZWZhdWx0OmRlZmF1bHQifQ.Qln9LHiB8O7ztZ3ZKb1XJT3VyGCDSTMiY1uGr3QUaxh5gGb
w4EakrR_fFDiecrYQMCoZXpQRkpjjKutbCITD0pevcwatMVLpJXHV774xMuGmdV_tilQHEtSpN-hbSKL
8CPzGpVoAurXUti3dSnwyM6K5icC9TBZKc-NYSalraFaurMaqpjBIKVUbKVUbfECD5qsG8BQDjmg1Wy
glYpnmmQjLelDYTyMDnU3RJiG8IYdYOiZxoD8-F--89pFz-_f0KYA_z3MvRnS8hdmh5zvXik6IruGyF-
t5OxRSxISg19q-idn7k3jLwmclBUo03aBLSYD9GvSdKhx6aESPOc65JQ

$ kubectl describe secret default-token-23f6f --namespace=kube-system
Name:           default-token-23f6f
Namespace:      kube-system
Labels:         <none>
Annotations:    kubernetes.io/service-account.name=default,kubernetes.io/service-
account.uid=6e286c37-52d0-11e5-a4f1-000c2921ba71
Type:   kubernetes.io/service-account-token
Data
====
ca.crt: 1099 bytes
token:  eyJhbGciOiJSUzI1NiIsInR5cCI6IkpXVCJ9.eyJpc3MiOiJrdWJlcm5ldGVzL3Nlcn ZpY2
VhY2NvdW50Iiwia3ViZXJuZXRlcy5pby9zZXJ2aWNlYWNjb3VudC9uYW1lc3BhY2UiOiJrdWJlLXN5c3
RlbSIsImt1YmVybmV0ZXMuaW8vc2VydmljZWFjY291bnQvc2VjcmV0Lm5hbWUiOiJkZWZhdWx0LXRva2
```

```
VuLTIzZjZmIiwia3ViZXJuZXRlcy5pby9zZXJ2aWNlYWNjb3VudC9zZXJ2aWNlYWNjb3VudC1LWFjY291bnQubmFtZS
I6ImRlZmF1bHQiLCJrdWJlcm5ldGVzLmlvL3NlcnZpY2VhY2NvdW50L3NlcnZpY2UtYWNjb3VudC51aW
QiOiI2ZTI4NmMzNy01MmMwLTExZTUtYTRmMS0wMDBjMjkyMWJhNzEiLCJzdWWiiOiJzeXN0ZW06c2Vydm
ljZWFjY291bnQ6a3ViZS1zeXN0ZW06ZGVmYXVsdCJ9.BMeLAAGKUokPj0BD1KyUHjBjH7izM69pPDgSi
BynzOz9nsMpQyFUgK_wvloVgF0b-RVAaHkK90UfSbfzHdp6F-fc9bCbLRTF44QTMmFvBmVgwDM2kY1_
q-EfyDE39aijJ3AscPVUNjVOb07f_Md_-htCeHWDkc7P6XpgMp4bYMUBVfCLYLVTjuyjQLaD5EFOHE
Wd8-9zjJB7_rhbPiQ-Z4N0cE3ik9cuFAsHwveLgqzpwdM463E_p1wyvdmKZ3EnPZrdp-2KU2AVt0JmuU0
PlngTJf7UlQ0IndbETGlk03otbMJKd3qY6Dpj2yAGyB-KNOdx8dBvaHTdzUawq2vpzg
```

之後 ReplicationController 在建立 Pod 時，會產生類型為 Secret 的 Volume 儲存區（參見第 1 章中對 Volume 的說明），並將該 Volume 掛載到 Pod 內的如下目錄中：/var/run/secrets/kubernetes. io/serviceaccount。然後，容器內的應用程式就可以使用該 Secret 與 Master 建立 HTTPS 連線了。Pod 的 Volumes 設定和掛載操作由 ReplicationController 和 Kubelet 自動完成，可以透過查看 Pod 的詳細資訊進行瞭解。

```
$ kubectl get pods kube-dns-v8-iknnc --namespace=kube-system -o yaml
apiVersion: v1
......
spec:
  containers:
  ......
    volumeMounts:
    - mountPath: /var/run/secrets/kubernetes.io/serviceaccount
      name: default-token-23f6f
      readOnly: true
  ......
  serviceAccount: default
  serviceAccountName: default
  volumes:
  - name: default-token-23f6f
    secret:
      secretName: default-token-23f6f
status:
  ......
```

進入容器，查看 /var/run/secrets/kubernetes.io/serviceaccount 目錄，可以看到兩個檔 ca.crt 和 token，這兩個檔就是與 Master 通訊時所需的憑證和私鑰資訊。

5.2.2 部署 Heapster、InfluxDB、Grafana

在 ServiceAccount 和 Secrets 建立完成後，我們就可以新增 Heapster、InfluxDB 和 Grafana 等 ReplicationController 和 Service 了。

先建立它們的 Service：

heapster-service.yaml

```
apiVersion: v1
kind: Service
metadata:
  labels:
    kubernetes.io/cluster-service: "true"
    kubernetes.io/name: Heapster
  name: heapster
  namespace: kube-system
spec:
  ports:
    - port: 80
      targetPort: 8082
  selector:
    k8s-app: heapster
```

InfluxDB-service.yaml

```
apiVersion: v1
kind: Service
metadata:
  labels: null
  name: monitoring-InfluxDB
  namespace: kube-system
spec:
  type: NodePort
  ports:
    - name: http
      port: 8083
      targetPort: 8083
      nodePort: 30083
    - name: api
      port: 8086
      targetPort: 8086
      nodePort: 30086
  selector:
    name: influxGrafana
```

請注意，這裡使用 type=NodePort 將 InfluxDB 對應在 Host 主機 Node 的連接埠上，以便用戶端瀏覽器對其進行存取。

Grafana-service.yaml

```
apiVersion: v1
kind: Service
metadata:
  labels:
    kubernetes.io/name: monitoring-Grafana
    kubernetes.io/cluster-service: "true"
  name: monitoring-Grafana
  namespace: kube-system
spec:
  type: NodePort
  ports:
    - port: 80
      targetPort: 8080
      nodePort: 30080
  selector:
    name: influxGrafana
```

同樣使用 type=NodePort 將 Grafana 對應在 Node 的連接埠上，以便用戶端瀏覽器
對其進行連線。

建立 Heapster RC：

heapster-controller.yaml

```
apiVersion: v1
kind: ReplicationController
metadata:
  labels:
    k8s-app: heapster
    name: heapster
    version: v6
  name: heapster
  namespace: kube-system
spec:
  replicas: 1
  selector:
    name: heapster
    k8s-app: heapster
    version: v6
  template:
    metadata:
      labels:
        k8s-app: heapster
        version: v6
```

```
spec:
  containers:
  -
      image: gcr.io/google_containers/heapster:v0.17.0
      name: heapster
      command:
        - /heapster
        - --source=kubernetes:http://192.168.1.128:8080?inClusterConfig= fals
e&kubeletHttps=true&useServiceAccount=true&auth=
        - --sink=InfluxDB:http://monitoring-InfluxDB:8086
```

Heapster 需要設定的啟動參數如下。

1 --source

為配置監控來源。在本例中使用 kubernetes: 表示從 Kubernetes Master 取得各 Node 的資訊。在 URL 後面的參數部分，修改 kubeletHttps、inClusterConfig、useServiceAccount 的值，並設定 auth 的欄位值為空：

```
--source=kubernetes:http://192.168.1.128:8080?inClusterConfig=false&kubeletHttps=
true&useServiceAccount=true&auth=
```

URL 中可配置的參數如下。

(1) IP 位址和連接埠：為 Kubernetes Master 的位址。

(2) kubeletPort：預設為 10255（Kubelet 服務的唯讀連接埠）。

(3) kubeletHttps：是否透過 HTTPS 方式連接 Kubelet，預設為 false。

(4) apiVersion：API 版本號，預設為 Kubernetes 系統的版本號，目前為 v1。

(5) inClusterConfig：是否使用 Heapster 命名空間中的 ServiceAccount，預設為 true。

(6) insecure：是否信任 Kubernetes 憑證，預設為 false。

(7) auth：用戶端認證授權檔，當 ServiceAccount 不可用時對其進行設定。

(8) useServiceAccount：是否使用 ServiceAccount，預設為 false。

2 --sink

為配置後端的儲存系統，在本例中使用 InfluxDB 系統：

```
--sink=InfluxDB:http://monitoring-InfluxDB:8086
```

請注意，URL 中的主機名稱位址使用的是 InfluxDB 的 Service 名字，這需要 DNS 服務正常工作，如果沒有配置 DNS 服務，則也可以使用 Service 的 ClusterIP 位址。如何配置 DNS 請參見 5.1 節的案例描述。

值得說明的是，InfluxDB 服務的名稱沒有加上命名空間是因為 Heapster 服務與 InfluxDB 服務屬於相同的命名空間——kube-system。因此，使用附上命名空間的服務名稱也是可以的，例如 http://monitoring-InfluxDB.kube-system:8086。

建立 InfluxDB 和 Grafana 的 RC 配置，這兩個容器將運行在同一個 Pod 中：

InfluxDB-Grafana-controller.yaml

```yaml
apiVersion: v1
kind: ReplicationController
metadata:
  labels:
    name: influxGrafana
  name: infludb-Grafana
  namespace: kube-system
spec:
  replicas: 1
  selector:
    name: influxGrafana
  template:
    metadata:
      labels:
        name: influxGrafana
    spec:
      containers:
        - image: gcr.io/google_containers/heapster_InfluxDB:v0.3
          name: InfluxDB
          ports:
            - containerPort: 8083
              hostPort: 8083
            - containerPort: 8086
              hostPort: 8086
        - image: gcr.io/google_containers/heapster_Grafana:v0.7
          name: Grafana
          ports:
            - containerPort: 8080
              hostPort: 8080
          env:
            - name: INFLUXDB_HOST
              value: monitoring-InfluxDB
```

請注意，必須給 Grafana 容器定義環境變數，以便於找到 InfluxDB 服務的所在位址。由於 Grafana 與 InfluxDB 處於同一個 Pod 中，所以 Grafana 使用 127.0.0.1 或 localhost 等本機 IP 位址也可以存取到 InfluxDB 服務。

最後，使用 kubectl create 命令完成所有 Service 和 RC 的建置：

```
$ kubectl create -f heapster-service.yaml
$ kubectl create -f InfluxDB-service.yaml
$ kubectl create -f Grafana-service.yaml
$ kubectl create -f InfluxDB-Grafana-controller.json
$ kubectl create -f heapster-controller.yaml
```

透過 kubectl get pods --namespace=kube-system 確認各 Pod 都成功啟動了。

5.2.3 查詢 InfluxDB 資料庫中的資料

讓我們先看一下 InfluxDB 的管理頁面。

由於設定 InfluxDB 服務會對應連接埠到實體 Node 節點上，所以我們可以透過任一 Node 的 30083 連接埠開啟 InfluxDB 資料庫提供的管理頁面，如圖 5.3 所示。

圖 5.3 InfluxDB 管理頁面

輸入預設的用戶名和密碼（root/root）登錄後，就能對資料庫進行查詢了。

請注意，在 Hostname 中需要填寫 InfluxDB Pod 所在實體主機的 IP 位址。

如圖 5.4 所示，Heapster 已經在 InfluxDB 中建立一個名為 k8s 的資料庫。

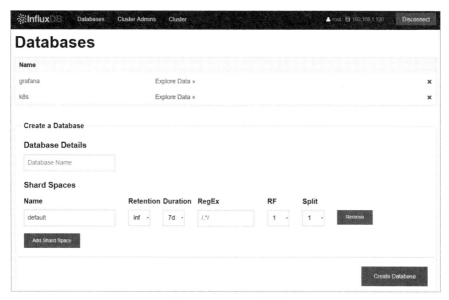

圖 5.4 Databases 頁面

按一下 k8s 資料庫右側的 "Explore Data"，在 Query 輸入框中輸入 "list series"，即可查看所有的 series（序列表）。如圖 5.5 所示是 Heapster 建立的全部 series。

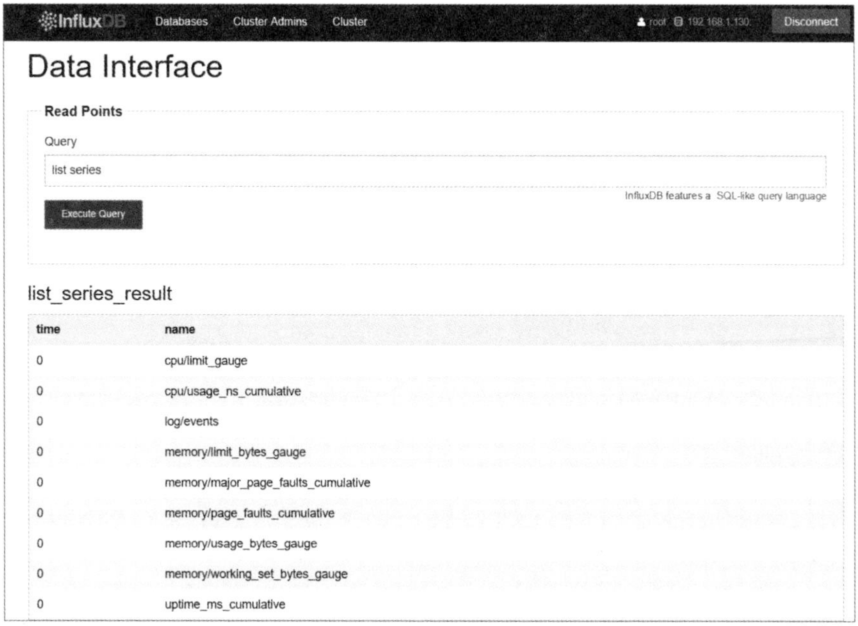

圖 5.5 list series 結果頁面

Heapster 中的 metric（效能指標）資料模型包括：

- ⊙ cpu/limit
- ⊙ cpu/usage_ns
- ⊙ log/events
- ⊙ memory/limit_bytes
- ⊙ memory/major_page_faults
- ⊙ memory/page_faults
- ⊙ memory/usage_bytes
- ⊙ memory/working_set_bytes

在保存資料到 InfluxDB 中後，InfluxDB 生成以下 series：

- ⊙ cpu/limit_gauge
- ⊙ cpu/usage_ns_cumulative
- ⊙ log/events
- ⊙ memory/limit_bytes_gauge
- ⊙ memory/major_page_faults_cumulative
- ⊙ memory/page_faults_cumulative
- ⊙ memory/usage_bytes_gauge
- ⊙ memory/working_set_bytes_gauge
- ⊙ uptime_ms_cumulative

對於 series 的命名，如果聚集的是累計值（如 cpu 使用時間 ns），則在 series 名稱中用 cumulative 表示；如果聚集的是瞬時值（如記憶體使用位元組數），則在 series 名稱中用 gauge 表示。

我們可以對每個 series 進行 SELECT 操作，例如查詢累計 CPU 的使用時間：

```
select * from "cpu/usage_ns_cumulative" limit 10
```

如圖 5.6 所示是 cpu/usage_ns_cumulative 的部分結果及一個圖片。

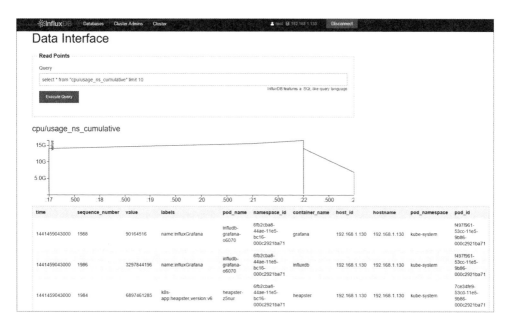

圖 5.6 查詢 cpu/usage_ns_cumulative 結果頁面

5.2.4 Grafana 頁面查看和操作

存取任意一台 Node 上 Grafana 的連接埠 30080，即可查看監控資料的圖表展示畫面。如圖 5.7 所示是 Grafana 的主頁，以折線圖的形式展示所有 Node 和全部容器的 CPU 使用率、記憶體使用情況等資訊。

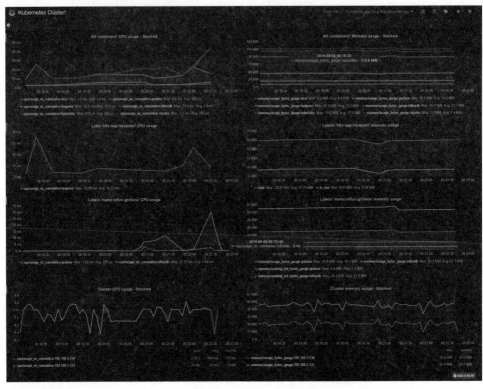

圖 5.7 Grafana 主頁

Grafana 還提供了基於 Label 的 Pod 查詢，我們可以對某個圖表的查詢規則進行編輯，如圖 5.8 所示。

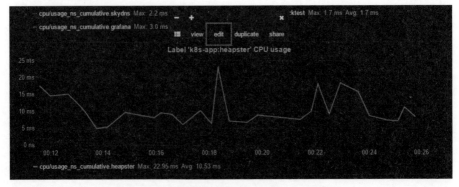

圖 5.8 編輯折線圖

在編輯頁面的 where 條件中可以輸入 Label 條件查詢所需的 Pod 資訊，如圖 5.9 所示。

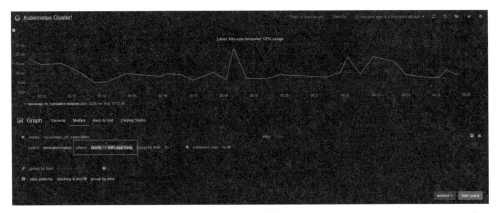

圖 5.9 修改 Label 查詢規則頁面

到目前為止，對 Kubernetes 叢集的監控系統就建構完成了。

在本例中使用了 ServiceAccount、Secret 來保證 Pod 與 master 之間的安全通訊；另外，在 Pod 之間使用 DNS 來進行服務的查詢——這些都是 Kubernetes 系統中常用和推薦的使用方式。

5.3 Cassandra 叢集部署案例

Apache Cassandra 是一套開源分散式 NoSQL 資料庫系統，其主要特點就是它不是單一資料庫，而是由一組資料庫節點共同構成的一個分散式的叢集資料庫。由於 Cassandra 使用的是 "去中心化" 模式，所以當叢集裡的一個節點啟動之後需要一個途徑獲知叢集中新節點的加入。Cassandra 使用了 Seed（種子）的概念來完成在叢集中節點之間的相互查尋和通訊。

本例透過對 Kubernetes 中 Service 概念的巧妙應用實現了各 Cassandra 節點之間的相互查詢。

5.3.1 自訂 SeedProvider

在本例中使用了一個自訂的 SeedProvider 類別來完成新節點查詢和添加，類別名為 io.k8s.cassandra.KubernetesSeedProvider。

KubernetesSeedProvider.java 類別的原始程式碼節錄如下：

```
......
    public List<InetAddress> getSeeds() {
        List<InetAddress> list = new ArrayList<InetAddress>();
        String host = "https://kubernetes.default.cluster.local";
        String serviceName = getEnvOrDefault("CASSANDRA_SERVICE", "cassandra");
        String podNamespace = getEnvOrDefault("POD_NAMESPACE", "default");
        String path = String.format("/api/v1/namespaces/%s/endpoints/",
podNamespace);
......
    public static void main(String[] args) {
        SeedProvider provider = new KubernetesSeedProvider(new HashMap<String,
String>());
        System.out.println(provider.getSeeds());
    }
}
```

完整的原始程式碼可以從以下網址來獲取：

```
http://kubernetes.io/v1.0/examples/cassandra/java/src/io/k8s/cassandra/
KubernetesSeedProvider.java
```

建立 Cassandra Pod 的設定檔如下：

cassandra.yaml

```
apiVersion: v1
kind: Pod
metadata:
  labels:
    name: cassandra
  name: cassandra
spec:
  containers:
  - args:
    - /run.sh
    resources:
      limits:
```

```
      cpu: "0.5"
  image: gcr.io/google_containers/cassandra:v5
  name: cassandra
  ports:
  - name: cql
    containerPort: 9042
  - name: thrift
    containerPort: 9160
  volumeMounts:
  - name: data
    mountPath: /cassandra_data
  env:
  - name: MAX_HEAP_SIZE
    value: 512M
  - name: HEAP_NEWSIZE
    value: 100M
  - name: POD_NAMESPACE
    valueFrom:
      fieldRef:
        fieldPath: metadata.namespace
volumes:
  - name: data
    emptyDir: {}
```

需要說明的是，在映像檔 gcr.io/google_containers/cassandra:v5 中安裝了一個標準的 Cassandra 應用程式，並將客制的 SeedProvider 類別──KubernetesSeedProvider 打包到映像檔中了。

客制的 KubernetesSeedProvider 類別將使用 REST API 存取 Kubernetes Master，然後透過查詢 name=cassandra 的服務指向 Pod 來完成對其他 "節點" 的查尋。

5.3.2 透過 Service 動態查詢 Pod

在 KubernetesSeedProvider 類中，透過查詢環境變數 CASSANDRA_SERVICE 的值來取得服務的名稱。這樣便要求 Service 需在 Pod 之前就建置出來。如果我們已經建立好 DNS 服務（參見 5.1 節的案例介紹），那麼也可以直接使用服務的名稱而無須使用環境變數。

回顧一下 Service 的概念。Service 通常用作一個負載平衡器，供 Kubernetes 叢集中其他應用（Pod）對屬於該 Service 的一組 Pod 進行存取。由於 Pod 的建立和銷毀都會即時更新 Service 的 Endpoints 資料，所以可以動態地對 Service 的後端 Pod 進行查詢了。Cassandra 的 "去中心化" 設計使得 Cassandra 叢集中的一個 Cassandra 實例（節點）只需要查詢到其他節點，即可自動組成一個叢集，正好可以使用 Service 的這個特性查詢到新增的節點。如圖 5.10 所示描述了 Cassandra 新節點加入叢集的過程。

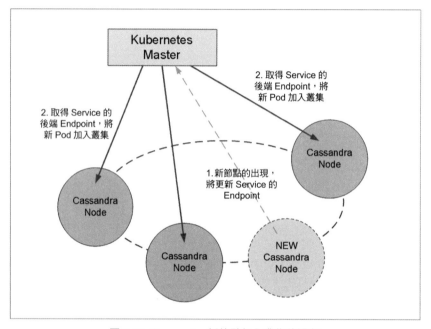

圖 5.10 Cassandra 新節點加入叢集的過程

在 Kubernetes 系統中，首先需要為 Cassandra 叢集定義一個 Service。

cassandra-service.yaml：

```
apiVersion: v1
kind: Service
metadata:
  labels:
    name: cassandra
  name: cassandra
spec:
  ports:
    - port: 9042
  selector:
    name: cassandra
```

在 Service 的定義中指定 Label Selector 為 name=cassandra。

(1) 建立 Service：

```
$ kubectl create -f cassandra-service.yaml
```

(2) 建立一個 Cassandra Pod：

```
$ kubectl create -f cassandra-pod.yaml
```

現在，一個名為 cassandra 的 Pod 已開始運行，但還沒有組成 Cassandra 叢集。

(3) 建立一個 RC 來控制 Pod 叢集：

cassandra-controller.yaml

```
apiVersion: v1
kind: ReplicationController
metadata:
  labels:
    name: cassandra
  name: cassandra
spec:
  replicas: 1
  selector:
    name: cassandra
  template:
    metadata:
      labels:
        name: cassandra
    spec:
      containers:
        - command:
            - /run.sh
          resources:
            limits:
              cpu: 0.5
          env:
            - name: MAX_HEAP_SIZE
              value: 512M
            - name: HEAP_NEWSIZE
              value: 100M
            - name: POD_NAMESPACE
              valueFrom:
                fieldRef:
                  fieldPath: metadata.namespace
          image: gcr.io/google_containers/cassandra:v5
          name: cassandra
```

```
         ports:
           - containerPort: 9042
             name: cql
           - containerPort: 9160
             name: thrift
         volumeMounts:
           - mountPath: /cassandra_data
             name: data
     volumes:
       - name: data
         emptyDir: {}
```

由於在 RC 定義中指定的 replicas 數量為 1，所以建立 RC 後，仍然只有之前建立的那個名為 cassandra 的 Pod 在運作。

5.3.3 Cassandra 叢集新節點的自動加入

現在，我們使用 Kubernetes 提供的 Scale（動態縮放）機制對 Cassandra 叢集進行擴展：

```
$ kubectl scale rc cassandra --replicas=2
```

查看 Pods 可以看到 RC 建立並啟動了一個新的 Pod：

```
$ kubectl get pods -l="name=cassandra"
NAME            READY    STATUS     RESTARTS    AGE
cassandra       1/1      Running    0           5m
cassandra-g52t3 1/1      Running    0           50s
```

使用 Cassandra 提供的 nodetool 工具對任一 cassandra 實例（Pod）進行存取以驗證 Cassandra 叢集的狀態。下面的命令將存取名為 cassandra 的 Pod（存取 cassandra-g52t3 也能獲得相同的結果）：

```
$ kubectl exec -ti cassandra -- nodetool status
Datacenter: datacenter1
=========================
Status=Up/Down
|/ State=Normal/Leaving/Joining/Moving
--  Address      Load      Tokens   Owns (effective)   Host ID                Rack
UN  10.1.20.16   51.58 KB  256      100.0%             1625c65d-b5b6-40f4-a794-
6f5a12322d86  rack1
UN  10.1.10.11   51.51 KB  256      100.0%             cdfcbf1a-795c-4412-9d3f-
e8fe50bb8deb  rack1
```

可以看到 Cassandra 叢集中有兩個節點處於正常運行狀態（Up and Normal，UN）。結果內的兩個 IP 位址即為兩個 Cassandra Pod 的 IP 位址。

內部的過程為：每個 Cassandra 節點（Pod）透過 API 存取 Kubernetes Master，查詢名為 cassandra 的 Service 之 Endpoints（即 Cassandra 節點），若發現有新節點加入，就進行加入操作，最後成功組成了一個 Cassandra 叢集。

我們再增加兩個 Cassandra 實例：

```
$ kubectl scale rc cassandra --replicas=4
```

用 nodetool 工具查看 Cassandra 叢集狀態：

```
$ kubectl exec -ti cassandra -- nodetool status
Datacenter: datacenter1
=======================
Status=Up/Down
|/ State=Normal/Leaving/Joining/Moving
--  Address      Load       Tokens  Owns (effective)  Host ID                               Rack
UN  10.1.20.16   51.58 KB   256     50.5%             1625c65d-b5b6-40f4-a794-
6f5a12322d86  rack1
UN  10.1.10.12   52.03 KB   256     47.0%             8bcc1c3e-44ec-46a7-b981-
4090b206f14e  rack1
UN  10.1.20.17   68.05 KB   256     50.6%             579b6493-e92a-47f5-91f2-
9313198a24c9  rack1
UN  10.1.10.11   51.51 KB   256     51.9%             cdfcbf1a-795c-4412-9d3f-
e8fe50bb8deb  rack1
```

可以看到 4 個 Cassandra 節點都加入 Cassandra 叢集中了。

另外，也可以透過查看 Cassandra Pod 的日誌來看新節點加入叢集的記錄：

```
$ kubectl logs cassandra-g52t3
......
INFO  18:05:36 Handshaking version with /10.1.20.17
INFO  18:05:36 Node /10.1.20.17 is now part of the cluster
INFO  18:05:36 InetAddress /10.1.20.17 is now UP
INFO  18:05:38 Handshaking version with /10.1.10.12
INFO  18:05:39 Node /10.1.10.12 is now part of the cluster
INFO  18:05:39 InetAddress /10.1.10.12 is now UP
```

本範例描述了一種透過 API 查詢 Service 來完成動態 Pod 發現的應用情境。對於類似於 Cassandra 叢集的應用，都可以使用對 Service 進行查詢後端 Endpoints 這種巧妙的方法來實現對應用系統叢集（屬於同一 Service）中新加入節點的查詢。

5.4 叢集安全配置案例

Kubernetes 系統提供三種認證方式：CA 認證、Token 認證和 Base 認證。安全功能是一把兩面刃，它保護系統不被攻擊，但是也帶來額外的效能損耗。叢集內的各元件存取 API Server 時，由於它們與 API Server 同時處於同一區網中，所以建議用非安全的方式存取 API Server，效率更高。

本節將對叢集的雙向認證配置和簡單認證配置過程進行詳細說明。

5.4.1 雙向認證配置

雙向認證方式是最為嚴格和安全的叢集安全配置方式，主要配置流程如下：

(1) 產生根憑證、API Server 服務端憑證、服務端私密金鑰、各個元件所用的用戶端證書和用戶端私密金鑰。

(2) 修改 Kubernetes 各個服務程序的啟動參數，啟用雙向認證模式。

詳細的配置操作流程如下：

(1) 產生根憑證。

用 openssl 工具生成 CA 根憑證，請注意將其中 subject 等參數改為使用者所需的資料，CN 的值通常是功能變數名稱、主機名稱或 IP 位址。

```
$ cd /var/run/kubernetes
$ openssl genrsa -out dd_ca.key 2048
$ openssl req -x509 -new -nodes -key dd_ca.key -subj "/CN=yourdomain.com"
-days 5000 -out dd_ca.crt
```

(2) 產生 API Server 服務端憑證和私密金鑰。

```
$ openssl genrsa -out dd_server.key 2048
$ HN=`hostname`
$ openssl req -new -key dd_server.key -subj "/CN=$HN" -out dd_server.csr
```

```
$ openssl x509 -req -in dd_server.csr -CA dd_ca.crt -CAkey dd_ca.key
-CAcreateserial- out dd_server.crt -days 5000
```

(3) 產生 Controller Manager 與 Scheduler 程序共用的證書和私密金鑰。

```
$ openssl genrsa -out dd_cs_client.key 2048
$ openssl req -new -key dd_cs_client.key -subj "/CN=$HN" -out dd_cs_client.csr
$ openssl x509 -req -in dd_cs_client.csr -CA dd_ca.crt -CAkey dd_ca.key
-CAcreateserial -out dd_cs_client.crt -days 5000
```

(4) 產生 Kubelet 所用的用戶端憑證和私密金鑰。

注意，這裡假設 Kubelet 所在機器的 IP 地址為 192.168.1.129。

```
$ openssl genrsa -out dd_kubelet_client.key 2048
$ openssl req -new -key dd_kubelet_client.key -subj "/CN=192.168.1.129" -out
dd_kubelet_client.csr
$ openssl x509 -req -in dd_kubelet_client.csr -CA dd_ca.crt -CAkey dd_ca.key
-CAcreateserial -out dd_kubelet_client.crt -days 5000
```

(5) 修改 API Server 的啟動參數。

增加 CA 根憑證、Server 本身憑證等參數並設定安全連接埠為 443。

修改 /etc/kubernetes/apiserver 設定檔的 KUBE_API_ARGS 參數：

```
KUBE_API_ARGS="--log-dir=/var/log/kubernetes --secure-port=443 --client_
ca_ file=/var/run/kubernetes/dd_ca.crt --tls-private-key-file=/var/run/
kubernetes/dd_ server.key --tls-cert-file=/var/run/kubernetes/dd_server.crt"
```

重啟 kube-apiserver 服務：

```
#> systemctl restart kube-apiserver
```

(6) 驗證 API Server 的 HTTPS 服務。

```
$ curl https://kubernetes-master:443/api/v1/nodes --cert /var/run/kubernetes/
dd_cs_client.crt --key /var/run/kubernetes/dd_cs_client.key --cacert /var/
run/ kubernetes/dd_ca.crt
```

注意，API Server 所在主機名稱為 kubernetes-master。

(7) 修改 Controller Manager 的啟動參數。

修改 /etc/kubernetes/controller-manager 設定檔：

```
KUBE_CONTROLLER_MANAGER_ARGS="--log-dir=/var/log/kubernetes --service_
account_ private_key_file=/var/run/kubernetes/server.key --root-ca-file=/var/
run/kubernetes/ca.crt --master=https://kubernetes-master:443 --kubeconfig=/
etc/kubernetes/cmkubeconfig"
```

建立 /etc/kubernetes/cmkubeconfig 檔案,配置憑證等相關參數,具體內容如下:

```
apiVersion: v1
kind: Config
users:
- name: controllermanager
  user:
    client-certificate: /var/run/kubernetes/dd_cs_client.crt
    client-key: /var/run/kubernetes/dd_cs_client.key
clusters:
- name: local
  cluster:
    certificate-authority: /var/run/kubernetes/dd_ca.crt
contexts:
- context:
    cluster: local
    user: controllermanager
  name: my-context
current-context: my-context
```

重啟 kube-controller-manager 服務:

```
#> systemctl restart kube-controller-manager
```

(8) 配置各個節點上的 Kubelet 程序。

複製 Kubelet 的憑證、私密金鑰與 CA 根憑證到所有 Node 上。

```
$ scp /var/run/kubernetes/dd_kubelet* root@kubernetes-minion1:/home
$ scp /var/run/kubernetes/dd_ca.* root@kubernetes-minion1:/home
```

在每個 Node 上建立 /var/lib/kubelet/kubeconfig 檔案,檔案內容如下:

```
apiVersion: v1
kind: Config
users:
- name: kubelet
  user:
    client-certificate: /home/dd_kubelet_client.crt
    client-key: /home/dd_kubelet_client.key
clusters:
- name: local
  cluster:
    certificate-authority: /home/dd_ca.crt
contexts:
- context:
    cluster: local
    user: kubelet
```

```
    name: my-context
current-context: my-context
```

修改 Kubelet 的啟動參數，以修改 /etc/kubernetes/kubelet 設定檔為例：

```
KUBELET_API_SERVER="--api_servers=https://kubernetes-master:443"
KUBELET_ARGS="--pod_infra_container_image=myregistry:5000/google_containers/
pause:latest --cluster_dns=10.2.0.100 --cluster_domain=cluster.local
--kubeconfig= /var/lib/kubelet/kubeconfig"
```

重啟 kubelet 服務：

```
$ systemctl restart kubelet
```

(9) 配置 kube-proxy。

首先，建立 /var/lib/kubeproxy/proxykubeconfig 檔，具體內容如下：

```
apiVersion: v1
kind: Config
users:
- name: kubeproxy
  user:
    client-certificate: /home/dd_kubelet_client.crt
    client-key: /home/dd_kubelet_client.key
clusters:
- name: local
  cluster:
    certificate-authority: /home/dd_ca.crt
contexts:
- context:
    cluster: local
    user: kubeproxy
  name: my-context
current-context: my-context
```

然後，修改 kube-proxy 的啟動參數，引用上述檔案並指定 API Server 在安全模式下的連線位址，以修改設定檔 /etc/kubernetes/proxy 為例：

```
KUBE_PROXY_ARGS="--kubeconfig=/var/lib/kubeproxy/proxykubeconfig --master=
https://kubernetes-master:443"
```

重啟 kube-proxy 服務：

```
$ systemctl restart kube-proxy
```

終於，一個雙向認證的 Kubernetes 叢集環境就建置完成了。

5.4.2 簡單認證配置

除了雙向認證方式，Kubernetes 也提供了基於 Token 和 HTTP Base 的簡單認證方式。通訊方式仍然採用 HTTPS，但不使用數位憑證。

採用基於 Token 和 HTTP Base 的簡單認證方式時，API Server 對外開通 HTTPS 連接埠，用戶端提供 Token 或用戶名稱、密碼來完成認證過程。這裡需要說明的一點是 Kubectl 比較特殊，它同時支援雙向認證與簡單認證兩種模式，其他元件只能配置為雙向認證或非安全模式。

API Server 基於 Token 認證的配置過程如下。

(1) 建立包括用戶名稱、密碼和 UID 的檔 token_auth_file：

```
$ cat /root/token_auth_file
thomas,thomas,1
admin,admin,2
system,system,3
```

(2) 修改 API Server 的配置，採用上述檔案進行安全認證：

```
$ vi /etc/kubernetes/apiserver
KUBE_API_ARGS=" --secure-port=443 --token_auth_file=/root/token_auth_file"
```

(3) 重啟 API Server 服務：

```
$> systemctl restart kube-apiserver
```

(4) 用 curl 驗證連接 API Server：

```
$ curl https://kubernetes-master:443/version --header "Authorization: Bearer thomas" -k
{
  "major": "1",
  "minor": "0",
  "gitVersion": "v1.0.0",
  "gitCommit": "843c2c5d65278d57d138ff689b7de5151f058570",
  "gitTreeState": "clean"
}
```

API Server 基於 HTTP Base 認證的配置過程如下。

(1) 建立包括用戶名、密碼和 UID 的檔 basic_auth_file：

```
cat /root/basic_auth_file
thomas,thomas,1
admin,admin,2
system,system,3
```

(2) 修改 API Server 的配置，採用上述檔案進行安全認證：

```
vi /etc/kubernetes/apiserver
KUBE_API_ARGS=" --secure-port=443 --basic_auth_file=/root/basic_auth_file"
```

(3) 重啟 API Server 服務：

```
$> systemctl restart kube-apiserver
```

(4) 用 curl 驗證連接 API Server：

```
$ curl https://kubernetes-master:443/version --basic -u thomas:thomas -k
{
  "major": "1",
  "minor": "0",
  "gitVersion": "v1.0.0",
  "gitCommit": "843c2c5d65278d57d138ff689b7de5151f058570",
  "gitTreeState": "clean"
}
```

(5) 使用 Kubectl 時則需要指定用戶名稱和密碼來存取 API Server：

```
$ kubectl get nodes --server="https://kubernetes-master:443" --api-
version="v1" --username="thomas" --password="thomas" --insecure-skip-tls-
verify=true
```

5.5 不同工作群組共用 Kubernetes 叢集的案例

在一個組織內部，不同的工作群組可以在同一個 Kubernetes 叢集中工作，Kubernetes 透過命名空間和 Context 的設定來實作對不同工作群組進行區分，使得它們既可以共用同一個 Kubernetes 叢集的服務，亦能夠互不干擾。

假設在我們的組織中有兩個工作群組：開發組和系統維運組。開發組在 Kubernetes 叢集中需要不斷建立、修改、刪除各種 Pod、RC、Service 等資源物件，以便實現敏捷開發的過程。而系統維運組則需要使用嚴格的許可權設定來確保營運系統中的 Pod、RC、Service 處於正常運行狀態且不會被錯誤操作。

5.5.1 建立 namespace

為了在 Kubernetes 叢集中實現這兩個群組，首先需要建立兩個命名空間。

namespace-development.yaml：

```
apiVersion: v1
kind: Namespace
metadata:
  name: development
```

namespace-production.yaml：

```
apiVersion: v1
kind: Namespace
metadata:
  name: production
```

使用 kubectl create 命令完成命名空間的新增：

```
$ kubectl create -f namespace-development.yaml
namespaces/development

$ kubectl create -f namespace-production.yaml
namespaces/production
```

查看系統中的命名空間：

```
$ kubectl get namespaces
NAME            LABELS              STATUS
default         <none>              Active
development     name=development    Active
production      name=production     Active
```

5.5.2 定義 Context（執行環境）

接下來，需要為這兩個工作群組分別定義一個 Context，即運行環境。此運行環境將屬於某個特定的命名空間。

透過 kubectl config set-context 命令定義 Context，並將 Context 置於之前建立的命名空間之中：

```
$ kubectl config set-cluster kubernetes-cluster --server=https://192.168.1.
128:8080
$ kubectl config set-context ctx-dev --namespace=development
--cluster=kubernetes- cluster --user=dev
$ kubectl config set-context ctx-prod --namespace=production
--cluster=kubernetes- cluster --user=prod
```

使用 kubectl config view 命令查看已定義的 Context：

```
$ kubectl config view
apiVersion: v1
clusters:
- cluster:
    server: http://192.168.1.128:8080
  name: kubernetes-cluster
contexts:
- context:
    cluster: kubernetes-cluster
    namespace: development
  name: ctx-dev
- context:
    cluster: kubernetes-cluster
    namespace: production
  name: ctx-prod
current-context: ctx-dev
kind: Config
preferences: {}
users: []
```

請注意，透過 kubectl config 命令在 ${HOME}/.kube 目錄下產生一個名為 config 的檔案，檔案內容即 kubectl config view 命令查看到的內容。所以，也可以透過手動編輯該檔案的方式來設定 Context。

5.5.3 設置工作群組在特定 Context 環境中運作

使用 kubectl config use-context <context_name> 命令設置目前的執行環境。

下面的命令將把目前執行環境設置為 "ctx-dev"：

```
$ kubectl config use-context ctx-dev
```

透過這個命令，目前的執行環境即被設置為開發組所需的環境。之後的所有操作都將在這名為 "development" 的命名空間中完成。

現在，以 redis-slave RC 為例建立 2 個 Pod：

redis-slave-controller.yaml

```
apiVersion: v1
kind: ReplicationController
metadata:
  name: redis-slave
  labels:
    name: redis-slave
spec:
  replicas: 2
  selector:
    name: redis-slave
  template:
    metadata:
      labels:
        name: redis-slave
    spec:
      containers:
      - name: slave
        image: kubeguide/guestbook-redis-slave
        ports:
        - containerPort: 6379
```

```
$ kubectl create -f  redis-slave-controller.yaml
replicationcontrollers/redis-slave
```

查看建立好的 Pod：

```
$ kubectl get pods
NAME                  READY     STATUS     RESTARTS    AGE
redis-slave-0feq9     1/1       Running    0           6m
redis-slave-6i0g4     1/1       Running    0           6m
```

從上面可以看到容器被正確建立並開始運行起來。而且，由於目前的執行環境是 **ctx-dev**，所以不會影響到系統維運組的工作。

讓我們切換到系統維運組的運行環境：

```
$ kubectl config use-context ctx-prod
```

查看 RC 和 Pod：

```
$ kubectl get rc
CONTROLLER   CONTAINER(S)   IMAGE(S)    SELECTOR    REPLICAS

$ kubectl get pods
NAME      READY     STATUS     RESTARTS    AGE
```

結果為空，即說明看不到開發組所建立的 RC 和 Pod。

現在我們為系統維運組也建立兩個 redis-slave 的 Pod：

```
$ kubectl create -f  redis-slave-controller.yaml
replicationcontrollers/redis-slave
```

查看建立好的 Pod：

```
$ kubectl get pods
NAME              READY      STATUS     RESTARTS    AGE
redis-slave-a4m7s   1/1      Running    0           12s
redis-slave-xyrkk   1/1      Running    0           12s
```

由此可以看到容器被正確建立並開始運行，且目前的執行環境是 ctx-prod，也不會影響開發組的工作。

到此為止，我們為兩個工作群組分別設置了兩個運行環境，在設置好目前的運行環境時，各工作群組之間的工作將不會相互干擾，並且能夠在同一個 Kubernetes 叢集中同時工作。

第**6**章

Kubernetes 原始碼導讀

6.1 Kubernetes 原始碼結構和編譯步驟

Kubernetes 的原始碼目前託管在 GitHub 上，網址為：https://github.com/googlecloudplatform/kubernetes。

編譯腳本存放於 build 子目錄下，在 Linux 環境（可以是虛擬機）中執行以下命令即可完成程式的編譯過程：

```
git clone https://github.com/GoogleCloudPlatform/kubernetes.git
cd kubernetes/build
./release.sh
```

製作 release 的過程其實發生不少有意思的事情，包括啟動 docker 容器來安裝 Go 語言環境、etcd 等，讀者有興趣可以查看 release.sh 腳本檔。另外，如果編譯環境是透過 HTTP 代理伺服器連網的，則需要設定好 Git 與 Docker 相關的 HTTP 代理伺服器參數，同時在檔案 kubernetes/build/ build-image/Dockerfile 中增加如下 HTTP 代理參數：

- ⊙ ENV http_proxy，http://username:password@proxyaddr:proxyport；

- ⊙ ENV https_proxy，https://username:password@proxyaddr:proxyport。

在編譯過程中產生的與 Docker 相關的 docker image、dockerfile 及編譯好的二元執行檔壓縮檔，則存放在 kubernetes/_output 目錄下。此目錄總共有 4 個子目錄：dockerized、images、release-stage、release-tars，我們只關心後兩個目錄。其中 release-stage 目錄下存放的是支援 linux-amd64 架構的包含 Server 端二元執行檔（放在 server 子目錄下），以及支援不同平台的 Client 端的二元執行檔（放在 client 子目錄下）；release-tars 則存放的是 release-stage 目錄下各級子目錄的壓縮檔，與從官方網站下載的是完全一樣。

考慮到學習和測試 Kubernetes 程式的便利性，我們接下來將介紹下如何在 Windows 的 LiteIDE 開發環境中完成 Kubernetes 程式的編譯和測試。本文假設 Windows 上的 GO 執行時框架和 LiteIDE 開發環境已經建立好，並透過 git clone 命令已經將 https://github.com/ GoogleCloudPlatform/kubernetes.git 下載到本地 C:\kubernetes 目錄中，透過分析 Kubernetes 的目錄結構，我們發現 Kubernetes 的程式碼都在 pkg 子目錄下。接下來建立 k8s 工作目錄，目錄位置為 C:\project\go\k8s，並在裡面建立 src、pkg 兩個子目錄，然後把 C:\kubernetes\Godeps_ workspace\src 全部轉移到 C:\project\go\k8s\src 目錄下，因為這裡是 Kubernetes 原始碼的所有相依套件，所以如果手動一個一個地下載，則恐怕以中國的網路速度一天也搞不定。移動完成後，C:\project\go\k8s\src 的目錄結構包括以下內容：

```
C:\project\go\k8s\src>dir
2015-07-14  11:56    <DIR>        bitbucket.org
2015-07-14  11:56    <DIR>        code.google.com
2015-07-17  12:30    <DIR>        github.com
2015-07-14  11:56    <DIR>        golang.org
2015-07-14  11:56    <DIR>        google.golang.org
2015-07-14  11:56    <DIR>        gopkg.in
2015-07-14  11:56    <DIR>        speter.net
```

接下來把 C:\kubernetes 整個目錄移動到 C:\project\go\k8s\src\github.com\GoogleCloudPlatform\ 下，因為 Kubernetes 的程式碼套件的完整名字為 "github.com/GoogleCloudPlatform/kubernetes/pkg"。上述工作完成以後，所有的程式碼所相依套件的原始碼都在 C:\project\go\k8s\src 目錄下了，用 LiteIDE 打開 C:\project\go\k8s，按一下功能表 "查看" → "管理 Gopath" →添加目錄 "C:\project\go\k8s"，

然後就可以進入目錄 github.com/ GoogleCloudPlatform/kubernetes/pkg 下，逐一編譯每個 package 目錄了，如圖 6.1 所示。

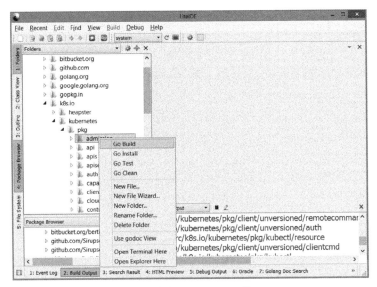

圖 6.1 LiteIDE 編譯 Kubernetes 的 package

在每個 package 都編譯完成以後，我們可以嘗試啟動 kube-scheduler 程序：在 LiteIDE 裡 打 開 github.com/GoogleCloudPlatform/kubernetes/pkg/plugin/cmd/kube-scheduler/scheduler.go，並且按快速鍵 Ctrl+R，您會驚奇地發現這個 Kubernetes 伺服器端程序竟然也能在 Windows 下執行。以下是 LiteIDE 輸出的控制台日誌：

```
c:/go/bin/go.exe build -i [C:/project/go/k8s/src/github.com/GoogleCloudPlatform/
kubernetes/plugin/cmd/kube-scheduler]
```

成功：程式退出代碼 0。

```
C:/project/go/k8s/src/github.com/GoogleCloudPlatform/kubernetes/plugin/cmd/
kube-scheduler/kube-scheduler.exe [C:/project/go/k8s/src/github.com/GoogleCloud
Platform/kubernetes/plugin/cmd/kube-scheduler]
W0717 16:05:26.742413 11344 server.go:83] Neither --kubeconfig nor --master was
specified. Using default API client. This might not work.
E0717 16:05:27.747413 11344 reflector.go:136] Failed to list *api.Node: Get
http://localhost:8080/api/v1/nodes?fieldSelector=spec.unschedulable%3Dfalse: dial
tcp 127.0.0.1:8080: ConnectEx tcp: No connection could be made because the target
machine actively refused it.
E0717 16:05:27.748413 11344 reflector.go:136] Failed to list *api.Pod: Get
http://localhost:8080/api/v1/pods?fieldSelector=spec.nodeName%21%3D: dial tcp
```

```
127.0.0.1:8080: ConnectEx tcp: No connection could be made because the target
machine actively refused it.
```

在 Kubernetes 的程式碼裡包括不少單元測試，您可以在 LiteIDE 裡執行測試，但有部分測試程式目前在 Windows 上無法測試通過，畢竟 Kubernetes 是為 Linux 打造的。接下來我們來分析一下 Kubernetes 原始碼的整體結構，Kubernetes 的原始碼整體分為 pkg、cmd、plugin、test 等上層 package，其中 pkg 為 Kubernetes 的主要程式，cmd 為 Kubernetes 所有後台程序的程式碼（如 kube-apiserver 程序、kube-controller-manager 程序、kube-proxy 程序、Kubelet 程序等），plugin 則包括一些外掛程式及 kuber-scheduler 的程式，test 目錄是 Kubernetes 的一些測試程式碼。

從總體來看，Kubernetes 1.0 的目前函式庫套件結構還是有點亂，開源維護團隊還在繼續優化中，可以從程式碼的 TODO 註解中看出這一點。表 6.1 提供了 Kubernetes 目前主要 package 的原始碼分析結果。

表 6.1　Kubernetes 主要 package 的原始碼分析結果

package	模組用途	類別數量
admission	許可權控制框架，採用責任鏈模式、外掛程式機制	少
api	Kubernetes 所提供的 REST API 介面的相關類別，如介面資料結構相關的 MetaData 結構、Volume 結構、Pod 結構、Service 結構等，以及資料格式驗證轉換工具類別等，由於 API 是分版本的，所以這裡是每個版本一個子 Package，如 v1beta、v1 及 latest	中
apiserver	實作 HTTP REST 服務的一個基礎框架，用於 Kubernetes 的各種 REST API 的實作，在 apiserver 套件裡也實作了 HTTP Proxy，用於轉送請求（到其他組件，比如 Minion 節點上）	中
auth	3A 認證模組，包括使用者認證、授權的相關元件	少
client	是 Kubernetes 中公用用戶端部分的相關程式，實作協定為 HTTP REST，用於提供一個具體的操作，如對 Pod、Service 等的增刪改查，這個模組也定義了 KubeletClient，同時為高效率的物件查詢，此模組也實作了一個具緩存功能的儲存介面 Store	多
cloudprovider	定義雲端供應商運行 Kubernetes 所需的介面，包括 TCPLoadBalancer 的讀取和新建；讀取目前環境中的節點清單（節點是一個雲端主機）和節點的具體資訊；獲取 Zone 資訊；讀取和管理路由的介面等，預設實作 AWS、GCE、Mesos、OpenStack、RackSpace 等雲端服務供應商的介面	中

package	模組用途	類別數量
controller	這部分提供了資源控制器的簡單框架，用於處理資源的新增、變更、刪除等事件的派發和執行，同時實作 Kubernetes 的 ReplicationController 的具體邏輯	少
kubectl	Kubernetes 的命令列工具 Kubectl 的程式模組，包括建立 Pod、服務、Pod 擴展、Pod 輪流升級等各種命令的具體實作程式	多
kubelet	Kubernetes 的 Kubelet 的程式模組，是 Kubernetes 的核心模組之一，定義了 Pod 容器的介面，提供 Docker 與 Rkt 兩種容器實作類別，完成容器及 Pod 的建立，以及容器狀態的監控、銷毀、垃圾回收等功能	多
master	Kubernetes 的 Master 節點程式模組，建立 NodeRegistry、PodRegistry、ServiceRegistry、EndpointRegistry 等元件，並且啟動 Kubernetes 本身的相關服務，服務的 ClusterIP 位址分配及服務的 NodePort 連接埠分配，也是在這裡完成的	少
proxy	Kubernetes 的服務代理和負載平衡相關功能的模組程式，目前實作了 round-robin 的負載平衡演算法	少
registry	Kubernetes 的 NodeRegistry、PodeRegistry、ReplicationControllerRegistry、ServiceRegistry、EndpointRegistry、PersistentVolumeRegisty 等註冊表服務的介面及對應 REST 服務的相關程式	多
runtime	為了讓多個 API 版本共存，需要針對一些設計完成不同之 API 版本的資料結構轉換，API 中資料物件的 Encode/Decode 邏輯也最好集中化，Runtime 包就是為了這個目的而設計的	少
volume	實作 Kubernetes 的各種 Volume 類型，分別對應亞馬遜 ESB 儲存、GoogleGCE 的儲存、Linux Host 目錄存放、GlusterFS 檔案系統、iSCSI 儲存、NFS 網路儲存、RBD 檔案系統等，volume 套件同時實作了 Kubernetes 容器的 Volume 掛載 / 卸載功能	多
cmd	包括 Kubernetes 所有後台程序的程式碼（如 kube-apiserver 程序、kube-controller-manager 程序、kube-proxy 程序、Kubelet 程序等），而這些程序具體的業務邏輯程式則都在 pkg 中實作了	
plugin	子套件 cmd/kuber-scheduler 實作了 Schedule Server 的框架，用於執行具體的 Scheduler 的調度，pkg/admission 子套件則實踐了 Admission 許可權框架的一些預設實作類別，如 alwaysAdmit、alwaysDeny 等；pkg/auth 子套件實現了許可權認證框架（auth 套件的）裡定義的認證介面類別，如 HTTP BasicAuth、X509 證書認證；pkg/scheduler 子套件則定義了一些具體的 Pod 調度器（Scheduler）	中

6.2 kube-apiserver 程序原始碼分析

Kubernetes API Server 是由 kube-apiserver 程式所實現的，它運行在 Kubernetes 的管理節點——master 上並對外提供 Kubernetes Restful API 服務，它提供的主要是與叢集管理相關的 API 服務，如校驗 pod、service、replication controller 的配置並儲存到後端的 etcd Server 上。下面我們分別對其啟動過程、關鍵程式碼分析及設計概念等方面進行深入解說。

6.2.1 程序啟動過程

kube-apiserver 程序的進入點類別原始碼位置如下：

github/com/GoogleCloudPlatform/kubernetes/cmd/kube-apiserver/apiserver.go

進入點 main() 函數的邏輯如下：

```
func main() {
    runtime.GOMAXPROCS(runtime.NumCPU())
    rand.Seed(time.Now().UTC().UnixNano())

    s := app.NewAPIServer()
    s.AddFlags(pflag.CommandLine)

    util.InitFlags()
    util.InitLogs()
    defer util.FlushLogs()

    verflag.PrintAndExitIfRequested()

    if err := s.Run(pflag.CommandLine.Args()); err != nil {
        fmt.Fprintf(os.Stderr, "%v\n", err)
        os.Exit(1)
    }
}
```

上述程式核心為下面三行，建立一個 APIServer 結構物件並將命令列啟動參數傳入，最後啟動並監聽：

```
s := app.NewAPIServer()
s.AddFlags(pflag.CommandLine)
s.Run(pflag.CommandLine.Args())
```

我們先來看看有哪些常用的命令列參數被傳遞到 APIServer 物件，以下是運行在 master 節點的 kube-apiserver 程序的命令列資訊：

```
 /usr/bin/kube-apiserver --logtostderr=true --etcd_servers=http://127.0.0.1:
4001 --address=0.0.0.0 --port=8080 --kubelet_port=10250 --allow_privileged=false
--service-cluster-ip-range=10.254.0.0/16
```

由上可以看到關鍵的幾個參數有 etcd_servers 的位址、APIServer 對應和監聽的本地端位址、Kubelet 的執行連接埠及 Kubernetes 服務的 clusterIP 位址。

下面是 app.NewAPIServer() 的程式碼，我們看到這裡的控制還是很完整的，包括安全控制（CertDirectory、HTTPS 預設啟動）、許可權控制（AuthorizationMode、AdmissionControl）、服務流量限制控制（APIRate、APIBurst）等，這些邏輯說明了 APIServer 是按照企業級平台的標準所設計及實作的。

```go
func NewAPIServer() *APIServer {
    s := APIServer{
        InsecurePort:          8080,
        InsecureBindAddress:   util.IP(net.ParseIP("127.0.0.1")),
        BindAddress:           util.IP(net.ParseIP("0.0.0.0")),
        SecurePort:            6443,
        APIRate:               10.0,
        APIBurst:              200,
        APIPrefix:             "/api",
        EventTTL:              1 * time.Hour,
        AuthorizationMode:     "AlwaysAllow",
        AdmissionControl:      "AlwaysAdmit",
        EtcdPathPrefix:        master.DefaultEtcdPathPrefix,
        EnableLogsSupport:     true,
        MasterServiceNamespace: api.NamespaceDefault,
        ClusterName:           "kubernetes",
        CertDirectory:         "/var/run/kubernetes",

        RuntimeConfig: make(util.ConfigurationMap),
        KubeletConfig: client.KubeletConfig{
            Port:        ports.KubeletPort,
            EnableHttps: true,
            HTTPTimeout: time.Duration(5) * time.Second,
        },
    }

    return &s
}
```

建立 APIServer 結構物件實例後，apiserver.go 將此實例傳入子程式 app/server.go 的 func（s *APIServer）Run（_ []string）方法裡，最終對應本地端連接埠並建立一個 HTTP Server 與一個 HTTPS Server，進而完成整個程序的啟動過程。

Run 方法的程式碼有很多，這裡就不再列出原始碼，此方法的程式碼解讀如下。

(1) 呼叫 verifyClusterIPFlags 方法，驗證 ClusterIP 參數是否已設定以及是否有效。

(2) 驗證 etcd-servers 的參數是否已設定。

(3) 如果初始化 CloudProvider，且沒有 CloudProvider 的參數，則在日誌警示並繼續。

(4) 根據 KubeletConfig 的配置參數，呼叫 pkg/Client/kubeclient.go 中的方法 NewKubeletClient() 建立一個 kubelet Client 物件，這其實是一個 HTTPKubeletClient 實例，目前只用於 kubelet 的健康檢查（KubeletHealthChecker）。

(5) 判斷哪些 API Version 需要關閉，目前在 1.0 程式碼中預設關閉了 v1beta3 的 API 版本。

(6) 建立一個 Kubernetes 的 RestClient 物件，具體的程式碼在 pkg/client/helper.go 的 TransportFor() 方法裡完成，透過它完成 Pod、Replication Controller 及 Kubernetes Service 等物件的 CRUD 操作。

(7) 建立用於存取 Etcd Server 的用戶端，具體程式碼在 newEtcd() 方法裡實作，從程式碼使用中可以看出，Kubernetes 採用的是 github.com/coreos/go-etcd/client.go 用戶端來執行。

(8) 建立驗證（Authenticator）、授權（Authorizer）、服務許可框架和外掛程式（AdmissionControl）的相關程式邏輯。

(9) 獲取和設定 APIServer 的 ExternalHost 名稱，如果沒有提供 ExternalHost 參數，且 Kubernetes 執行在 Google 的 GCE 雲端平台上，則嘗試透過 CloudProvider 介面讀取本機節點的外部 IP 位址。

(10) 如果運行在雲端平台中，則安裝本機的 SSH Key 到 Kubernetes 叢集中的所有虛擬機器上。

(11) 用 APIServer 的資料及上述過程中建立的一些物件（Kubelet Client、etcd Client、authenticator、admissionController 等）作為參數，構建 Kubernetes

Master 的 Config 檔案結構（pkg\master\master.go），以此產生一個 Master 實例，具體程式碼在 master.go 中的 New（c *Config）方法中。

(12) 用上述建立的 master 實例，分別建立 HTTP Server 及安全的 HTTPS Server 開始監聽用戶端的請求，到目前為止，整個程式啟動完畢。

6.2.2 關鍵程式碼分析

在 6.2.1 節裡對 kube-apiserver 程式的啟動過程進行了詳細分析，我們發現 Kubernetes API Service 的關鍵程式碼就隱藏在 pkg\master\master.go 裡，APIServer 這個結構物件只不過是一個參數傳遞管道而已，它的資料最終傳給了 pkg/master/master.go 裡的 Master 結構物件，下面是它的完整定義：

```
// Master contains state for a Kubernetes cluster master/api server.
type Master struct {
    // "Inputs", Copied from Config
    serviceClusterIPRange *net.IPNet
    serviceNodePortRange  util.PortRange
    cacheTimeout          time.Duration
    minRequestTimeout     time.Duration

    mux                   apiserver.Mux
    muxHelper             *apiserver.MuxHelper
    handlerContainer      *restful.Container
    rootWebService        *restful.WebService
    enableCoreControllers bool
    enableLogsSupport     bool
    enableUISupport       bool
    enableSwaggerSupport  bool
    enableProfiling       bool
    apiPrefix             string
    corsAllowedOriginList util.StringList
    authenticator         authenticator.Request
    authorizer            authorizer.Authorizer
    admissionControl      admission.Interface
    masterCount           int
    v1beta3               bool
    v1                    bool
    requestContextMapper  api.RequestContextMapper

    // External host is the name that should be used in external (public internet)
URLs for this master
    externalHost string
```

```
    // clusterIP is the IP address of the master within the cluster.
    clusterIP            net.IP
    publicReadWritePort  int
    serviceReadWriteIP   net.IP
    serviceReadWritePort int
    masterServices       *util.Runner

    // storage contains the RESTful endpoints exposed by this master
    storage map[string]rest.Storage
    // registries are internal client APIs for accessing the storage layer
    // TODO: define the internal typed interface in a way that clients can
    // also be replaced
    nodeRegistry             minion.Registry
    namespaceRegistry        namespace.Registry
    serviceRegistry          service.Registry
    endpointRegistry         endpoint.Registry
    serviceClusterIPAllocator service.RangeRegistry
    serviceNodePortAllocator  service.RangeRegistry
// "Outputs"
    Handler         http.Handler
    InsecureHandler http.Handler

    // Used for secure proxy
    dialer          apiserver.ProxyDialerFunc
    tunnels         *util.SSHTunnelList
    tunnelsLock     sync.Mutex
    installSSHKey   InstallSSHKey
    lastSync        int64 // Seconds since Epoch
    lastSyncMetric  prometheus.GaugeFunc
    clock           util.Clock
}
```

在這段程式裡，除了之前我們熟悉的那些變數外，又多了幾個陌生的重要變數，接下來將逐一對其進行分析講解。

首先是類型為 apiserver.Mux（來自文件 pkg/apiserver/apiserver.go）的 mux 變數，下面是對它的定義：

```
// mux is an object that can register http handlers.
type Mux interface {
  Handle(pattern string, handler http.Handler)
  HandleFunc(pattern string, handler func(http.ResponseWriter, *http.Request))
}
```

如果您熟悉 Socket 程式設計，特別使用過或研究過 HTTP REST 的一些框架，那麼對於這個 Mux 介面就再熟悉不過了，它是一個 HTTP 的多工器（Multiplexer），其實它也是 Golang HTTP 基礎套件裡 http.ServeMux 的一個介面子集，用於派發（Dispatch）某個 Request 路徑（這裡用 pattern 變數表示）到對應的 http.Handler 進行處理。實際上在 master.go 程式碼中是生成一個 http.ServeMux 對象並賦予值給 apiserver.Mux 變數，在程式中還有強制類型轉換的語句。從上述分析來看，apiserver.Mux 的引入是設計中的一個敗筆，並沒有增加什麼價值，反而增加理解程式碼的難度。此外，為了更順利地實現 REST 服務，Kubernetes 在這裡導入了一個協力廠商的 REST 框架：github.com/emicklei/go-restful。

go-restful 在 GitHub 上有 36 個貢獻者，採用了 "路由" 對應的設計思維，並且在 API 設計中採用流行的 Fluent Style 風格，使用起來暢快淋漓，也難怪 Kubernetes 選擇了它。下面是 go-restful 的優良特性：

⊙ Ruby on Rails 風格的 REST 路由對應，如 /people/{person_id}/groups/{group_id}；

⊙ 大大簡化了 REST API 的開發工作；

⊙ 底層實作採用 Golang 的 HTTP 協議堆疊，幾乎沒有限制；

⊙ 擁有完整的單元測試程式，很容易開發一個可測試的 REST API；

⊙ Google AppEngine ready。

go-restful 框架中的核心物件如下。

⊙ restful.Container：代表一個 HTTP REST 伺服器，包括一組 restful.WebService 物件和一個 http.ServeMux 物件，使用 RouteSelector 進行請求派發；

⊙ restful.WebService：表示一個 REST 服務，由多個 REST 路由（restful.Route）組成，這一組 REST 路由共用同一個 Root Path；

⊙ restful.Route：表示一個 REST 路由，REST 路由主要由 Rest Path、HTTP Method、輸入輸出類型（HTML/JSON）及對應的回呼函數 restful.RouteFunction 所組成；

⊙ restful.RouteFunction：一個用於處理具體的 REST 呼叫的函數介面定義，具體定義為 type RouteFunction func(*Request, *Response)。

Master 結構物件裡包含對 restful.Container 與 restful.WebService 這兩個 go-restful 核心物件的引用，在接下來的 Master 物件的建構方法中（對應程式碼為 master. go 的 func New(c *Config) *Master）被初始化。那麼，問題又來了，Kubernetes 的 REST API 又是在哪裡定義的，是如何被對應到 restful.Route 裡的呢？

要理解這個問題，我們要首先弄清楚 Master 結構物件中的變數：

```
storage map[string]rest.Storage
```

storage 變數是一個 Map，Key 為 REST API 的 path，Value 為 rest.Storage 介面，此介面是一個通用且符合 Restful 要求的資源存儲服務介面，每個服務介面負責處理一類型（Kind）Kubernetes Rest API 中的資料物件——資源資料，只有一個介面方法：New()，New() 方法傳回該 Storage 服務所能識別和管理某種具體的資源資料的一個空實例。

```
type Storage interface {
    New() runtime.Object
}
```

在運行期間，Kubernetes API Runtime 執行時框架會把 New() 方法回傳空物件的指標傳入 Codec.DecodeInto([]byte, runtime.Object) 方法中，進而完成 HTTP REST 請求中的 Byte 陣列反序列化邏輯規則。Kubernetes API Server 中所有對外提供服務的 Restful 資源都實作了此介面，這些資源包括 pods、bindings、podTemplates、replicationControllers、services 等，完整的清單就在 master.go 的 func (m *Master) init(c *Config) 中，下面是相關程式碼片段（截取部分）。

```
m.storage = map[string]rest.Storage{
        "pods":               podStorage.Pod,
        "pods/status":        podStorage.Status,
        "pods/log":           podStorage.Log,
        "pods/exec":          podStorage.Exec,
        "pods/portforward":   podStorage.PortForward,
        "pods/proxy":         podStorage.Proxy,
        "pods/binding":       podStorage.Binding,
        "bindings":           podStorage.Binding,

        "podTemplates": podTemplateStorage,

        "replicationControllers": controllerStorage,
```

```
    "services":                service.NewStorage(m.serviceRegistry,
m.nodeRegistry, m.endpointRegistry, serviceClusterIPAllocator, serviceNodePort
Allocator, c.ClusterName),
    "endpoints":               endpointsStorage,
    "minions":                 nodeStorage,
```

看到上面這段程式，您在潛意識裡已經明白，這其實就是似曾相識的 Kubernetes REST API 列表，storage 這個 Map 的 Key 就是 REST API 的存取路徑，Value 卻不是之前說好的 restful.Route。聰明的您一定想到了答案：必然存在一個 "型態轉換" 的方法實現上述轉換！這段不難理解，但程式碼超長的方法就在 pkg/apiserver/api_installer.go 的下述方法裡：

```
func (a *APIInstaller) registerResourceHandlers(path string, storage rest.
Storage, ws *restful.WebService, proxyHandler http.Handler)
```

上述方法把一個 path 對應的 rest.Storage 轉換成一系列的 restful.Route 並附加到指標 restful.WebService 中。這個函數的程式之所以很長，是因為有各種情況要考慮，比如 pods/portforward 這種路徑要處理 child，還要判斷每種的 Storage 資源類型所支援的操作類型，比如是否支援 create、delete、update 及是否支援 list、watch、patcher 操作等，對各種情況都考慮以後，這個函數的程式量已接近 500 行！猜想 Kubernetes 這段程式的作者也不太好意思，於是外面封裝了簡單函數：func(a *APIInstaller)Install，內部迴圈呼叫 registerResourceHandlers，傳回最終的 restful. WebService 對象，此方法的主要程式如下：

```
// Installs handlers for API resources.
func (a *APIInstaller) Install() (ws *restful.WebService, errors []error) {
    // Register the paths in a deterministic (sorted) order to get a
deterministic swagger spec.
    paths := make([]string, len(a.group.Storage))
    var i int = 0
    for path := range a.group.Storage {
        paths[i] = path
        i++
    }
    sort.Strings(paths)
    for _, path := range paths {
        if err := a.registerResourceHandlers(path, a.group.Storage[path], ws,
proxyHandler); err != nil {
            errors = append(errors, err)
        }
    }
```

```
    return ws, errors
}
```

為了區分 API 的版本，在 apiserver.go 裡定義了一個結構物件：APIGroupVersion。
以下是其程式碼：

```
type APIGroupVersion struct {
    Storage map[string]rest.Storage
    Root     string
    Version string
    // ServerVersion controls the Kubernetes APIVersion used for common objects
in the apiserver
    // schema like api.Status, api.DeleteOptions, and api.ListOptions. Other
implementors may
    // define a version "v1beta1" but want to use the Kubernetes "v1beta3"
internal objects. If
    // empty, defaults to Version.
    ServerVersion string

    Mapper meta.RESTMapper

    Codec     runtime.Codec
    Typer     runtime.ObjectTyper
    Creater   runtime.ObjectCreater
    Convertor runtime.ObjectConvertor
    Linker    runtime.SelfLinker

    Admit   admission.Interface
    Context api.RequestContextMapper

    ProxyDialerFn      ProxyDialerFunc
    MinRequestTimeout time.Duration
}
```

我們注意到 APIGroupVersion 是與 rest.Storage Map 綁定的，並且綁定了相對應版
本的 Codec、Convertor 用於版本轉換，如此一來，就很容易理解 Kubernetes 是如
何區分多版本 API 的 REST 服務的。以下是過程詳解。

首先，在 APIGroupVersion 的 InstallREST(container *restful.Container) 方法裡，用
Version 變數來建構一個 REST API Path 前綴字並賦值給 APIINstaller 的 prefix 變
數，並呼叫它的 Install() 方法完成 REST API 的轉換，程式如下：

```
func (g *APIGroupVersion) InstallREST(container *restful.Container) error {
info := &APIRequestInfoResolver{util.NewStringSet(strings.TrimPrefix(g.Root,
"/")), g.Mapper}
prefix := path.Join(g.Root, g.Version)
    installer := &APIInstaller{
        group:             g,
        info:              info,
        prefix:            prefix,
        minRequestTimeout: g.MinRequestTimeout,
        proxyDialerFn:     g.ProxyDialerFn,
    }
    ws, registrationErrors := installer.Install()
    container.Add(ws)
```

接著，在 APIInstaller 的 Install() 方法裡用 prefix（API 版本）前綴字產生 WebService 的相對根路徑：

```
func (a *APIInstaller) newWebService() *restful.WebService {
ws := new(restful.WebService)
ws.Path(a.prefix)
ws.Doc("API at"+ a.prefix +"version"+ a.group.Version)
    // TODO: change to restful.MIME_JSON when we set content type in client
    ws.Consumes("*/*")
    ws.Produces(restful.MIME_JSON)
    ws.ApiVersion(a.group.Version)

    return ws
}
```

最後，在 Kubernetes 的 Master 初始化方法 func (m *Master) init (c *Config) 裡產生不同的 APIGroupVersion 物件，並呼叫 InstallRest() 方法，完成最終的多版本 API 的 REST 服務裝配流程：

```
    if m.v1beta3 {
        if err := m.api_v1beta3().InstallREST(m.handlerContainer); err != nil {
            glog.Fatalf("Unable to setup API v1beta3: %v", err)
        }
        apiVersions = append(apiVersions, "v1beta3")
    }
    if m.v1 {
        if err := m.api_v1().InstallREST(m.handlerContainer); err != nil {
            glog.Fatalf("Unable to setup API v1: %v", err)
        }
        apiVersions = append(apiVersions, "v1")
    }
}
```

至此，REST API 的多版本問題還有最後一個需要澄清，即在不同的版本中介面的輸入輸出參數的格式是有差別的，Kubernetes 是怎麼處理這個問題的？

若要搞清楚這一點，我們首先要研究 Kubernetes API 裡的資料物件之序列化 / 反序列化的實作機制。為了同時解決資料物件的序列化 / 反序列化與多版本資料物件的相容性和轉換問題，Kubernetes 設計了一套複雜的機制，首先，它設計了 conversion. Scheme 這個結構物件（pkg/conversion/schema.go 裡），以下是對它的定義：

```
// Scheme defines an entire encoding and decoding scheme.
type Scheme struct {
    // versionMap allows one to figure out the go type of an object
    //with the given version and name.
    versionMap map[string]map[string]reflect.Type
    // typeToVersion allows one to figure out the version for a given
    //go object  The reflect.Type we index by should *not* be a pointer.
    // If the same type is registered for multiple versions, the last one wins.
    typeToVersion map[reflect.Type]string
    // typeToKind allows one to figure out the desired "kind" field
    //for a given go object. Requirements and caveats are the same as typeToVersion.
    typeToKind map[reflect.Type][]string
    // converter stores all registered conversion functions. It also
    //has default coverting behavior.
    converter *Converter
    // cloner stores all registered copy functions. It also has default
    // deep copy behavior.
    cloner *Cloner
    // Indent will cause the JSON output from Encode to be indented, iff it is true.
    Indent bool
    // InternalVersion is the default internal version. It is recommended that
    // you use "" for the internal version.
    InternalVersion string
    // MetaInsertionFactory is used to create an object to store and retrieve
    // the version and kind information for all objects. The default
    // uses the  keys "apiVersion" and "kind" respectively.
    MetaFactory MetaFactory
}
```

在上述程式中可以看到，typeToVersion 與 versionMap 屬性是為了解決資料物件的序列化與反序列化問題，converter 屬性則負責不同版本的資料物件轉換問題，Kubernetes 這個設計思路簡單方便地解決了多版本的序列化和資料轉換問題，不得不稱讚！下面是 conversion.Scheme 裡序列化 / 反序列化的核心方法 NewObject() 的程式，透過查詢 versionMap 裡比對的註冊類型，以反射方式產生一個空的資料物件：

```
func (s *Scheme) NewObject(versionName, kind string) (interface{}, error) {
    if types, ok := s.versionMap[versionName]; ok {
        if t, ok := types[kind]; ok {
            return reflect.New(t).Interface(), nil
        }
        return nil, &notRegisteredErr{kind: kind, version: versionName}
    }
    return nil, &notRegisteredErr{kind: kind, version: versionName}
}
```

而 pkg/conversion/encode.go 與 decode.go 則在 conversion.Scheme 提供的基礎功能之上，完成了最終的序列化 / 反序列化功能。下面是 encode.go 裡的主方法 EncodeToVersion(..) 的關鍵程式片段：

```
//確定要轉換之來源物件的版本號和類別
objVersion, objKind, err := s.ObjectVersionAndKind(obj)
//產生目標版本的空物件
objOut, err := s.NewObject(destVersion, objKind)
//產生轉換過程中所需的Metadata資訊
flags, meta := s.generateConvertMeta(objVersion, destVersion, obj)
//呼叫converter方法將來源物件的資料放入到目標物件objOut
err = s.converter.Convert(obj, objOut, flags, meta)
//用JSON將目標物件轉換成byte[]陣列，完成序列化過程
data, err = json.Marshal(obj)
```

再進一步，Kubernetes 在 conversion.Scheme 的基礎上又做了一個封裝工具類別 runtime.Scheme，可以看作前者的代理物件，主要增加了 fieldLabelConversionFuncs 這個 Map 屬性，用於解決資料物件的屬性名稱之相容性轉換和驗證，比如將需要相容 Pod 的 spec.host 屬性改為 spec.nodeName 的情況。

請注意，conversion.Scheme 只是實現了一個序列化與類型轉換的框架 API，提供註冊資源資料類型與轉換函數的功能，那麼具體的資源資料物件類型、轉換函數又是在哪個套件裡實作的呢？答案是 pkg/api。Kubernetes 為不同的 API 版本提供獨立的資料類型和相關的轉換函數並按照版本號命名 Package，如 pkg/api/v1、pkg/api/v1beta3 等，而目前預設版本（內部版本）則存在於 pkg/api 目錄下。

以 pkg/api/v1 為例，在每個目錄裡都包括如下關鍵原始碼：

⊙ types.go 定義了 REST API 介面裡所涉及的所有資料類型，v1 版本有 2000 行程式；

⊙ 在 conversion.go 與 conversion_generated.go 裡定義了 conversion.Scheme 所需的從內部版本到 v1 版本的類型轉換函數，其中 conversion_generated.go 中的程式碼有 5000 行之多，當然這是透過工具自動生成的程式碼；

⊙ register.go 負責將 types.go 裡定義的資料類型與 conversion.go 裡定義的資料轉換函數註冊到 runtime.Schema 裡。

pkg/api 裡的 register.go 初始化產生並持有一個全域的 runtime.Scheme 物件，並將目前預設版本的資料類型（pkg/api/types.go）註冊進去，相關程式如下：

```
var Scheme = runtime.NewScheme()
func init() {
    Scheme.AddKnownTypes("",
        &Pod{},
        &PodList{},
        &PodStatusResult{},
        &PodTemplate{},
        &PodTemplateList{},
        &ReplicationControllerList{},
//此次省略30多個資料類型
        &ServiceList{},
        &Service{},
        &NodeList{},
        &Node{},
//省略
```

而 pkg/api/v1/register.go 與 v1beta3 下的 register.go 在初始化過程中分別把與版本相關的資料類型和轉換函數註冊到全域的 runtime.Scheme 中：

```
func init() {
    // Check if v1 is in the list of supported API versions.
    if !registered.IsRegisteredAPIVersion("v1") {
        return
    }

    // Register the API.
    addKnownTypes()
    addConversionFuncs()
```

```
    addDefaultingFuncs()
}
```

這樣一來，其他地方都可以透過 runtime.Scheme 這個全域變數來完成 Kubernetes API 中的資料物件的序列化和反序列化邏輯了，比如 Kubernetes API Client 套件就大量使用它。下面是 pkg/client/pods.go 裡 Pod 刪除的 Delete() 方法的程式碼：

```
// Delete takes the name of the pod, and returns an error if one occurs
func (c *pods) Delete(name string, options *api.DeleteOptions) error {
    // TODO: to make this reusable in other client libraries
    if options == nil {
        return c.r.Delete().Namespace(c.ns).Resource("pods").Name(name). Do().
Error()
    }
    body, err := api.Scheme.EncodeToVersion(options, c.r.APIVersion())
    if err != nil {
        return err
    }
    return c.r.Delete().Namespace(c.ns).Resource("pods").Name(name). Body(body).
Do().Error()
}
```

在瞭解 Kubernetes REST API 中的資料物件的序列化機制及多版本的實現原理之後，我們接著分析下面這個重要流程的實作細節。

Kubernetes 中實現了 rest.Storage 介面的服務轉換成 restful.RouteFunction 之後，是如何處理一個 REST 請求並最終完成基於後端儲存服務 etcd 上的具體操作過程的？

首先，Kubernetes 設計了一個名為 "註冊表" 的 Package（pkg/registry），這個 Package 按照 rest.Storage 服務所管理的資源資料的類型而劃分為不同的子程式，每個子程式都由相同命名的一組 Golang 程式碼來完成具體的 REST 介面實作邏輯。

下面以 Pod 的 REST 服務實作為例。與 "註冊表" 相關的程式碼位於 pkg/registry/pod 中，在 registry.go 裡定義了 Pod 註冊表服務的介面：

```
type Registry interface {
    // ListPods obtains a list of pods having labels which match selector.
    ListPods(ctx api.Context, label labels.Selector) (*api.PodList, error)
    // Watch for new/changed/deleted pods
    WatchPods(ctx api.Context, label labels.Selector, field fields.Selector,
resourceVersion string) (watch.Interface, error)
    // Get a specific pod
```

```
    GetPod(ctx api.Context, podID string) (*api.Pod, error)
    // Create a pod based on a specification.
    CreatePod(ctx api.Context, pod *api.Pod) error
    // Update an existing pod
    UpdatePod(ctx api.Context, pod *api.Pod) error
    // Delete an existing pod
DeletePod(ctx api.Context, podID string) error
}
```

由上述看到此 Pod 註冊表服務是針對 Pod 的 CRUD 的操作介面的一個定義,在入口參數中除了引用的上下文環境 api.Context,就是我們之前分析過的 pkg/api 函式庫中的 Pod 這個資源資料物件。為了實現強型別的呼叫方法,在 registry.go 裡定義了一個名為 storage 的結構物件,storage 實現 Registry 介面,可以視為一種代理設計模式,因為具體的操作都是透過內部 rest.StandardStorage 來實現的。下面是截取 registry.go 中的 create、update、delete 原始碼:

```
func (s *storage) CreatePod(ctx api.Context, pod *api.Pod) error {
    _, err := s.Create(ctx, pod)
    return err
}

func (s *storage) UpdatePod(ctx api.Context, pod *api.Pod) error {
    _, _, err := s.Update(ctx, pod)
    return err
}

func (s *storage) DeletePod(ctx api.Context, podID string) error {
    _, err := s.Delete(ctx, podID, nil)
    return err
}
```

那麼,這個實現了 rest.StandardStorage 通用介面的真正 Storage 又是什麼?從 Master 物件的初始化函數中,我們發現了下面的相關程式:

```
func (m *Master) init(c *Config) {
    healthzChecks := []healthz.HealthzChecker{}
    m.clock = util.RealClock{}
    podStorage := podetcd.NewStorage(c.EtcdHelper, c.KubeletClient)
    podRegistry := pod.NewRegistry(podStorage.Pod)
```

Master 物件建立了一個私有變數 podStorage，其類型為 PodStorage（pkg/registry/pod/ etcd/etcd.go），Pod 註冊表服務實例（podRegistry）裡真正的 Storage 是 podStorage.Pod。下面是 podetcd 的函數 NewStorage 中的關鍵程式：

```
func NewStorage(h tools.EtcdHelper, k client.ConnectionInfoGetter) PodStorage {
store := &etcdgeneric.Etcd{
        NewFunc:     func() runtime.Object { return &api.Pod{} },
        NewListFunc: func() runtime.Object { return &api.PodList{} },
............
return PodStorage{
        Pod:         &REST{*store},
        Binding:     &BindingREST{store: store},
        Status:      &StatusREST{store: &statusStore},
        Log:         &LogREST{store: store, kubeletConn: k},
        Proxy:       &ProxyREST{store: store},
        Exec:        &ExecREST{store: store, kubeletConn: k},
        PortForward: &PortForwardREST{store: store, kubeletConn: k},
    }
```

在上述程式中看到：位於 pkg/registry/generic/etcd/etcd.go 裡的 etcd 才是真正的 Storage 實現。而具體操作 etcd 的程式是靠 tools.EtcdHelper 類別完成的，透過分析 etcd.go 中的 func (e *Etcd)Create(ctx api.Context, obj runtime.Object) 方法，可以得知建立一個 etcd 裡的索引鍵值的關鍵邏輯如下：

⊙ 取得物件的名字：name, err := e.ObjectNameFunc(obj)。

⊙ 取得 Key：key, err := e.KeyFunc(ctx, name)。

⊙ 產生一個空的 Object 物件：out := e.NewFunc()。

⊙ 將索引鍵值寫入 etcd：e.Helper.CreateObj(key, obj, out, ttl)，在這個方法中透過呼叫 runtime.Codec 完成從物件到字串的轉換，最終保存到 etcd 中。

⊙ 執行建立完成後的處理邏輯：e.AfterCreate(out)。

請注意，之前 PodStorage 建立 store 時載入了 ObjectNameFunc()、KeyFunc()、NewFunc() 等函數，於是完成了針對 Pod 的建立過程，Kubernetes API 服務中的其他資料物件也都遵循同樣的設計模式。

進一步研究程式發現，PodStorage 中的 Pod、Binding、Status 等屬性是 pkg/api/rest/rest.go 中幾個不同的 REST 介面的實作，並且透過 etcdgeneric.Etcd 這個實例來完成 Pod 的一些具體操作，比如這裡的 StatusREST。以下是其相關程式片段：

```
// StatusREST implements the REST endpoint for changing the status of a pod.
type StatusREST struct {
    store *etcdgeneric.Etcd
}
// New creates a new pod resource
func (r *StatusREST) New() runtime.Object {
    return &api.Pod{}
}
// Update alters the status subset of an object.
func (r *StatusREST) Update(ctx api.Context, obj runtime.Object) (runtime.Object,
bool, error) {
    return r.store.Update(ctx, obj)
}
```

表 6.2 展現了 PodStorage 中的各個 XXXREST 介面與 pkg/api/rest/rest.go 裡相關 REST 介面的逐一對應關係。

表 6.2 PodStorage 中的各個 XXXREST 介面與 pkg/api/rest/rest.go 裡相關 REST 介面的逐一對應關係

PodStorage REST 介面	對應 API REST 框架的介面	介面功能
REST	rest.Redirector	重導向資源的路徑
	rest.CreaterUpdater	資源建立 / 更新介面
	rest.Lister	資源清單查詢介面
	rest.Watcher	Watcher 資源變化介面
	rest. GracefulDeleter	支援延遲的資源刪除介面
	rest.Getter	獲取具體資源的資訊介面
BindingREST	rest.Creater	建立資源的介面
StatusREST	Rest.Updater	更新資源的介面
LogREST	rest.GetterWithOptions	讀取資源的介面
ExecREST\ProxyREST\ PortForwardREST	rest.Connecter	連接資源的介面

其中 PodStorage.REST 介面究竟實作了哪些 API Rest 介面，這個比較不好理解，筆者也花費了一些時間來研究這個問題，這涉及 Go 語言的一個特殊特性：結構物件內嵌一個其他類型的結構物件指標，就可以使用內嵌結構物件的方法，相當於物件導向語言中的 "繼承"。而 PodStorage.REST 恰恰包括了 etcdgeneric.Etcd 類型的匿名指標：&REST{*store}，而 etcdgeneric.Etcd 則實現了 rest.Creater、rest.Lister、rest.Watcher 等資源管理介面的所有方法，PodStorage.REST 也 "繼承" 了這些介面。

回頭看看下面這段來自 api_installer.go 的 registerResourceHandlers 函數中的片段：

```
creater, isCreater := storage.(rest.Creater)
namedCreater, isNamedCreater := storage.(rest.NamedCreater)
lister, isLister := storage.(rest.Lister)
getter, isGetter := storage.(rest.Getter)
getterWithOptions, isGetterWithOptions := storage.(rest.GetterWithOptions)
deleter, isDeleter := storage.(rest.Deleter)
gracefulDeleter, isGracefulDeleter := storage.(rest.GracefulDeleter)
updater, isUpdater := storage.(rest.Updater)
patcher, isPatcher := storage.(rest.Patcher)
watcher, isWatcher := storage.(rest.Watcher)
_, isRedirector := storage.(rest.Redirector)
connecter, isConnecter := storage.(rest.Connecter)
storageMeta, isMetadata := storage.(rest.StorageMetadata)
```

上述程式對 storage 物件進行判斷，以確定並標記它所滿足的 API REST 介面類別型，而接下來的這段程式在此基礎上確定此介面所包含的 actions，後者則對應到某種 HTTP 請求方法（GET/POST/PUT/DELETE）或者 HTTP PROXY、WATCH、CONNECT 等動作：

```
actions = appendIf(actions, action{"GET", itemPath, nameParams, namer}, isGetter)
actions = appendIf(actions, action{"PATCH", itemPath, nameParams, namer},
isPatcher)
actions = appendIf(actions, action{"DELETE", itemPath, nameParams, namer},
isDeleter)
actions = appendIf(actions, action{"WATCH", "watch/" + itemPath, nameParams,
namer}, isWatcher)
actions = appendIf(actions, action{"PROXY", "proxy/" + itemPath + "/{path:*}",
proxyParams, namer}, isRedirector)
actions = appendIf(actions, action{"CONNECT", itemPath, nameParams, namer},
isConnecter)
```

我們注意到 rest.Redirector 類型的 storage 被當作 PROXY 來進行處理，由 apiserver. ProxyHandler 進行攔截，並引用 rest.Redirector 的 ResourceLocation 方法取得資源的處理路徑（可能包括一個非空值的 http.RoundTripper，用於處理執行 Redirector 回傳的 URL 請求）。Kubernetes API Server 中 PROXY 請求存在的意義在於通透地存取其他某個節點（比如某個 Minion）上的 API。

最後，我們來分析一下 registerResourceHandlers 中完成從 rest.Storage 到 restful. Route 對應的最後一段關鍵程式碼。下面是 rest.Getter 介面的 Storage 的對應程式：

```
case "GET": // Get a resource.
var handler restful.RouteFunction
handler = GetResource(getter, reqScope)
doc := "read the specified " + kind
route := ws.GET(action.Path).To(handler).Filter(m).Doc(doc).
Param(ws.QueryParameter("pretty", "If 'true', then the output is pretty
printed.")).
Operation("read"+namespaced+kind+strings.Title(subresource)).
Produces(append(storageMeta.ProducesMIMETypes(action.Verb), "application/
json")...).
Returns(http.StatusOK, "OK", versionedObject).Writes(versionedObject)

addParams(route, action.Params)
ws.Route(route)
```

上述程式首先透過函數 GetResource() 創建了一個 restful.RouteFunction，然後產生一個 restful.route 物件，最後註冊到 restful.WebService 中，進而完成了 rest.Storage 到 Rest 服務的 "最後一哩"。GetResource() 函數存在於 pkg/apiserver/resthandler.go 裡，resthandler.go 提供各種具體的 restful.RouteFunction 的實現函數，是真正觸發 rest.Storage 呼叫的地方。下面是 GetResource() 方法的主要程式，可以看出這裡是使用 rest.Getter 介面的 Get() 方法以回傳某個資源物件：

```
func GetResource(r rest.Getter, scope RequestScope) restful.RouteFunction {
    return getResourceHandler(scope,
        func(ctx api.Context, name string, req *restful.Request) (runtime.Object,
error) {
            return r.Get(ctx, name)
        })
}
```

看了上面的程式，您可能會有一個疑問："說好的許可權控制呢？"別急，看看下面的資源建立 createHandler() 程式：

```
        if admit.Handles(admission.Create) {
            userInfo, _ := api.UserFrom(ctx)
            err = admit.Admit(admission.NewAttributesRecord(obj, scope.Kind,
namespace, name, scope.Resource, scope.Subresource, admission.Create, userInfo))
            if err != nil {
                errorJSON(err, scope.Codec, w)
```

```
            return
        }
    }
```

資源的 Update、Delete、Connect、Patch 等操作都有類似的許可權控制，從 Admit 的參數 admission. Attributes 的屬性來看，協力廠商系統可以開發細微的許可權控制外掛程式，針對任意資源的任意屬性進行細微的許可權控制，因為資源物件本身都傳遞到參數中了。

對 Kubernetes Rest API Server 的複雜實作機制和呼叫流程的總結如下。

- 在 pkg/api 函式庫裡定義了 Rest API 中涉及的資源物件、提供的 Rest 介面、類型轉換框架和具體轉換函數、序列化反序列化等程式。其中，資源物件和轉換函數按照版本分別包裝，形成了 Kubernetes API Server 基礎的框架，其中核心是各類資源（如 Node、Pod、PodTemplate、Service 等）及這些資源對應的 rest.Storage（REST API 介面）。

- 在 pkg/runtime 函式庫裡最重要的物件是 Schema，它保存了 Kubernetes API Service 中註冊的資源物件類型、轉換函數等重要基礎資料。另外，runtime 套件也提供獲取 json/yaml 序列化、反序列化的 Codec 結構體，runtime 總體上與 pkg/api 關係密切，分離出來的目的是讓其他模組方便使用。

- pkg/registry 其實是把 pkg/api 中定義的各種資源物件所提供的 REST 介面進一步規範定義並且實現對應的介面，其中 generate/etcd/etcd.go 裡的 etcd 物件是一個真正實作 rest.Storage 介面的基於 etcd 後端儲存的服務框架，並且 Kubernetes 中的各種資源物件的具體 Storage 實作也是透過它來完成真正的 "後端儲存操作"。

- Kubernetes 採用了 go-restful 這個協力廠商的 REST 框架，大大簡化了 REST 服務的開發，主要程式在 pkg/apiserver 原始碼目錄裡。透過 APIGroupVersion 這個結構物件可完成不同 API 版本的 REST 路徑對應，而 api_installer.go 則實作了從 Kubernetes rest.Storage 介面到 go-restful 的對應連線邏輯，對應 rest. Storage 的具體 restful.RouteFunction 則在 resthandler.go 裡實作。

6.2.3 設計總結

如果您耐心看完了上面的每一段文字和程式碼，而且嘗試追蹤原始碼來加深對 6.2.1 節內容的理解，那麼我相信您對於 Kubernetes API Server 的設計的第一個評價就是："太複雜、太不正常了！不就是一個 REST Server 嗎？如果用 Java 語言，我可以幾分鐘搞定一個！"當然，您肯定有以下或更多的假設：

⊙ 放棄多版本 API 的相容需求；

⊙ 只採用一個特定的後端儲存實作；

⊙ API 只接收一種輸入輸出格式，比如 JSON 或 YAML，而不是兩種或更多；

⊙ 放棄 Watch 這種高難度的 API；

⊙ 不實現 Proxy 網路代理；

⊙ 不做可抽換的許可權控制設計（或者根本沒有）；

⊙ 每新增一種資源類型，就從頭寫很多程式碼來實現該資源的 REST 服務。

雖然程式很複雜，但我們不得不承認，Kubernetes API Server 是一個精心"設計"的系統。

什麼樣的設計是一個好的設計？這個問題沒有標準答案，但有一點是大家都認可的：好的設計要儘量提供一種好的框架機制，方便未來增加新功能或者自訂擴展某些特性。我們以這個標準對 Kubernetes API Server 的設計進行評價，就會發現：它的設計真的很好。

我們先分析一下 Kubernetes API Server 的"領域模型（Domain Model）"。API Server 裡的 REST 服務都是針對某個"資源物件"的操作，這些操作可以分為新增、修改、列表輸出、刪除、Watch 變化、代理請求及連接資源等基礎操作，大多數操作都是與後端儲存的互動。因為只是基本的資源資料物件的增刪改查，所以主要邏輯是通用的，比如序列化 / 反序列化、基於 Key-Value 的儲存，以及這個過程中的資料驗證和許可權控制等問題。

透過以上分析，我們發現這個系統的核心物件只有兩個：資源物件與操作資源物件的 Storage 服務。雖然各個資源的 Storage 服務之主要功能相同，都是將資源儲存到 etcd 這個 Key-Value 後端儲存系統上並提供相關操作，但不同類型資源的

Storage 服務其介面和具體邏輯還是有差別的，比如某類資源是不允許更新的，而有些資源則允許 "Connect"，所以這裡的設計是 Kubernetes API Server 的最有代表性的經典設計——資源服務介面的細分與組合設計。

圖 6.2 所示是此設計的全景圖（以 Pod 資源物件為例）。資源服務介面被拆解為 rest.Create、rest.Updater、rest.CreateUpdate（組合 Create 與 Updater 介面）、rest.GracefulDelete（支援延遲刪除資源的介面）、rest.Patcher（組合更新與 Get 介面）、rest.Connect（開啟 HTTP 連接到該資源進行操作，比如連接到一個 Pod 中執行某個 bash 命令）等 10 個細部介面。

考慮到大多數資源物件都需要基本的 CRUD 介面，這就是 rest.StandardStorage 這個聚合型 "標準存儲服務" 介面出現的原因。而作為 StandardStorage 的預設實現，pkg/registry/generic/ etcd/etcd.go 裡 etcd 這個物件實作了基於 etcd 後端儲存的所有具體操作，而各種資源的 Storage 服務則經由請求代理到 etcd 物件上來完成具體的功能。

這裡有點讓人難以理解的是 PodStorage 與它的屬性 Pod 的關係，其實 PodStorage 物件是一個聚合了與 Pod 相關的各個資源的儲存服務，您再多看一下它的定義就能立刻明白了：

```
// PodStorage includes storage for pods and all sub resources
type PodStorage struct {
    Pod         *REST
    Binding     *BindingREST
    Status      *StatusREST
    Log         *LogREST
    Proxy       *ProxyREST
    Exec        *ExecREST
    PortForward *PortForwardREST
}
```

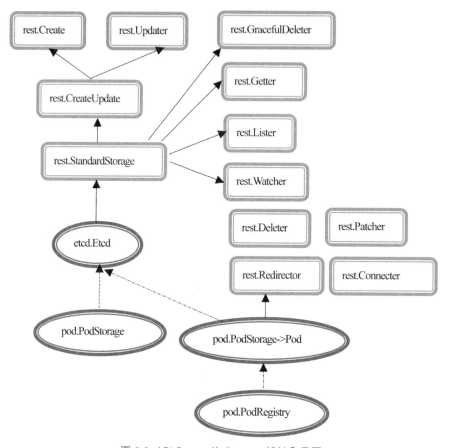

圖 6.2 API Server 的 Storage 設計全景圖

所以，這裡的 PodStorage 應該重命名為 AllPodResStorage，而真正的 PodStorage 之上就是裡面的 Pod 變數，這個變數是對 etcd 實例的一個引用，然後又實現了 rest. Redirector 介面。現在您終於能理解 PodRegistry 引用 Pod 變數而不是 PodStorage 來實現 Pod 操作的真正原因了吧？

最後，我們來說說 PodRegistry 存在的目的。從之前的程式碼分析來看，一個來自外部針對某個資源的 REST API 發送的請求最後落到對應資源的 rest.Storage 物件上，由 restful.RouteFunction 呼叫此物件的相關方法完成資源的操作並產生回應回傳給用戶端，這個過程並沒有涉及對應資源的 Registry 服務。那麼問題來了，資源的 Registry 介面存在的理由是什麼呢？答案很簡單，對比 Storage 介面與 Registry 中的資源建立方法之簽名，下面是二者的原始碼對比，後者更符合 "手動執行"：

```
Storage中建立通用的資源物件的介面
Create(ctx api.Context, obj runtime.Object) (runtime.Object, error)
PodRegistry中建立Pod資源的介面
CreatePod(ctx api.Context, pod *api.Pod) error
```

在 Kubernete API Server 中為每個種類資源都建立並提供一個 Registry 介面服務之目的，是讓內部模組的程式設計使用，而非對外提供服務，很多文件都錯誤解讀了這個問題。

本節最後提供如圖 6.3 所示的經典之 Kubernetes 的 Master 節點資料流程圖，此刻這個圖在您眼裡可能已經不覺得複雜了，因為您已經洞悉了幕後的一切。

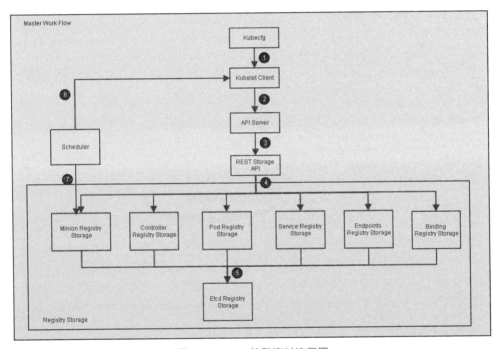

圖 6.3 Master 節點資料流程圖

6.3 kube-controller-manager 程序原始碼分析

運行在 Master 節點上的第二個程序就是 kube-controller-manager 程式，即 Controller Manager Server，Kubernetes 的核心程序之一，其主要目的是實現 Kubernetes 叢集的故障檢測和回復的自動化工作，比如內部元件 EndpointController

控制器負責 Endpoints 物件的建立和更新；ReplicationManager 根據註冊表中的 ReplicationController 的定義，完成 Pod 的複製或移除，以確保複製數量的一致性；NodeController 負責 Minion 節點的發現、管理和監控。

6.3.1 程序啟動過程

kube-controller-manager 程序的進入點原始碼位置如下：

github/com/GoogleCloudPlatform/kubernetes/cmd/kube-controller-manager/ controller- manager.go

進入點 main() 函數的邏輯如下：

```
func main() {
    runtime.GOMAXPROCS(runtime.NumCPU())
    s := app.NewCMServer()
    s.AddFlags(pflag.CommandLine)
    util.InitFlags()
    util.InitLogs()
    defer util.FlushLogs()
    verflag.PrintAndExitIfRequested()
    if err := s.Run(pflag.CommandLine.Args()); err != nil {
        fmt.Fprintf(os.Stderr, "%v\n", err)
        os.Exit(1)
    }
}
```

從程式碼中可以看出，關鍵程式碼只有兩行，建立一個 CMServer 並呼叫 Run 方法啟動服務。下面我們來分析 CMServer 這個結構物件，它是 Controller Manager Server 程序的主要上下文資料結構，存放一些關鍵參數，表 6.3 是對 CMServer 裡的關鍵參數之解釋。

表 6.3 CMServer 的重要屬性

屬性名	預設	說明
ConcurrentEndpointSyncs	5 秒	並行執行的 Endpoint 之同步任務的數量
ConcurrentRCSyncs	5 秒	並行執行的 Replication Controller 之同步任務數量
NodeSyncPeriod	5 秒	從 CloudProvider 處同步 Node 節點的週期
NodeMonitorPeriod	5 秒	Node 節點監控的週期

屬性名	預設	說明
ResourceQuotaSyncPeriod	10 秒	對資源的配額使用情況進行同步之週期
NamespaceSyncPeriod	5 分鐘	Namespace 同步的週期
PVClaimBinderSyncPeriod	10 秒	對 PV（持久存儲）和 PV 的請求進行同步之週期
PodEvictionTimeout	5 分鐘	在 Node 失敗的情況下，其上的 Pod 多久後才被刪除
master		Kubernetes API Server 的連線位址

從上述這些變數來看，Controller Manager Server 其實就是一個 "超級調度中心"，它負責定期同步 Node 節點狀態、資源使用配額資訊、Replication Conctroller、Namespace、Pod 的 PV 綁定等資訊，也包括執行像是監控 Node 節點狀態、清除失敗的 Pod 容器記錄等一系列週期任務。

想在 controller-manager.go 裡建立 CMServer 實例並把參數從命令列中傳遞到 CMServer 後，就使用它的 func (s *CMServer) Run (_ []string) 方法進入關鍵流程。這裡首先建立一個 REST Client 物件用於存取 Kubernetes API Server 提供的 API 服務：

```
    kubeClient, err := client.New(kubeconfig)
if err != nil {
    glog.Fatalf("Invalid API configuration: %v", err)
}
```

隨後，建立一個 HTTP Server 以提供必要的效能分析（Performance Profile）和效能指標度量（Metrics）的 REST 服務：

```
go func() {
        mux := http.NewServeMux()
        healthz.InstallHandler(mux)
        if s.EnableProfiling {
            mux.HandleFunc("/debug/pprof/", pprof.Index)
            mux.HandleFunc("/debug/pprof/profile", pprof.Profile)
            mux.HandleFunc("/debug/pprof/symbol", pprof.Symbol)
        }
        mux.Handle("/metrics", prometheus.Handler())

        server := &http.Server{
            Addr:    net.JoinHostPort(s.Address.String(), strconv.Itoa(s.Port)),
            Handler: mux,
        }
        glog.Fatal(server.ListenAndServe())
    }()
```

從上述可注意到效能分析的 REST 路徑是以 /debug 開頭的，表明是為了程式測試使用，事實上的確如此，這裡的幾個 Profile 選項都是針對目前 Go 程式的 Profile 資料，比如在 Master 節點上執行 curl 命令（位址為 http://127.0.0.1:10252/debug/pprof/heap）可以讀取程序的目前記憶體堆疊資訊，會輸出如下資訊：

```
heap profile: 4: 78112 [1109: 824584] @ heap/1048576
1: 32768 [1: 32768] @ 0x402612 0x75ab95 0x771419 0x771379 0x565f08 0x46133f
0x400d10 0x4155a3 0x43e711
1: 32768 [1: 32768] @ 0x408806 0x407968 0x97e591 0x9895aa 0x76099b 0xa2f400
0xa4e887 0x765dc4 0x557fbc 0x782fac 0x5fe5db 0x602ca7 0x462c92 0x400f06 0x415594
0x43e711
1: 12288 [1: 12288] @ 0x4199fc 0x7df75d 0x5b585c 0x5b4947 0x5b405a 0x5aa472
0x5aa2b7 0x5aa188 0x5ad0d3 0x46291e 0x43e711
1: 288 [1: 288] @ 0x415d6a 0x43276f 0x43510f 0x42fd37 0x4311f9 0x430ef5 0x43c136
```

其他還有 GC 回收、Symbol 查看、程序 30 秒內的 CPU 利用率、協作程式的阻塞狀態等 Profile 功能，輸出的資料格式符合 google-perftools 這個工具的要求，因此可以做執行期的視覺化 Profile，以便查找目前程序潛在的問題或效能瓶頸。

效能指標度量目前主要收集和統計 Kubernetes API Server 的 Rest API 之呼叫情況，執行 curl（http://127.0.0.1:10252/metrics），可以看到輸出中包括大量類似下面的內容：

```
rest_client_request_latency_microseconds{url="http://centos-master:8080/api/ v1/
namespaces/default/endpoints/%3Cname%3E",verb="GET",quantile="0.5"} 1448
rest_client_request_latency_microseconds{url="http://centos-master:8080/api/ v1/
namespaces/default/endpoints/%3Cname%3E",verb="GET",quantile="0.9"} 1699
rest_client_request_latency_microseconds{url="http://centos-master:8080/api/ v1/
namespaces/default/endpoints/%3Cname%3E",verb="GET",quantile="0.99"} 2093
```

這些指標有助於協助發現 Controller Manager Server 在調度方面的性能瓶頸，因此可以理解為什麼會被包括到程序程式碼之中。

接下來，啟動流程進入到關鍵程式碼部分。在這裡，啟動進程分別建立如下控制器，這些控制器的主要目的是實現資源在 Kubernetes API Server 的註冊表中之週期性同步工作：

⊙ EndointController 負責對註冊表中 Kubernetes Service 的 Endpoints 資訊之同步工作；

- ⊙ ReplicationManager 根據註冊表中對 ReplicationController 的定義，完成 Pod 的複製或移除，以確保複製數量的一致性；

- ⊙ NodeController 則透過 CloudProvider 的介面完成 Node 實例的同步工作；

- ⊙ servicecontroller 透過 CloudProvider 的介面完成雲端平台中服務的同步工作，這些服務目前主要是外部的負載平衡服務；

- ⊙ ResourceQuotaManager 負責資源配額使用情況的同步工作；

- ⊙ NamespaceManager 負責 Namespace 的同步工作；

- ⊙ PersistentVolumeClaimBinder 與 PersistentVolumeRecycler 分別完成 PersistentVolume 的綁定和回收工作；

- ⊙ TokensController、ServiceAccountsController 分別完成 Kubernetes 服務的 Token、Account 的同步工作。

建立並啟動完成上述的控制器以後，各個控制器就開始獨立工作，Controller Manager Server 啟動完畢。

6.3.2 關鍵程式碼分析

在 6.3.1 節對 kube-controller-manager 程序的啟動過程進行了詳細分析，我們發現這個程序的主要邏輯就是啟動一系列的 "控制器"。這裡以 Kubernetes 中比較關鍵的 Pod 抄本（Pod Replica）數量的控制實際過程為例，來分析完成這個任務的 "控制器" —— ReplicationManager 具體是如何工作的。

首先，我們來看看 ReplicationManager 結構物件的定義：

```
type ReplicationManager struct {
    kubeClient client.Interface
    podControl PodControlInterface

    // An rc is temporarily suspended after creating/deleting these many replicas.
    // It resumes normal action after observing the watch events for them.
    burstReplicas int
    // To allow injection of syncReplicationController for testing.
    syncHandler func(rcKey string) error
```

```
// podStoreSynced returns true if the pod store has been synced at least once.
// Added as a member to the struct to allow injection for testing.
podStoreSynced func() bool

// A TTLCache of pod creates/deletes each rc expects to see
expectations RCExpectationsManager
// A store of controllers, populated by the rcController
controllerStore cache.StoreToControllerLister
// A store of pods, populated by the podController
podStore cache.StoreToPodLister
// Watches changes to all replication controllers
rcController *framework.Controller
// Watches changes to all pods
podController *framework.Controller
// Controllers that need to be updated
queue *workqueue.Type
}
```

在上述結構物件裡,比較關鍵的幾個屬性如下。

- ⊙ kubeClient:用來存取 Kubernetes API Server 的 REST 用戶端,這裡用來存取註冊表中定義的 ReplicationController 物件並操作 Pod。

- ⊙ podControl:實作 Pod 抄本建立的函數,其實作類別為 RealPodControl(位於 kubernetes/pkg/controller/controller_utils.go)。

- ⊙ syncHandler:是 RC(ReplicationController)的同步實現方法,完成具體的 RC 同步邏輯(建立 Pod 抄本時引用 PodControl 的相關方法),在程式中是由 ReplicationManager. syncReplicationController 方法來賦予值。

- ⊙ expectations:是 Pod 抄本在建立、刪除過程中流程管控機制的重要組成部分。

- ⊙ controllerStore:是一個具備本地端緩衝功能的通用資源儲存服務,這裡存放 framework.Controller 執行過程中從 Kubernetes API Server 同步過來的資源資料,目的是減輕資源同步過程中對 Kubernetes API Server 造成的存取壓力並提高資源同步的效率。

- ⊙ rcController:framework.Controller 的一個實例,用來執行 RC 同步的任務調度邏輯。

- ⊙ framework.Controller:是 kube-controller-manager 裡設計用於資源物件同步邏輯的專用任務調度框架。

⊙ podStore：類似於 controllerStore 的作用，用來存取和讀取 Pod 資源物件。

⊙ podController：類似於 rcController 的作用，用來實現 Pod 同步的任務調度邏輯。

在理解 ReplicationManager 結構物件的重要參數及其作用之後，接下來看看 controller.NewReplicationManager(kubeClient client.Interface, burstReplicas int) *ReplicationManager 這個建構函數中的關鍵程式碼，注意到這裡透過使用 framework.NewInformer() 方法先後建立了用於 RC 同步及 Pod 同步的 framework. Controller。下面是 framework.NewInformer() 方法的原始碼：

```
func NewInformer(
    lw cache.ListerWatcher,
    objType runtime.Object,
    resyncPeriod time.Duration,
    h ResourceEventHandler,
) (cache.Store, *Controller) {
    clientState := cache.NewStore(DeletionHandlingMetaNamespaceKeyFunc)
    fifo := cache.NewDeltaFIFO(cache.MetaNamespaceKeyFunc, nil, clientState)
    cfg := &Config{
        Queue:           fifo,
        ListerWatcher:   lw,
        ObjectType:      objType,
        FullResyncPeriod: resyncPeriod,
        RetryOnError:    false,
        Process: func(obj interface{}) error {
            // from oldest to newest
            for _, d := range obj.(cache.Deltas) {
                switch d.Type {
                case cache.Sync, cache.Added, cache.Updated:
                    if old, exists, err := clientState.Get(d.Object); err == nil
&& exists {
                        if err := clientState.Update(d.Object); err != nil {
                            return err
                        }
                        h.OnUpdate(old, d.Object)
                    } else {
                        if err := clientState.Add(d.Object); err != nil {
                            return err
                        }
                        h.OnAdd(d.Object)
                    }
                case cache.Deleted:
                    if err := clientState.Delete(d.Object); err != nil {
```

```
                        return err
                }
                h.OnDelete(d.Object)
            }
        }
        return nil
    },
}
return clientState, New(cfg)
}
```

在上述程式中，lw(ListerWatcher) 用來獲取和監測資源物件的變化，而 fifo 則是一個 DeltaFIFO 的 Queue，用來存放變化的資源（需要同步的資源）。當 Controller 框架發現有變化的資源需要處理時，就會將新資源與本地端緩衝 clientState 中的資源進行比對，然後呼叫相對應的資源處理函數 ResourceEventHandler 的方法，完成具體的處理邏輯。下面是針對 RC 的 ResourceEventHandler 的具體實現：

```
framework.ResourceEventHandlerFuncs{
        AddFunc: rm.enqueueController,
        UpdateFunc: func(old, cur interface{}) {
            oldRC := old.(*api.ReplicationController)
            curRC := cur.(*api.ReplicationController)
            if oldRC.Status.Replicas != curRC.Status.Replicas {
                glog.V(4).Infof("Observed updated replica count for rc: %v,
%d->%d", curRC.Name, oldRC.Status.Replicas, curRC.Status.Replicas)
            }
            rm.enqueueController(cur)
        },
        DeleteFunc: rm.enqueueController,
    }
```

在上述程式中，我們看到當 RC 裡 Pod 的抄本數量屬性發生變化以後，ResourceEventHandler 就將此 RC 放入 ReplicationManager 的 queue 佇列中等待處理，為什麼沒有在這個 handler 函數中直接處理而是先放入佇列再非同步處理呢？最主要的一個原因是 Pod 抄本建立的過程比較耗時。Controller 框架把需要同步的 RC 物件放入 queue 後，接下來是誰在"消費"這個佇列（Queue 資料結構，通常把輸入端稱為 Producer，輸出端稱為 Consumer）呢？答案就在 ReplicationManager 的 Run() 方法中：

```
func (rm *ReplicationManager) Run(workers int, stopCh <-chan struct{}) {
    defer util.HandleCrash()
    go rm.rcController.Run(stopCh)
    go rm.podController.Run(stopCh)
    for i := 0; i < workers; i++ {
        go util.Until(rm.worker, time.Second, stopCh)
    }
    <-stopCh
    glog.Infof("Shutting down RC Manager")
    rm.queue.ShutDown()
}
```

上述程式首先啟動 rcController 與 podController 這兩個 Controller，啟動之後，這兩個 Controller 就分別開始拉取 RC 與 Pod 的變動資訊，隨後又啟動 N 個協同程序平行處理 RC 的佇列，其中 func Until（f func(), period time.Duration, stopCh <-chan struct{}）方法的邏輯是按照指定的週期 period 執行方法 f。下面是 ReplicationManager 的 worker 方法的原始碼，負責從 RC 佇列中拉取 RC 並呼叫 rm 的 syncHandler 方法完成具體處理：

```
func (rm *ReplicationManager) worker() {
    for {
        func() {
            key, quit := rm.queue.Get()
            if quit {
                return
            }
            defer rm.queue.Done(key)
            err := rm.syncHandler(key.(string))
            if err != nil {
                glog.Errorf("Error syncing replication controller: %v", err)
            }
        }()
    }
}
```

從 ReplicationManager 的建構函數中可得知：syncHandler 在這裡其實是 func (rm *ReplicationManager) syncReplicationController(key string) 方法。下面是該方法的程式碼：

```
func (rm *ReplicationManager) syncReplicationController(key string) error {
    startTime := time.Now()
    defer func() {
```

```
                glog.V(4).Infof("Finished syncing controller %q (%v)", key, time.Now().
        Sub(startTime))
            }()

            obj, exists, err := rm.controllerStore.Store.GetByKey(key)
            if !exists {
                glog.Infof("Replication Controller has been deleted %v", key)
                rm.expectations.DeleteExpectations(key)
                return nil
            }
            if err != nil {
                glog.Infof("Unable to retrieve rc %v from store: %v", key, err)
                rm.queue.Add(key)
                return err
            }
            controller := *obj.(*api.ReplicationController)
            if !rm.podStoreSynced() {
                // Sleep so we give the pod reflector goroutine a chance to run.
                time.Sleep(PodStoreSyncedPollPeriod)
                glog.Infof("Waiting for pods controller to sync, requeuing rc %v",
        controller.Name)
                rm.enqueueController(&controller)
                return nil
            }

            rcNeedsSync := rm.expectations.SatisfiedExpectations(&controller)
            podList, err := rm.podStore.Pods(controller.Namespace).List(labels.Set
        (controller.Spec.Selector).AsSelector())
            if err != nil {
                glog.Errorf("Error getting pods for rc %q: %v", key, err)
                rm.queue.Add(key)
                return err
            }

            filteredPods := filterActivePods(podList.Items)
            if rcNeedsSync {
                rm.manageReplicas(filteredPods, &controller)
            }

            if err := updateReplicaCount(rm.kubeClient.ReplicationControllers(controller.
        Namespace), controller, len(filteredPods)); err != nil {
                rm.enqueueController(&controller)
            }
            return nil
        }
```

在上述程式裡有一個重要的流程管控變數 rcNeedsSync。為了限制流量，在 RC 同步邏輯的過程中，一個 RC 每次最多執行 N 個 Pod 的建立/刪除，如果某個 RC 同步過程涉及的 Pod 抄本數量超過 burstReplicas 這個門檻值，就會採用 RCExpectations 機制進行流量管制。RCExpectations 物件可以視作為一個簡單的規則：即在限定的時間內執行 N 次操作，每次操作都使計數器減一，計數器為零表示 N 個操作已經完成，可以進行下一個批次的操作了。

Kubernetes 為什麼會設計這樣一個流程管控機制？其實答案很簡單——為了公平。因為 Google 開發 Kubernetes 的大神們早已預見到某個 RC 的 Pod 抄本一次擴展至 100 倍的極端情況可能真實發生，如果沒有流量管控機制，則這個巨無霸的 RC 同步操作會導致其他眾多 "小散戶" 崩潰！這絕對不是 Google 的理念。

接著看上述程式裡所呼叫的 ReplicationManager 的 manageReplicas 方法，這是 RC 同步的具體邏輯實作，此方法採用並行呼叫的方式執行批次的 Pod 抄本操作任務，相關程式如下：

```
wait := sync.WaitGroup{}
        wait.Add(diff)
        glog.V(2).Infof("Too few %q/%q replicas, need %d, creating %d",
controller.Namespace, controller.Name, controller.Spec.Replicas, diff)
        for i := 0; i < diff; i++ {
            go func() {
                defer wait.Done()
                if err := rm.podControl.createReplica(controller.Namespace,
controller); err != nil {
                glog.V(2).Infof("Failed creation, decrementing expectations for
controller %q/%q", controller.Namespace, controller.Name)
                    rm.expectations.CreationObserved(controller)
                    util.HandleError(err)
                }
            }()
        }
        wait.Wait()
```

查閱到此，才看到建立 Pod 抄本的真正程式碼在 PodControl.createReplica() 方法裡，而此方法的具體實作方法則是 RealPodControl.createReplica()，其位於 controller_utils.go 裡。經由分析此方法，我們可以知道建立 Pod 抄本的過程就是新增一個 Pod 資源物件，並把 RC 中定義的 Pod 範本傳遞給該 Pod 物件，且 Pod 的名字用 RC 的名字做前綴字,最後使用 Kubernetes Client 將 Pod 物件透過 Kubernetes API Server 寫入到後端的 etcd 儲存器中。

在本節的最後,我們來分析一下 Controller 框架中如何實現資源物件的查詢和監聽邏輯,並且在資源發生變動時回頭呼叫 Controller.Config 物件中的 Process 方法:func(obj interface{}),最終完成整個 Controller 框架的封閉循環過程。

首先,在 Controller 框架中建構 Reflector 物件以實現資源物件的查詢和監聽邏輯,它的原始碼位於 pkg/client/cache/reflector.go 中。我們看一下這個物件的資料結構就基本明白了其工作原理:

```
// Reflector watches a specified resource and causes all changes to be reflected
in the given store.
type Reflector struct {
    // The type of object we expect to place in the store.
    expectedType reflect.Type
    // The destination to sync up with the watch source
    store Store
    // listerWatcher is used to perform lists and watches.
    listerWatcher ListerWatcher
    // period controls timing between one watch ending and
    // the beginning of the next one.
    period       time.Duration
    resyncPeriod time.Duration
    // lastSyncResourceVersion is the resource version token last
    // observed when doing a sync with the underlying store
    // it is thread safe, but not synchronized with the underlying store
    lastSyncResourceVersion string
    // lastSyncResourceVersionMutex guards read/write access to
lastSyncResourceVersion
    lastSyncResourceVersionMutex sync.RWMutex
}
```

核心思維就是透過 listerWatcher 去獲取資源清單並監聽資源的變化,然後儲存到 store 中。這裡您可能有個疑問,這個 store 究竟是哪個物件?是 ReplicationManager 裡的 controllerStore 還是 framework.NewInformer() 方法裡建立的 fifo 佇列?

下面來自 pkg/controller/framework/controller.go 的兩段程式會告訴我們答案:

首先是來自 Controller 的 run 方法 func (c *Controller) Run(stopCh <-chan struct{}) 的程式片段：

```
r := cache.NewReflector(
      c.config.ListerWatcher,
      c.config.ObjectType,
      c.config.Queue,
      c.config.FullResyncPeriod,
  )
```

然後是來自 Controller 的 NewInformer 方法 func NewInformer(lw cache.ListerWatcher, objType runtime.Object, resyncPeriod time.Duration, h ResourceEventHandler,) (cache. Store, *Controller) 中的程式片段：

```
cfg := &Config{
      Queue:           fifo,
      ListerWatcher:   lw,
      ObjectType:      objType,
      FullResyncPeriod: resyncPeriod,
      RetryOnError:    false,
```

分析上述程式，我們發現 Reflector 中的 store 其實是引用 Controller.Config 裡的 Queue 屬性，即 fifo 佇列，而非 ReplicationManager 裡的 controllerStore。費了如此大的心力，才弄明白這個簡單的問題，這告訴我們一個事實：程式設計中具備良好的命名規則是很重要的。

下面這段程式是 Controller 從佇列 Queue 中拉取資源物件並且交給 Controller. Config 物件中的 Process 方法 func(obj interface{}) 進行處理，進而最終完成整個 Controller 框架的封閉迴圈過程。

```
func (c *Controller) processLoop() {
    for {
        obj := c.config.Queue.Pop()
        err := c.config.Process(obj)
        if err != nil {
            if c.config.RetryOnError {
                // This is the safe way to re-enqueue.
                c.config.Queue.AddIfNotPresent(obj)
            }
        }
    }
}
```

至於上述過程的使用則是在 Controller 啟動（Run 方法）的最後步驟裡，Controller 框架定時每秒呼叫一次上述函數，程式如下：

```
util.Until(c.processLoop, time.Second, stopCh)
```

最後，給讀者留一個程式碼解讀的問題，即 ReplicationManager 裡除了 RC Controller，又建構了一個用於 Pod 的 Controller，它的邏輯具體是怎樣實現的？以及它與 RC Controller 是怎樣交互作用的？

6.3.3　設計總結

相對於之前的 Kubernetes API Server 設計來說，Kubernetes Controller Server 的設計沒有那麼複雜，仍然精彩依舊。不愧是大師的作品，Controller Framework 精巧細緻的設計使得整個程序中各種資源物件的同步邏輯在程式實作方面保持了高度一致性與便捷性。此外，在關鍵資源 RC（Replication Controller）的同步邏輯中所採用的流程管控機制也簡潔、高效率。

本節我們針對 Kubernetes Controller Server 中的精華部分──Controller Framework 的設計做一個整理分析。首先，framework.Controller 內部維護一個 Config 物件，保留了一個標準的訊息、事件分發系統的三要素。

- ⊙ 生產者：cache.ListerWatch。
- ⊙ 佇列：cache.cacheStore(Queue)。
- ⊙ 消費者：用 callback 函數來模擬 (framework.ResourcceEventHandlerFuncs)。

由於生產者的邏輯比較複雜，在這個系統中也有其特殊性，即拉取資源並監控資源的變化，因此產生真正的待處理任務，所以又設計了一個 ListerWatcher 介面，將底層的複雜邏輯 "框架化"，放入 cache.Reflector 中，使用者只要簡單地實現 ListerWatcher 介面的 ListFunc 與 WatchFunc 即可。另外，cache.Reflector 也是獨立於 Controller Framework 的一個元件，隸屬於 cache 包，它的功能是將任意資源物件拉取到本地端緩衝中並監控資源的變化，保持本地端緩衝的同步，其目標是減輕對 Kubernetes API Server 的請求連線壓力。

圖 6.4 提供 Controller Framework 的整體架構設計圖。

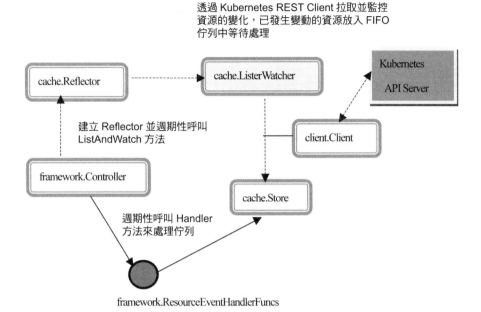

圖 6.4 Controller Framework 整體架構設計圖

Kubernetes Controller Server 中所有涉及同步的資源都採用了 Controller Framework 框架來進行驅動,圖 6.5 描繪出整體設計示意圖。

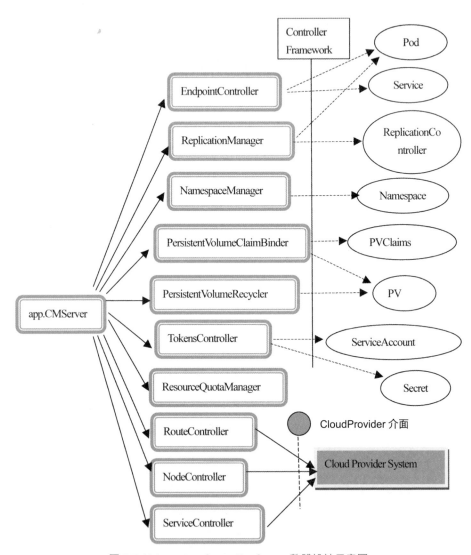

圖 6.5 Kubernetes Controller Server 整體設計示意圖

從圖 6.5 可以看出，除了 Node、Route、Cloud Service 這三個資源依賴於 Kubernetes 所處的雲端計算環境，只能透過 CloudProvider 介面所提供的 API 來完成資源同步，其他資源都採用 Controller Framework 框架來進行資源同步。圖中的虛線箭頭表示針對目標資源建立一個 framework.Controller 物件，其中的某些資源如 RC、PV、Tokens 的同步過程需要取得並監聽其他與之相關的資源物件。這裡只有 ResourceQuota 資源比較另類，它沒有採用 Controller Framework，其中一個原因是 ResourceQuota 涉及很多資源物件，不容易利用 framework.Controller，另外一個原因可能是寫 ResourceQuotaManager 的程式設計師擁有比較浪漫的情懷，一起來看看下面這段 Kubernetes 中最優美的程式碼：

```
func (rm *ResourceQuotaManager) Run(period time.Duration) {
    rm.syncTime = time.Tick(period)
    go util.Forever(func() { rm.synchronize() }, period)
}
```

核心程式翻譯過來就是這個意思：從此他們過著幸福的生活，再也回不去了！

6.4 kube-scheduler 程序原始碼分析

Kubernetes Scheduler Server 是由 kube-scheduler 程式所實作的，它執行在 Kubernetes 的管理節點——Master 上，主要負責從 Pod 到 Node 的整個調度過程。Kubernetes Scheduler Server 追蹤 Kubernetes 叢集中所有 Node 的資源利用情況，並採取合適的調度策略，確保調度的平衡性，避免叢集中的某些節點 "過載"。從某種意義上來說，Kubernetes Scheduler Server 也是 Kubernetes 叢集的 "大腦"。

Google 作為公有雲的主要供應商，累積了很多經驗並且瞭解客戶的需求。以 Google 的角度來看，客戶其實不關心他們的服務究竟運行在哪台機器上，他們最關心應用服務的可靠性，希望發生故障後能自動恢復。遵循這一指導原則，Kubernetes Scheduler Server 實現了 "自由市場經濟" 的調度原則並徹底拋棄傳統意義上的 "計劃經濟"。

下面將分別對其啟動過程、關鍵程式碼分析及設計總結等方面進行深入分析和講說。

6.4.1 程序啟動過程

kube-scheduler 程序的進入點類別程式碼位置如下：

github/com/GoogleCloudPlatform/kubernetes/plugin/cmd/kube-scheduler/scheduler.go

進入點 main() 函數的邏輯如下：

```
func main() {
    runtime.GOMAXPROCS(runtime.NumCPU())
    s := app.NewSchedulerServer()
    s.AddFlags(pflag.CommandLine)
    util.InitFlags()
    util.InitLogs()
    defer util.FlushLogs()
    verflag.PrintAndExitIfRequested()
    s.Run(pflag.CommandLine.Args())
}
```

對上述程式的風格和邏輯我們再熟悉不過了：建立一個 SchedulerServer 物件，將命令列參數傳入，並且進入 SchedulerServer 的 Run 方法，無窮迴圈下去。

按照慣例，首先看看 SchedulerServer 的資料結構（app/server.go），下面是其定義：

```
type SchedulerServer struct {
    Port                int
    Address             util.IP
    AlgorithmProvider   string
    PolicyConfigFile    string
    EnableProfiling     bool
    Master              string
    Kubeconfig          string
}
```

這裡的關鍵屬性有以下兩個。

- ⊙ AlgorithmProvider：對應參數 algorithm-provider，是 AlgorithmProviderConfig 的名稱。

- ⊙ PolicyConfigFile：用來載入調度策略檔。

從程式上來看這兩個參數的作用其實是一樣的，都是載入一組調度規則，這組調度規則不是在程式裡定義為一個 AlgorithmProviderConfig，就是保存到檔中。下面的程式碼清楚地解釋了這個過程：

```
func (s *SchedulerServer) createConfig(configFactory *factory.ConfigFactory)
(*scheduler.Config, error) {
    var policy schedulerapi.Policy
```

```
var configData []byte

if _, err := os.Stat(s.PolicyConfigFile); err == nil {
    configData, err = ioutil.ReadFile(s.PolicyConfigFile)
    if err != nil {
        return nil, fmt.Errorf("Unable to read policy config: %v", err)
    }
    err = latestschedulerapi.Codec.DecodeInto(configData, &policy)
    if err != nil {
        return nil, fmt.Errorf("Invalid configuration: %v", err)
    }

    return configFactory.CreateFromConfig(policy)
}

// if the config file isn't provided, use the specified (or default) provider
// check of algorithm provider is registered and fail fast
_, err := factory.GetAlgorithmProvider(s.AlgorithmProvider)
if err != nil {
    return nil, err
}

return configFactory.CreateFromProvider(s.AlgorithmProvider)
}
```

建立 SchedulerServer 結構物件實例之後，呼叫此實例的方法 func (s *APIServer) Run(_[]string)，進入關鍵流程。首先，建立一個 REST Client 物件用於存取 Kubernetes API Server 提供的 API 服務：

```
    kubeClient, err := client.New(kubeconfig)
if err != nil {
    glog.Fatalf("Invalid API configuration: %v", err)
}
```

隨後，建立一個 HTTP Server 以提供必要的效能分析（Performance Profile）和效能量測指標（Metrics）的 REST 服務：

```
go func() {
    mux := http.NewServeMux()
    healthz.InstallHandler(mux)
    if s.EnableProfiling {
        mux.HandleFunc("/debug/pprof/", pprof.Index)
        mux.HandleFunc("/debug/pprof/profile", pprof.Profile)
        mux.HandleFunc("/debug/pprof/symbol", pprof.Symbol)
```

```
    }
    mux.Handle("/metrics", prometheus.Handler())

    server := &http.Server{
        Addr:    net.JoinHostPort(s.Address.String(), strconv.Itoa(s.Port)),
        Handler: mux,
    }
    glog.Fatal(server.ListenAndServe())
}()
```

接下來，啟動程式建構 ConfigFactory，這個結構物件包括了建立一個 Scheduler 所需的必要屬性。

⊙ PodQueue：需要調度的 Pod 佇列。

⊙ BindPodsRateLimiter：調度過程中提供 Pod 綁定速度的限速器。

⊙ modeler：這是用於優化 Pod 調度過程而設計的一個特殊物件，用於 "預測規劃"。一個 Pod 被規劃調度到機器 A 的事實稱為 assumed 調度，即為假定調度，這些調度安排被保存到特定佇列裡，此時調度過程是能看到這個預先安排的，因而會影響到其他 Pod 的調度。

⊙ PodLister：負責拉取已經調度過的，以及被假定調度過的 Pod 清單。

⊙ NodeLister：負責拉取 Node 節點（Minion）清單。

⊙ ServiceLister：負責拉取 Kubernetes 服務清單。

⊙ ScheduledPodLister、scheduledPodPopulator：Controller 框架建立過程中傳回的 Store 物件與 controller 物件，負責定期從 Kubernetes API Server 上拉取已經調度好的 Pod 清單，並將這些 Pod 從 modeler 的假定調度中之佇列上刪除。

在建構 ConfigFactory 的方法 factory.NewConfigFactory(kubeClient) 中，我們看到下面這段程式碼：

```
c.ScheduledPodLister.Store, c.scheduledPodPopulator = framework.NewInformer(
    c.createAssignedPodLW(),
    &api.Pod{},
    0,
    framework.ResourceEventHandlerFuncs{
        AddFunc: func(obj interface{}) {
            if pod, ok := obj.(*api.Pod); ok {
                c.modeler.LockedAction(func() {
                    c.modeler.ForgetPod(pod)
```

```
                        })
                    }
                },
                DeleteFunc: func(obj interface{}) {
                    c.modeler.LockedAction(func() {
                        switch t := obj.(type) {
                        case *api.Pod:
                            c.modeler.ForgetPod(t)
                        case cache.DeletedFinalStateUnknown:
                            c.modeler.ForgetPodByKey(t.Key)
                        }
                    })
                },
            },
    )
```

這裡沿用了之前看到的 controller framework 的影子，上述 Controller 實例所做
的事情是取得並監聽已經調度的 Pod 清單，並將這些 Pod 清單從 modeler 中的
"assumed" 佇列中刪除。

接下來，啟動程序，以上述建立好的 ConfigFactory 物件作為參數來呼叫
SchdulerServer 的 createConfig 方法，建立一個 Scheduler.Config 物件，而此段程式
碼的關鍵邏輯則集中在 ConfigFactory 的 CreateFromKeys 函數裡，其主要步驟如下：

(1) 建立一個與 Pod 相關的 Reflector 物件並定期執行，該 Reflector 負責查詢
    並監測等待調度的 Pod 列表，即還沒有分配主機的 Pod（Unsigned Pod），
    然後把它們放入 ConfigFactory 的 PodQueue 中等待調度。相關程式碼為：
    cache.NewReflector(f.createUnassignedPodLW(), &api.Pod{}, f.PodQueue,
    0).RunUntil(f.StopEverything)。

(2) 啟 動 ConfigFactory 的 scheduledPodPopulator Controller 物 件， 負 責 定
    期 從 Kubernetes API Server 上 拉 取 已 經 調 度 好 的 Pod 清 單，並 將 這 些
    Pod 從 modeler 中的假定（assumed）調度佇列上刪除。相關程式為：go
    f.scheduledPodPopulator.Run(f.StopEverything)。

(3) 建立一個 Node 相關的 Reflector 物件並定期執行，該 Reflector 負責查詢
    並監測可用的 Node 清單（可用意味著 Node 的 spec.unschedulable 屬性為
    false），這些 Node 被放入 ConfigFactory 的 NodeLister.Store 裡。相關程式

為：cache.NewReflector(f.createMinionLW(), &api.Node{}, f.NodeLister.Store, 0).RunUntil(f.StopEverything)。

(4) 建立一個 Service 相關的 Reflector 物件並定期執行，該 Reflector 負責查詢並監測已定義的 Service 清單，接著放入 ConfigFactory 的 ServiceLister.Store 裡。這個過程的目的是 Scheduler 需要知道一個 Service 目前所建立的所有 Pod，以便能正確地進行調度。相關程式為：cache.NewReflector(f.createServiceLW(), &api.Service{}, f.ServiceLister.Store, 0).RunUntil (f.StopEverything)。

(5) 建立一個實作 algorithm.ScheduleAlgorithm 介面的物件 genericScheduler，它負責完成從 Pod 到 Node 的實際調度工作，調度完成的 Pod 放入 ConfigFactory 的 PodLister 裡。相關程式為 algo := scheduler.NewGenericScheduler(predicateFuncs, priorityConfigs, f.PodLister, r)。

(6) 最後一步，使用之前的這些資訊來建立 Scheduler. Config 物件並回傳。

從上面的分析我們看出，其實在建立 Scheduler. Config 的過程中已經完成了 Kubernetes Scheduler Server 程序中的很多啟動工作，於是整個程序啟動過程的最後一步就簡單明瞭：使用剛剛建立好的 Config 物件來建構一個 Scheduler 物件並啟動執行。即下面的兩行程式碼：

```
sched := scheduler.New(config)
 sched.Run()
```

而 Scheduler 的 Run 方法就是不停地執行 scheduleOne 方法：

```
go util.Until(s.scheduleOne, 0, s.config.StopEverything)
```

scheduleOne 方法的邏輯比較清晰，即取得下一個待調度的 Pod，然後交給 genericScheduler 進行調度（完成 Pod 到某個 Node 的綁定過程），調度成功之後通知 Modeler。這個過程同時增加了限制流量和效能指標的邏輯。

6.4.2 關鍵程式分析

在 6.4.1 節對 kube-scheduler 程序的啟動過程進行詳細分析後，我們大致明白 Kubernetes Scheduler Server 的工作流程，但由於程式中涉及多個 Pod 佇列和 Pod 狀態切換邏輯，因此這裡有必要對這個問題進行詳細分析，弄清在整個調度過程中

Pod 的 "來龍去脈"。首先，我們知道 ConfigFactory 裡的 PodQueue 是 "待調度的 Pod 佇列"，這個過程是透過無窮迴圈執行一個 Reflector 從 Kubernetes API Server 上取得待調度的 Pod 清單並填入到佇列中，因為 Reflector 框架已經實作通用的程式碼，所以到了 Kubernetes Scheduler Server 這裡，透過一行程式就能完成這個複雜的流程：

```
cache.NewReflector(f.createUnassignedPodLW(), &api.Pod{}, f.PodQueue, 0).
RunUntil(f.StopEverything)
```

上述程式中的 createUnassignedPodLW 是查詢和監測 spec.nodeName 為空的 Pod 清單，此外，我們注意到 scheduler.Config 裡提供了 NextPod 這個函數指標來從上述佇列中消費一個元素，下面是相關程式片段（來自 ConfigFactory 的 CreateFromKeys 方法中建立 scheduler.Config 的程式）：

```
NextPod: func() *api.Pod {
        pod := f.PodQueue.Pop().(*api.Pod)
        glog.V(2).Infof("About to try and schedule pod %v", pod.Name)
        return pod
    },
```

然後，PodQueue 是如何被消費的呢？就在之前所提到 Scheduler.scheduleOne 的方法裡，每次使用 NextPod 方法會取得一個可用的 Pod，然後交給 genericScheduler 進行調度，下面是相關程式碼片段（省略了其他程式）：

```
pod := s.config.NextPod()
   if s.config.BindPodsRateLimiter != nil {
       s.config.BindPodsRateLimiter.Accept()
   }
dest, err := s.config.Algorithm.Schedule(pod, s.config.MinionLister)
```

genericScheduler.Schedule 方法只是提供該 Pod 調度到的目標 Node，如果調度成功，則設定該 Pod 的 spec.nodeName 為目標 Node，然後透過 HTTP REST 呼叫寫入 Kubernetes API Server，完成 Pod 的 Binding 操作，最後通知 ConfigFactory 的 modeler（具體實例對應到 scheduler.SimpleModeler），將此 Pod 放入 Assumed Pod 佇列，下面是相關程式片段：

```
s.config.Modeler.LockedAction(func() {
        bindingStart := time.Now()
        err := s.config.Binder.Bind(b)
metrics.BindingLatency.Observe(metrics.SinceInMicroseconds(bindingStart))
```

```
       s.config.Recorder.Eventf(pod, "scheduled", "Successfully assigned %v to
%v", pod.Name, dest)
       // tell the model to assume that this binding took effect.
       assumed := *pod
       assumed.Spec.NodeName = dest
       s.config.Modeler.AssumePod(&assumed)
   })
```

當 Pod 執行 Bind 操作成功後，Kubernetes API Server 上 Pod 滿足了 "已調度" 的條件，因為 spec.nodeName 已經被設定為目標 Node 位址，此時 ConfigFactory 的 scheduledPodPopulator 這個 Controller 會監聽到此變化，將此 Pod 從 modeler 中的 Assumed 佇列中刪除，下面是相關程式片段：

```
       framework.ResourceEventHandlerFuncs{
       AddFunc: func(obj interface{}) {
           if pod, ok := obj.(*api.Pod); ok {
               c.modeler.LockedAction(func() {
                   c.modeler.ForgetPod(pod)
               })
           }
       },
       ......
   },
```

Google 的大神在原始碼中說明 Modeler 的存在是為了調度的優化，那麼這個優化具體呈現在哪裡呢？由於 REST Watch API 可能會逾時，目前已經調度好的 Pod 很可能還未通知到 Scheduler，於是大神靈光乍現：為每一個剛剛調度完成的 Pod 發放一個 "居留證"，安排 "暫住" 到 "Assumed" 佇列裡，然後設計一個取得目前 "已調度" Pod 佇列的新方法，該方法合併 Assumed 佇列與 Watch 緩衝佇列，這樣一來，就得到了了最佳答案。如果您打算看看這段程式碼，那麼它就在 SimpleModeler 的 listPods 方法裡，到這裡，若您也完全明白了 c.PodLister = modeler.PodLister() 這句簡單卻又深奧的程式，那麼恭喜您，您離大神的距離又縮短了一釐米。

接下來，將深入分析 Pod 調度中所用到的流程管控技術，起源於下面這段程式碼：

```
if s.config.BindPodsRateLimiter != nil {
       s.config.BindPodsRateLimiter.Accept()
   }
```

上述程式中的 BindPodsRateLimiter 採用了開源專案 juju 的一個子項目 ratelimit，專案網址為 https://github.com/juju/ratelimit，它實現了一個高效率且基於經典 Token Bucket 的流程管控演算法。圖 6.6 所示是 Token Bucket 流程管控演算法的原理示意圖。

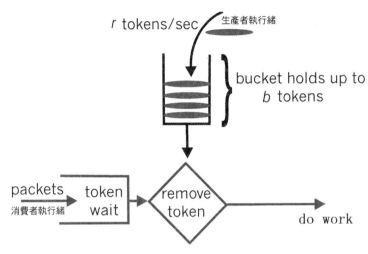

圖 6.6 Token Bucket 流程管控演算法示意圖

簡單地說，控制執行緒以固定速率向一個固定容量的桶（Bucket）中投放 Token，消費者執行緒則等待並獲得一個 Token 後才能繼續接下來的任務，否則需等待可用 Token 的到來。具體說來，假如使用者設定的平均限流速率為 r，則每隔 $1/r$ 秒就會有一個 Token 被加入桶中，而 Token Bucket 最多可以儲存 b 個 Token，如果 Token 到達時 Token Bucket 已經滿了，那麼這個 Token 會被丟棄。從長期運行結果來看，消費者的處理速率被限制成常量 r。TokenBucket 流程管控演算法除了能夠限制平均處理速度外，還允許某些程度的突發速率。

juju 的 ratelimit 模組透過下面的 API 提供了建構一個 Token Bucket 的簡單做法，其中 rate 參數表示每秒填入到桶裡的 Token 數量，capacity 則是桶的容量：

```
func NewBucketWithRate(rate float64, capacity int64)  *Bucket
```

我們回頭再看看 Kubernetes Scheduler Server 中 BindPodsRateLimiter 的傳遞值程式：c.BindPodsRateLimiter= util.NewTokenBucketRateLimiter(BindPodsQps, BindPodsBurst)，查閱後，發現它就是呼叫了剛才所提到的 juju 函數 limiter := ratelimit.NewBucketWithRate(float64(qps), int64(burst))，其中 qps 目前為常數 15，

而 burst 為 20，目前在 Kubernetes 1.0 版本中還沒有提供命令列參數來配置此變數，將在未來的版本中實作。

最後，我們一起深入分析 Kubernetes Scheduer Server 中關於 Pod 調度的細節。首先，需要理解啟動過程中 SchedulerServer 載入調度策略相關配置的這段程式碼：

```
predicateFuncs, err := getFitPredicateFunctions(predicateKeys, pluginArgs)
    priorityConfigs, err := getPriorityFunctionConfigs(priorityKeys, pluginArgs)
algo := scheduler.NewGenericScheduler(predicateFuncs, priorityConfigs, f.
PodLister, r)
```

這裡載入了兩個群組原則，其中 predicateFuncs 是一個 Map，key 為 FitPredicate 的名稱，value 為對應的 algorithm.FitPredicate 函數，它表示一個候選的 Node 是否滿足目前 Pod 的調度要求，FitPredicate 函數的具體定義如下：

```
type FitPredicate func(pod *api.Pod, existingPods []*api.Pod, node string) (bool,
error)
```

FitPredicate 是 Pod 調度過程中必須滿足的規則，只有順利通過由所有 FitPredicate 組成的這道封鎖線，一個 Node 才能獲得進入主會場的 "門票"，成為一個合格的 "候選人"，等待下一步 "審查"。目前系統提供具體的 FitPredicate 實作都在 predicates.go 裡，系統預設載入註冊 FitPredicate 的程式碼位於 defaultPredicates 方法裡。

當有一組 Node 通過篩查成為 "候選人" 之後，需要有一種辦法來選擇 "最適合" 的 Node，這就是接下來要介紹的 priorityConfigs 所要做的事情了。priorityConfigs 是一個陣列，類型為 algorithm.PriorityConfig，PriorityConfig 包括一個 PriorityFunction 函數，用來計算並給出一組 Node 的優先順序，下面是相關程式：

```
type PriorityConfig struct {
    Function PriorityFunction
    Weight   int
}
type PriorityFunction func(pod *api.Pod, podLister PodLister, minionLister
MinionLister) (HostPriorityList, error)
type HostPriorityList []HostPriority
func (h HostPriorityList) Len() int {
    return len(h)
```

```
}
func (h HostPriorityList) Less(i, j int) bool {
    if h[i].Score == h[j].Score {
        return h[i].Host < h[j].Host
    }
    return h[i].Score < h[j].Score
}
```

如果看到這裡還是不太明白它的用途，請認真讀下面這段來自 genericScheduler 的計算候選節點優先順序的 PrioritizeNodes 方法，您就能頓悟了：一個候選節點的優先順序總分是所有評審委員（PriorityConfig）一起計算出的 "加權總分"，評審委員越是位高權重（PriorityConfig.Weight 越大），他的評分影響力就越大：

```
combinedScores := map[string]int{}
    for _, priorityConfig := range priorityConfigs {
        weight := priorityConfig.Weight
        // skip the priority function if the weight is specified as 0
        if weight == 0 {
            continue
        }
        priorityFunc := priorityConfig.Function
        prioritizedList, err := priorityFunc(pod, podLister, minionLister)
        if err != nil {
            return algorithm.HostPriorityList{}, err
        }
        for _, hostEntry := range prioritizedList {
            combinedScores[hostEntry.Host] += hostEntry.Score * weight
        }
    }
    for host, score := range combinedScores {
        glog.V(10).Infof("Host %s Score %d", host, score)
        result = append(result, algorithm.HostPriority{Host: host, Score: score})
    }
    return result, nil
```

接下來看看系統初始化載入的預設 Predicate 與 Priorities 有哪些，透過追查程式碼，我們發現預設載入的程式位於 plugin/pkg/scheduler/algorithmprovider/default/default.go 的 init 函數裡：

```
func init() {
    factory.RegisterAlgorithmProvider(factory.DefaultProvider,
defaultPredicates(), defaultPriorities())
```

```
    // EqualPriority is a prioritizer function that gives an equal weight of one
to all minions
    // Register the priority function so that its available
    // but do not include it as part of the default priorities
    factory.RegisterPriorityFunction("EqualPriority", scheduler. EqualPriority, 1)
}
```

查閱進去後，會看到系統預設載入的 predicates 有如下幾種：

- ⊙ PodFitsResources；
- ⊙ MatchNodeSelector；
- ⊙ HostName。

而預設載入的 priorities 則有如下幾種：

- ⊙ LeastRequestedPriority；
- ⊙ BalancedResourceAllocation；
- ⊙ ServiceSpreadingPriority。

從上述這些資訊來看，Kubernetes 預設的調度指導原則是儘量平均分布 Pod 到不同的 Node 上，並且確保各個 Node 上的資源利用率基本保持一致，也就是說如果您有 100 台機器，可能每個機器都被調度到，而不是只有其中的 20% 被利用到，哪怕每台機器都只使用了不到 10% 的資源，這正是所謂的 "韓信點兵，多多益善" 成語故事。

接下來我們以服務親和性這個預設沒有載入的 Predicate 為例，看看 Kubernetes 是如何透過 Policy 檔註冊載入。以下是我們定義的一個 Policy 檔案：

```
{
    "kind" : "Policy",
    "version" : "v1",
    "predicates" : [
        ......
        {"name" : "RegionZoneAffinity", "argument" : {"serviceAffinity" :
{"labels" : ["region", "zone"]}}}
    ],
    "priorities" : [
        ......
        {"name" : "RackSpread", "weight" : 1, "argument" : {"serviceAnti
```

```
Affinity" : {"label" : "rack"}}}
    ]
}
```

首先，這個檔被對應成 api.Policy 物件（plugin/pkg/scheduler/api/types.go）。下面是其結構物件定義：

```
type Policy struct {
    api.TypeMeta `json:",inline"`
    // Holds the information to configure the fit predicate functions
    Predicates []PredicatePolicy `json:"predicates"`
    // Holds the information to configure the priority functions
    Priorities []PriorityPolicy `json:"priorities"`
}
```

我們看到 policy 檔中的 predicates 部分被對應為 PredicatePolicy 陣列：

```
type PredicatePolicy struct {
    Name string `json:"name"`
    Argument *PredicateArgument `json:"argument"`
}
```

而 PredicateArgument 的定義如下，包括服務親和性的相關屬性 ServiceAffinity：

```
type PredicateArgument struct {
    ServiceAffinity *ServiceAffinity `json:"serviceAffinity"`
    LabelsPresence *LabelsPresence `json:"labelsPresence"`
}
```

策略文件被對應為 api.Policy 物件後，PredicatePolicy 部分的處理邏輯則交由下面的函數進行處理（plugin/pkg/scheduler/factory/plugin.go）：

```
func RegisterCustomFitPredicate(policy schedulerapi.PredicatePolicy) string {
    var predicateFactory FitPredicateFactory
    var ok bool
    validatePredicateOrDie(policy)
    // generate the predicate function, if a custom type is requested
    if policy.Argument != nil {
        if policy.Argument.ServiceAffinity != nil {
            predicateFactory = func(args PluginFactoryArgs) algorithm.
 FitPredicate {
                return predicates.NewServiceAffinityPredicate(
                    args.PodLister,
                    args.ServiceLister,
```

```
                        args.NodeInfo,
                        policy.Argument.ServiceAffinity.Labels,
                    )
                }
            } else if policy.Argument.LabelsPresence != nil {
                predicateFactory = func(args PluginFactoryArgs) algorithm.
FitPredicate {
                    return predicates.NewNodeLabelPredicate(
                        args.NodeInfo,
                        policy.Argument.LabelsPresence.Labels,
                        policy.Argument.LabelsPresence.Presence,
                    )
                }
            }
```

在上面的程式中，當 ServiceAffinity 屬性不為空值時，就會呼叫 predicates.
NewServiceAffinityPredicate 方法來建立一個處理服務親和性的 FitPredicate，隨後
被載入到全域的 predicateFactory 使之生效。

最後，genericScheduler.Schedule 方法才是真正實踐 Pod 調度的方法，讓我們看看
這段完整程式碼：

```
func (g *genericScheduler) Schedule(pod *api.Pod, minionLister algorithm.
MinionLister) (string, error) {
    minions, err := minionLister.List()
    if err != nil {
        return "", err
    }
    if len(minions.Items) == 0 {
        return "", ErrNoNodesAvailable
    }

    filteredNodes, failedPredicateMap, err := findNodesThatFit(pod, g.pods,
g.predicates, minions)
    if err != nil {
        return "", err
    }

    priorityList, err := PrioritizeNodes(pod, g.pods, g.prioritizers, algorithm.
FakeMinionLister(filteredNodes))
    if err != nil {
        return "", err
    }
    if len(priorityList) == 0 {
```

```
        return "", &FitError{
            Pod:               pod,
            FailedPredicates: failedPredicateMap,
        }
    }

    return g.selectHost(priorityList)
}
```

這段程式碼已經是極為精簡了，因為該做的工作都已經被 predicates 與 priorities 做完了！架構之美，就在於程式邏輯分解得恰到好處，每個元件各司其職，進而化繁為簡，使得主體流程清晰直觀，猶如行雲流水，一氣呵成。

向 Google 大神們致敬！

6.4.3 設計總結

與 之 前 的 Kubernetes API Server 和 Kubernetes Controller Mangager 對 比，Kubernetes Scheduler Server 的設計和程式碼顯得更為 "絕妙"。專案中引入 ratelimit 元件來解決 Pod 調度的流量管控問題的做法，既大大簡化了程式碼數量，又展現了大神們的深度。

Kubernetes Scheduler Server 的一個關鍵設計目標是 "外掛客制化"，以方便 Cloud Provider 或個人使用者根據自己的需求進行客制，本節我們圍繞其中最為關鍵的 "FitPredicate 與 PriorityFunction" 對其設計做一個總結。如圖 6.7 所示，在 plugin.go 中採用全域變數的 Map 變數記錄了系統目前註冊的 FitPredicate 與 PriorityFunction，其 中 fitPredicateMap 和 priorityFunctionMap 分 別 存 放 FitPredicateFactory 與 PriorityConfigFactory（包含 PriorityFunctionFactory 的一個引用）中。可以看出，這裡的設計採用標準的工廠模式，factory.PluginFactoryArgs 資料結構可認為是一個上下文環境變數，它提供 PluginFactory 必要的資料存取介面，比如取得一個 Node 的詳細資訊並獲取一個 Pod 上的所有 Service 資訊等，這些介面可以被某些具體的 FitPredicate 或 PriorityFunction 所使用，以實現特定的功能，圖 6.7 所示的 predicates.PodFitsPods 和 priorities.LeastRequestedPriority 就分別使用了上述介面。

我們注意到 PluginFactoryArgs 的介面都是 Kubernetes 的資源存取介面，那麼問題就來了，為何不直接用 Kubernetes REST Client API 存取呢？一個主要的原因是如果這樣做，則增加了外掛程式開發者開發和測試的難度，因為開發者需要再去學習和掌握 REST Client；另外一個原因是效率的問題，如果大家都採用框架提供的 "標準方法" 查詢資源，那麼框架可以完成很多優化，比較容易做到緩衝機制；最後一個原因則與之前分析的 "Assumed Pod" 有關，即查詢目前已經調度過的 Pod 清單是有其特殊性的，PluginFactoryArgs 中的 PodLister 方法就是引用了 ConfigFactory 的 PodLister。

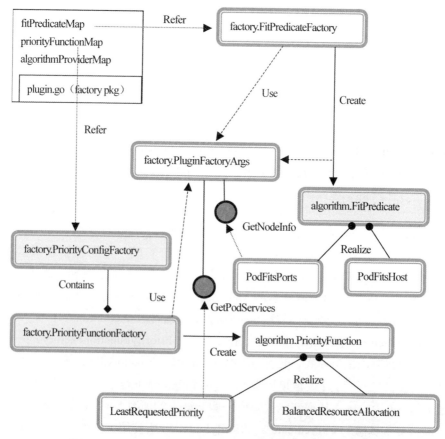

圖 6.7 Kubernetes Scheduler Server 調度策略相關設計示意圖

algorithmProviderMap 這個全域變數則保存了一組命名的調度策略設定檔（Algorithm ProviderConfig），其實就是一組 FitPredicate 與 PriorityFunction 的集合，其定義如下：

```
type AlgorithmProviderConfig struct {
    FitPredicateKeys     util.StringSet
    PriorityFunctionKeys util.StringSet
}
```

它的作用是預先配置和自訂調度規則，Kubernetes Scheduler Server 預設載入了一個名為 "DefaultProvider" 的調度策略配置，透過定義和載入不同的調度規則設定檔，我們可以改變預設的調度策略，比如我們可以定義兩組規則檔：其中一個命名為 "function_test_cfg"，功能測試導向，調度原則是儘量在最少的機器上調度 Pod 以節省資源；另外一個則命名為 performance_test_cfg"，效能測試導向，調度原則是盡可能使用更多的機器，以測試系統效能。

順便提一下，筆者認為在 Kubernetes Scheduler Server 中關於 PredicateArgument/Priority Argument 的設計並不好，這裡沒有將 Predicate 的屬性通用化，比如採用 key-value 這種模式，因此導致 Policy 檔案格式與 Predicate/Priority 彼此之間的高度耦合性，增加了程式碼理解的困難性，之前分析的 Policy 檔中服務親和性之 Predicate 的載入邏輯即反映了這個問題，筆者深信，未來版本中大神們會認真考慮重構此問題。

到此，Master 節點上的程序的原始碼都已經分析完畢，我們發現這些程序所做的事情，歸根到底就是兩件事：Pod 調度＋智慧偵測，這也是為什麼這些程序所在的節點被稱之為 "Master"，因為它們高高在上，運籌帷幄。雖然 "Master" 從不深入底層微服訪查，但也算是鞠躬盡瘁、日理萬機，電腦的世界果然比我們人類的世界要單純、更具有效率，真心希望人工智慧的發展不會讓它們的世界也變得日益複雜。

6.5 Kubelet 程序原始碼分析

Kubelet 是運行在 Minion 節點上的重要背景程序，是在第一線工作的 "重要關鍵"，它才是負責 "產生實體" 和 "啟動" 具體 Pod 的幕後功臣，並且掌管著本節點上的 Pod 和容器的全部生命週期過程，定期向 Master 回報工作情況。此外，Kubelet 程

序也是一個 "Server" 程式，它預設監聽 10250 連接埠，接收並執行遠端（Master）發送來的指令。

接下來將分別對其啟動過程、關鍵程式碼分析及設計總結等方面進行深入分析講解。

6.5.1 程序啟動過程

Kubelet 程序的進入點類別原始碼位置如下：

github/com/GoogleCloudPlatform/kubernetes/cmd/kubelet/kubelet.go

進入點 main() 函數的邏輯如下：

```
func main() {
    runtime.GOMAXPROCS(runtime.NumCPU())
    s := app.NewKubeletServer()
    s.AddFlags(pflag.CommandLine)
    util.InitFlags()
    util.InitLogs()
    defer util.FlushLogs()
    verflag.PrintAndExitIfRequested()
    if err := s.Run(pflag.CommandLine.Args()); err != nil {
        fmt.Fprintf(os.Stderr, "%v\n", err)
        os.Exit(1)
    }
}
```

目前已經是第四次 "看見" 這樣的程式風格了，程式碼相似度應該高達 99%，這至少說明一點：Google 在程式碼一致性方面做得很好，N 多人寫的程式，看起來就好像出自一個人之手。我們先來看看 KubeletServer 這個結構物件所包括的屬性吧！這些屬性可以分為以下幾組：

(1) 基本配置

- KubeConfig：Kubelet 預設設定檔路徑。

- Address、Port、ReadOnlyPort、CadvisorPort、HealthzPort、HealthzBindAddress：為 Kubelet 綁定監聽的位址，包括本身 Server 的位址、cAdvisor 對應的位址，以及自身健康檢查服務的綁定位址等。

- RootDirectory、CertDirectory：Kubelet 預設工作目錄（/var/lib/kubelet），用於存放配置及 VM Volume 等資料，CertDirectory 用於存放憑證目錄。

(2) 管理 Pod 和容器相關的參數

- PodInfraContainerImage：Pod 的 infra 容器的映像檔名稱，Google 被防火牆擋住的時候可以換成自己私有倉庫的映像檔名。

- CgroupRoot：選項參數，建立 Pod 的時候所使用之頂層的 cgroup 名字（Root Cgroup）。

- ContainerRuntime、DockerDaemonContainer、SystemContainer：這三個參數分別表示選用哪種容器技術（docker 或者 rkt）、Docker Daemon 容器的名字及選擇的系統資源容器名稱，用來將所有非 kernel 的、不在容器中的程式放入此容器中。

(3) 同步和自動維運相關的參數

- SyncFrequency、FileCheckFrequency、HTTPCheckFrequency：Pod 容器同步週期、目前運行的容器實例分別與 Kubernetes 註冊表中的資訊、本地端的 Pod 定義檔及以 HTTP 方式提供資訊的資料來源進行同步比對。

- RegistryPullQPS、RegistryBurst：從註冊表拉取等待建立的 Pod 清單時的流量管控參數。

- NodeStatusUpdateFrequency：Kubelet 多久回報一次目前 Node 的狀態。

- ImageGCHighThresholdPercent、ImageGCLowThresholdPercent、LowDiskSpace ThresholdMB：分別是 Image 映像檔占用磁碟空間的高低門檻值及本機磁碟最小閒置容量，當可用容量低於這容量時，所有新 Pod 建立請求會被拒絕。

- MaxContainerCount、MaxPerPodContainerCount：分別是 maximum-dead-containers 與 maximum-dead-containers-per-container，表示保留多少個死亡容器的實例在磁碟上，因為每個實例都會占用一定的磁碟空間，所以需要控制，預設是 MaxContainerCount 為 100，MaxPerPodContainerCount 為 2，即每個容器最多保留 2 個死亡實例，每個 Node 保留最多 100 個死亡實例。

只要分析一下上述 KubeletServer 結構物件的關鍵屬性，我們就可以得到這樣一個推論：Kubelet 程序的"工作量"還是很沉重，一點都不比 Master 上的 API Server、Controll Manager、Scheduer 來得輕鬆。

在繼續下面的程式分析之前，我們先要理解這裡的一個重要概念"Pod Source"，它是 Kubelet 用於取得 Pod 定義和描述資訊的一個"資料來源"，Kubelet 程序查詢並監聽 Pod Source 來獲取屬於自己所在節點的 Pod 列表，目前支援三種 Pod Source 類型。

- ⊙ Config File：本地端設定檔作為 Pod 資料來源。

- ⊙ Http URL：Pod 資料來源的內容透過一個 HTTP URL 方式來取得。

- ⊙ Kubernetes API Server：預設方式，從 API Server 獲取 Pod 資料來源。

程序根據啟動參數建立了 KubeletServer 之後，呼叫 KubeletServer 的 run 方法，進入啟動流程，在流程的一開始首先設定了本身程序的 oom_adj 參數（預設為 -900），這是利用 Linux 的 OOM（Out of Memory）機制，當系統發生 OOM 時，oom_adj 的值越小，越不容易被系統 Kill 掉。

```
if err := util.ApplyOomScoreAdj(0, s.OOMScoreAdj); err != nil {
    glog.Warning(err)
}
```

為什麼在之前的 Master 節點程序上都沒有見到這個使用，而在 Kubelet 程序上卻看到這段邏輯？答案很簡單，因為 Master 節點不運行 Pod 和容器，主機資源通常是穩定且寬裕的，而 Minion 節點由於需要運行大量的 Pod 和容器，因此容易產生 OOM 問題，所以這裡要確保"守護者"不會因此而被系統 Kill 掉。

由於 Kubelet 會跟 API Server 打交道，所以接下來建立了一個 REST Client 物件來存取 API Server。隨後，啟動程序建構 cAdvisor 來監控本地端的 Docker 容器，cAdvisor 具體的建立程式則位於 pkg/kubelet/cadvisor/cadvisor_linux.go 裡，引用了 github.com/google/cadvisor 這個同樣屬於 Google 的開源專案。

接著，初始化 CloudProvider，這是因為如果 Kubernetes 運行在某個雲端供應商 Cloud 環境中，則很多環境和資源需要從 CloudProvider 中取得，比如在建立 Pod 的過程中可能需要知道某個 Node 的真實主機名稱。

雖然容器可以綁定 Host 主機的網路空間，但若不當使用會導致系統安全漏洞，所以 KubeletServer 中的 HostNetworkSources 的屬性用來控制哪些 Pod 允許綁定 Host 主機的網路空間，預設是都禁止綁定。舉例說明，比如設定 HostNetworkSources=api,http，則表明當一個 Pod 的定義來源是來自 Kubernetes API Server 或者某個 HTTP URL 時，則允許此 Pod 綁定到 Host 主機的網路空間。下面這行程式即是上述處理邏輯中的一小部分：

```
hostNetworkSources, err :=
kubelet.GetValidatedSources(strings.Split(s.HostNetworkSources, ","))
```

接下來載入數位憑證，如果沒有提供憑證和私密金鑰則預設建立一個自簽的 X509 證書並保存到本地端。下一步，建立一個 Mounter 物件，用來實現容器的檔案系統掛載功能。

接下來的這段程式根據指定了 DockerExecHandlerName 參數的值，確定 dockerExecHandler 是採用 Docker 的 exec 命令還是 nsenter 來實現，預設採用 Docker 的 exec 這種本地端方式，Docker 1.3 開始提供 exec 指令，為進入容器內部提供了更好的手段。

```
var dockerExecHandler dockertools.ExecHandler
    switch s.DockerExecHandlerName {
    case "native":
        dockerExecHandler = &dockertools.NativeExecHandler{}
    case "nsenter":
        dockerExecHandler = &dockertools.NsenterExecHandler{}
    default:
        log.Warningf("Unknown Docker exec handler %q; defaulting to native",
s.DockerExecHandlerName)
        dockerExecHandler = &dockertools.NativeExecHandler{}
    }
```

運行到此，程式建構了一個 KubeletConfig 結構物件，90% 的變數與之前的 KubeletServer 一樣，這讓程式長度增加了 20 多行！注意一看，原始碼上有 TODO 註解："它應該可能被合併到 KubeletServer 裡……"，查看此註解是另外一個大神添加的，這讓筆者陷入了深深的思考：難道 Google 的績效考評系統中也有令人反感的程式碼行數考核指標？

KubeletConfig 建立好之後作為參數，引用 RunKubelet (&kcfg, nil) 方法，程式執行到這裡，才真正進入流程的核心步驟。下面這段程式表示 Kubelet 會把自己的事件通知 API Server：

```
eventBroadcaster := record.NewBroadcaster()
    kcfg.Recorder = eventBroadcaster.NewRecorder(api.EventSource{Component:
"kubelet", Host: kcfg.NodeName})
    eventBroadcaster.StartLogging(glog.V(3).Infof)
    if kcfg.KubeClient != nil {
        glog.V(4).Infof("Sending events to api server.")
        eventBroadcaster.StartRecordingToSink(kcfg.KubeClient.Events(""))
    } else {
        glog.Warning("No api server defined - no events will be sent to API
server.")
    }
```

接下來，啟動程序進入關鍵函數 createAndInitKubelet 中。這裡首先建立一個 PodConfig 物件，並根據啟動參數中 Pod Source 參數是否存在，來建立相對應類型的 Pod Source 物件，這些 PodSource 在各種協作程式中運行，拉取 Pod 資訊並匯總輸出到同一個 Pod Channel 中，等待 Kubelet 處理。建立 PodConfig 的具體程式如下：

```
func makePodSourceConfig(kc *KubeletConfig) *config.PodConfig {
    // source of all configuration
    cfg := config.NewPodConfig(config.PodConfigNotificationSnapshotAndUpdates,
kc.Recorder)

    // define file config source
    if kc.ConfigFile != "" {
        glog.Infof("Adding manifest file: %v", kc.ConfigFile)
        config.NewSourceFile(kc.ConfigFile, kc.NodeName, kc.FileCheckFrequency,
cfg.Channel(kubelet.FileSource))
    }

    // define url config source
    if kc.ManifestURL != "" {
        glog.Infof("Adding manifest url: %v", kc.ManifestURL)
        config.NewSourceURL(kc.ManifestURL, kc.NodeName, kc.HTTPCheckFrequency,
cfg.Channel(kubelet.HTTPSource))
    }
    if kc.KubeClient != nil {
        glog.Infof("Watching apiserver")
```

```
        config.NewSourceApiserver(kc.KubeClient, kc.NodeName, cfg.Channel
(kubelet.ApiserverSource))
    }
    return cfg
}
```

然後，建立一個 Kubelet 並宣告它的誕生：

```
k, err = kubelet.NewMainKubelet(….)
k.BirthCry()
```

接著，觸發 Kubelet 開啟垃圾回收程式來清理無用的容器和映像檔，釋放磁碟空間，下面是其程式碼片段：

```
// Starts garbage collection threads.
func (kl *Kubelet) StartGarbageCollection() {
    go util.Forever(func() {
        if err := kl.containerGC.GarbageCollect(); err != nil {
            glog.Errorf("Container garbage collection failed: %v", err)
        }
    }, time.Minute)

    go util.Forever(func() {
        if err := kl.imageManager.GarbageCollect(); err != nil {
            glog.Errorf("Image garbage collection failed: %v", err)
        }
    }, 5*time.Minute)
}
```

createAndInitKubelet 方法建立 Kubelet 實例以後，回到 RunKubelet 方法裡，接下來使用 startKubelet 方法，此方法首先啟動一個程式，讓 Kubelet 處理來自 PodSource 的 Pod Update 消息，然後啟動 Kubelet Server，下面是具體程式：

```
func startKubelet(k KubeletBootstrap, podCfg *config.PodConfig, kc *KubeletConfig) {
    // start the kubelet
    go util.Forever(func() { k.Run(podCfg.Updates()) }, 0)

    // start the kubelet server
    if kc.EnableServer {
        go util.Forever(func() {
            k.ListenAndServe(net.IP(kc.Address), kc.Port, kc.TLSOptions, kc.
EnableDebuggingHandlers)
        }, 0)
    }
```

```
    if kc.ReadOnlyPort > 0 {
        go util.Forever(func() {
            k.ListenAndServeReadOnly(net.IP(kc.Address), kc.ReadOnlyPort)
        }, 0)
    }
}
```

至此，Kubelet 程序啟動完畢。

6.5.2 關鍵程式分析

6.5.1 節裡，我們分析了 Kubelet 程序的啟動流程，大致明白 Kubelet 核心工作流程就是不斷從 Pod Source 中獲取與本節點相關的 Pod，然後開始 "加工處理"。所以，先來分析 Pod Source 部分的程式碼，前面我們曾提到，Kubelet 可以同時支援三種 Pod Source，為了能夠將不同的 Pod Source "彙聚" 在一起統一處理，Google 特地設計了 PodConfig 這個物件，其程式如下：

```
type PodConfig struct {
    pods *podStorage
    mux  *config.Mux

    // the channel of denormalized changes passed to listeners
    updates chan kubelet.PodUpdate

    // contains the list of all configured sources
    sourcesLock sync.Mutex
    sources     util.StringSet
}
```

其中 sources 屬性包括了目前載入的所有 Pod Source 類型，sourcesLock 是 source 的互斥鎖，在新增 Pod Source 的方法裡使用它來避免共用衝突。

當 Pod 發生變動時，例如 Pod 建立、刪除或更新，相關的 Pod Source 就會產生對應的 PodUpdate 事件並推送到 Channel 上。為了能夠統一處理來自多個 Source 的 Channel，Google 設計了 config.Mux 這個 "聚合器"，它負責監聽多路 Channel，當接收到 Channel 發送來的事件之後，交給 Merger 物件進行統一處理，Merger 物件最終把多路 Channel 發來的事件合併寫入 updates 這個彙總 Channel 裡，等待處理。

下面是 config.Mux 的結構物件定義，其屬性 sources 為一個 Channel Map，key 是對應的 Pod Source 類型：

```
type Mux struct {
    // Invoked when an update is sent to a source.
    merger Merger
    // Sources and their lock.
    sourceLock sync.RWMutex
    // Maps source names to channels
    sources map[string]chan interface{}
}
```

接著繼續深入分析 config.Mux 的運作過程，前面提到，Kubelet 在啟動過程中在 makePod SourceConfig 方法裡建立了一個 PodConfig 物件，並且根據啟動參數來決定要載入哪些類型的 Pod Source，在這個過程中呼叫下述方法來建立一個對應的 Channel：

```
func (c *PodConfig) Channel(source string) chan<- interface{} {
    c.sourcesLock.Lock()
    defer c.sourcesLock.Unlock()
    c.sources.Insert(source)
    return c.mux.Channel(source)
}
```

而 Channel 具體的建立過程則在 config.Mux 裡，Channel 建立完成以後被加入 config.Mux 的 sources 裡並且啟動一個合作程序開始監聽消息，程式如下：

```
func (m *Mux) Channel(source string) chan interface{} {
    if len(source) == 0 {
        panic("Channel given an empty name")
    }
    m.sourceLock.Lock()
    defer m.sourceLock.Unlock()
    channel, exists := m.sources[source]
    if exists {
        return channel
    }
    newChannel := make(chan interface{})
    m.sources[source] = newChannel
    go util.Forever(func() { m.listen(source, newChannel) }, 0)
    return newChannel
}
```

config.Mux 的上述 listen 方法很簡單，就是監聽新建立的 Channel，一旦發現 Channel 上有資料就交給 Merger 進行處理：

```
func (m *Mux) listen(source string, listenChannel <-chan interface{}) {
    for update := range listenChannel {
        m.merger.Merge(source, update)
    }
}
```

我們先來看看 Pod Source 是如何發送 PodUpdate 事件到自己所在的 Channel 上的，在 6.5.1 節中曾見到的下面這段程式建立了一個 Config File 類型的 Pod Source：

```
// define file config source
    if kc.ConfigFile != "" {
        glog.Infof("Adding manifest file: %v", kc.ConfigFile)
        config.NewSourceFile(kc.ConfigFile, kc.NodeName, kc.FileCheckFrequency,
cfg.Channel(kubelet.FileSource))
    }
```

在 NewSourceFile 方法裡啟動了一個協作程式，每隔指定的時間（kc. FileCheckFrequency）就執行一次 SourceFile 的 run 方法，在 run 方法裡所呼叫的主要邏輯是下面的函數：

```
func (s *sourceFile) extractFromPath() error {
    path := s.path
    statInfo, err := os.Stat(path)
    if err != nil {
        if !os.IsNotExist(err) {
            return err
        }
        // Emit an update with an empty PodList to allow FileSource to be marked
as seen
        s.updates <- kubelet.PodUpdate{[]*api.Pod{}, kubelet.SET, kubelet.
FileSource}
        return fmt.Errorf("path does not exist, ignoring")
    }

    switch {
    case statInfo.Mode().IsDir():
        pods, err := s.extractFromDir(path)
        if err != nil {
            return err
        }
```

```
        s.updates <- kubelet.PodUpdate{pods, kubelet.SET, kubelet.FileSource}

    case statInfo.Mode().IsRegular():
        pod, err := s.extractFromFile(path)
        if err != nil {
            return err
        }
        s.updates <-kubelet.PodUpdate{[]*api.Pod{pod},kubelet.SET, kubelet.
FileSource}

    default:
        return fmt.Errorf("path is not a directory or file")
    }

    return nil
}
```

看一眼上面的程式，我們就大致明白了 Config File 類型的 Pod Source 是如何工作的：它從指定的目錄中載入多個 Pod 定義檔並轉換為 Pod 清單或載入單一 Pod 定義檔並轉換成單一 Pod，然後產生對應的完整類型的 PodUpdate 事件並寫入 Channel 中去。這裡筆者也發現了程式命名的一個疏漏之處，SourceFile 的 updates 屬性其實應該被命名為 update。其他兩種 Pod Source 類型的程式解說就不在這裡討論了。

接下來分析 Merger 物件，PodConfig 裡的 Merger 物件其實是一個 config. podStorage 實例，它同時是 PodConfig 中 pods 屬性的一個引用。podStorage 的原始碼位於 pkg/kubelet/config/ config.go 裡，其定義如下：

```
type podStorage struct {
    podLock sync.RWMutex
    // map of source name to pod name to pod reference
    pods map[string]map[string]*api.Pod
    mode PodConfigNotificationMode
    // ensures that updates are delivered in strict order
    // on the updates channel
    updateLock sync.Mutex
    updates    chan<- kubelet.PodUpdate
    // contains the set of all sources that have sent at least one SET
    sourcesSeenLock sync.Mutex
    sourcesSeen     util.StringSet
    // the EventRecorder to use
    recorder record.EventRecorder
}
```

我們看到 podStorage 的關鍵屬性說明如下：

(1) pods：類型是 Map，存放每個 Pod Source 上拉過來的 Pod 資料，是 podStorage 目前保存"完整 Pod"的地方。

(2) updates：它就是 PodConfig 裡 updates 屬性的一個引用。

(3) mode：表示 podStorage 的 Pod 事件通知模式，有以下幾種。

- PodConfigNotificationSnapshot：完整快照通知模式。

- PodConfigNotificationSnapshotAndUpdates：完整快照＋更新 Pod 通知模式（程式中建立 podStorage 實例時採用的模式）。

- PodConfigNotificationIncremental：增量通知模式。

podStorage 實現的 Merge 介面的原始碼如下：

```
func (s *podStorage) Merge(source string, change interface{}) error {
    s.updateLock.Lock()
    defer s.updateLock.Unlock()
    adds, updates, deletes := s.merge(source, change)
    // deliver update notifications
    switch s.mode {
    case PodConfigNotificationSnapshotAndUpdates:
        if len(updates.Pods) > 0 {
            s.updates <- *updates
        }
        if len(deletes.Pods) > 0 || len(adds.Pods) > 0 {
            s.updates<- kubelet.PodUpdate{s.MergedState().([]*api.Pod), kubelet.
SET, source}
        }
    //省略無關的Case邏輯
    }
    return nil
}
```

在上述 Merge 過程中，先呼叫內建函式 merge，將 Pod Soucre 的 Channel 上發送來的 PodUpdate 事件分解為相對應的新增、修更及刪除等三類 PodUpdate 事件，然後判斷是否有更新事件，如果有，則直接寫入匯總的 Channel 中（podStorage.updates），然後呼叫 MergedState 函數複製一份 podStorage 的目前完整 Pod 列表，藉此產生一個完整的 PodUpdate 事件並寫入匯總的 Channel 中去，進而實現了多 Pod Source Channel 的"彙聚邏輯"。

分析完 Merger 過程以後，接下來看看其他物件，以及如何消費這個匯總的 Channel。在上一節提到，在 Kubelet 程序啟動的過程中使用了 startKubelet 方法，此方法首先啟動一個協作程式，讓 Kubelet 處理來自 PodSource 的 Pod Update 消息，即下面這行程式：

```
go util.Forever(func() { k.Run(podCfg.Updates()) }, 0)
```

其中，PodConfig 的 Updates() 方法回傳了前面所說的匯總 Channel 變數的一個參考，下面是 Kubelet 的 Run（updates <-chan PodUpdate) 方法之程式碼：

```
func (kl *Kubelet) Run(updates <-chan PodUpdate) {
    if kl.logServer == nil {
        kl.logServer = http.StripPrefix("/logs/", http.FileServer(http.Dir("/var/
log/")))
    }
    if kl.kubeClient == nil {
        glog.Warning("No api server defined - no node status update will be sent.")
    }
    // Move Kubelet to a container.
    if kl.resourceContainer != "" {
        err := util.RunInResourceContainer(kl.resourceContainer)
        if err != nil {
            glog.Warningf("Failed to move Kubelet to container %q: %v", kl.
resourceContainer, err)
        }
        glog.Infof("Running in container %q", kl.resourceContainer)
    }
    if err := kl.imageManager.Start(); err != nil {
  kl.recorder.Eventf(kl.nodeRef, "kubeletSetupFailed", "Failed to start
ImageManager %v", err)
        glog.Errorf("Failed to start ImageManager, images may not be garbage
collected: %v", err)
    }
    if err := kl.cadvisor.Start(); err != nil {
        kl.recorder.Eventf(kl.nodeRef, "kubeletSetupFailed", "Failed to start
CAdvisor %v", err)
        glog.Errorf("Failed to start CAdvisor, system may not be properly
monitored: %v", err)
    }
    if err := kl.containerManager.Start(); err != nil {
        kl.recorder.Eventf(kl.nodeRef, "kubeletSetupFailed", "Failed to start
ContainerManager %v", err)
        glog.Errorf("Failed to start ContainerManager, system may not be properly
isolated: %v", err)
```

```
    }
    if err := kl.oomWatcher.Start(kl.nodeRef); err != nil {
        kl.recorder.Eventf(kl.nodeRef, "kubeletSetupFailed", "Failed to start OOM
watcher %v", err)
        glog.Errorf("Failed to start OOM watching: %v", err)
    }
go util.Until(kl.updateRuntimeUp, 5*time.Second, util.NeverStop)
    // Run the system oom watcher forever.
    kl.statusManager.Start()
    kl.syncLoop(updates, kl)
}
```

上述程式首先啟動了一個 HTTP File Server 來遠端獲取本節點的系統日誌，接下來根據啟動參數的設定來決定是否在指定的 Docker 容器中啟動 Kubelet 程序（如果成功，則將本程序轉移到指定容器中），然後分別啟動 Image Manager（負責 Image GC）、cAdvisor（Docker 效能監控）、Container Manager（Container GC）及 OOM Watcher（OOM 監測）、Status Manager（負責同步本節點上 Pod 的狀態到 API Server 上）等元件，最後進入 syncLoop 方法中，無窮迴圈呼叫下面的 syncLoopIteration 方法：

```
func (kl *Kubelet) syncLoopIteration(updates <-chan PodUpdate, handler
SyncHandler) {
    kl.syncLoopMonitor.Store(time.Now())
    if !kl.containerRuntimeUp() {
        time.Sleep(5 * time.Second)
        glog.Infof("Skipping pod synchronization, container runtime is not up.")
        return
    }
    if !kl.doneNetworkConfigure() {
        time.Sleep(5 * time.Second)
        glog.Infof("Skipping pod synchronization, network is not configured")
        return
    }
    unsyncedPod := false
    podSyncTypes := make(map[types.UID]SyncPodType)
    select {
    case u, ok := <-updates:
        if !ok {
            glog.Errorf("Update channel is closed. Exiting the sync loop.")
            return
        }
        kl.podManager.UpdatePods(u, podSyncTypes)
        unsyncedPod = true
```

```
        kl.syncLoopMonitor.Store(time.Now())
    case <-time.After(kl.resyncInterval):
        glog.V(4).Infof("Periodic sync")
    }
    start := time.Now()
    // If we already caught some update, try to wait for some short time
    // to possibly batch it with other incoming updates.
    for unsyncedPod {
        select {
        case u := <-updates:
            kl.podManager.UpdatePods(u, podSyncTypes)
            kl.syncLoopMonitor.Store(time.Now())
        case <-time.After(5 * time.Millisecond):
            // Break the for loop.
            unsyncedPod = false
        }
    }
    pods, mirrorPods := kl.podManager.GetPodsAndMirrorMap()
    kl.syncLoopMonitor.Store(time.Now())
    if err := handler.SyncPods(pods, podSyncTypes, mirrorPods, start); err != nil
{
        glog.Errorf("Couldn't sync containers: %v", err)
    }
    kl.syncLoopMonitor.Store(time.Now())
}
```

上述程式中，如果從 Channel 中拉取到 PodUpdate 事件，則先呼叫 podManager 的 UpdatePods 方法來確定此 PodUpdate 的同步類型，並將結果放入 podSyncTypes 這個 Map 中，同時為了提升處理效率，在程式中增加迴圈持續拉取 PodUpdate 資料直到 Channel 清空為止（逾時判斷）的一段邏輯。在方法的最後，使用 SyncHandler 介面來完成 Pod 同步的具體邏輯，進而實現 PodUpdate 事件的高效率批次處理模式。

SyncHandler 在這裡就是 Kubelet 實例本身，它的 SyncPods 方法比較長，其主要邏輯如下。

⊙ 將傳入的完整 Pod，與 statusManager 中目前保存的 Pod 集合進行比對，刪除 statusManager 中目前已經不存在的 Pod（孤兒 Pod）。

⊙ 呼叫 Kubelet 的 admitPods 方法以過濾不適合本節點建立的 Pod。此方法首先過濾掉狀態為 Failed 或 Succeeded 的 Pod；接著過濾掉不適合本節點的 Pod，比如 Host Port 有衝突、Node Label 的約束條件不符合及 Node 的可用資源不足等情況；最後檢查磁碟使用情況，如果磁碟可用空間不足，則過濾掉所有 Pod。

⊙ 對上述過濾後的 Pod 集合中的每一個 Pod，呼叫 podWorkers 的 UpdatePod 方法，而此方法內部建立了一個 Pod 的 workUpdate 事件並發布到該 Pod 所對應的一個 Work Channel 上（podWorkers.podWorkers）。

⊙ 對於已經刪除或不存在的 Pod，通知 podWorkers 刪除相關聯的 Work Channel（workUpdate）。

⊙ 對比 Node 目前運行中的 Pod 及目標 Pod 清單，刪掉多餘的 Pod，並且呼叫 Docker Runtime（Docker Deamon 程序）API，重新取得目前運行中的 Pod 清單資訊。

⊙ 清理 "孤兒" Pod 所遺留的 PV 和磁碟目錄。

要真正理解 Pod 是怎麼在 Node 上 "配置" 的，還要繼續深入分析上述第 3 步的程式碼。首先來看看對 workUpdate 這個結構物件的定義：

```
type workUpdate struct {
    pod *api.Pod
    // The mirror pod of pod; nil if it does not exist.
    mirrorPod *api.Pod
    // Function to call when the update is complete.
    updateCompleteFn func()
    updateType SyncPodType
}
```

其中的屬性 pod 是目前要操作的 Pod 物件，mirrorPod 則是對應的映像檔 Pod，以下是對它的解釋：

"對於每個來自非 API Server Pod Source 上的 Pod，Kubelet 都在 API Server 上註冊一個幾乎 "一模一樣" 的 Pod，這個 Pod 被稱為 mirrorPod，如此一來，就將不同 Pod Source 上的 Pod 都 "統一" 到了 Kubelet 的註冊表上，進而完成 Pod 生命週期的一致性管理流程。"

workUpdate 的 updateCompleteFn 屬性是一個 callback 函數，work 完成後會執行此 callback 函數，在上述第 3 步中，此函數用來計算該 work 的調度時延（schedule delay）指標。

對於每個要同步的 Pod，podWorkers 會用一個長度為 1 的 Channel 來存放其對應的 workUpdate，而屬性 lastUndeliveredWorkUpdate 則存放最近一個待安排執行的 workUpdate，這是因為一個 Pod 的前一個 workUpdate 正在執行的時候，可能會有一個新的 PodUpdate 事件需要處理。瞭解了這個過程後，再來看 podWorkers 的定義，就不難了：

```
type podWorkers struct {
    // Protects all per worker fields.
    podLock sync.Mutex
    podUpdates map[types.UID]chan workUpdate
    isWorking map[types.UID]bool
    lastUndeliveredWorkUpdate map[types.UID]workUpdate
    runtimeCache kubecontainer.RuntimeCache
    syncPodFn syncPodFnType
  recorder record.EventRecorder
}
```

下面這個函數就是第 3 步裡產生 workUpdate 事件並放入到 podWorkers 的對應 Channel 的方法原始碼：

```
func (p *podWorkers) UpdatePod(pod *api.Pod, mirrorPod *api.Pod, updateComplete
func()) {
    uid := pod.UID
    var podUpdates chan workUpdate
    var exists bool
    updateType := SyncPodUpdate
    p.podLock.Lock()
    defer p.podLock.Unlock()
    if podUpdates, exists = p.podUpdates[uid]; !exists {
        podUpdates = make(chan workUpdate, 1)
        p.podUpdates[uid] = podUpdates
        updateType = SyncPodCreate
        go func() {
            defer util.HandleCrash()
            p.managePodLoop(podUpdates)
        }()
    }
    if !p.isWorking[pod.UID] {
        p.isWorking[pod.UID] = true
        podUpdates <- workUpdate{
            pod:             pod,
            mirrorPod:       mirrorPod,
            updateCompleteFn: updateComplete,
            updateType:       updateType,
```

```
        }
    } else {
        p.lastUndeliveredWorkUpdate[pod.UID] = workUpdate{
            pod:              pod,
            mirrorPod:        mirrorPod,
            updateCompleteFn: updateComplete,
            updateType:       updateType,
        }
    }
}
```

上面的程式會呼叫 podWorkers 的 managePodLoop 方法來處理 podUpdates 佇列，這裡主要是取得必要的參數，最終處理又轉手交給 syncPodFn 方法去處理，以下是 managePodLoop 的原始碼：

```
func (p *podWorkers) managePodLoop(podUpdates <-chan workUpdate) {
    var minRuntimeCacheTime time.Time
    for newWork := range podUpdates {
        func() {
defer p.checkForUpdates(newWork.pod.UID, newWork.updateCompleteFn)
if err := p.runtimeCache.ForceUpdateIfOlder(minRuntimeCacheTime); err != nil {
    glog.Errorf("Error updating the container runtime cache: %v", err)
            return
        }
    pods, err := p.runtimeCache.GetPods()
    if err != nil {
        glog.Errorf("Error getting pods while syncing pod: %v", err)
            return
        }
        err = p.syncPodFn(newWork.pod, newWork.mirrorPod,
    kubecontainer.Pods(pods).FindPodByID(newWork.pod.UID), newWork. updateType)
        if err != nil {
glog.Errorf("Error syncing pod %s, skipping: %v", newWork.pod.UID, err)
p.recorder.Eventf(newWork.pod, "failedSync", "Error syncing pod, skipping: %v",
err)
            return
        }
        minRuntimeCacheTime = time.Now()
        newWork.updateCompleteFn()
    }()
    }
}
```

追查 podWorkers 的建構函式呼叫過程，可以發現 syncPodFn 函數其實就是 Kubelet 的 syncPod 方法，這個方法的程式量比較多，主要邏輯如下：

(1) 根據系統組態中的許可權控制，檢查 Pod 是否有權在本節點運行，這些許可權包括 Pod 是否有權使用 HostNetwork（還記得之前分析的程式嗎？由 Pod Source 類型決定）、Pod 中的容器是否被授權以特權模式啟動（privileged mode）等，如果未被授權，則刪除目前運行中舊版本的 Pod 實例並回傳錯誤資訊。

(2) 建立 Pod 相關的工作目錄、PV 存放目錄、Plugin 外掛程式目錄，這些目錄都是以 Pod 的 UID 為上一層目錄。

(3) 如果 Pod 有 PV 定義，則針對每個 PV 目錄執行 mount 操作。

(4) 如果是 SyncPodUpdate 類型的 Pod，則從 Docker Runtime 的 API 介面查詢取得 Pod 及相關容器的最新狀態資訊。

(5) 如果 Pod 有 imagePullSecrets 屬性，則在 API Server 上取得對應的 Secret。

(6) 使用 Container Runtime 的 API 介面方法 SyncPod，實現 Pod "真正同步" 的邏輯。

(7) 如果 Pod Source 不是來自 API Server，則繼續處理其相關的 mirrorPod。

- 如果 mirrorPod 跟目前 Pod 的定義不符合，則它就會被刪除。

- 如果 mirrorPod 還不存在（比如新建立的 Pod），則會在 API Server 上新建一個。

Kubernetes 中 Container Runtime 的預設實踐是 Dockers，對應類別是 dockertools. DockerManager，其原始碼位於 kg/kubelet/dockertools/manager.go 裡，在上述 Kubelet.syncPod 方法中所引用的 DockerManager 的 SyncPod 方法實現了下面的邏輯。

⊙ 判斷一個 Pod 實例的哪些組成部分需要重啟：包括 Pod 的 infra 容器是否發生變化（如網路模式、Pod 裡運行的各個容器的連接埠是否發生變化）；Pod 裡運行的容器是否發生變化；用 Probe 檢測容器的狀態以確定容器是否異常等。

⊙ 根據 Pod 實例重啟的結果來判斷，如果需要重啟 Pod 的 infra 容器，則先 Kill Pod 然後啟動 Pod 的 infra 容器，設定好網路，最後啟動 Pod 裡的所有 Container；否則就先 Kill 那些需要重啟的 Container，然後重新啟動它們。請注意，如果是新建立的 Pod，因為找不到 Node 上所對應 Pod 的 infra 容器，所以會被當作重啟 Pod 的 infra 容器之邏輯規則來執行建立過程。

DockerManager 建立 Pod 的 infra 容器之邏輯在 createPodInfraContainer 方法裡，大致邏輯如下：

- 如果 Pod 的網路不是 HostNetwork 模式，則搜集 Pod 所有容器的 Port 作為 infra 容器所要對外的 Port 清單。

- 如果 infra 容器的 Image 目前不存在，則嘗試拉取 Image。

- 建立 infra 的 Container 物件並且啟動 runContainerInPod 方法。

- 如果容器定義有 Lifecycle，並且 PostStart callback 方法已設定好，就會觸發此方法的呼叫，如果呼叫失敗則 Kill 容器並返回。

- 建立一個軟連接檔指向容器的日誌檔，此軟連接檔案名包括 Pod 的名稱、容器的名稱及容器的 ID，這樣的目的是讓 ElasticSearch 這樣的搜索技術容易索引和定位 Pod 日誌。

- 如果此容器是 Pod infra 容器，則設定其 OOM 參數低於標準值，使得它比其他容器具備更強的 "防災" 能力。

- 修改 Docker 產出容器的 resolv.conf 檔，增加 ndots 參數並預設設定為 5，這是因為 Kubernetes 預設假設的功能變數名稱分割長度是 5，例如 _dns._udp.kube-dns.default.svc。

上述邏輯中所使用的 runContainerInPod 是 DockerManager 的核心方法之一，不管是建立 Pod 的 infra 容器還是 Pod 裡的其他容器，都會透過此方法讓容器來建立及運行。以下是其主要邏輯。

- 產生 Container 必要的環境變數和參數，比如 ENV 環境變數、Volume Mounts 資訊、連接埠對應資訊、DNS 伺服器資訊、容器的日誌目錄、parent Cgroup 等。

- 呼叫 runContainer 方法完成 Docker Container 實例的建置過程，簡單地說，就是完成 Docker create container 命令列所需的各種參數的建構過程，並透過程式來呼叫執行。

⊙ 建構 HostConfig 物件，主要參數有目錄對應、連接埠對應等、Cgroup 的設定
等，簡單地說，就是完成 Docker start container 命令列所需的必要參數之建構
過程，並透過程式來呼叫執行。

在上述邏輯中，runContainer 與 startContainer 的具體實作都是靠 DockerManager 中
的 dockerClient 物件完成的，它實現了 DockerInterface 介面，dockerClient 的建置
過程在 pkg/kubelet/dockertools/docker.go 裡，以下是這段程式碼：

```go
func ConnectToDockerOrDie(dockerEndpoint string) DockerInterface {
    if dockerEndpoint == "fake://" {
        return &FakeDockerClient{
            VersionInfo: docker.Env{"ApiVersion=1.18"},
        }
    }
    client, err := docker.NewClient(getDockerEndpoint(dockerEndpoint))
    if err != nil {
        glog.Fatalf("Couldn't connect to docker: %v", err)
    }
    return client
}
```

這裡的 dockerEndpoint 是本節點上 Docker Deamon 程序的存取位址，預設是
unix:///var/run/docker.sock，在上述程式中使用來自開源專案 https://github.com/
fsouza/go-dockerclient 提供的 Docker Client，它也是 Go 語言實作的一個用 HTTP
存取 Docker Deamon 提供的標準 API 之用戶端框架。

接下來看看 dockerClient 建立容器的具體程式碼（CreateContainer）：

```go
func (c *Client) CreateContainer(opts CreateContainerOptions) (*Container, error)
{
    path := "/containers/create?" + queryString(opts)
    body, status, err := c.do(
        "POST",
        path,
        doOptions{
            data: struct {
                *Config
                HostConfig *HostConfig `json:"HostConfig,omitempty"
yaml:"HostConfig,omitempty"`
            }{
                opts.Config,
                opts.HostConfig,
```

```
            },
        },
    )
    if status == http.StatusNotFound {
        return nil, ErrNoSuchImage
    }
    if err != nil {
        return nil, err
    }
    var container Container
    err = json.Unmarshal(body, &container)
    if err != nil {
        return nil, err
    }
    container.Name = opts.Name
    return &container, nil
}
```

上述程式其實就是透過呼叫標準的 Docker REST API 來實現功能，在進入 docker. Client 的 do 方法裡可以看到更多詳情，如輸入參數轉換成 JSON 格式的資料、DockerAPI 版本檢查及異常處理等邏輯，最有趣的是：在 dockerEndpoint 是 unix 通訊端的情況下，會先建立通訊端連接，然後在這個連接上建立 HTTP 連接。

到目前為止，我們分析了 Kubelet 建立和同步 Pod 實例的整個流程，簡單總結如下。

- 匯總：先將多個 Pod Source 上過來的 PodUpdate 事件彙集到一個共同的 Channel 上。

- 初審：分析並過濾掉不符合本節點的 PodUpdate 事件，對滿足條件的 PodUpdate 則產生一個 workUpdate 事件，交給 podWorkers 處理。

- 接待：podWorkers 給每個 Pod 的 workUpdate 事件排隊，並且負責更新 Cache 中的 Pod 狀態，而把具體的任務轉給 Kubelet 去處理（syncPod 方法）。

- 確審：Kubelet 對符合條件的 Pod 進一步做出審查，如檢查 Pod 是否有權在本節點運行，對符合審查的 Pod 開始準備工作，包括目錄建立、PV 建置、Image 擷取、處理 Mirror Pod 問題等，然後把執行權轉給了 DockerManager。

- 配置：任務抵達 DockerManager 之後，DockerManager 盡責地分析每個 Pod 的情況，以決定這個 Pod 究竟是新建、重新啟動、還是部分更新。提供分析結果以後，剩下的就是 dockerClient 的工作了。

好複雜的設計！原來非業務流程的程式碼解讀起來也會如此折磨人，真不知道 Google 當初是如何設計和實現它的。

在繼續之後的分析之前，留一個小小的問題給聰明的讀者：Pod Source 上發送來的 Pod 刪除事件，是在哪裡處理的？

接下來繼續分析 Kubelet 程序的另外一個重要功能是如何實作的，即定期同步 Pod 狀態資訊到 API Server 上。先來看看 Pod 狀態的資料結構定義：

```
type PodStatus struct {
    Phase         PodPhase          `json:"phase,omitempty"`
    Conditions []PodCondition `json:"conditions,omitempty"`
    Message string `json:"message,omitempty"`
    Reason string `json:"reason,omitempty"`
    HostIP string `json:"hostIP,omitempty"`
    PodIP   string `json:"podIP,omitempty"`
    StartTime *util.Time `json:"startTime,omitempty"`
    ContainerStatuses []ContainerStatus
}
// PodStatusResult is a wrapper for PodStatus returned by kubelet that can be
encode/decoded
type PodStatusResult struct {
    TypeMeta    `json:",inline"`
    ObjectMeta `json:"metadata,omitempty"`
    Status PodStatus `json:"status,omitempty"`
}
```

Pod 的狀態（Phase）有 5 種：運行中（PodRunning）、等待中（PodPending）、正常終止（PodSucceeded）、異常停止（PodFailed）及未知狀態（PodUnknown），最後一種狀態很可能是由於 Pod 所在主機的通訊問題所導致的。從上面的定義可以看到 Pod 狀態同時包括它裡面運行的 Container 狀態，另外還提供導致目前狀態的說明原因、Pod 的啟動時間等資訊。PodStatusResult 則是 Kubernete API Server 提供的 Pod Status API 介面中用到的 Wrapper 類。

透過之前的程式碼研讀，我們發現在 Kubernetes 中大量使用了 Channel 和協作排程機制來完成資料的高效率傳遞和處理工作，在 Kubelet 中更是大量使用了這一機制，實現 Pod Status 回報的 kubelet.statusManager 也是如此，它用一個 Map（podStatuses）保存了目前 Kubelet 中所有 Pod 實例的運作狀態，並且宣告一個 Channel（podStatusChannel）存放 Pod 狀態來同步更新請求（podStatuses），Pod

在本地端產生實體和同步的過程中會引發 Pod 狀態的變化，這些變化被封裝為 podStatusSyncRequest 放入 Channel 中，然後以非同步回傳到 API Server，這就是 statusManager 的運行機制。

下面是 statusManager 的 SetPodStatus 方法，先比較緩衝上的狀態資訊，如果狀態發生變化，則觸發 Pod 狀態，產生 podStatusSyncRequest 並放到佇列中等待回報：

```
func (s *statusManager) SetPodStatus(pod *api.Pod, status api.PodStatus) {
    podFullName := kubecontainer.GetPodFullName(pod)
    s.podStatusesLock.Lock()
    defer s.podStatusesLock.Unlock()
    oldStatus, found := s.podStatuses[podFullName]
    // ensure that the start time does not change across updates.
    if found && oldStatus.StartTime != nil {
        status.StartTime = oldStatus.StartTime
    }
    if status.StartTime.IsZero() {
        if pod.Status.StartTime.IsZero() {
            // the pod did not have a previously recorded value so set to now
            now := util.Now()
            status.StartTime = &now
        } else {
            status.StartTime = pod.Status.StartTime
        }
    }
    if !found || !isStatusEqual(&oldStatus, &status) {
        s.podStatuses[podFullName] = status
        s.podStatusChannel <- podStatusSyncRequest{pod, status}
    } else {
        glog.V(3).Infof("Ignoring same status for pod %q, status: %+v",
kubeletUtil.FormatPodName(pod), status)
    }
}
```

下面是在 Pod 產生實體的過程中，Kubelet 過濾掉不適合本節點 Pod 所使用之上述方法的程式碼，類似的使用還有不少：

```
func (kl *Kubelet) handleNotFittingPods(pods []*api.Pod) []*api.Pod {
    fitting, notFitting := checkHostPortConflicts(pods)
    for _, pod := range notFitting {
        reason := "HostPortConflict"
        kl.recorder.Eventf(pod, reason, "Cannot start the pod due to host port
conflict.")
        kl.statusManager.SetPodStatus(pod, api.PodStatus{
```

```
                    Phase:   api.PodFailed,
                    Reason:  reason,
                    Message: "Pod cannot be started due to host port conflict"})
        }
        fitting, notFitting = kl.checkNodeSelectorMatching(fitting)
        for _, pod := range notFitting {
            reason := "NodeSelectorMismatching"
            kl.recorder.Eventf(pod, reason, "Cannot start the pod due to node
selector mismatch.")
            kl.statusManager.SetPodStatus(pod, api.PodStatus{
                    Phase:   api.PodFailed,
                    Reason:  reason,
                    Message: "Pod cannot be started due to node selector mismatch"})
        }
        fitting, notFitting = kl.checkCapacityExceeded(fitting)
        for _, pod := range notFitting {
            reason := "CapacityExceeded"
            kl.recorder.Eventf(pod, reason, "Cannot start the pod due to exceeded
capacity.")
            kl.statusManager.SetPodStatus(pod, api.PodStatus{
                    Phase:   api.PodFailed,
                    Reason:  reason,
                    Message: "Pod cannot be started due to exceeded capacity"})
        }
        return fitting
}
```

最後來看看 statusManager 是怎麼把 Channel 的資料回報到 API Server 上的。它
透過 Start 方法開啟一個協作排程無窮迴圈執行 syncBatch 方法來實作的，下面是
syncBatch 的程式：

```
func (s *statusManager) syncBatch() error {
    syncRequest := <-s.podStatusChannel
    pod := syncRequest.pod
    podFullName := kubecontainer.GetPodFullName(pod)
    status := syncRequest.status

    var err error
    statusPod := &api.Pod{
        ObjectMeta: pod.ObjectMeta,
    }
statusPod, err = s.kubeClient.Pods(statusPod.Namespace).Get(statusPod.Name)
    if err == nil {
  statusPod.Status = status
        _, err = s.kubeClient.Pods(pod.Namespace).UpdateStatus(statusPod)
```

```
        // TODO: handle conflict as a retry, make that easier too.
        if err == nil {
            glog.V(3).Infof("Status for pod %q updated successfully", kubeletUtil.
FormatPodName(pod))
            return nil
        }
    }
    go s.DeletePodStatus(podFullName)
    return fmt.Errorf("error updating status for pod %q: %v", kubeletUtil.
FormatPodName(pod), err)
}
```

這段程式碼首先從 Channel 中拉取一個 syncRequest，然後引用 API Server 介面來取得最新的 Pod 資訊，如果成功，則繼續呼叫 API Server 的 UpdateStatus 介面更新 Pod 狀態，如果呼叫失敗則刪除緩衝的 Pod 狀態，將觸發 Kubelet 重新計算 Pod 狀態並再次嘗試更新。

說完了 Pod 流程，接下來我們再一起深入分析 Kubernetes 中的容器探針（Probe）之實作機制。我們知道，容器正常不代表裡面執行的業務程式仍正常工作，比如程式還沒初始化好，或者設定檔錯誤導致無法正常服務，還有諸如資料庫連線爆滿導致服務異常等各種意外情況都有可能發生，面對這類問題，cAdvisor 就束手無策了，所以 Kubelet 引入了容器探針技術，容器探針按照功用劃分為以下兩種。

- ⊙ ReadinessProbe：用來探測容器中的使用者服務程序是否處於 "可服務狀態"，此探針不會導致容器停止或重啟，而是導致此容器上的服務標識為不可用，Kubernetes 不會發送請求到不可用的容器上，直到它們變成可用為止。

- ⊙ LivenessProbe：用來探測容器服務是否處於 "存活狀態"，如果服務目前被檢測為 Dead，則會導致容器重新啟動事件發生。

下面是探針相關的結構定義：

```
type Probe struct {
    Handler
    InitialDelaySeconds    int64
    TimeoutSeconds  int64
}
type Handler struct {
    // One and only one of the following should be specified.
    Exec *ExecAction
    HTTPGet *HTTPGetAction
```

```
    TCPSocket *TCPSocketAction
}
```

從上面定義來看，探針可以透過執行容器中的一個命令、發起一個指向容器內部的
HTTP Get 請求，或者 TCP 連接來確定容器內部是否正常工作。

上面的程式碼屬於 API 套件中的一部分，只是用來描述和儲存容器上的探針定義，
而真正的探針實作程式碼則位於 pkg/kubelet/prober/prober.go 裡，下面是對 prober.
Probe 的定義：

```
type Prober interface {
    Probe(pod *api.Pod, status api.PodStatus, container api.Container,
containerID string, createdAt int64) (probe.Result, error)
}
```

上述介面方法表示對一個 Container 發起探測並傳回其結果。prober.Probe 的實作類
別為 prober.prober，其結構定義如下：

```
type prober struct {
    exec    execprobe.ExecProber
    http    httprobe.HTTPProber
    tcp     tcprobe.TCPProber
    runner  kubecontainer.ContainerCommandRunner
    readinessManager *kubecontainer.ReadinessManager
    refManager      *kubecontainer.RefManager
    recorder        record.EventRecorder
}
```

其中 exec、http、tcp 三個變數分別對應三種探測類型的"探針"，它們已經各自實
現了相對應的邏輯，比如下面這段程式是 HTTP 探針的核心邏輯：連接一個 URL
發起 GET 請求：

```
func DoHTTPProbe(url *url.URL, client HTTPGetInterface) (probe.Result, string,
error) {
    res, err := client.Get(url.String())
    if err != nil {
        // Convert errors into failures to catch timeouts.
        return probe.Failure, err.Error(), nil
    }
    defer res.Body.Close()
    b, err := ioutil.ReadAll(res.Body)
    if err != nil {
        return probe.Failure, "", err
```

```
    }
    body := string(b)
    if res.StatusCode >= http.StatusOK && res.StatusCode < http.StatusBadRequest {
        glog.V(4).Infof("Probe succeeded for %s, Response: %v", url.String(), *res)
        return probe.Success, body, nil
    }
    glog.V(4).Infof("Probe failed for %s, Response: %v", url.String(), *res)
    return probe.Failure, body, nil
}
```

prober.prober 中的 runner 則是 exec 探針的執行器，因為後者需要在被檢測的容器中執行一個 cmd 命令：

```
func (p *prober) newExecInContainer(pod *api.Pod, container api.Container,
containerID string, cmd []string) exec.Cmd {
    return execInContainer{func() ([]byte, error) {
        return p.runner.RunInContainer(containerID, cmd)
    }}
}
```

實際上 p.runner 就是我們之前分析過的 DockerManager，下面是 RunInContainer 的程式碼：

```
func (dm *DockerManager) RunInContainer(containerID string, cmd []string) ([]
byte, error) {
    // If native exec support does not exist in the local docker daemon use
nsinit.
    useNativeExec, err := dm.nativeExecSupportExists()
    if err != nil {
        return nil, err
    }
    if !useNativeExec {
        glog.V(2).Infof("Using nsinit to run the command %+v inside container
%s", cmd, containerID)
        return dm.runInContainerUsingNsinit(containerID, cmd)
    }
    glog.V(2).Infof("Using docker native exec to run cmd %+v inside container
%s", cmd, containerID)
    createOpts := docker.CreateExecOptions{
        Container:     containerID,
        Cmd:           cmd,
        AttachStdin:   false,
        AttachStdout:  true,
        AttachStderr:  true,
        Tty:           false,
```

```
        }
        execObj, err := dm.client.CreateExec(createOpts)
        if err != nil {
            return nil, fmt.Errorf("failed to run in container - Exec setup failed -
%v", err)
        }
        var buf bytes.Buffer
        startOpts := docker.StartExecOptions{
            Detach:       false,
            Tty:          false,
            OutputStream: &buf,
            ErrorStream:  &buf,
            RawTerminal:  false,
        }
        err = dm.client.StartExec(execObj.ID, startOpts)
        if err != nil {
            glog.V(2).Infof("StartExec With error: %v", err)
            return nil, err
        }
        ticker := time.NewTicker(2 * time.Second)
        defer ticker.Stop()
        for {
            inspect, err2 := dm.client.InspectExec(execObj.ID)
            if err2 != nil {
                glog.V(2).Infof("InspectExec %s failed with error: %+v", execObj. ID,
err2)
                return buf.Bytes(), err2
            }
            if !inspect.Running {
                if inspect.ExitCode != 0 {
                    glog.V(2).Infof("InspectExec %s exit with result %+v", execObj.
ID, inspect)
                    err = &dockerExitError{inspect}
                }
                break
            }
            <-ticker.C
        }

        return buf.Bytes(), err
    }
```

Docker 自 1.3 版本開始支援使用 Exec 指令（以及 API 呼叫）在容器內執行一個命令，接下來看看上述過程中使用的 dm.client.CreateExec 方法是如何實現的：

```go
func (c *Client) CreateExec(opts CreateExecOptions) (*Exec, error) {
    path := fmt.Sprintf("/containers/%s/exec", opts.Container)
    body, status, err := c.do("POST", path, doOptions{data: opts})
    if status == http.StatusNotFound {
        return nil, &NoSuchContainer{ID: opts.Container}
    }
    if err != nil {
        return nil, err
    }
    var exec Exec
    err = json.Unmarshal(body, &exec)
    if err != nil {
        return nil, err
    }
    return &exec, nil
}
```

由上述看到，這是標準的 Docker API 的呼叫方式，跟之前看到的建立容器的使用程式碼很相似。現在再回頭看看 prober.prober 是怎麼執行 ReadinessProbe/LivenessProbe 的檢測邏輯：

```go
func (pb *prober) Probe(pod *api.Pod, status api.PodStatus, container api.
Container, containerID string, createdAt int64) (probe.Result, error) {
    pb.probeReadiness(pod, status, container, containerID, createdAt)
    return pb.probeLiveness(pod, status, container, containerID, createdAt)
}
```

這段程式先使用容器的 ReadinessProbe 進行檢測，並且在 readinessManager 元件中記錄容器的 Readiness 狀態，隨後呼叫容器的 LivenessProbe 進行檢測，並返回容器的狀態。在檢測過程中，如果發現狀態為失敗或者異常狀態，則會連續檢測 3 次：

```go
func (pb *prober) runProbeWithRetries(p *api.Probe, pod *api.Pod, status api.
PodStatus, container api.Container, containerID string, retries int) (probe.
Result, string, error) {
    var err error
    var result probe.Result
    var output string
    for i := 0; i < retries; i++ {
        result, output, err = pb.runProbe(p, pod, status, container, containerID)
        if result == probe.Success {
```

```
                return probe.Success, output, nil
            }
        }
    return result, output, err
}
```

比較意外的是 prober.prober 探針檢測容器狀態的方法目前只在一處被呼叫到——位於方法 DockerManager.computePodContainerChanges 裡：

```
result, err := dm.prober.Probe(pod, podStatus, container, string(c.ID), c.
Created)
        if err != nil {
            // TODO(vmarmol): examine this logic.
            glog.V(2).Infof("probe no-error: %q", container.Name)
            containersToKeep[containerID] = index
            continue
        }
        if result == probe.Success {
            glog.V(4).Infof("probe success: %q", container.Name)
            containersToKeep[containerID] = index
            continue
        }
        glog.Infof("pod %q container %q is unhealthy (probe result: %v), it will
be killed and re-created.", podFullName, container.Name, result)
        containersToStart[index] = empty{}
    }
```

只在沒有發生任何變化的 Pod 才會執行一次探針檢測，若檢測狀態是失敗，則會導致重新啟動事件發生。

於本節最後，我們再來簡單分析一下 Kubelet 中的 Kubelet Server 的實作機制。下面是 Kubelet 程序啟動過程中啟動 Kubelet Server 的程式碼進入點：

```
// start the kubelet server
    if kc.EnableServer {
        go util.Forever(func() {
            k.ListenAndServe(net.IP(kc.Address), kc.Port, kc.TLSOptions, kc.
EnableDebuggingHandlers)
        }, 0)
    }
```

在上述程式呼叫過程中，建立了一個類型為 kubelet.Server 的 HTTP Server 並在本地端監聽：

```
handler := NewServer(host, enableDebuggingHandlers)
    s := &http.Server{
        Addr:           net.JoinHostPort(address.String(), strconv.FormatUint
(uint64(port), 10)),
        Handler:        &handler,
        ReadTimeout:    5 * time.Minute,
        WriteTimeout:   5 * time.Minute,
        MaxHeaderBytes: 1 << 20,
    }
    if tlsOptions != nil {
        s.TLSConfig = tlsOptions.Config
        glog.Fatal(s.ListenAndServeTLS(tlsOptions.CertFile, tlsOptions. KeyFile))
    } else {
        glog.Fatal(s.ListenAndServe())
    }
```

在 kubelet.Server 的建構函數裡載入如下 HTTP Handler：

```
func (s *Server) InstallDefaultHandlers() {
    healthz.InstallHandler(s.mux,
        healthz.PingHealthz,
        healthz.NamedCheck("docker", s.dockerHealthCheck),
        healthz.NamedCheck("hostname", s.hostnameHealthCheck),
        healthz.NamedCheck("syncloop", s.syncLoopHealthCheck),
    )
    s.mux.HandleFunc("/pods", s.handlePods)
    s.mux.HandleFunc("/stats/", s.handleStats)
    s.mux.HandleFunc("/spec/", s.handleSpec)
}
```

上述 Handler 分為兩組：首先是健康檢查，包括 Kublet 程序本身的心跳檢查、Docker 程序的健康檢查、Kubelet 所在主機之名稱檢測、Pod 同步的健康檢查等；然後是取得目前節點上執行期間資訊的介面，如取得目前節點上的 Pod 清單、統計資訊等。下面是 hostnameHealthCheck 的實作邏輯，它檢查 Pod 同步最近兩次之間的延遲時間，而這個延遲時間則在之前提到的 Kubelet 的 syncLoopIteration 方法中進行更新：

```
func (s *Server) syncLoopHealthCheck(req *http.Request) error {
    duration := s.host.ResyncInterval() * 2
    minDuration := time.Minute * 5
```

```
    if duration < minDuration {
        duration = minDuration
    }
    enterLoopTime := s.host.LatestLoopEntryTime()
    if !enterLoopTime.IsZero() && time.Now().After(enterLoopTime.Add(duration)) {
        return fmt.Errorf("Sync Loop took longer than expected.")
    }
    return nil
}
```

handlePods 的 API 則從 Kubelet 中取得目前 "綁定" 到本節點的所有 Pod 資訊並回傳：

```
func (s *Server) handlePods(w http.ResponseWriter, req *http.Request) {
    pods := s.host.GetPods()
    data, err := encodePods(pods)
    if err != nil {
        s.error(w, err)
        return
    }
    w.Header().Add("Content-type", "application/json")
    w.Write(data)
}
```

如果 Kubelet 運行在 Debug 模式，則載入更多的 HTTP Handler：

```
func (s *Server) InstallDebuggingHandlers() {
    s.mux.HandleFunc("/run/", s.handleRun)
    s.mux.HandleFunc("/exec/", s.handleExec)
    s.mux.HandleFunc("/portForward/", s.handlePortForward)

    s.mux.HandleFunc("/logs/", s.handleLogs)
    s.mux.HandleFunc("/containerLogs/", s.handleContainerLogs)
    s.mux.Handle("/metrics", prometheus.Handler())
    // The /runningpods endpoint is used for testing only.
    s.mux.HandleFunc("/runningpods", s.handleRunningPods)

    s.mux.HandleFunc("/debug/pprof/", pprof.Index)
    s.mux.HandleFunc("/debug/pprof/profile", pprof.Profile)
    s.mux.HandleFunc("/debug/pprof/symbol", pprof.Symbol)
}
```

這些 HTTP Handler 的實作並不複雜，在這裡就不再一一介紹了。

6.5.3 設計總結

在研讀 Kubelet 程式碼的過程中，是否經常會有一種感覺——"山窮水盡疑無路，柳暗花明又一村"，那是因為在它的設計中大量運用了 Channel 這種非同步訊息機制，加上為了測試的方便，又將很多重要的處理函數做成介面類別，只有找到並分析這些介面的具體實現類別，才能明白整個流程，這對於習慣了物件導向語言的程式設計師而言，有一種瞬間回到學生時代的感覺。

因為 Kubelet 的功能比較多，所以在此僅以 Pod 同步的主流程為例，進行一個設計總結，圖 6.8 是 Kubelet 主流程相關的設計示意圖，為了更加清晰地展示整個流程，我們特意將 Kubelet Kernel、Docker System 與其他部分分離開來，並且省略了部分非核心物件和資料結構。

首先，config.PodConfig 建立一個或多個 Pod Source，在預設情況下建立的是 API source，它並沒有建立新的資料結構，而是使用之前介紹的 cache.Reflector 結合 cache.UndeltaStore，從 Kubernetes API Server 上拉取 Pod 資料放入內部的 Channel，而內部的 Channel 收到 Pod 資料後會呼叫 podStorage 的 Merge 方法實現多個 Channel 資料的合併，產生 kubelet.PodUpdate 訊息並寫入 PodConfig 的匯總 Channel，隨後 PodUpdate 消息進入 Kubelet Kernel 中進行下一步處理。

kubelet.Kubelet 的 syncLoop 方法監聽 PodConfig 的匯總 Channel，過濾掉不合適的 PodUpdate 並把符合條件的放入 SyncPods 方法中，最終為每個符合條件的 Pod 產生一個 kubelet.workUpdate 事件並放入 podWorkers 的內部工作佇列上，隨後呼叫 podWorkers 的 managePodLoop 方法進行處理。podWorkers 在處理流程中使用了 DockerManager 的 SyncPod 方法，由此 DockerManager 接續處理，在進行了必要的 Pod 相關操作後，對於需要重啟或更新的容器，DockerManager 則交給 docker.Client 物件去執行具體的動作，後者透過呼叫 Dockers Engine 的 API Service 來實作具體功能。

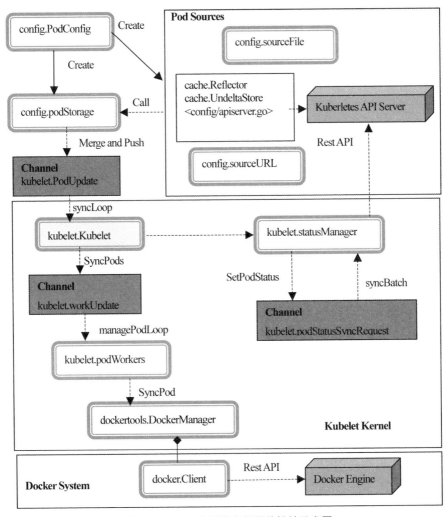

圖 6.8 Kubelet 主要流程相關的設計示意圖

在 Pod 同步的過程中會產生 Pod 狀態的變更和同步問題，這些是交由 kubelet.
statusManager 來控制的，它在內部也採用了 Channel 架構這類設計方式。

6.6 kube-proxy 程序原始碼分析

kube-proxy 是運行在 Minion 節點上的另外一個重要的背景程序，您可以把它當作一個 HAProxy，它擔任了 Kubernetes 中 Service 的負載平衡器和服務代理程式的角色。以下我們將分別對其啟動過程、關鍵程式分析及設計總結等方面進行深入分析和解說。

6.6.1 程序啟動過程

kube-proxy 程序的進入點類別程式碼位置如下：

github/com/GoogleCloudPlatform/kubernetes/cmd/kube-proxy/proxy.go

進入點 main() 函數的邏輯如下：

```
func main() {
    runtime.GOMAXPROCS(runtime.NumCPU())
    s := app.NewProxyServer()
    s.AddFlags(pflag.CommandLine)

    util.InitFlags()
    util.InitLogs()
    defer util.FlushLogs()

    verflag.PrintAndExitIfRequested()

    if err := s.Run(pflag.CommandLine.Args()); err != nil {
        fmt.Fprintf(os.Stderr, "%v\n", err)
        os.Exit(1)
    }
}
```

上述程式建構了一個 ProxyServer，然後呼叫它的 Run 方法啟動運作。首先來看看 NewProxyServer 的程式碼：

```
func NewProxyServer() *ProxyServer {
    return &ProxyServer{
        BindAddress:        util.IP(net.ParseIP("0.0.0.0")),
        HealthzPort:        10249,
        HealthzBindAddress: util.IP(net.ParseIP("127.0.0.1")),
        OOMScoreAdj:        -899,
```

```
        ResourceContainer:  "/kube-proxy",
    }
}
```

在上述程式中，ProxyServer 綁定本地端所有 IP（0.0.0.0）對外提供代理服務，而提供系統健康檢查的 HTTP Server 則預設綁定本地端的 loop IP，說明後者僅用於在本節點上存取，如果為了開發管理系統需要以遠端系統管理，則可以設定參數 healthz-bind-address 為 0.0.0.0 來達到此目的。另外，從程式碼看來，ProxyServer 還有一個重要屬性可以調整：PortRange（對應命令列參數為 proxy-port-range），它用來限定 ProxyServer 使用哪些本地端連接埠作為代理連接埠，預設是隨機選擇。

ProxyServer 的 Run 方法流程如下。

⊙ 設定本程序的 OOM 參數 OOMScoreAdj，保證系統發生 OOM 時，kube-proxy 不會最先被系統刪除，這是因為 kube-proxy 與 Kubelet 程序一樣，比節點上的 Pod 程式更重要。

⊙ 讓自己的程式運行在指定的 Linux Container 中，此 container 的名字來自 ProxyServer.ResourceContainer，如上所述，預設為 /kube-proxy，比較重要的一點是此 Container 具備所有設備的存取權。

⊙ 建立 ServiceConfig 與 EndpointsConfig，它們與之前 Kubelet 中的 PodConfig 的作用和實作機制有點類似，分別負責監聽和拉取 API Server 上 Service 與 Service Endpoints 的資訊，並通知註冊到它們上面的 Listener 介面以便進行處理。

⊙ 建立一個 round-robin 輪詢機制的 load balancer（LoadBalancerRR），它主要實作 Service 的負載平衡轉送邏輯，也是前面建立 EndpointsConfig 的一個 Listener。

⊙ 建立一個 Proxier，它負責建立和維護 Service 的本地端代理 Socket，它也是前面建立 ServiceConfig 的一個 Listener。

⊙ 建立一個 config.SourceAPI，並啟動兩個相關合作程式，透過 Kubernetes Client 來拉取 Kubernetes API Server 上的 Service 與 Endpoint 資料，然後分別寫入之前定義的 ServiceConfig 與 EndpointsConfig 的 Channel 上，進而觸發整個流程的驅動。

⊙ 本地端綁定系統健康檢查的 HTTP Server 以便提供服務。

⊙ 進入 Proxier 的 SyncLoop 方法裡，此方法定期檢查 Iptables 是否設定正常、服務的 Portal 是否正常開啟，以及清除 load balancer 上的逾期對話連線。

從啟動流程看，kube-proxy 程序的參數比較少，它所做的事情也是比較單純的，沒有 Kubelet 程式那麼複雜，在下一節我們將會深入分析其關鍵程式碼。

6.6.2 關鍵程式分析

從上一節 kube-proxy 的啟動流程來看，它跟 Kubelet 有相似的地方，皆會從 Kubernetes API Server 拉取相關的資源資料並在本地端節點上完成 "細部加工"。其拉取資源的做法，第一眼看上去與 Kubelet 相似，但實際上有稍微不同的運作思維，這說明作者另有其人。

由於 ServiceConfig 與 EndpointsConfig 實作機制是完全一樣的，只不過拉取的資源不同，所以這裡僅對前者做深入分析。首先從 ServiceConfig 結構體開始：

```
type ServiceConfig struct {
    mux      *config.Mux
    bcaster  *config.Broadcaster
    store    *serviceStore
}
```

ServiceConfig 也使用了 mux(config.Mux)，它是一個多 Channel 的多工合併器，之前 Kubelet 的 PodConfig 也有用到它。以下是 ServiceConfig 的建構函數：

```
func NewServiceConfig() *ServiceConfig {
    updates := make(chan struct{})
    store := &serviceStore{updates: updates, services: make(map[string]map[types.
NamespacedName]api.Service)}
    mux := config.NewMux(store)
    bcaster := config.NewBroadcaster()
    go watchForUpdates(bcaster, store, updates)
    return &ServiceConfig{mux, bcaster, store}
}
```

從上述程式來看，store 是 serviceStore 的一個實例。它作為 config.Mux 的 Merge 介面之實現，負責處理 config.Mux 的 Channel 上收到的 ServiceUpdate 訊息並更新 store 的內部變數 services，後者是一個 Map，存放了最新同步到本地端的 api.Service 資源，是 Service 的完整資料。下面是 Merge 方法的邏輯：

```
func (s *serviceStore) Merge(source string, change interface{}) error {
    s.serviceLock.Lock()
    services := s.services[source]
    if services == nil {
        services = make(map[types.NamespacedName]api.Service)
    }
    update := change.(ServiceUpdate)
    switch update.Op {
    case ADD:
        glog.V(4).Infof("Adding new service from source %s : %+v", source,
update.Services)
        for _, value := range update.Services {
            name := types.NamespacedName{value.Namespace, value.Name}
            services[name] = value
        }
    case REMOVE:
        glog.V(4).Infof("Removing a service %+v", update)
        for _, value := range update.Services {
            name := types.NamespacedName{value.Namespace, value.Name}
            delete(services, name)
        }
    case SET:
        glog.V(4).Infof("Setting services %+v", update)
        // Clear the old map entries by just creating a new map
        services = make(map[types.NamespacedName]api.Service)
        for _, value := range update.Services {
            name := types.NamespacedName{value.Namespace, value.Name}
            services[name] = value
        }
    default:
        glog.V(4).Infof("Received invalid update type: %v", update)
    }
    s.services[source] = services
    s.serviceLock.Unlock()
    if s.updates != nil {
        s.updates <- struct{}{}
    }
    return nil
}
```

serviceStore 同時是 config.Accessor 介面的一個實作，MergedState 介面方法回傳之前 Merge 最新的 Service 完整資料。

```
func (s *serviceStore) MergedState() interface{} {
    s.serviceLock.RLock()
    defer s.serviceLock.RUnlock()
```

```
    services := make([]api.Service, 0)
    for _, sourceServices := range s.services {
        for _, value := range sourceServices {
            services = append(services, value)
        }
    }
    return services
}
```

上述方法在哪裡被用到了呢？就在之前提到的 NewServiceConfig 方法裡：

```
go watchForUpdates(bcaster, store, updates)
```

一個協作程序監聽 serviceStore 的 updates(Channel)，在收到事件以後就呼叫上述 MergedState 方法，將目前最新的 Service 陣列通知註冊到 bcaster 上的所有 Listener 進行處理。下面分別給出了 watchForUpdates 及 Broadcaster 的 Notify 方法之程式碼：

```
func watchForUpdates(bcaster *config.Broadcaster, accessor config.Accessor,
updates <-chan struct{}) {
    for true {
        <-updates
        bcaster.Notify(accessor.MergedState())
    }
}
func (b *Broadcaster) Notify(instance interface{}) {
    b.listenerLock.RLock()
    listeners := b.listeners
    b.listenerLock.RUnlock()
    for _, listener := range listeners {
        listener.OnUpdate(instance)
    }
}
```

上述邏輯的巧妙設計之處在於，當 ServiceConfig 完成 Merge 呼叫後，為了及時通知 Listener 進行處理，就產生一個 "空事件" 並寫入 updates 這個 Channel 中，另外監聽此 Channel 的協作程序就即時獲得通知，觸發 Listener 的 callback 動作。ServiceConfig 這裡註冊的 Listener 是 proxy.Proxier 物件，我們以後會繼續分析它的 callback 函數 OnUpdate 是如何使用 Service 資料的。

接下來看看 ServiceUpdate 事件是怎麼產生並傳遞到 ServiceConfig 的 Channel 上的。在 kube-proxy 啟動流程中有引用 config.NewSourceAPI 函數，其內部產生了一個 servicesReflector 物件：

```
type servicesReflector struct {
    watcher           ServicesWatcher
    services          chan<- ServiceUpdate
    resourceVersion   string
    waitDuration      time.Duration
    reconnectDuration time.Duration
}
```

其中 services 這個 Channel 是用來寫入 ServiceUpdate 事件的，它是由 ServiceConfig 的 Channel (source string) 方法所建立並回傳 Channel，在寫入資料後就會被一個協作程式立即轉送到 ServiceConfig 的 Channel 裡。下面這段程式完整地說明上述邏輯：

```
func (c *ServiceConfig) Channel(source string) chan ServiceUpdate {
    ch := c.mux.Channel(source)
    serviceCh := make(chan ServiceUpdate)
    go func() {
        for update := range serviceCh {
            ch <- update
        }
        close(ch)
    }()
    return serviceCh
}
```

servicesReflector 中的 watcher 用來從 API Server 上拉取 Service 資料，它是 client.Services (api.NamespaceAll) 回傳的 client.ServiceInterface 實例物件的一個參考引用，屬於標準的 Kubernetes client 函式庫。在 config.NewSourceAPI 的方法裡，啟動了一個協作程序週期性地使用 watcher 的 list 與 Watch 方法來取得資料，然後轉換成 ServiceUpdate 事件，寫入 Channel 中。下面是關鍵程式碼：

```
func (s *servicesReflector) run(resourceVersion *string) {
    if len(*resourceVersion) == 0 {
        services, err := s.watcher.List(labels.Everything())
        if err != nil {
            glog.Errorf("Unable to load services: %v", err)
            // TODO: reconcile with pkg/client/cache which doesn't use reflector.
            time.Sleep(wait.Jitter(s.waitDuration, 0.0))
            return
```

```
        }
        *resourceVersion = services.ResourceVersion
        // TODO: replace with code to update the
        s.services <- ServiceUpdate{Op: SET, Services: services.Items}
    }
    watcher, err := s.watcher.Watch(labels.Everything(), fields.Everything(),
*resourceVersion)
    if err != nil {
        glog.Errorf("Unable to watch for services changes: %v", err)
        if !client.IsTimeout(err) {
            // Reset so that we do a fresh get request
            *resourceVersion = ""
        }
        time.Sleep(wait.Jitter(s.waitDuration, 0.0))
        return
    }
    defer watcher.Stop()
    ch := watcher.ResultChan()
    s.watchHandler(resourceVersion, ch, s.services)
}
```

在上面的程式中，初始時資源版本變數 resourceVersion 為空，於是會執行 Service
的完整拉取動作（watcher.List），之後 Watch 資源會開始發生變化（watcher.
Watch）並將 Watch 的結果（一個 Channel 存放了 Service 的變動資料）也轉換為對
應的 ServiceUpdate 事件並寫入 Channel 中。另外，當拉取資料的呼叫發生異常時，
resourceVersion 恢復為空，導致須重新進行完整資源的拉取動作。這種自我修復能
力的程式設計足以見證 Google 大神們的深厚程式設計功力；另外，筆者認為 kube-
proxy 的 ServiceConfig 之設計實作思路和程式碼要比 Kubelet 中的好一點，雖然兩
個作者都是頂尖高手。

接下來才開始進入本節的重點，即服務代理的實作機制分析。首先，從程式碼中的
load balance 元件說起。下面是 kube-proxy 中定義的 load balance 介面：

```
type LoadBalancer interface {
    NextEndpoint(service ServicePortName, srcAddr net.Addr) (string, error)
    NewService(service ServicePortName, sessionAffinityType api.ServiceAffinity,
stickyMaxAgeMinutes int) error
 CleanupStaleStickySessions(service ServicePortName)
}
```

LoadBalancer 有 3 個介面，其中 NextEndpoint 方法用於給存取特定 Service 的新用戶端請求，分配一個可用的 Endpoint 位址；NewService 用來添加一個新服務到負載平衡器上；CleanupStaleStickySessions 則用來清理過期的 Session 對話。目前 kube-proxy 只實現了一個基於 round-robin 演算法的負載平衡器，它就是 proxy. LoadBalancerRR 組件。

LoadBalancerRR 採用了 affinityState 這個結構物件來保存目前用戶端的對話資訊，然後在 affinityPolicy 裡用一個 Map 來記錄（屬於某個 Service 的）所有活動的用戶端對話，這是它實現 Session 不間斷連線的負載平衡調度之基礎。

```
type affinityState struct {
    clientIP string
    //clientProtocol  api.Protocol //not yet used
    //sessionCookie    string       //not yet used
    endpoint string
    lastUsed time.Time
}
type affinityPolicy struct {
    affinityType api.ServiceAffinity
    affinityMap  map[string]*affinityState // map client IP -> affinity info
    ttlMinutes   int
}
```

balancerState 用來記錄一個 Service 的所有 endpoint（陣列）、目前所使用的 endpoint 的 index，以及對應的所有活動之用戶端對話（affinityPolicy）。其定義如下：

```
type balancerState struct {
    endpoints []string // a list of "ip:port" style strings
    index     int      // current index into endpoints
    affinity  affinityPolicy
}
```

有了上面的認識，再看 LoadBalancerRR 的建構函數就簡單多了。它內部使用一個 map 記錄每個服務的 balancerState 狀態，當然初始化時還是空的：

```
func NewLoadBalancerRR() *LoadBalancerRR {
    return &LoadBalancerRR{
        services: map[ServicePortName]*balancerState{},
    }
}
```

LoadBalancerRR 的 NewService 方法程式很簡單，就是在它的 services 裡增加一筆記錄項目，使用者的對話逾期時效 ttlMinutes 預設為 3 小時，下面是相關程式碼：

```
func (lb *LoadBalancerRR) NewService(svcPort ServicePortName, affinityType api.
ServiceAffinity, ttlMinutes int) error {
    lb.lock.Lock()
    defer lb.lock.Unlock()
    lb.newServiceInternal(svcPort, affinityType, ttlMinutes)
    return nil
}
func (lb *LoadBalancerRR) newServiceInternal(svcPort ServicePortName,
affinityType api.ServiceAffinity, ttlMinutes int) *balancerState {
    if ttlMinutes == 0 {
        ttlMinutes = 180
    }
    if _, exists := lb.services[svcPort]; !exists {
        lb.services[svcPort] = &balancerState{affinity: *newAffinityPolicy(affini
tyType, ttlMinutes)}
        glog.V(4).Infof("LoadBalancerRR service %q did not exist, created",
svcPort)
    } else if affinityType != "" {
        lb.services[svcPort].affinity.affinityType = affinityType
    }
    return lb.services[svcPort]
}
```

我們在前面提到過 ServiceConfig 同步並監聽 API Server 上 api.Service 的資料變化，然後使用 Listener（proxy.Proxier 是 ServiceConfig 唯一註冊的 Listener）的 OnUpdate 介面完成通知。而上述 NewService 就是在 proxy.Proxier 的 OnUpdate 方法裡被呼叫的，進而實現了 Service 自動添加到 LoadBalancer 的機制。

我們再來看 LoadBalancerRR 的 NextEndpoint 方法，它實作了經典的 round-robin 負載平衡演算法。NextEndpoint 方法首先判斷目前服務是否有保持對話（sessionAffinity）的要求，如果有，則看目前請求是否有連線可用：

```
if sessionAffinityEnabled {
        // Caution: don't shadow ipaddr
        var err error
        ipaddr, _, err = net.SplitHostPort(srcAddr.String())
        if err != nil {
            return "", fmt.Errorf("malformed source address %q: %v", srcAddr.
String(), err)
        }
```

```
        sessionAffinity, exists := state.affinity.affinityMap[ipaddr]
        if exists && int(time.Now().Sub(sessionAffinity.lastUsed).Minutes()) <
state.affinity.ttlMinutes {
            // Affinity wins.
            endpoint := sessionAffinity.endpoint
            sessionAffinity.lastUsed = time.Now()
            glog.V(4).Infof("NextEndpoint for service %q from IP %s with
sessionAffinity %+v: %s", svcPort, ipaddr, sessionAffinity, endpoint)
            return endpoint, nil
        }
    }
```

如果服務無須對話持續、新建對話及對話逾時，則採用 round-robin 演算法會得到
另一個可用的服務埠，如果服務有對話保持需求，則保存目前的對話狀態：

```
// Take the next endpoint.
    endpoint := state.endpoints[state.index]
    state.index = (state.index + 1) % len(state.endpoints)
    if sessionAffinityEnabled {
        var affinity *affinityState
        affinity = state.affinity.affinityMap[ipaddr]
        if affinity == nil {
            affinity = new(affinityState) //&affinityState{ipaddr, "TCP", "",
endpoint, time.Now()}
            state.affinity.affinityMap[ipaddr] = affinity
        }
        affinity.lastUsed = time.Now()
        affinity.endpoint = endpoint
        affinity.clientIP = ipaddr
        glog.V(4).Infof("Updated affinity key %s: %+v", ipaddr, state.affinity.
affinityMap[ipaddr])
    }
    return endpoint, nil
```

接下來看看 Service 的 Endpoint 資訊是如何添加到 LoadBalancerRR 上？答
案很簡單，類似之前我們分析過的 ServiceConfig。kube-proxy 也設計了一個
EndpointsConfig 來拉取和監聽 API Server 上的服務的 Endpoint 資訊，並呼叫
LoadBalancerRR 的 OnUpdate 介面完成通知，在這個方法裡，LoadBalancerRR 完
成了服務存取連接埠的添加和同步邏輯。

先來看看 api.Endpoints 的定義：

```
type EndpointAddress struct {
    IP string
    TargetRef *ObjectReference
}
type EndpointPort struct {
    Name string
    Port int
    Protocol Protocol
}
type EndpointSubset struct {
    Addresses []EndpointAddress
    Ports     []EndpointPort
}
type Endpoints struct {
    TypeMeta   `json:",inline"`
    ObjectMeta `json:"metadata,omitempty"`
    Subsets []EndpointSubset
}
```

一個 EndpointAddress 與 EndpointPort 物件可以組成一個服務存取位址，但在 EndpointSubset 物件裡則定義了兩個單獨的 EndpointAddress 與 EndpointPort 陣列而不是 "服務存取位址" 的一個清單。一開始看這樣的定義您可能會覺得很奇怪，為什麼沒有設計一個 Endpoint 結構？其更深層原因在於，Service 的 Endpoint 資訊來源是兩個獨立的實體：Pod 與 Service，前者負責提供 IP 位址即 EndpointAddress，而後者負責提供 Port 即 EndpointPort。由於在一個 Pod 上可以執行多個 Service，而一個 Service 也經常跨越多個 Pod，於是就產生了一個 "笛卡兒乘積" 的 Endpoint 列表，這就是 EndpointSubset 的設計靈感。

舉例說明，對於如下表示的 EndpointSubset：

```
{
  Addresses: [{"ip": "10.10.1.1"}, {"ip": "10.10.2.2"}],
  Ports: [{"name": "a", "port": 8675}, {"name": "b", "port": 309}]
}
```

會產生如下 Endpoint 列表：

```
a: [ 10.10.1.1:8675, 10.10.2.2:8675 ],
b: [ 10.10.1.1:309, 10.10.2.2:309 ]
```

LoadBalancerRR 的 OnUpdate 方法裡迴圈對每個 api.Endpoints 進行處理，先把它轉化為一個 Map，Map 的 Key 是 EndpointPort 的 Name 屬性（代表一個 Service 的存取連接埠）；而 Value 則是 hostPortPair 的一個陣列，hostPortPair 其實就是之前缺少的 Endpoint 結構物件，包括一個 IP 位址與連接埠屬性，即某個服務在一個 Pod 上的對應存取連接埠。

```
portsToEndpoints := map[string][]hostPortPair{}
        for i := range svcEndpoints.Subsets {
            ss := &svcEndpoints.Subsets[i]
            for i := range ss.Ports {
                port := &ss.Ports[i]
                for i := range ss.Addresses {
                    addr := &ss.Addresses[i]
                    portsToEndpoints[port.Name] = append(portsToEndpoints
[port.Name], hostPortPair{addr.IP, port.Port})
                    // Ignore the protocol field - we'll get that from the Service
objects.
                }
            }
        }
```

下一步，針對 portsToEndpoints 進行 for 迴圈處理。對於每項記錄，判斷是否已經在 services 中存在，並做出相對應的更新或忽略之邏輯，最後刪除那些已經不在集合中的連接埠，完成整個同步邏輯。下面是相關程式：

```
for portname := range portsToEndpoints {
        svcPort := ServicePortName{types.NamespacedName{svcEndpoints.Namespace,
svcEndpoints.Name}, portname}
        state, exists := lb.services[svcPort]
        curEndpoints := []string{}
        if state != nil {
            curEndpoints = state.endpoints
        }
        newEndpoints := flattenValidEndpoints(portsToEndpoints[portname])

        if !exists || state == nil || len(curEndpoints) != len(newEndpoints) ||
!slicesEquiv(slice.CopyStrings(curEndpoints), newEndpoints) {
            glog.V(1).Infof("LoadBalancerRR: Setting endpoints for %s to %+v",
svcPort, newEndpoints)
            lb.updateAffinityMap(svcPort, newEndpoints)
            // OnUpdate can be called without NewService being called
            // externally.
            // To be safe we will call it here.  A new service will only be
```

```
        // created if one does not already exist.  The affinity will be
        // updated later, once NewService is called.
        state = lb.newServiceInternal(svcPort, api.ServiceAffinity(""), 0)
        state.endpoints = slice.ShuffleStrings(newEndpoints)

        // Reset the round-robin index.
        state.index = 0
    }
    registeredEndpoints[svcPort] = true
    }
}
// Remove endpoints missing from the update.
for k := range lb.services {
    if _, exists := registeredEndpoints[k]; !exists {
        glog.V(2).Infof("LoadBalancerRR: Removing endpoints for %s", k)
        delete(lb.services, k)
    }
}
```

LoadBalancerRR 的程式整體來說還算是比較簡單的，它主要被 kube-proxy 中的關鍵元件 proxy.Proxier 所使用，後者用到的主要資料結構為 proxy.serviceInfo，它定義和保存了一個 Service 代理過程中的必要參數和物件。下面是其定義：

```
type serviceInfo struct {
    portal              portal
    protocol            api.Protocol
    proxyPort           int
    socket              proxySocket
    timeout             time.Duration
    nodePort            int
    loadBalancerStatus  api.LoadBalancerStatus
    sessionAffinityType api.ServiceAffinity
    stickyMaxAgeMinutes int
    // Deprecated, but required for back-compat (including e2e)
    deprecatedPublicIPs []string
}
```

serviceInfo 的各個屬性說明如下：

- portal：用於存放服務的 Portal 位址，即 Service 的 Cluster IP（VIP）位址與連接埠。

- protcal：服務的 TCP，目前是 TCP 與 UDP。

- ⊙ socket、proxyPort：socket 是 Proxier 在本機為該服務開啟的代理 Socket；proxyPort 則是這個代理 Socket 的監聽連接埠。

- ⊙ timeout：目前只用於 UDP 的 Service，表明服務 "連結" 的逾期時限。

- ⊙ nodePort：該服務定義的 NodePort。

- ⊙ loadBalancerStatus：在 Cloud 環境下，如果存在由 Cloud 服務供應商提供的負載平衡器（軟體或硬體）作為 Kubernetes Service 的負載平衡，則這裡存放這些負載平衡器的 IP 位址。

- ⊙ sessionAffinityType：該服務的負載平衡調度是否持續對話。

- ⊙ stickyMaxAgeMinutes：即前面說的 Session 逾期時間。

- ⊙ deprecatedPublicIPs：已過期廢棄的服務之 Public IP 位址。

理解 serviceInfo 後，我們再來看看 Proxier 的資料結構：

```
type Proxier struct {
    loadBalancer  LoadBalancer
    mu            sync.Mutex // protects serviceMap
    serviceMap    map[ServicePortName]*serviceInfo
    portMapMutex  sync.Mutex
    portMap       map[portMapKey]ServicePortName
    numProxyLoops int32
    listenIP      net.IP
    iptables      iptables.Interface
    hostIP        net.IP
    proxyPorts    PortAllocator
}
```

Proxier 用一個 Map 維護了每個服務的 serviceInfo 資訊，同時為了快速查詢和檢測服務連接埠是否有衝突，比如定義兩個一樣連接埠的服務，又設計了一個 portMap，其 Key 為服務的連接埠資訊（portMapKey 由 port 和 protocol 組合而成），value 為 ServicePortName。Proxier 的 listenIP 為 Proxier 監聽的本節點 IP，它在這個 IP 上接收請求並做轉送代理。由於每個服務的 proxySocket 在本節點監聽的 Port 預設是系統隨機分配的，所以使用 PortAllocator 來分配這個連接埠。另外，Service 的 Portal 與 NodePort 是透過 Linux 防火牆機制來實現的，因此這裡引用了 Iptables 的元件完成相關操作。

要想瞭解 Proxier 中使用 Iptables 的方式，首先要弄明白 Kubernetes 中 Service 存取的一些網路細節。先來看看圖 6.9，這是一個外部應用透過 NodePort（TCP：//NodeIP:NodePort）連線 Service 時的網路流量示意圖。存取連線進入節點網卡 eth0 後，到達 Iptables 的 PREROUTING 規則鏈，透過 KUBE-NODEPORT-CONTAINER 的 NAT 規則被轉送到 kube-proxy 程序上該 Service 所對應的 proxy 連接埠，然後由 kube-proxy 程序進行負載平衡並且將流量轉送到 Service 所在 Container 的本地端連接埠。

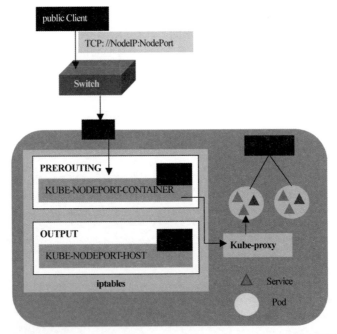

圖 6.9 外部應用程式透過 NodePort 存取 Service 的網路流量示意圖

根據 Iptables 的機制，本地端程序發起的流量會經過 Iptables 的 OUTPUT 規則鏈，於是 Kube-proxy 在這裡也增加了相同作用的 NAT 規則：KUBE-NODEPORT-HOST。如此一來，如果本地端容器內的程序以 NodePort 方式來存取 Service，則流量也會被轉送到 Kube-proxy 上，雖然以這種方式連線的情況比較少見。

服務之間透過 Service Portal 方式存取的流量轉送機制跟 NodePort 方式在本質上是一樣的，也是透過 NAT，如圖 6.10 所示。當 Service A 用 Service B 的 Portal 位址存取時，流量經過 Iptables 的 OUTPUT 規則鏈經 NAT 規則 KUBE-PORTALS-HOST 的轉換被轉送到 kube-proxy 上，然後被轉發給 Service B 所在的容器。

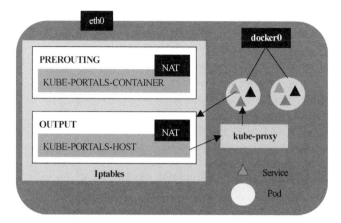

圖 6.10 以 Service Portal 方式存取 Service 的流量示意圖

Proxier 在新建 Iptables 的 PREROUTING 規則鏈中的 NAT 轉送規則時，有一些特殊性，原始碼作者在程式中做了以下註解：

"這是一個複雜的問題。

如果 Proxy 的 Proxier.listenIP 設定為 0.0.0.0，即對應到所有連接埠上，那麼我們將採用 REDIRECT 這種方式進行流量轉發，因為這種情況下，回傳的流量與進入的流量使用同一個網路連接埠，這就滿足了 NAT 的規則。其他情況則採用 DNAT 轉送流量，但 DNAT 到 127.0.0.1 時，封包會消失，這已經是 Iptables 眾所周知的一個問題，所以這裡不允許 Proxy 綁定到 localhost 上。"

現在再看下面這段程式就容易理解了。用來產生 KUBE-NODEPORT-CONTAINER 的這條 NAT 規則：

```go
func (proxier *Proxier) iptablesContainerNodePortArgs(nodePort int, protocol api.
Protocol, proxyIP net.IP, proxyPort int, service ServicePortName) []string {
    args := iptablesCommonPortalArgs(nil, nodePort, protocol, service)
    if proxyIP.Equal(zeroIPv4) || proxyIP.Equal(zeroIPv6) {
        // TODO: Can we REDIRECT with IPv6?
        args = append(args, "-j", "REDIRECT", "--to-ports", fmt.Sprintf("%d",
proxyPort))
    } else {
        // TODO: Can we DNAT with IPv6?
        args = append(args, "-j", "DNAT", "--to-destination", net. JoinHostPort
(proxyIP.String(), strconv.Itoa(proxyPort)))
    }
    return args
}
```

弄明白 Proxier 中關於 Iptables 的事情之後，再來研究分析一下 Proxier 如何在 OnUpdate 方法裡為每個 Service 建立起對應的 proxy 並完成同步工作。首先，在 OnUpdate 方法裡建立一個 map（activeServices）來標識目前所有 alive 的 Service，key 為 ServicePortName，然後對 OnUpdate 參數裡的 Service 陣列執行迴圈，判斷每個 Service 是否需要進行新建、變更或刪除操作。對於需要新建或變更的 Service，先用 PortAllocator 取得一個新的未用之本地端代理連接埠，然後呼叫 addServiceOnPort 方法建立一個 ProxySocket 用於實作此服務的代理。接著使用 openPortal 方法添加 iptables 裡的 NAT 對應規則，最後使用 LoadBalancer 的 NewService 方法把該服務添加到負載平衡器上。OnUpdate 方法的最後一段邏輯是處理已經被刪除的 Service，對於每個要被刪除的 Service，先刪除 Iptables 中相關的 NAT 規則，然後關閉對應的 proxySocket，最後釋放 ProxySocket 占用的監聽連接埠並將該連接埠 "還給" PortAllocator。

從上面的分析中，可以看到 addServiceOnPort 是 Proxier 的核心方法之一。下面是該方法的原始碼：

```go
func (proxier *Proxier) addServiceOnPort(service ServicePortName, protocol api.
Protocol, proxyPort int, timeout time.Duration) (*serviceInfo, error) {
    sock, err := newProxySocket(protocol, proxier.listenIP, proxyPort)
    if err != nil {
        return nil, err
    }
    _, portStr, err := net.SplitHostPort(sock.Addr().String())
    if err != nil {
        sock.Close()
        return nil, err
    }
    portNum, err := strconv.Atoi(portStr)
    if err != nil {
        sock.Close()
        return nil, err
    }
    si := &serviceInfo{
        proxyPort:          portNum,
        protocol:           protocol,
        socket:             sock,
        timeout:            timeout,
        sessionAffinityType: api.ServiceAffinityNone, // default
        stickyMaxAgeMinutes: 180,                     // TODO: paramaterize this
in the API.
    }
```

```
    proxier.setServiceInfo(service, si)

    glog.V(2).Infof("Proxying for service %q on %s port %d", service, protocol,
portNum)
    go func(service ServicePortName, proxier *Proxier) {
        defer util.HandleCrash()
        atomic.AddInt32(&proxier.numProxyLoops, 1)
        sock.ProxyLoop(service, si, proxier)
        atomic.AddInt32(&proxier.numProxyLoops, -1)
    }(service, proxier)

    return si, nil
}
```

在上述程式中，先建立一個 ProxySocket，然後建立一個 serviceInfo 並添加到
Proxier 的 serviceMap 中，最後啟動一個協作程序呼叫 ProxySocket 的 ProxyLoop
方法，使得 ProxySocket 進入 Listen 狀態，開始接收並轉送用戶端請求。

Kube-proxy 中的 ProxySocket 有兩個實現，其中一個是 tcpProxySocket，另外一個
是 udpProxySocket，二者的工作原理都一樣，它們的工作流程就是為每個用戶端
Socket 請求建立一個到 Service 的後端 Socket 連接，並且 "開通" 這兩個 Socket，
即把用戶端 Socket 發送的資料 "複製" 到對應的後端 Socket 上，然後把後端
Socket 上服務回應的資料寫入用戶端 Socket 上去。

以 tcpProxySocket 為例，我們先來看看它是如何完成 Service 後端連線建立過程的：

```
func tryConnect(service ServicePortName, srcAddr net.Addr, protocol string,
proxier *Proxier) (out net.Conn, err error) {
    for _, retryTimeout := range endpointDialTimeout {
        endpoint, err := proxier.loadBalancer.NextEndpoint(service, srcAddr)
        if err != nil {
            glog.Errorf("Couldn't find an endpoint for %s: %v", service, err)
            return nil, err
        }
        glog.V(3).Infof("Mapped service %q to endpoint %s", service, endpoint)
        outConn, err := net.DialTimeout(protocol, endpoint, retryTimeout*time.
Second)
        if err != nil {
            if isTooManyFDsError(err) {
                panic("Dial failed: " + err.Error())
            }
            glog.Errorf("Dial failed: %v", err)
            continue
```

```
    }
        return outConn, nil
    }
    return nil, fmt.Errorf("failed to connect to an endpoint.")
}
```

在上述方法裡,首先使用 loadBalancer.NextEndpoint 方法取得服務的下一個可用 Endpoint 位址,然後呼叫標準網路庫中的方法建立到此位址的連接,如果連接失敗,則會重新嘗試,間隔時間以指數增加(參見 endpointDialTimeout 的值)。

在後端 Service 的連線建立以後,proxyTCP 方法就會啟動兩個程序,透過呼叫 Go 標準庫 io 裡的 Copy 方法把輸入端的資料寫到輸出端,進而完成前後端連接的資料轉發功能。此外,proxyTCP 方法會雍塞,直到前後端兩個連接的資料流程都關閉(或結束)才會返回。下面是其原始碼:

```
func proxyTCP(in, out *net.TCPConn) {
    var wg sync.WaitGroup
    wg.Add(2)
    glog.V(4).Infof("Creating proxy between %v <-> %v <-> %v <-> %v",
        in.RemoteAddr(), in.LocalAddr(), out.LocalAddr(), out.RemoteAddr())
    go copyBytes("from backend", in, out, &wg)
    go copyBytes("to backend", out, in, &wg)
    wg.Wait()
    in.Close()
    out.Close()
}
```

這裡我們留下了一個問題,不管本節點上是否有此 Service 對應的 Pod,kube-proxy 都會在目前節點上為每個 Service 都建立一個代理城市嗎?

6.6.3 設計總結

從之前的啟動流程和程式分析來看,kube-proxy 的設計和實現還是比較精巧且緊湊的,它的流程只有一個:從 Kubernetes API Server 上同步 Service 及其 Endpoint 資訊,為每個 Service 建立一個本地端代理來完成具備負載平衡能力的服務轉發功能。圖 6.11 提供了 Kube-proxy 的整體設計示意圖,為了清晰地表明整個業務流程和資料傳遞方向,這裡省去了一些非關鍵的結構資料和物件。app.ProxyServer 建立了一個 config.SourceAPI 的結構物件,用於拉取 Kubernetes API Server 上的 Service 與 Endpoints 配置資訊,分別由 config. servicesReflector 與 config.endpointsReflector

這兩個物件來實現，它們各自透過相對應的 Kubernetes Client API 來拉取資料並且產生對應的 Update 資訊放入 Channel 中，最終 Channel 中的 Service 資料到達 proxy.Proxier，proxy.Proxier 為每個 Service 建立一個 proxySocket 實現服務代理並且在 iptables 上建立相關的 NAT 規則，然後在 LoadBalancer 元件上開通該服務的負載平衡功能；而 Channel 中的 Endpoints 資料則被發送到 proxy.LoadBalancerRR 元件，用於給每個服務建立一個負載平衡的狀態機，每個服務用 banlancerState 結構體來保存此服務可用的 endpoint 位址及目前對話狀態 affinityPolicy，對於需要保存對話狀態的服務，affinityPolicy 用一個 Map 來儲存每個客戶的對話狀態 affinityState。

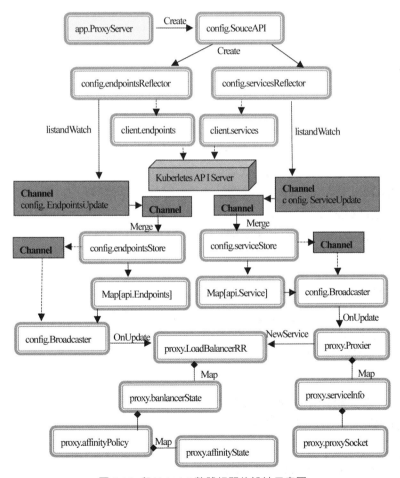

圖 6.11 與 Kubelet 整體相關的設計示意圖

6.7 Kubectl 程式原始碼分析

Kubectl 與之前的 Kubernetes 程式不同，它不是一個背景運行的常駐程式，而是 Kubernetes 提供的一個命令列工具（CLI），它提供了一組命令來操作 Kubernetes 叢集。

Kubectl 程式的進入點類別原始碼位置如下：

github/com/GoogleCloudPlatform/kubernetes/cmd/kubectl/kubectl.go

進入點 main() 函數的邏輯很簡單：

```
func main() {
runtime.GOMAXPROCS(runtime.NumCPU())
cmd := cmd.NewKubectlCommand(cmdutil.NewFactory(nil), os.Stdin, os.Stdout,
os.Stderr)
if err := cmd.Execute(); err != nil {
os.Exit(1)
}
}
```

上述程式透過 NewKubectlCommand 方法建立了一個具體的 Command 命令並呼叫它的 Execute 方法執行，這是工廠模式結合命令模式的一個經典設計案例。從 NewKubectlCommand 的程式碼中可以看到，Kubectl 的 CLI 命令框架使用了 GitHub 開源專案（https://github. com/spf13/ cobra），下面是該框架中對 Command 的定義：

```
type Command struct {
    Use string // The one-line usage message.
    Short string // The short description shown in the 'help' output.
    Long string // The long message shown in the 'help <this-command>' output.
    Run func(cmd *Command, args []string) // Run runs the command.
}
```

想要實現一個具體 Command 就只要實作 Command 的 Run 函數即可，下面是其官方網頁提供的一個 Echo 命令的例子：

```
var cmdEcho = &cobra.Command{
        Use:   "echo [string to echo]",
        Short: "Echo anything to the screen",
        Long:  `echo is for echoing anything back.
```

```
    Echo works a lot like print, except it has a child command.
    `,
    Run: func(cmd *cobra.Command, args []string) {
        fmt.Println("Print: " + strings.Join(args, " "))
    },
}
```

由於大多數 Kubectl 的命令都需要存取 Kubernetes API Server，所以 Kubectl 設計了一個類似命令的上下文環境的物件——util.Factory 供 Command 物件使用。

在接下來的幾個小節中，我們將對 Kubectl 中的幾個典型 Command 的程式碼逐一解讀。

6.7.1 kubectl create 命令

kubectl create 命 令 透 過 呼 叫 Kubernetes API Server 提 供 的 REST API 來 建 立 Kubernetes 資源物件，如 Pod、Service、RC 等，資源的描述資訊來自 -f 指定的檔或來自命令列的輸入來源。下面是新建 create 命令的相關程式碼：

```
func NewCmdCreate(f *cmdutil.Factory, out io.Writer) *cobra.Command {
    var filenames util.StringList
    cmd := &cobra.Command{
        Use:     "create -f FILENAME",
        Short:   "Create a resource by filename or stdin",
        Long:    create_long,
        Example: create_example,
        Run: func(cmd *cobra.Command, args []string) {
            cmdutil.CheckErr(ValidateArgs(cmd, args))
            cmdutil.CheckErr(RunCreate(f, out, filenames))
        },
    }
    usage := "Filename, directory, or URL to file to use to create the resource"
    kubectl.AddJsonFilenameFlag(cmd, &filenames, usage)
    cmd.MarkFlagRequired("filename")
    return cmd
}
```

AddJsonFilenameFlag 方 法 限 制 filename 參 數（-f）的 檔 案 檔 名 只 能 是 json、ymal 或 yml 中的一種，並且將參數值放入到 filenames 這個 Set 集合中，隨後被 Command 的 Run 函數中的 RunCreate 方法所引用，後者就是 kubectl create 命令的核心邏輯所在處。

RunCreate 方法使用到 resource.Builder 物件，它是 Kubectl 中的一項複雜設計，採用了 Visitor 的設計模式，Kubectl 的很多命令都有用到它。Builder 的目標是根據命令列輸入的資源相關的參數，建立專門的 Visitor 物件來取得對應的資源，最後尋遍相關的所有 Visitor 物件，觸發使用者指定的 VisitorFun callback 函數來處理每個具體的資源，最終完成資源物件的業務處理邏輯。由於涉及的資源參數有各種情況，所以導致 Builder 的程式很複雜。以下是 Builder 所能操作的各種資源參數：

- ⊙ 透過輸入來源提供具體的資源描述；

- ⊙ 透過本地端檔案內容或 HTTP URL 的輸出方式取得資源描述；

- ⊙ 檔案清單提供多個資源描述；

- ⊙ 指定資源類型，透過查詢 Kubernetes API Server 取得相關類型的資源；

- ⊙ 指定資源的 selector 條件如 cluster-service=true，查詢 Kubernetes API Server 來取得相關的資源；

- ⊙ 指定資源的 namespace 查詢符合條件的相關資源。

下面是 resource.Builder 的定義：

```
type Builder struct {
    mapper *Mapper
    errs []error
    paths  []Visitor
    stream bool
    dir    bool
    selector   labels.Selector
    selectAll bool
    resources []string
    namespace string
    names      []string
    resourceTuples []resourceTuple
    defaultNamespace bool
    requireNamespace bool
    flatten bool
    latest  bool
    requireObject bool
    singleResourceType bool
    continueOnError    bool
    schema validation.Schema
}
```

其實 Builder 很像一個 SQL 查詢規則的產生器，裡面包括各種 "查詢" 條件，在指定不同的查詢規則時，會生成不同的 Visitor 介面來處理這些查詢規則，最後尋遍所有 Visitor，就得到最終的 "查詢結果"。Builder 回傳的 Result 物件裡也包括 Visitor 物件及可能的最新資源清單等資訊，由於資源查詢存在著各種情況，所以 Result 也提供了多種方法，比如還包括了 Watch 資源變化的方法。

RunCreate 方法裡先建立一個 Builder，設定各種必要參數，然後呼叫 Builder 的 Do 方法，傳回一個 Result，程式如下：

```
schema, err := f.Validator()
mapper, typer := f.Object()
    r := resource.NewBuilder(mapper, typer, f.ClientMapperForCommand()).
        Schema(schema).
        ContinueOnError().
        NamespaceParam(cmdNamespace).DefaultNamespace().
        FilenameParam(enforceNamespace, filenames...).
        Flatten().
        Do()
```

其中，schema 物件用來查驗資源描述是否正確，比如有沒有缺少欄位或屬性的類型錯誤等；mapper 物件用來完成從資源描述資訊到資源物件的轉換，用來在 REST 呼叫過程中完成資料轉換；FilenameParam 是這裡唯一指定 Builder 資源參數的方法，即把命令列傳入的 filenames 參數作為資源參數；Flatten 方法則通知 Builder，這裡的資源物件其實是一個陣列，需要 Builder 建構一個 FlattenListVisitor 來尋遍 Visit 陣列中的每個資源專案；Do 方法則回傳一個 REST 物件，裡面包括與資源相關的 Visitor 物件。

下面是 NamespaceParam 方法的原始碼，主要邏輯為呼叫 Builder 的 Builder.Stdin、Builder.URL 或 Builder.Path 方法來處理不同類型的資源參數，這些方法會產生對應的 Visitor 物件並加入 Builder 的 Visitor 陣列裡（paths 屬性）。

```
func (b *Builder) FilenameParam(enforceNamespace bool, paths ...string) *Builder {
for _, s := range paths {
  switch {
   case s == "-":
   b.Stdin()
   case strings.Index(s, "http://") == 0 || strings.Index(s, "https://") == 0:
    url, err := url.Parse(s)
   if err != nil {
```

```
b.errs = append(b.errs, fmt.Errorf("the URL passed to filename %q is not valid:
%v", s, err))
    continue
    }
    b.URL(url)
    default:
    b.Path(s)
    }
    }
if enforceNamespace {
  b.RequireNamespace()
    }
return b
}
```

不管是標準輸入來源、URL，還是檔案目錄或檔案本身，這裡處理資源的 Visitor 都 是 StreamVisitor（FileVisitor 與 FileVisitorForSTDIN 是 StreamVisitor 的 一 個 Wrapper）。下面是 StreamVisitor 的 Visit 介面程式：

```
func (v *StreamVisitor) Visit(fn VisitorFunc) error {
    d := yaml.NewYAMLOrJSONDecoder(v.Reader, 4096)
    for {
        ext := runtime.RawExtension{}
        if err := d.Decode(&ext); err != nil {
            if err == io.EOF {
                return nil
            }
            return err
        }
        ext.RawJSON = bytes.TrimSpace(ext.RawJSON)
        if len(ext.RawJSON) == 0 || bytes.Equal(ext.RawJSON, []byte("null")) {
            continue
        }
        if err := ValidateSchema(ext.RawJSON, v.Schema); err != nil {
            return err
        }
        info, err := v.InfoForData(ext.RawJSON, v.Source)
        if err != nil {
            if v.IgnoreErrors {
                fmt.Fprintf(os.Stderr, "error: could not read an encoded object
from %s: %v\n", v.Source, err)
                glog.V(4).Infof("Unreadable: %s", string(ext.RawJSON))
                continue
            }
            return err
```

```
        }
        if err := fn(info); err != nil {
            return err
        }
    }
}
```

在上述程式碼中，首先從輸入來源中解析具體的資源物件，然後建立一個 Info 結構物件進行包裝（轉換後的資源物件儲存在 Info 的 Object 屬性中），最後再用這個 Info 物件作為參數呼叫 callback 函數 VisitorFunc，進而完成整個邏輯流程。下面是 RunCreate 方法裡使用 Builder 的 Visit 方法觸發 Visitor 執行時的程式碼，可以看到這裡的 VisitorFunc 所做的事情是透過 REST Client 發起 Kubernetes API 呼叫，把資源物件寫入資源註冊表裡：

```
err = r.Visit(func(info *resource.Info) error {
        data, err := info.Mapping.Codec.Encode(info.Object)
        if err != nil {
            return cmdutil.AddSourceToErr("creating", info.Source, err)
        }
        obj, err := resource.NewHelper(info.Client, info.Mapping).Create(info.
Namespace, true, data)
        if err != nil {
            return cmdutil.AddSourceToErr("creating", info.Source, err)
        }
        count++
        info.Refresh(obj, true)
        printObjectSpecificMessage(info.Object, out)
        fmt.Fprintf(out, "%s/%s\n", info.Mapping.Resource, info.Name)
        return nil
    })
```

6.7.2 rolling-upate 命令

kubectl rolling-upate 命令負責逐步更新（升級）RC（ReplicationController），下面是建立對應 Command 的程式碼：

```
func NewCmdRollingUpdate(f *cmdutil.Factory, out io.Writer) *cobra.Command {
    cmd := &cobra.Command{
        Use: "rolling-update OLD_CONTROLLER_NAME ([NEW_CONTROLLER_NAME] -image
=NEW_CONTAINER_IMAGE | -f NEW_CONTROLLER_SPEC)",
        // rollingupdate is deprecated.
        Aliases: []string{"rollingupdate"},
```

```
        Short:    "Perform a rolling update of the given ReplicationController.",
        Long:     rollingUpdate_long,
        Example: rollingUpdate_example,
        Run: func(cmd *cobra.Command, args []string) {
            err := RunRollingUpdate(f, out, cmd, args)
            cmdutil.CheckErr(err)
        },
    }
    cmd.Flags().String("update-period", updatePeriod, `Time to wait between
updating pods. Valid time units are "ns", "us" (or "μs"), "ms", "s", "m", "h".`)
```

此處省略一些命令附加參數的非關鍵程式：

```
    cmdutil.AddPrinterFlags(cmd)
    return cmd
}
```

從上述程式中看到 rolling-update 命令的執行函數為 RunRollingUpdate，在分析這
個函數之前，我們先來瞭解下 rolling-update 執行過程中的一個關鍵邏輯。

rolling update 動作可能由於網路逾時或使用者等待過久等原因被中斷，因此可能會
重複執行一條 rolling-update 命令，目的只有一個，就是恢復之前的 rolling update
動作。為了實現這個目的，rolling-update 程式在執行過程中會在目前 rolling-update
的 RC 上增加一個 Annotation 標籤——kubectl.kubernetes.io/next-controller-id，標
籤的內容值就是下一個要執行的新 RC 之名字。此外，對於 Image 升級這種更新方
式，還會在 RC 的 Selector 上（RC.Spec.Selector）貼一個名為 deploymentKey 的
Label，Label 的值是 RC 的內容執行 Hash 計算後的值，等同於簽名，這樣就能很
方便地比較 RC 裡的 Image 名字（以及其他資訊）是否發生了變化。

RunRollingUpdate 執行邏輯的第一步：確定 New RC 物件及建立起 Old RC 到 New
RC 的對應關係。下面將以指定 Image 參數進行 rolling update 的方式為例，看看程
式是如何實現這段邏輯程式。以下是相關原始碼：

```
if len(image) != 0 {
        keepOldName = len(args) == 1
        newName := findNewName(args, oldRc)
        if newRc, err = kubectl.LoadExistingNextReplicationController(client,
cmdNamespace, newName); err != nil {
            return err
        }
        if newRc != nil {
```

```
          fmt.Fprintf(out, "Found existing update in progress (%s), resuming.\
n", newRc.Name)
      } else {
          newRc, err = kubectl.CreateNewControllerFromCurrentController(client,
cmdNamespace, oldName, newName, image, deploymentKey)
          if err != nil {
              return err
          }
      }
      // Update the existing replication controller with pointers to the 'next'
controller
      // and adding the <deploymentKey> label if necessary to distinguish it
from the 'next' controller.
      oldHash, err := api.HashObject(oldRc, client.Codec)
      if err != nil {
          return err
      }
      oldRc, err = kubectl.UpdateExistingReplicationController(client, oldRc,
cmdNamespace, newRc.Name, deploymentKey, oldHash, out)
      if err != nil {
          return err
      }
  }
```

在程式裡，findNewName 方法查詢新 RC 的名字，如果在命令列參數中沒有提供新 RC 的名字，則從 Old RC 中根據 kubectl.kubernetes.io/next-controller-id 這個 Annotation 標籤找到新 RC 的名字並回傳，如果新 RC 存在則繼續使用，否則呼叫 CreateNewControllerFromCurrentController 方法建立一個新 RC，在新 RC 的建立過程中設定 deploymentKey 的值為自己的 Hash 簽名，程式碼方法如下：

```
func CreateNewControllerFromCurrentController(c *client.Client, namespace,
oldName, newName, image, deploymentKey string) (*api.ReplicationController,
error) {
    // load the old RC into the "new" RC
    newRc, err := c.ReplicationControllers(namespace).Get(oldName)
    if err != nil {
        return nil, err
    }
    if len(newRc.Spec.Template.Spec.Containers) > 1 {
        // TODO: support multi-container image update.
    return nil, goerrors.New("Image update is not supported for multi-container
pods")
    }
    if len(newRc.Spec.Template.Spec.Containers) == 0 {
```

```
                return nil, goerrors.New(fmt.Sprintf("Pod has no containers! (%v)",
     newRc))
         }
         newRc.Spec.Template.Spec.Containers[0].Image = image
         newHash, err := api.HashObject(newRc, c.Codec)
         if err != nil {
             return nil, err
         }
         if len(newName) == 0 {
             newName = fmt.Sprintf("%s-%s", newRc.Name, newHash)
         }
         newRc.Name = newName
         newRc.Spec.Selector[deploymentKey] = newHash
         newRc.Spec.Template.Labels[deploymentKey] = newHash
         // Clear resource version after hashing so that identical updates get
     different hashes.
         newRc.ResourceVersion = ""
         return newRc, nil
     }
```

在 Image rolling update 的流程中確定新的 RC 之後，使用 UpdateExistingReplicati
onController 方法，將舊 RC 的 kubectl.kubernetes.io/next-controller-id 設定為新 RC
的名字，並且判斷舊 RC 是否需要設定或更新 deploymentKey，具體程式如下：

```
func UpdateExistingReplicationController(c client.Interface, oldRc *api.
ReplicationController, namespace, newName, deploymentKey, deploymentValue string,
out io.Writer) (*api.ReplicationController, error) {
    SetNextControllerAnnotation(oldRc, newName)
    if _, found := oldRc.Spec.Selector[deploymentKey]; !found {
        return AddDeploymentKeyToReplicationController(oldRc, c, deploymentKey,
deploymentValue, namespace, out)
    } else {
    // If we didn't need to update the controller for the deployment key, we
still need to write
        // the "next" controller.
        return c.ReplicationControllers(namespace).Update(oldRc)
    }
}
```

透過上面的邏輯，新 RC 被確定並且舊 RC 到新 RC 的對應關係也被建立好了，接
下來如果 dry-run 參數為 true，則僅列印新舊 RC 的資訊然後回傳。如果是正常的
rolling update 動作，則建立一個 kubectl.RollingUpdater 物件來執行具體任務，任務
的參數則放在 kubectl.Rolling UpdaterConfig 中，相關程式碼如下：

```
updateCleanupPolicy := kubectl.DeleteRollingUpdateCleanupPolicy
    if keepOldName {
        updateCleanupPolicy = kubectl.RenameRollingUpdateCleanupPolicy
    }
    config := &kubectl.RollingUpdaterConfig{
        Out:           out,
        OldRc:         oldRc,
        NewRc:         newRc,
        UpdatePeriod:  period,
        Interval:      interval,
        Timeout:       timeout,
        CleanupPolicy: updateCleanupPolicy,
    }
```

其中 out 是輸出端（螢幕輸出）；UpdatePeriod 是執行 rolling update 動作的間隔時間；Interval 與 Timeout 組合使用，前者是每次拉取 polling controller 狀態的間隔時間，而後者則是對應的（HTTP REST 呼叫）逾時時限。CleanupPolicy 確定升級結束後的結束清理策略，比如 DeleteRolling UpdateCleanupPolicy 表示刪除舊的 RC，而 RenameRollingUpdateCleanupPolicy 則表示保持 RC 的名字不變（改變新 RC 的名字）。

RollingUpdater 的 Update 方法是 rolling update 的核心，它以上述 config 物件作為參數，其核心流程是每次讓新 RC 的 Pod 抄本數量加 1，同時舊 RC 的 Pod 抄本數量減 1，直到新 RC 的 Pod 抄本達到預定值同時舊 RC 的 Pod 抄本數量變為零為止，在這個過程中由於新舊 RC 的 Pod 抄本數量一直在變動，所以需要一個地方記錄最初不變的 Pod 抄本數量，這裡就是 RC 的 Annotation 標籤──kubectl.kubernetes.io/desired-replicas。

下面這段程式碼就是 "貼標籤" 的過程：

```
fmt.Fprintf(out, "Creating %s\n", newName)
        if newRc.ObjectMeta.Annotations == nil {
            newRc.ObjectMeta.Annotations = map[string]string{}
        }
        newRc.ObjectMeta.Annotations[desiredReplicasAnnotation] = fmt.Sprintf
("%d", desired)
        newRc.ObjectMeta.Annotations[sourceIdAnnotation] = sourceId
        newRc.Spec.Replicas = 0
        newRc, err = r.c.CreateReplicationController(r.ns, n
```

下面這段程式碼則是"長江後浪推前浪，一代新人換舊人"的主要邏輯：

```go
for newRc.Spec.Replicas < desired && oldRc.Spec.Replicas != 0 {
    newRc.Spec.Replicas += 1
    oldRc.Spec.Replicas -= 1
    fmt.Printf("At beginning of loop: %s replicas: %d, %s replicas: %d\n",
        oldName, oldRc.Spec.Replicas,
        newName, newRc.Spec.Replicas)
    fmt.Fprintf(out, "Updating %s replicas: %d, %s replicas: %d\n",
        oldName, oldRc.Spec.Replicas,
        newName, newRc.Spec.Replicas)
    newRc, err = r.scaleAndWait(newRc, retry, waitForReplicas)
    if err != nil {
        return err
    }
    time.Sleep(updatePeriod)
    oldRc, err = r.scaleAndWait(oldRc, retry, waitForReplicas)
    if err != nil {
        return err
    }
    fmt.Printf("At end of loop: %s replicas: %d, %s replicas: %d\n",
        oldName, oldRc.Spec.Replicas,
        newName, newRc.Spec.Replicas)
}
// delete remaining replicas on oldRc
if oldRc.Spec.Replicas != 0 {
    fmt.Fprintf(out, "Stopping %s replicas: %d -> %d\n",
        oldName, oldRc.Spec.Replicas, 0)
    oldRc.Spec.Replicas = 0
    oldRc, err = r.scaleAndWait(oldRc, retry, waitForReplicas)
    if err != nil {
        return err
    }
}
// add remaining replicas on newRc
if newRc.Spec.Replicas != desired {
    fmt.Fprintf(out, "Scaling %s replicas: %d -> %d\n",
        newName, newRc.Spec.Replicas, desired)
    newRc.Spec.Replicas = desired
    newRc, err = r.scaleAndWait(newRc, retry, waitForReplicas)
    if err != nil {
        return err
    }
}
```

上述方法裡的 scaleAndWait 方法呼叫了 kubectl.ReplicationControllerScaler 的 Scale 方法，Scale 方法先透過 REST API 使用 Kubernetes API Server 更新 RC 的 Pod 抄本數量，然後 for 迴圈拉取 RC 資訊，直到超時或 RC 同步狀態完成。下面是判斷 RC 同步狀態是否完成的函數，來自 client 函式庫（pkg/client/conditions.go）。

```
func ControllerHasDesiredReplicas(c Interface, controller *api.
ReplicationController) wait.ConditionFunc {
    desiredGeneration := controller.Generation
    return func() (bool, error) {
        ctrl, err := c.ReplicationControllers(controller.Namespace).Get
(controller.Name)
        if err != nil {
            return false, err
        }
        return ctrl.Status.ObservedGeneration >= desiredGeneration && ctrl.
Status.Replicas == ctrl.Spec.Replicas, nil
    }
}
```

rolling-upate 是 Kubectl 所有命令中最為複雜的一個，從它的功能和流程來看，完全可以被當作一個 Job 並放到 kube-controller-manager 上實作，用戶端僅僅發起 Job 的建立及 Job 狀態查看等命令即可，未來 Kubernetes 的版本是否會這樣重構，可以拭目以待。

後記

Kubernetes 無疑是容器化技術時代最好的分散式系統架構，但是目前它還沒有一個很好的圖形化管理工具，基本上是命令列操作，因此不容易入門。另外，在系統運行過程中，我們難以直觀瞭解目前服務的分布情況及資源的使用情況，日誌也不完善，難以快速追蹤和偵查故障，因此，我們的專案組發起了一個名為 Ku8eye 的開源專案，這是借鑒於 OpenStack Horizon、Clodera Manager 等知名軟體的設計理念的一款開源軟體，目標是成為 Kubernetes 的附屬開源項目。

Ku8eye 作為 Kubernetes 的單一窗口式管理工具，具備以下關鍵特性：

◉ 圖形化一鍵安裝和部署多節點 Kubernetes 叢集。這是安裝、部署 Google Kubernetes 叢集的最快、最佳方式，其安裝流程會參考目前的系統環境，提供預設優化過的叢集安裝參數，實現最佳部署。

◉ 支援多角色、多使用者的 Portal 管理介面。透過一個集中化的 Portal 介面，維運團隊可以很方便地調整叢集配置及管理叢集資源，實現跨部門的角色、用戶及多使用者管理，透過自動化服務可以很容易完成 Kubernetes 叢集的維運管理工作。

◉ 制定了 Kubernetes 應用系統的程式發布套件標準（ku8package），並提供一款引導工具，使得專門為 Kubernetes 設計的應用系統能夠很容易地從本地端環境發布到公有雲和其他環境中；另外也提供了 Kubernetes 應用的視覺化建構工具，實現 Kubernetes Service、RC、Pod 及其他資源的視覺化建構和管理功能。

◉ 可客制化的監控和警示系統。Ku8eye 內建了很多系統健康檢查工具來偵測、發現異常並觸發警示事件，不僅可以監控叢集中的所有節點和元件（包括 Docker 與 Kubernetes），還可很容易地監控業務應用程式的性能；並且提供了一個強大的 Dashboard，用來產生各種複雜的監控圖表以展示歷史資訊，還可用來自訂相關監控指標的警示門檻值。

◉ 具備綜合且全面的故障查詢能力。Ku8eye 提供了集中化的唯一日誌管理工具，日誌系統從叢集中的各個節點拉取日誌並做聚集分析，拉取的日誌包括系統日誌和使用者程式日誌；並且提供了全文檢索能力以方便故障分析和問題查找，檢索的資訊包括相關警示資訊，而歷史視景圖和相關的量測資料則告訴我們何時發生了什麼事情，有助於快速瞭解相關時間內系統的行為特徵。

⊙ 實現了 Docker 與 Kubernetes 項目的持續整合功能。Ku8eye 提供了一款視覺化工具，用來驅動持續整合的整個開發流程，包括建立新的 Docker 映像檔，Push 映像檔到私有倉庫，建立 Kubernetes 測試環境進行測試，以及最終循序升級到營運環境中的各個主要環節。

Ku8eye 的 GitHub 網址為 https://github.com/bestcloud，Ku8eye 目前所用到的技術包括 Java Web、Ansible 腳本，未來可能涉及 Python 腳本及 Android 開發等。截至本書出版時，Ku8eye 已有 10 名團隊成員。如果您有興趣，可在學完本書後加入本專案 QQ 群組（Kubernetes 中國）：285431657。

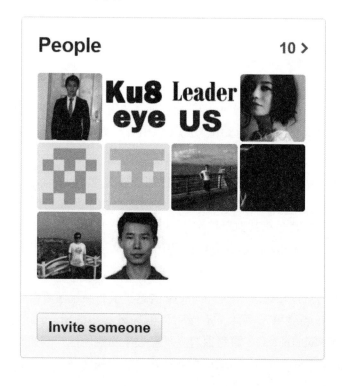

Kubernetes 使用指南

作　　者：龔正 / 吳治輝 / 葉伙榮 / 張龍春 等
譯　　者：Philipz(鄭淳尹)
企劃編輯：莊吳行世
文字編輯：江雅鈴
設計裝幀：張寶莉
發 行 人：廖文良

發 行 所：碁峰資訊股份有限公司
地　　址：台北市南港區三重路 66 號 7 樓之 6
電　　話：(02)2788-2408
傳　　真：(02)8192-4433
網　　站：www.gotop.com.tw
書　　號：ACA022100
版　　次：2016 年 08 月初版
建議售價：NT$490

國家圖書館出版品預行編目資料

Kubernetes 使用指南 / 龔正等原著；鄭淳尹譯. -- 初版. -- 臺北
　　市：碁峰資訊, 2016.08
　　　面；　　公分
　　ISBN 978-986-476-097-8(平裝)
　　1.作業系統
312.54　　　　　　　　　　　　　　　　　　　105011009

讀者服務

● 感謝您購買碁峰圖書，如果您
　對本書的內容或表達上有不清
　楚的地方或其他建議，請至碁
　峰網站：「聯絡我們」\「圖書問
　題」留下您所購買之書籍及問
　題。(請註明購買書籍之書號及
　書名，以及問題頁數，以便能
　儘快為您處理)
　http://www.gotop.com.tw

● 售後服務僅限書籍本身內容，
　若是軟、硬體問題，請您直接
　與軟體廠商聯絡。

● 若於購買書籍後發現有破損、
　缺頁、裝訂錯誤之問題，請直
　接將書寄回更換，並註明您的
　姓名、連絡電話及地址，將有
　專人與您連絡補寄商品。

● 歡迎至碁峰購物網
　http://shopping.gotop.com.tw
　選購所需產品。